21世纪高等学校电子信息工程规划教材

微机原理及其接口

杜 荔 编著

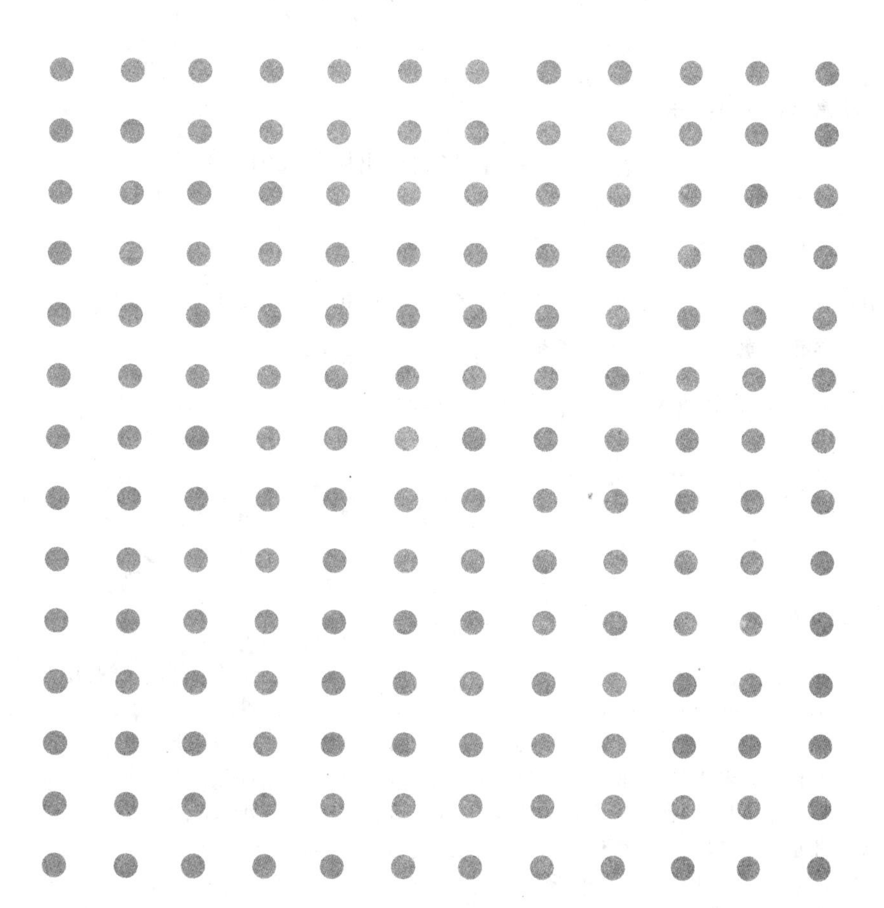

清华大学出版社
北京

内容简介

为适应读者对微机技术学习的需要，本书对微机中的基本概念、工作原理及关键技术进行了系统讨论。书中内容分为三篇，第一篇为原理篇，包含微机的硬件组成及工作原理；第二篇为过渡篇，包含汇编语言基础及数据传送方式；第三篇为接口篇，包括微机中最主要的接口技术。

本书层次清晰，概念清楚，内容简明、深入浅出，注重理论与实践的结合，并配有精心选择的图示、例题和习题，还在电子资源中附有习题的参考答案，以方便读者对学习内容的理解与复习。本书可作为非计算机专业的本科生教材，也可供从事信息技术的工程人员学习参考。

图书在版编目(CIP)数据

微机原理及其接口/杜荔编著. —北京：清华大学出版社，2011.3
(21世纪高等学校电子信息工程规划教材)
ISBN 978-7-302-24026-6

Ⅰ. ①微…　Ⅱ. ①杜…　Ⅲ. ①微型计算机－理论－高等学校－教材 ②微型计算机－接口－高等学校－教材　Ⅳ. ①TP36

中国版本图书馆 CIP 数据核字(2010)第 214135 号

责任编辑：梁　颖
责任校对：李建庄
责任印制：何　芊
出版发行：清华大学出版社
http://www.tup.com.cn
地　　址：北京清华大学学研大厦 A 座
邮　　编：100084
社 总 机：010-62770175
邮　　购：010-62786544
投稿与读者服务：010-62795954，jsjjc@tup.tsinghua.edu.cn
质 量 反 馈：010-62772015，zhiliang@tup.tsinghua.edu.cn
印 刷 者：北京富博印刷有限公司
装 订 者：北京市密云县京文制本装订厂
经　　销：全国新华书店
开　　本：185×260　**印　　张**：18.75　**字　　数**：468 千字
版　　次：2011 年 3 月第 1 版　**印　　次**：2011 年 3 月第1次印刷
印　　数：1～4000
定　　价：30.00 元

产品编号：037386-01

出版说明

随着我国高等教育规模的扩大和产业结构调整的进一步完善，社会对高层次应用型人才的需求将更加迫切。各地高校紧密结合地方经济建设发展需要，科学运用市场调节机制，合理调整和配置教育资源，在改革和改造传统学科专业的基础上，加强工程型和应用型学科专业建设，积极设置主要面向地方支柱产业、高新技术产业、服务业的工程型和应用型学科专业，积极为地方经济建设输送各类应用型人才。各高校加大了使用信息科学等现代科学技术提升、改造传统学科专业的力度，从而实现传统学科专业向工程型和应用型学科专业的发展与转变。在发挥传统学科专业师资力量强、办学经验丰富、教学资源充裕等优势的同时，不断更新其教学内容、改革课程体系，使工程型和应用型学科专业教育与经济建设相适应。

为了配合高校工程型和应用型学科专业的建设和发展，急需出版一批内容新、体系新、方法新、手段新的高水平电子信息类专业课程教材。目前，工程型和应用型学科专业电子信息类专业课程教材的建设工作仍滞后于教学改革的实践，如现有的电子信息类专业教材中有不少内容陈旧(依然用传统专业电子信息教材代替工程型和应用型学科专业教材)，重理论、轻实践，不能满足新的教学计划、课程设置的需要；一些课程的教材可供选择的品种太少；一些基础课的教材虽然品种较多，但低水平重复严重；有些教材内容庞杂，书越编越厚；专业课教材、教学辅助教材及教学参考书短缺，等等，都不利于学生能力的提高和素质的培养。为此，在教育部相关教学指导委员会专家的指导和建议下，清华大学出版社组织出版本系列教材，以满足工程型和应用型电子信息类专业课程教学的需要。本系列教材在规划过程中体现了如下一些基本原则和特点：

(1) 系列教材主要是电子信息学科基础课程教材，面向工程技术应用的培养。本系列教材在内容上坚持基本理论适度，反映基本理论和原理的综合应用，强调工程实践和应用环节。电子信息学科历经了一个多世纪的发展，已经形成了一个完整、科学的理论体系，这些理论是这一领域技术发展的强大源泉，基于理论的技术创新、开发与应用显得更为重要。

(2) 系列教材体现了电子信息学科使用新的分析方法和手段解决工程实际问题。利用计算机强大功能和仿真设计软件，使电子信息领域中大量复杂的理论计算、变换分析等变得快速简单。教材充分体现了利用计算机解决理论分析与解算实际工程电路的途径与方法。

(3) 系列教材体现了新技术、新器件的开发应用实践。电子信息产业中仪器、设备、产品都已使用高集成化的模块，且不仅仅由硬件来实现，而是大量使用软件和硬件相结合的方法，使产品性价比很高。如何使学生掌握这些先进的技术、创造性地开发应用新技术是本系列教材的一个重要特点。

(4) 以学生知识、能力、素质协调发展为宗旨，系列教材编写内容充分注意了学生创新能力和实践能力的培养，加强了实验实践环节，各门课程均配有独立的实验课程和课程设计。

(5) 21世纪是信息时代,学生获取知识可以是多种媒体形式和多种渠道的,而不再局限于课堂上,因而传授知识不再以教师为中心,以教材为唯一依托,而应该多为学生提供各类学习资料(如网络教材,CAI课件,学习指导书等)。应创造一种新的学习环境(如讨论,自学,设计制作竞赛等),让学生成为学习主体。该系列教材以计算机、网络和实验室为载体,配有多种辅助学习资料,可提高学生学习兴趣。

繁荣教材出版事业,提高教材质量的关键是教师。建立一支高水平的以老带新的教材编写队伍才能保证教材的编写质量和建设力度,希望有志于教材建设的教师能够加入到我们的编写队伍中来。

21世纪高等学校电子信息工程规划教材编委会
联系人:魏江江　weijj@tup.tsinghua.edu.cn

FOREWORD

前言

为适应读者学习微机原理与接口技术的需要，编者结合多年从事微机原理这一专业基础课教学的经验，以经过不断修改完善的教学讲义为基础编写了这本微机教材。

考虑到对知识内容介绍的合理性和连贯性，本书在组织结构上分为原理篇、过渡篇和接口篇。原理篇包含微机的硬件组成及工作原理；过渡篇包含汇编语言基础及数据传送方式；接口篇包括微机中最主要的接口技术。

本书按课程学时数特点而编写，合并了"汇编语言程序设计"课程的必备内容，缩减了预备课的学时数；围绕微机的四大组成模块，对微机的工作原理及其内在联系进行系统阐述，力求讲深讲透微机原理及其接口所涉及的多种关键技术，在保证对基本概念、基本方法和基本原理清晰阐述的同时，特别注重各功能部件工作过程中的联系。

本书层次清晰，概念清楚，内容简明、条理性强、深入浅出，注重理论与实践的结合，并配有精心选择的图示、例题和习题，特别是在各章的最后附有小结与习题，电子资源还附有习题的参考答案，以方便读者对学习内容的理解与复习。本教材可作为通信工程、自动化、电子工程、生物医学工程等非计算机专业的技术基础教材，也可供从事信息技术的工程人员学习参考。

本书在编写过程中，得到了雷为民教授的支持，他对本书在构思、内容等方面提出了宝贵的建议。硕士研究生王炜、张翰元、王晓静、王小保、贾颜宁等参与完成了书中的插图，在此谨对他们表示衷心的感谢。

限于作者的学术水平，书中难免有错误与不妥之处，诚恳希望读者给予批评指正。

杜荔

2010年12月

CONTENTS

目录

第一篇 原理篇：微机硬件原理

第三篇 接口篇：接口技术

PART 1

第一篇

原理篇：微机硬件原理

CHAPTER 1

第1章 概述

主要内容：

- 信息处理领域中的三个概念。
- 计算机系统及计算机语言。
- 微机系统的组成。
- 微机的组成。
- 微机的发展及主要技术指标。
- 微机的主板结构。
- 小结与习题。

1.1 信息处理领域中的三个概念

在信息处理领域中，数据、信息和媒体是三个最基本的概念，为了对它们有一个清楚的认识，请看下面的阐述。

1. 数据

关于**数据**，国际标准化组织(International Standard Organization，ISO)所给出的定义为：数据是对事实、概念或指令的一种特殊表达形式，这种特殊的表达形式可以用人工的方式或者用自动化装置进行通信、翻译转换或加工处理。

从这个定义中可以看出三个层面的意思：首先，它强调数据表达了一定的内容，即事实、概念或指令；其次，它指出数据是一种特殊的表达形式；再次，它表达了这种特殊的表达形式不仅可以用人工的方式进行低效率的加工处理，更适合用像计算机这样的自动化装置进行高效率的通信传输、翻译转换或加工处理等。按此定义，通常意义下的数字、文字、图画、声音或活动图像都是数据，只是对于计算机而言，它们都是采用二进制编码这种特殊的表达形式进行处理的。换句话说，计算机中的数据一般都是以二进制编码形式存在的。

2. 信息

关于**信息**,按照 ISO 的定义可以认为：信息是指对人有用的数据,这些数据将可能影响到人们的行为与决策。即,信息强调的是数据的有用性。

信息处理是指经过计算机对数据加工处理以后,向人们提供有用信息的全过程。信息处理的本质是数据处理,而信息处理的主要目标是获取有用的数据,即信息。

3. 媒体

媒体是指承载信息的载体。与计算机信息处理有关的媒体可分为五种,它们是感觉媒体、表示媒体、存储媒体、表现媒体和传输媒体。

(1) 感觉媒体

能使人们的感官直接产生感觉的一类媒体为感觉媒体,如声音、文字、图形、图像、动画、视频等。

通常所说的多媒体是指多种感觉媒体；多媒体技术是指能交互式地综合处理多种感觉媒体的信息处理技术；多媒体计算机是指具有捕获、存储、处理和展示多种感觉媒体信息能力的计算机系统。

下面对多媒体所包含的六个元素解释如下。

① 音频：数字化的声音,可以是解说、背景音乐及各种声响。

② 文本：以 ASCII 码存储的文件,是一种最常见的媒体形式。

③ 图形：由计算机绘制的各种几何图形。

④ 图像：由照相机或图形扫描仪等输入设备获取的实际场景的静止画面。

⑤ 动画：借助计算机生成一系列可供动态实时演播的连续图像。

⑥ 视频：由摄像机等输入设备获取的活动画面。

(2) 表示媒体

为使计算机能有效地处理、加工、传输感觉媒体而在计算机内部采用的特殊表示形式为表示媒体,如二进制编码等。

(3) 存储媒体

用于临时或永久性存放表示媒体,以便计算机加工处理或相互交换信息的物理实体为存储媒体,如磁盘、光盘和半导体存储器等。

(4) 表现媒体

用于把感觉媒体与表示媒体进行转换的物理设备为表现媒体,如键盘、显示器、打印机等。

(5) 传输媒体

用来将表示媒体从一台计算机传送到另一计算机的通信载体为传输媒体,如双绞线、光缆等。

1.2 计算机系统及计算机语言

1.2.1 计算机中最常用的名词术语

位、字节和字是计算机中最常用的名词术语,为了对它们有一个明确的认识,请看下面的定义。

1. 位(bit,b)

是指一个二进制代码。二进制代码只具有“0”和“1”两个状态。

2. 字节(Byte,B)

8个二进制代码为一个字节,即1B=8b。字节是衡量信息数量或存储设备容量的基本单位。除字节外,千字节(KB)、兆字节(MB)、吉字节(GB),太字节(TB)也是衡量信息数量或存储设备容量经常使用到的单位,它们之间的换算规则是:

$$1KB=2^{10}B=1024B$$

$$1MB=2^{20}B=1024KB$$

$$1GB=2^{30}B=1024MB$$

$$1TB=2^{40}B=1024GB$$

3. 字(Word)

是指计算机内部并行处理的信息的基本单位,通常与计算机内部的寄存器、运算器、数据总线等部件的宽度相一致。

1.2.2 计算机中编码

计算机中使用的数据与人们日常习惯使用的数据有所不同,特别是计算机除了进行数值运算外,还要进行大量的文字处理,而计算机识别字符和汉字的奥秘就在于,被处理的数据都是以编码形式而存在,为此,有必要搞清楚将日常习惯使用的数据转换为二进制数的方法。

所谓计算机编码是指在计算机中将日常数据转换为二进制数的过程。通常,计算机将用户从键盘上输入的十进制数值及日常文字符号转换为二进制数进行存储和加工,加工后的数据再转换回十进制数值及日常文字符号,才从显示器上显示出来。除十进制数的编码外,计算机编码还包括字符的编码和汉字的编码。

1. 字符的编码

常用的字符编码有两种,美国标准信息交换码(American Standard Code for Information Interchange,ASCII)和扩充的十进制的二进制交换码(Extended Binary Coded Decimal Interchange Code,EBCDIC)。

ASCII码为7位二进制编码,它包含10个阿拉伯数字,52个英文大小写字母,33个符号及33个控制符,共有128个代码。一个代码对应一个字节,其最高位始终为0,低七位与字符的对应关系可参见ASCII码编码表;EBCDIC码为8位二进制编码,共有256个代码,比ASCII码有扩充。八位与字符的对应关系可参见EBCDIC码编码表。

2. 汉字的编码

汉字编码分为机内码和机外码两种。机内码是计算机系统内部用来表示汉字的编码,是汉字的标识码,其设计与具体的系统及要求有着密切的关系;机外码是指汉字的输入方式。我国公布的机外码有很多种,如区位码、拼音码、五笔字型码、联机手写输入和语音输入等。

1.2.3 计算机的分类

简单地讲,计算机是一种通过电子线路对信息进行加工处理,以实现其计算功能的机器。根据不同的原则，计算机有多种分类方法。

- 按信息在计算机内的表示形式：分为模拟计算机、数字计算机和混合计算机三类。当今世界上的绝大多数计算机是数字计算机。
- 按计算机的大小、规模、性能：分为巨型机、大型机、中型机、小型机和微型机等。我们日常使用的计算机多是微型机(也称微机或PC)。
- 按设计目的：分为通用计算机和专用计算机两大类。

1.2.4 计算机系统

一个完整的计算机系统由硬件和软件两大部分构成。简言之，硬件指的是计算机的裸机，而软件指的是对硬件的使用方法。

1. 计算机硬件

从广义上讲，计算机硬件是对组成计算机的装置的统称。这些装置包括中央处理器(Central Processing Unit，CPU)、主存储器、辅助存储器、输入/输出设备和总线等。其中，中央处理器、主存储器和总线构成了计算机的主机，而输入/输出设备和辅助存储器则统称为外部设备(外设)。计算机的硬件组成如图1.1所示。

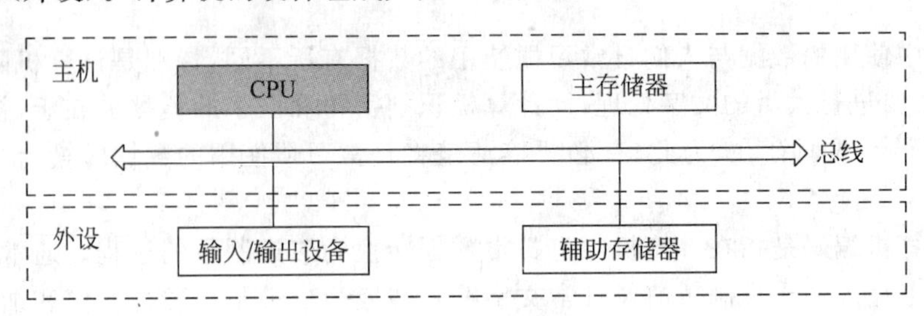

图1.1 计算机的硬件组成

2. 计算机软件

计算机软件是指计算机运行所需要的程序、数据及有关文档等。计算机软件分为系统软件和应用软件两大类。

系统软件是指控制和协调主机及外设，支持应用软件开发和运行的软件，包括操作系统、语言处理程序、数据库管理系统和服务程序等。

- 操作系统(Operation System，OS)是用来管理和控制计算机系统中所有软、硬件资源，使其协调、高效地工作，并为用户提供一个使用计算机的良好运行环境的软件。目前，在微机中使用最为广泛的操作系统是Windows。
- 语言处理程序包括汇编程序、编译程序或解释程序。
- 数据库管理系统：数据库是为满足部门中多个用户多种应用的需要，按照一定的数据模型在计算机中组织、存储、使用的互相联系的数据集合。而数据库管理系统则是为数据库的建立、使用和维护而配置的软件集合，它为人们提供了统一管理和操作数据库的手段。目前，在微机上广泛使用的数据库管理系统有SQL、Visual FoxPro等。
- 服务程序是指协助用户进行软件开发和硬件维护的软件。如各种开发调试工具软件、编辑程序、连接程序、计算机工具软件、诊断测试软件、病毒清除软件等。

应用软件是指用户在各自的应用领域中为解决某些实际问题而编制的程序，其中包括厂家编制的各种通用软件包和用户编写的各种应用程序等。

指令系统是对一台计算机所能执行的全部指令的统称。指令就是指挥计算机完成特定操作的命令。计算机所能理解或辨识的，可直接指挥计算机硬件工作的指令称为机器语言，它是用二进制代码表示的。

计算机系统具有很强的层次性，图1.2表明了这种层次关系。从图1.2中可以看出，指令系统是裸机与软件的接口；操作系统是用户的工作平台，也是用户与计算机硬件的接口。

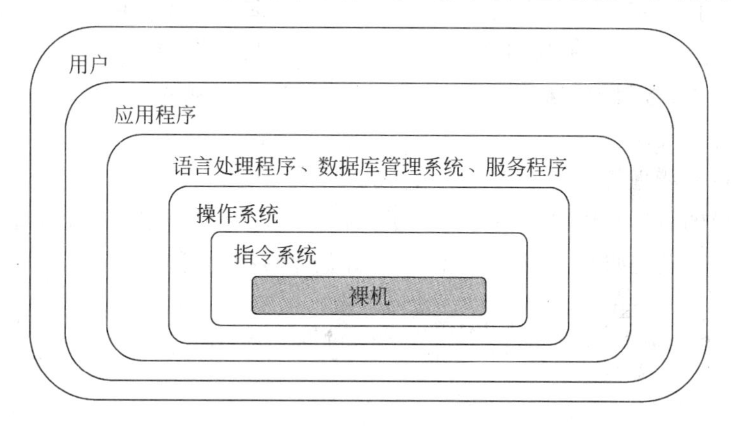

图1.2 计算机系统层次关系

1.2.5 计算机语言

计算机语言是人与计算机之间进行交流信息的工具；程序就是人们利用计算机语言所描述的处理步骤；程序设计就是编制处理步骤的过程。计算机语言可分为机器语言、汇编语言和高级语言三大类。

1. 机器语言

机器语言是一种直接用二进制代码0或1形式来表示的，能够被计算机识别和执行的语言。用机器语言编写的程序，计算机完全可以识别并能执行，被称为目标程序（Object Program）。机器语言是计算机的第一代语言，它从属于硬件设备。

2. 汇编语言

由于机器语言是用二进制代码来表示的，所以无论是编写还是阅读它都相当困难。为方便程序编写，提高机器的使用效率，可采用一些约定的文字、符号和数字按规定的格式来表示各种不同的指令，这就是汇编语言（又称符号语言）。汇编语言是计算机的第二代语言，它也从属于硬件设备。

用汇编语言编写的程序称为汇编源程序。由于计算机不能直接识别汇编语言，所以需要执行一个转换过程，将汇编源程序转换成由机器代码组成的目标程序，这个转换过程称为汇编，而汇编程序就是指实现将汇编源程序转换成目标程序的软件。其转换过程如图1.3所示。

机器语言和汇编语言的共同特点是，它们都从属于硬件设备，都是面向机器的语言，这就意味着只要改变机种，就需要对程序进行重新编制，因此这两种语言的通用性差。

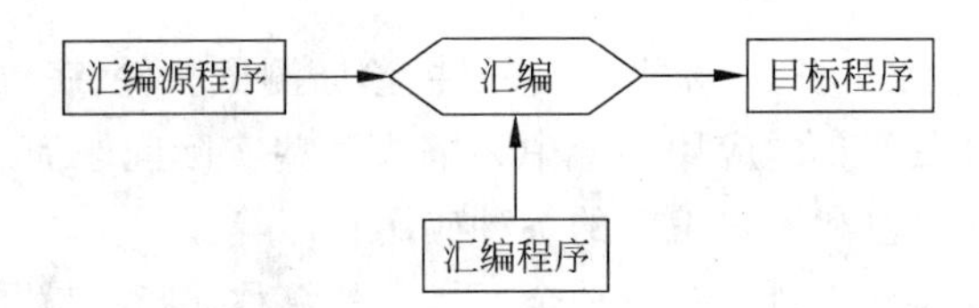

图 1.3　汇编源程序转换成目标程序的过程示意

3. 高级语言

为提高编程效率，增强程序的通用性，产生了一种更接近于英语自然语言和数学表达式的计算机语言。这种不针对具体机种的计算机语言是面向程序员的程序设计语言，称为高级语言，又称算法语言。对于程序员来说，同样一个问题，用高级语言来编程要比用汇编语言简便得多。目前，常用的高级语言有多种，如 BASIC、PASCAL、C、C＋＋等，用高级语言编写的程序称为源程序。

由于计算机只能理解或识别机器语言，所以，用高级语言编制的程序也同样需要转换为由机器代码组成的目标程序才能被计算机所执行。有些高级语言是以汇编语言作为中间输出的，例如，C 语言就是如此，图 1.4 示意了 C 源程序转换为可执行程序的过程。

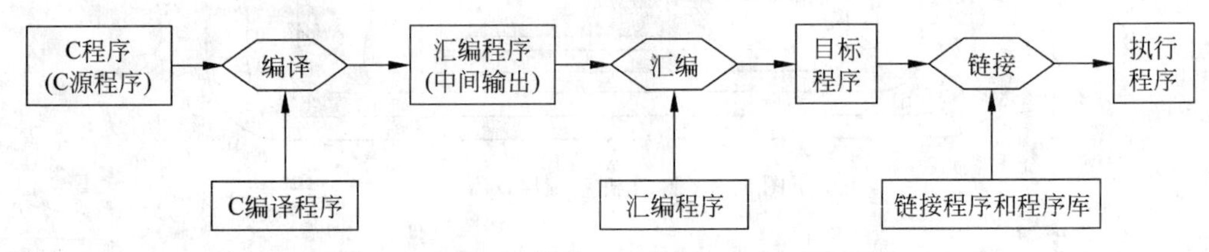

图 1.4　C 源程序转换为可执行程序的过程示意

解释程序或编译程序都是指实现将源程序转换成机器指令的软件。而解释程序与编译程序的区别就在于：编译程序是在程序执行前，把整个源程序转换成机器语言形式的目标程序，然后机器再执行目标程序；而解释程序是按高级语言语句的动态顺序逐句进行分析翻译的，即读一个语句，解释一个语句，执行一个语句，当解释完毕程序也执行完毕。

总之，就三种语言的特点比较而言，用户不会也不能使用机器语言来编程；高级语言相对来说便于掌握和使用，可读性好，但得到的目标代码容量大。在用计算机进行科学研究或事务处理时，大多采用高级语言；汇编语言是一种能够利用计算机的所有硬件特性，充分运用计算机硬件功能的高效语言，它为程序员提供了几乎直接使用目标代码的手段，而且可对 I/O 端口直接调用，实时性能好。正因为用汇编语言编写的程序效率高、节省内存、运行速度快，所以在过程控制和实时控制等许多对运行速度要求很高的场合，汇编语言是必不可少的。但由于汇编语言与具体的计算机结构有关，因此，要求程序设计人员在逻辑上对计算机的硬件结构有较为清楚的了解。另外，汇编语言可被各种高级语言所嵌套，所以在用高级语言编写的程序中，经常可以见到汇编语言的程序段。

1.3　微机系统的组成

微机系统、微机、微处理器这三个称谓虽有着密切的联系，但应该明确，它们是三个含义不同的概念。就组成来看，微处理器由运算器(包括算术逻辑部件和寄存器组)、控制器和内部总线组成；微机由微处理器、内存储器、输入/输出接口电路和系统总线组成；微机系统由硬件部分和软件部分组成，其中硬件部分包括微机、外设（包括外存储器和输入/输出设备）和电源，软件部分包括系统软件和应用软件。微机系统的组成如图1.5所示。以下简单介绍外设，而微机的组成详见1.4节。

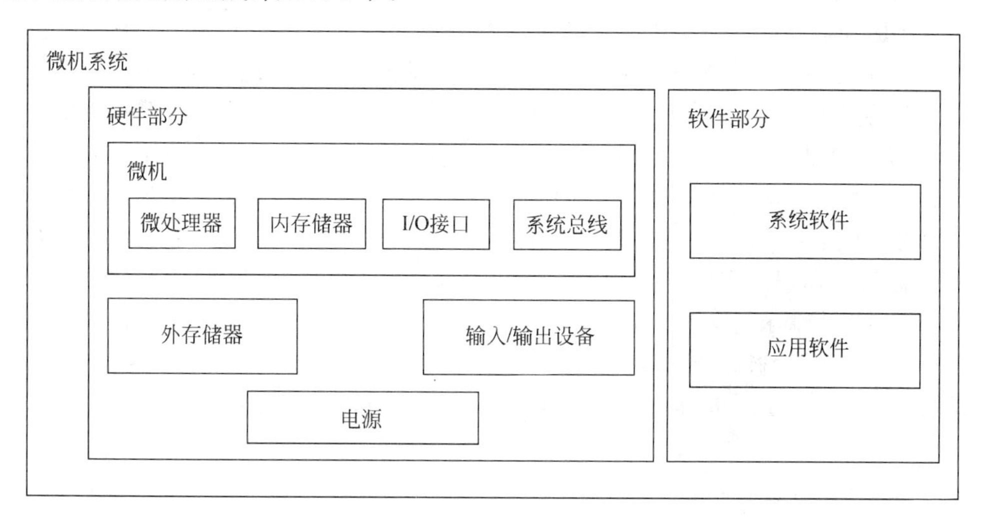

图1.5 微机系统的组成

1. 外存储器

外存储器的作用主要是弥补内存储器容量小、掉电后信息丢失的缺陷。外存储器的主要特点是容量大、成本低、信息可以永久保存，但存取时间长、速度较慢，而且不能与CPU直接交换信息，通常用来存放不经常使用的程序和数据。目前，微机中使用的外存储器有磁盘、光盘和U盘。

磁盘存储器是通过磁记录技术来保存信息的，它包括有软盘（逐渐被淘汰）和硬盘两种；光盘存储器是采用光记录技术来保存信息的；而U盘是采用Flash芯片为存储介质来保存信息的。

（1）硬盘存储器（简称硬盘）

硬盘片是用铝合金、陶瓷或玻璃作基片，上面涂上磁性材料制成的。硬盘将一组磁盘片固定在一根高速旋转的中心转轴上，用一组磁头同时读/写磁盘片上的信息。硬盘的主要技术指标包括磁头数、柱面数、每磁道扇区数、每扇区容量等。其中柱面是指所有磁盘片相同磁道号的集合，每个磁盘片上的磁道号和柱面号是一一对应的。

硬盘总存储容量＝每扇区字节数×扇区数×柱面数×磁头数

（2）光盘存储器（简称光盘）

光盘是利用激光束在特定的介质上记录数据或读取数据的。光盘驱动器（简称光驱）的主要技术指标是数据传输率，即每秒向主机传送的数据量。最早的CD-ROM数据传输率为150KB/s，这种数据传输率的光盘驱动器称为单速驱动器，记为1X。数据传输率为300KB/s的光驱称为倍速光驱，记为2X，依此类推。目前，常用的有24倍速、40倍速、48倍速和52倍速等光驱。

光盘有三种类型：只读型光盘CD-ROM、一次写入多次读出型光盘CD-RM，以及可多次擦写光盘 CD-RW。

(3) U 盘存储器(简称 U 盘)

U 盘是基于 USB 接口,以 Flash 芯片为存储介质的,无需驱动器的新一代移动存储设备,通常也被称作闪盘或优盘。

U 盘将驱动器及存储介质合二为一,只要把它插入微机上的 USB 接口,就可独立地读/写数据,并可用于存储任何格式的数据文件,以及在微机之间方便地交换数据。

U 盘的特点除了体积小,重量轻,特别适合随身携带外,由于 U 盘中无任何机械式装置,因此抗震性能极强。另外,U 盘还具有防潮防磁,耐高低温(−40℃～+70℃)等特性,安全可靠性很好。U 盘的使用也非常简单,任何支持 Windows OS 和通用串行总线(USB)的微机都可以使用 U 盘。U 盘的结构比较简单,主要是由 USB 插头、主控芯片、稳压 IC(LDO)、晶振、闪存(Flash)、PCB 板、帖片电阻、电容、发光二极管(LED)等组成。其中,USB 端口负责连接微机,是数据输入或输出的通道;主控芯片负责各部件的协调管理和下达各项动作指令,并使微机将 U 盘识别为"可移动磁盘";Flash 芯片是保存信息的实体,其特点是断电后数据不会丢失,能长期保存;PCB 底板负责提供相应处理的数据平台,且将各部件连接在一起。

2. 输入/输出设备

输入/输出设备(I/O 设备)的功能是为微机提供具体的输入输出手段。一般情况下,微机上配有键盘、鼠标、显示器和打印机等基本的 I/O 设备。

(1) 键盘

键盘是一种用于向微机输入操作命令、程序、数据或其他信息的输入设备,是微机系统最基本的外设之一。

(2) 鼠标

鼠标的主要用途是进行光标定位或完成某些特定的操作,也是微机系统最基本的外设之一。按照工作原理,鼠标分为机械式和光电式。

(3) 显示器

显示器是一种用来显示用户输入的命令、数据以及运算结果和操作过程中微机产生提示信息的输出设备,是微机系统最基本的另一种外设。微机的显示系统由显示器、显示适配器(显示卡)和显示驱动程序构成。常用的显示器有两种:一种是阴极射线管(Cathode Ray Tube,CRT)显示器,主要用于台式机;另一种是液晶显示器(Liquid Crystal Display,LCD),主要用于笔记本电脑和台式机。

显示器的主要参数有分辨率和颜色数。分辨率是指显示器水平方向和垂直方向显示的像素点数(即横向点× 纵向点);颜色数是指显示器所能显示的颜色数量。

(4) 打印机

按照打印方式,打印机可分为击打式和非击打式。击打式打印机是指用机械冲击方式,通过色带在纸上印刷字符或图形的打印机,例如,针式打印机就是最典型的击打式打印机;非击打式打印机是指用电、磁、光、热、喷墨等理化方法印刷字符和图形的打印机,例如,热敏打印机、喷墨打印机、激光打印机等都属非击打式打印机。打印机技术正在向高速度、高质量、彩色化、低噪声方向发展,微机系统中广泛使用针式打印机、喷墨打印机和激光打印机。

除了上面描述的四种 I/O 设备之外,较常见的 I/O 设备还有扫描仪、绘图仪、数码相机等。

1.4 微机的组成

所谓微机是指以大规模、超大规模集成电路为主要部件的微处理器为核心，配以存储器、输入/输出接口电路(简称 I/O 接口)及系统总线所构成的计算机系统。微机的基本结构如图 1.6 所示。

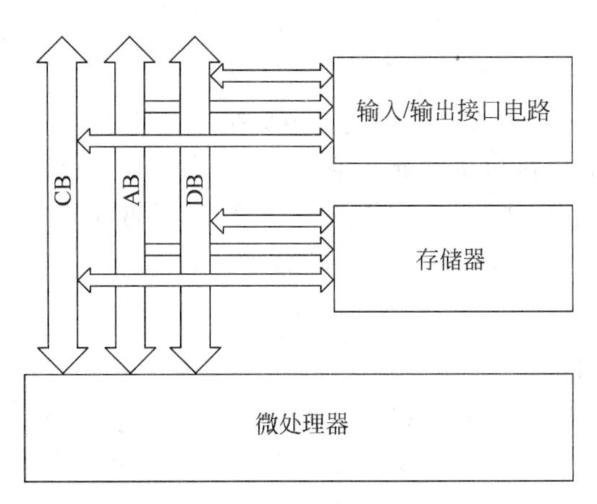

图 1.6 微机的基本结构

微机采用的是主板结构，放置在机箱内。主板上包括微处理器、存储器、系统总线，以及连接各种外设所用的接口卡扩展槽等部件。

1. 微处理器

将运算器、控制器及其他相关电路采用大规模集成电路技术集成在一个硅片上，称为微处理器(Micro Processor，MP)，又称为中央处理单元(Central Processing Unit，CPU)。从组成上看，通常说该芯片内集成了运算器和控制器两大部件。连接 CPU 内部各部件的信息通路被称为片内总线。

(1) 运算器

运算器是加工与处理数据的功能部件，它在控制器和程序的控制下完成各种算术运算、逻辑运算及其他操作。运算器主要有两个功能：一是对数据进行加工处理，这是通过其内部的算术逻辑部件(Arithmetic Logic Unit，ALU)完成的；二是暂时存放参与运算的数据和运算过程的中间结果，这是通过与 ALU 相连的寄存器组来实现的。衡量运算器性能的主要指标有两个：一是运算速度，它与运算器的工作频率有关；二是字长，它反映的是运算器能并行处理的二进制代码的位数，其值越大，运算精度越高。

在用于存放参与运算的数据和运算中间结果的寄存器组中，累加器是最为繁忙的一个寄存器，许多指令的执行都是以它为中心实现的，而且在执行算术和逻辑运算时，累加器往往具有运算前和运算后的双重功能，即在运算指令执行之前，累加器中存放了一个操作数；在指令执行完后，运算结果也存放在这个累加器中。另外，输入和输出指令一般也是通过累加器来完成的。

(2) 控制器

控制器是控制整台微机各功能部件协同动作、自动执行计算机程序的功能部件。它是

CPU 的控制中心，也是微机的指挥中心，它能按人们预先编制好的程序进行工作，根据程序中指令的要求，有序地向各功能部件发出控制信息，以保证数据的处理有条不紊地进行。控制器由指令寄存器(Instruction Register，IR)、指令译码器(Instruction Decoder，ID)、时序发生器、时序控制信号产生部件，以及中断机构等组成。

指令寄存器 IR 存放当前正在执行的指令；指令译码器 ID 对指令进行译码，以确定所要执行的是哪种操作；根据译码发出相应的操作命令，该命令与时序发生器发出的时序信号一起送入时序控制信号产生部件，产生控制其他部件协调工作的时序控制信号；中断机构用来处理微机运行过程中出现的异常事件和外设对微机发出的中断请求。

CPU 的控制信号可分为两类：一类是通过对指令的译码，由 CPU 产生的控制信号，它们被送到存储器、输入输出接口电路或其他部件，如读信号、写信号和中断响应信号等；另一类是微机系统中的其他部件送到 CPU 的控制信号，通常用来向 CPU 发出请求，如中断请求信号、总线保持请求信号、准备就绪信号等。

2. 存储器

存储器使微机有了记忆，是存放程序和数据的功能部件。存储器主要分为两种：一种是内存储器(内存或主存)；另一种是外存储器(外存或辅存)。内存用来存放 CPU 经常使用的程序和数据；外存比内存的容量大得多，但速度较慢，用来存放 CPU 不经常使用的程序和数据。存储器主要由半导体存储器、磁盘、光盘和 U 盘等构成，它们在造价、容量及速度上有所不同。除此之外，目前微机中还广泛使用另一种存储器，即高速缓存(Cache)，它是一种位于 CPU 和主存之间的容量较小的高速存储器，用于保存 CPU 正在使用的代码和数据。Cache 的速度一般比外存快 5～10 倍，有了它，可以大大提高微机的性能。

半导体存储器又分为随机存取存储器(Random Access Memory，RAM)和只读存储器(Read Only Memory，ROM)。RAM 可以随机地读写信息，但是一旦掉电，所存储的信息将会自动丢失。RAM 主要用来存放正在执行的程序和数据，其主要特点是，取数不变，存数更新；ROM 只可读出信息，掉电后原先写入的信息不会丢失。ROM 主要是用来存放专用程序、监控程序或基本输入/输出系统模块，它们是预先用特定的方法固化进芯片的。其主要特点是，只可读出，不方便写入。

(1) 内存概述

内存安装在主板上，与系统总线相连，能够直接与 CPU 交换信息，速度较快。内存由很多个存储单元构成，每个存储单元一般可以存放一个字节。衡量存储器存储能力的指标为存储容量，存储容量以字节为基本单位，最常用的单位是 KB，MB，GB，TB。当前微机的内存容量通常为 1～4GB。

(2) 内存地址和寻址范围

为区分内存中的多个存储单元，每个存储单元都有一个编号，称为内存地址(简称地址)，这个地址通常用十六进制数来表示。CPU 可以直接寻址的最大内存范围由地址总线的位数来决定。例如，16 位地址总线对应的最大内存容量为 2^{16}B＝64KB；20 位地址总线对应的最大内存容量为 2^{20}B＝1MB；486 计算机有 32 根地址线，故最大内存容量为 2^{32}B＝4GB。

3. I/O 接口

I/O 接口是为解决微机与外设之间的信息转换问题而提出来的。由于各种外设的功能、信号形式、信息传送方式、工作速度、驱动方式差别很大，造成无法与CPU直接匹配，因而不可能把外设简单地连到系统总线上，为此需要通过I/O接口完成信号的变换、数据的缓冲、与CPU的联络等工作，从而实现微机与外设的有效连接，最终完成信息的输入与输出。在微机系统中，I/O接口一般都做在电路板上，这种电路板又称之为"卡"，只要将它们插入总线插槽便连到了系统总线上。

4. 系统总线

微机采用的是一种总线结构，采用总线结构的好处在于，有了总线结构之后，系统中各功能部件之间的相互关系变成了各个部件面向总线的单一关系。这样，一个部件只要符合总线标准，就可以连接到采用这种总线标准的系统中来，进而使系统功能得到方便的扩展。

所谓系统总线是指用于连接微机中各部件的一组公共信号线。与CPU直接相连的总线称为CPU总线。按功能，CPU总线分为三组，即数据总线(Data Bus，DB)、地址总线(Address Bus，AB)和控制总线(Control Bus，CB)。

(1) 数据总线

DB用来在CPU与其他部件之间传送数据(这个数据是指广义数据，既可能是真正的数据，也可能是指令代码或状态量等)。在结构上，DB为双向的，即数据既可以从CPU送到其他部件，也可以从其他部件送到CPU。DB的位数(称为DB宽度)通常与微处理器的位数相对应。例如，若DB宽度为32，则该CPU为32位微处理器。显然，DB宽度越大，传送速度就越快。

(2) 地址总线

AB用来传送地址信息。在结构上，AB为单向的，即地址信息总是从CPU送出的。AB的位数(称为AB宽度)决定了CPU可以直接寻址的最大内存范围。

(3) 控制总线

CB用来传递CPU控制器的各种控制信号，控制信号可能为输出的、输入的或双向的。

在一个微机系统中，除了CPU有控制总线的能力外，DMA控制器等模块或设备也有控制总线的能力。具有控制总线能力的模块或设备被称为总线主模块或总线主控设备，有时也简称主设备。

总线结构是微机系统的一大特色，正是由于采用了这一总线结构，才使得微机系统具有组态灵活、扩展方便的特点。

1.5 微机的发展及主要技术指标

微机的主要特点包括体积小、重量轻、价格低、可靠性高、结构灵活、使用方便，及应用面广泛等。

1.5.1 微机的发展

微机的特点决定了微机的快速发展，微处理器的集成度和性能差不多每两年提高一倍，而价格却能降低一个数量级。微机的发展以典型的微处理器为代表，可大致分为五个阶段。

- 第一阶段(1971年开始)——4位和低档8位微机，以Intel 4004、Intel 4040、Intel 8088为代表。

- 第二阶段(1973年开始)——中、高档8位微机,以Intel 8080/8085、Z80、M6800/6802为代表。
- 第三阶段(1977年开始)——16位微机,以Intel 8086、Z8000、M68000为代表。
- 第四阶段(1985年开始)——32位微机,以Intel 80386、Intel 80486、M68020为代表。
- 第五阶段(1993年以后)——32位和64位微机,以Intel的Pentium、Pentium MMX、Pentium Ⅱ、Pentium Ⅲ、Pentium 4、Itanium为代表。

1.5.2 微机的分类

微机的分类方法有多种,下面从四个方面进行分类。

1. 按CPU的字长

分为4位机、8位机、16位机、32位机和64位机等。

2. 按功能

分为个人计算机(Personal Computer,PC)和工作站。PC将CPU、内存、I/O接口及系统总线等安装在一块主机板上,再与外存、外设接口卡、电源等组装在一个机箱内,并配置显示器、键盘、鼠标、打印机等基本外部设备,构成供个人使用的计算机系统;工作站是一种性能介于PC与小型机之间,面向工程技术人员的高档微机系统。

3. 按所用的印刷线路板的数目

分为单板机和多板机。单板机采用一块印刷线路板,在这块印刷线路板上包括了微机所有的主要部件。单板机适用于控制用途,也可嵌入使用,例如,TP801就是国产单板机。多板机采用多块印刷线路板,目前的微机产品都是多板机。

4. 按所用的集成芯片的数目

分为单片机和多片机。单片机在一块芯片上集成了微机几乎所有的主要部件。单片机适于控制,便于嵌入,广泛应用于仪器、仪表、家用电器和工业控制中,但要用它组成一台实用的微机还需配备一些外围芯片。MCS-48、MCS-51、MCS-96、80960都是单片机。目前,国际上制造单片机的厂家主要有Intel公司、Motorola公司和Philips公司等。多片机将微机的所有部件集成在多块芯片上,目前的微机产品都是多片机。

1.5.3 微机系统的技术指标

事实上,全面衡量一个微机系统性能的技术指标有多个,且对于不同用途的微机系统而言,在性能指标上的侧重点也将有所不同。下面所述技术指标中的前三个是微机系统的主要技术指标。

1. 字长

字长是指微处理器内寄存器、内部数据总线等部件的宽度,也是微处理器的运算部件能够同时处理的数据位数。字长通常是字节的整数倍,如8位、16位、32位、64位等。字长不仅影响着微机的硬件造价,而且决定了微机的计算精度、寻址速度和处理能力,因此,字长直接影响到微机的功能和用途。

2. 速度

微机的速度受多个指标影响。

(1) 主频

主频是指CPU的时钟频率,它很大程度上决定着微机的运算速度。例如,586/133微机,其中,586指CPU的型号,133即指CPU的主频,单位为MHz(兆赫兹)。

(2) 运算速度

运算速度是指微机每秒钟能执行的指令数。由于不同类型的指令所需的执行时间有所不同,因而对运算速度的就有了许多种不同的计算方法和多种不同的运算速度单位。例如,若以单字长定点指令的平均执行时间来计算,则运算速度的单位是每秒百万条指令(Million Instructions Per Second,MIPS);若以单字长浮点指令的平均执行时间来衡量,则运算速度单位是每秒百万次浮点运算(Million FLoating-point Operations Per Second,MFLOPS)。

(3) 存取速度

存储器完成一次读(或写)操作所需的时间称为存储器的存取时间(或访问时间)。连续两次读(或写)所需的最短时间,称为存储周期。对于半导体存储器来说,存取周期约为几十到几百纳秒。显然,存取时间越短,存取速度越快,存取速度的快慢也会影响到微机的速度。

(4) 系统总线的传输速率

系统总线的传输速率直接影响到微机输入输出的性能,它与总线中的数据线宽度及总线周期有关,通常以MB/s为单位。早期的ISA总线的传输速率仅为5MB/s,现在广泛使用的PCI局部总线的传输速率高达132MB/s(对应32位数据线)或264MB/s(对应64位数据线)。

3. 存储容量

存储容量是指微机主机内的存储容量,单位为字节。既然是主机内的存储容量,因而涉及三个存储容量。

(1) 主存容量

主存容量即主存能存储信息的总字节数。目前主流配置的微机的主存容量一般为1～4GB,主存容量越大,所能运行的软件就越丰富。

(2) Cache容量

Cache的有无和大小也是影响微机性能的一个重要因素。Cache一般由微处理器芯片内的Cache(一级Cache)和片外的Cache(二级Cache)两部分组成,其容量为几百KB甚至更大,其存取速度与CPU主频相匹配。

(3) 硬盘容量

硬盘的主要技术指标是硬盘的存储容量和存取速度。目前微机中,单个硬盘的容量通常为几十到几百GB,甚至可达几个TB。

4. 外设配置

外设配置是指一套微机系统所配置的外部设备及它们的性能指标。例如,输入是用101/102键还是用104/105键的键盘;有无鼠标或光笔;显示器是CRT还是LCD,是单色还是彩色,分辨率是多少,尺寸有多大;配置的打印机是彩色的还是单色的,打印速度和每行字符数是多少等。

5. 软件配置

软件配置主要指微机配置的操作系统、高级语言及应用软件的情况。

6. 可靠性

可靠性是指在给定的时间内,微机系统能正常运转的概率。通常用平均故障间隔时间(Mean Time Between Failures,MTBF)来表示,即指系统能正常工作的平均时间。MTBF越长,表明系统的可靠性越高。

7. 性能价格比

在全面考虑一台微机的综合技术性能时,性能价格比是一个不可忽视的指标。只有性能优良且价格合理,才能更大程度地满足用户的需求。

1.6 微机的主板结构

打开机箱就会看到一个将所有部件连接在一起的大部件,即为主板(也称为底板或母板)。通过主板,微机的所有部件可以得到电源并相互通信。主板的主要工作是支撑微处理器芯片,并让所有其他部件与其连接。有助于微机运行或增强性能的所有部件要么是主板的一部分,要么是通过插槽或端口插接在主板上的。主板是微机硬件系统集中管理的核心载体,其性能的优劣直接影响到微机各部件间的相互配合,为实现系统的科学管理提供充分的硬件保证。

1.6.1 主板的整体情况

现在主板的设计模式主要有两种:一种是 IBM 公司推出的 Baby/Mini_AT(Advanced Technology)结构标准;另一种是 Intel 公司推出的 ATX(Advanced Technology Extended)结构标准。

1. Baby/Mini_AT 结构标准

在 Baby/Mini_AT 主板上,CPU 一般位于左下方,CPU 的供电和散热装置直接影响到全高长卡的插接;ISA/PCI 扩展槽位于 CPU 上方;内存插槽位于主板的右上方;电源支架会影响内存条的插拔;板上软盘驱动器(Floppy Disk Controller,FDC)和硬盘驱动器(Hard Disk Controller,HDC)连接端子与相连的软驱、硬盘和光驱距离较远。由于机内走线较为零乱,因而降低了系统的可靠性。这种结构模式通常适用于 Pentium 级以下的 PC 系统,目前已经用得很少了。

2. ATX 结构标准

为克服 Baby/Mini_AT 的不足,Intel 公司推出了 ATX 结构标准。对应此标准的是面向北桥-南桥控制芯片组的主机板。符合这种标准的主板将 CPU 放在右上方,位于电源风扇的出风口处,以便于散热。CPU 的 3.3V 工作电压由主机电源直接提供,且 CPU 和主机电源共用一个风扇。主板左下方均为一些扁平器件,为全长、全高扩展卡留出了足够的空间。内存条插槽位于 CPU 和总线扩展槽之间，这样既便于内存条的更换，也有利于通风散热。FDC 和 HDC 连接端子位于主板的右下方，距离相连设备较近，机内走线整齐，操作方便。另外，符合这种标准的主板还将串口、并口、USB、PS/2 鼠标和键盘等接口集中在一起，移到了主板的后面，因而减少了使用者的组装环节。ATX 结构的主板示意如图 1.7 所示。

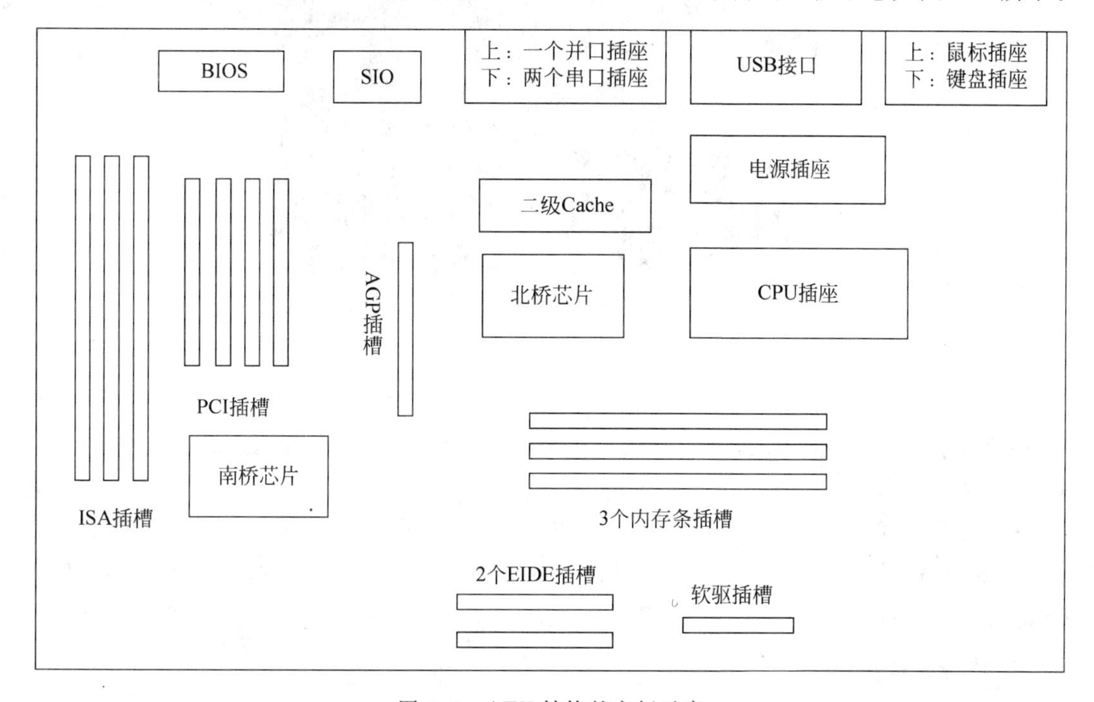

图 1.7　ATX 结构的主板示意

3. 主板的模块化结构

从系统构架来看，过去所有设备的挂接都是通过多功能扩展卡来实现的，这会造成系统空间资源的很大浪费。为了简化系统设备的连接，以 Compaq、AST 为代表的许多系统制造商开始采用 All-In-One 的设计理念，将显示控制模块、硬盘控制模块、串/并口全部设计在主板上。虽然这种设计形式简化了设备的连接，但却给系统的升级和二次开发带来了一定的困难。因此事实上，系统制造厂商现在还未能实现 All-In-One，只是实现了 Some-In-One 而已。在未来的几年内，市场上将可能出现一种模块化结构的主板，这种主板实质上只是一块背板，系统中的各个功能均以模块化插卡的形式插在主板上。若想对某部分进行升级，则只需更换部分模板；若想增加新的功能，则只需插入相应的新模板，因而不仅大大简化了主板的设计，而其简化了系统的升级过程。

1.6.2　主板的主要构成

如图 1.8 所示，微机主板主要由以下几部分组成。

1. CPU 插座

随着集成度和制造工艺的不断提高，越来越多的功能被集成到 CPU 中，使 CPU 管脚数量不断增加，CPU 插座相对越来越大，功耗也越来越多，需加风扇或散热片。常用的

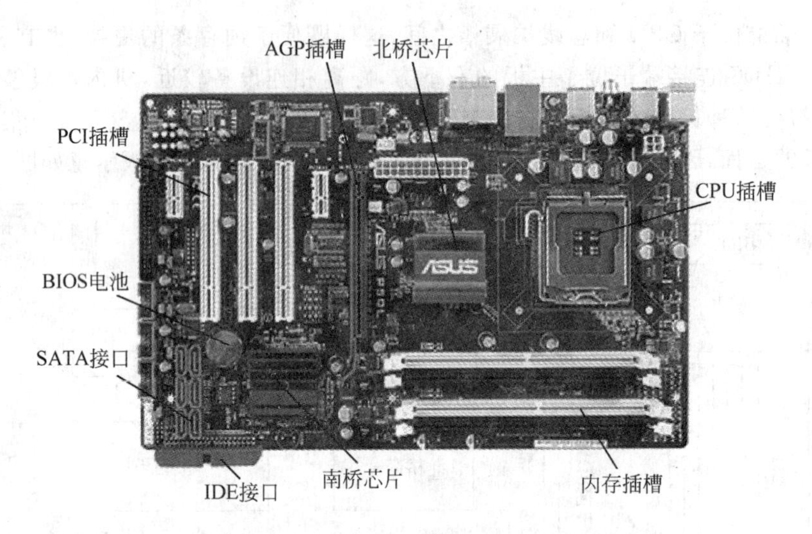

图 1.8　微机主板的主要构成

CPU 插座有两种：一种是 Slot 结构(或插槽结构)；另一种是 Socket 结构(或插座结构)。这两种结构虽外形不同,但内部的 CPU 功能没有差别。

Slot 结构未采用零插拔力(Zero Insertion Force,ZIF)设计,因而在安装 CPU 时需要用力操作；Socket 结构采用了 ZIF 设计,使 CPU 的安装变得容易而方便,因此,现在更多地在使用 Socket 结构。Socket 类型有 Socket 7、Socket 8、Socket 370、Socket 462、Socket 478 等。

2. 内存条插槽

内存条插槽的数量和类型会影响到内存的扩展能力及扩展方式。早期的内存是以芯片形式直接焊在主板上的,因此其内存的扩充也就必须由专业人员来完成；后来,内存以扩展板的形式与主板打交道,每次扩充内存时,需要更换扩展板或在扩展板上焊接需增加的内存芯片；再后来,随着内存扩展板的标准化,现在的主板上给内存预留了专用插座即内存条插槽,因而使内存的扩充变得更为简单,用户只要购买主板上内存插座所能适应模式的内存条,插上或更换即可使用,从而实现了即插即用。常见的内存条插槽的线数有 30 线、72 线、168 线和 184 线等。

3. 控制芯片组

控制芯片组是主板的关键部件,它由一组超大规模集成电路芯片构成。由于控制芯片组是被固定集成在主板上的一部分,因此不能像 CPU、内存条等部件那样进行简单的拆除或升级换代。这就意味着,不仅主板的插槽要能与 CPU 相匹配,而且控制芯片组也必须能与 CPU 进行最理想的协作,即控制芯片组的选择与 CPU 有着密切的关系(因为制造商会对芯片组进行优化,以使其与特定的 CPU 配套使用)。总之,控制芯片组控制和协调着整个微机系统的有效运转,也决定着微机系统中各个部件的选型。现在的控制芯片组通常由北桥和南桥两部分构成。这两座"桥梁"起到了将 CPU 与微机的其他部件相连接的作用,微机的所有部件都通过控制芯片组与 CPU 通信。

北桥和南桥的连接关系如图 1.9 所示。

从图 1.9 可以看到,北桥通过前端总线(Front Side Bus,FSB)直接连接到 CPU。内存

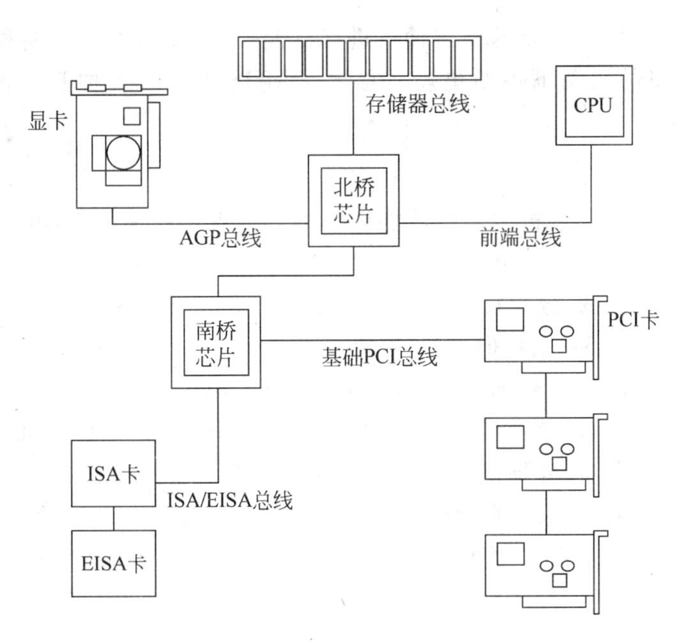

图 1.9 北桥和南桥的连接关系

控制器位于北桥内，这样可让 CPU 快速访问内存。北桥还连接到高速图形卡（Accelerated Graphics Port，AGP），并与内存连接；CPU 中的信息必须经过北桥才能到达南桥，其他总线将南桥连接到 PCI 总线、USB 端口，以及 IDE 硬盘接口。

4. 二级 Cache

Cache 是为了解决 CPU 与主存之间数据传输速率的差异问题而设计的，其容量越大对微机总体性能提高的影响也相对越大。一级 Cache 内嵌在 CPU 中，二级 Cache 为外接的静态 RAM 芯片，固化在主板上。Pentium 级主板的二级 Cache 多为 512KB～2MB。

5. 基本输入输出系统（Basic Input Output System，BIOS）

BIOS 是一组被存储在 ROM 中的软件，又称 ROM BIOS。提供对系统硬件最基本、最直接的控制和管理，是与硬件最密切的软件层次，就如同是连接硬件和软件的一个纽带。BIOS 中含有系统初始化程序、操作系统的引导程序、自检程序和众多对硬件直接控制的 I/O 驱动程序。每当微机启动时，首先运行其中的初始化程序对系统进行自动检测，然后启动操作系统。随着 BIOS 版本的不断升级，其智能化程度越来越高。由于 ROM 被固化在主板上，所以，通常也就以硬件的方式来称谓它了。而且有些系统具有双 BIOS，可以在一个 BIOS 发生故障或在更新过程中出错时提供备份。

6. CMOS

CMOS 是一个用于存储 BIOS 使用的系统配置的小容量 RAM，又称 CMOS RAM。开机时，由主板电源供电；关机时，由一个可充电的纽扣电池供电，纽扣电池的充电在开机时自动完成。

主板上 CMOS 可分成两部分，有两方面的功能：一部分存放系统的口令和各种配置信息，如 I/O 地址的配置、视频参数、系统启动盘的盘符和硬盘参数等，这些参数可在系统启动时通过按Del键进入CMOS设置界面后进行设置；另一部分存放日期和时钟信息，这部分信息在相应电路的驱动下不断更新。总之，CMOS维持着各种基本设置信息和系统时间。

7. 总线扩展槽

总线扩展槽用于扩展主板所支持功能以外的其他各种扩展板卡，其插槽类型有ISA、EISA、AGP和PCI等。它的发展使总线越来越宽，传输速率也越来越快。

ISA扩展槽是黑色的，分为长、短两段，一段是62芯的槽，一段是36芯的槽；EISA扩展槽是褐色的，外形与ISA的相似，但其槽内插脚分为上下两层，下层即为增加的EISA信号线，所以，它既可插ISA规格的适配卡，也可插EISA规格的适配卡；AGP插槽是深褐色的，可插入高速图像卡，显示高质量的三维动态图形和图像。事实上，大部分主板上已集成了一个内置显卡，之所以还要提供AGP插槽，其用意是为了给用户一种选择，即当外插显卡功能有大幅度提高时，可采用高性能的外插显卡替代内置显卡(当外插显卡后，主板上的内置显卡会自动关闭)；PCI扩展槽是白色的，PCI总线支持即插即用的功能，减轻了板卡的配置工作。

8. 外设接口插座

一般地，主板上有两个IDE/EIDE插槽，它们通过扁平电缆连接硬盘驱动器和光盘驱动器；有一个连接软盘驱动器FDC的插槽，它是一个34芯插槽，通过34芯扁平电缆连接软驱；有2～4个USB插口，可连接U盘、移动硬盘、扫描仪等设备，也可用来连接鼠标、键盘和打印机等。

显示器有专用的AGP插口，既可连接CRT显示器，也可连接LCD显示器；键盘和鼠标既可以通过USB插口也可以使用专用的5芯插口与主机相连。

总之，PCI扩展槽是显卡、声卡、视频采集卡及网卡的插槽；AGP扩展槽是显卡专用端口；IDE/EIED插槽是硬盘和光盘的接口。

9. 串行和并行端口

在微机配置中，串行和并行端口是必不可少的，通常为两个串行端口(串口)和一个并行端口(并口)。两个串口一个为9芯插座，一个为25芯插座，分别称为COM1和COM2，可用来连接串行打印机等设备；主机板后面有一个25芯的并行插座，称为LPT1，可用来连接并行打印机等设备。

10. 电源插座

主机电源连接220V交流电，由电源部件处理产生几组直流电源，通过电源插座给主板及板上元件供电。

11. 总线

总线是将主板上不同部分相互连接的电路。总线一次可以处理的数据位数越多，其信息传送速度就越快。总线速度的单位是兆赫兹(MHz)。

总线速度通常指的是前端总线(FSB)的速度，前端总线将CPU连接到北桥。FSB的速度可以从66～800MHz以上。由于CPU通过北桥访问内存，因此，FSB的速度明显地影响着微机的性能。除了前端总线，下面是主板上的其他一些总线。

- 后端总线——将CPU与二级Cache相连,CPU决定着后端总线的速度。
- 内存总线——将北桥连接到内存。
- IDE/EIED或ATA总线——将南桥连接到磁盘驱动器。
- AGP总线——将高速图形卡连接到北桥。
- PCI总线——将PCI插槽与南桥相连。在大多数微机系统中,PCI总线的速度是33MHz。

从某种角度而言,微机的总线速度越大,运行速度就越快。但即便是总线速度再大,也无法弥补较慢的存储系统或控制芯片组的不足。具体来说,微处理器本身的速度决定着微机“思考”的速度;控制芯片组和总线的速度控制着微处理器与微机其他部分通信的速度;存储器的存取速度直接控制着微处理器访问指令和数据的速度。因此,如果存储器的存取速度很慢,那么即便是再快的微处理器也发挥不出其效能。

12. 其他

除了以上描述的主板组成部分之外,主板上还有许多逻辑部件和跳线开关等不可缺少的小部件。所有这些部件密切联系、相互沟通,实现了微机数据间的彼此交流。

一些主板还将较新的技术融入其中,例如,独立冗余磁盘阵列(Redundant Array of Independent Disk,RAID)控制器允许微机将多个驱动器虚拟为一个驱动器;PCI Express的作用更像是一个网络而不是总线,有了它,就不再需要包括AGP端口在内的其他端口;现在一些主板本身就具有板载声卡、网卡、显卡或其他外设支持。

配件齐全的主板非常方便和易于安装,且有些主板上包括了构建一台完整微机所需的所有部件,只要将主板装入机箱,然后添加硬盘、CD驱动器和电源即可,这些内置功能已经足以满足许多普通用户对视频和声音的技术要求。

1.7 小结与习题

1.7.1 小结

本章中主要介绍了信息处理领域中最基本的三个概念,即数据、信息和媒体,其中包括了对媒体分类及多媒体元素的具体说明;介绍了计算机系统及计算机的三种语言,其中包括了对计算机三个常用名词术语、计算机编码、计算机分类及计算机硬件和计算机软件的描述;阐述了微机系统的组成;对微机的四大组成模块做了介绍;概括了微机的发展、分类及微机系统的多项技术指标;最后,给出了微机主板的结构,并对主板的主要组成部分进行了分别说明。

1.7.2 习题

1. 微处理器、微机、微机系统三者含义有何不同?
2. 累加器与其他通用寄存器相比有怎样的特殊性?
3. 微处理器的控制信号有哪两类?
4. 微机系统采用总线结构有什么优点?
5. 数据总线与地址总线在结构上有什么不同?

6. 微机主要由哪些基本模块组成？各模块的主要功能是什么？
7. I/O 接口电路的作用是什么？
8. 按功能,CPU 总线分为哪三组？各组的作用是什么？
9. 如果微处理器的地址总线为 20 位,则 CPU 可直接寻址的最大内存范围是多少？
10. 什么是多媒体技术？
11. 什么是汇编程序？
12. 编译程序与解释程序的区别是什么？
13. 磁盘存储器和光盘存储器分别采用什么技术来保存信息？
14. 击打式和非击打式打印机的区别是什么？
15. Cache 位于哪两种部件之间？其作用是什么？
16. 衡量微机系统性能的主要技术指标有哪些？
17. 主板上 BIOS 的功能是什么？
18. 主板上的 CMOS 有哪两方面的功能？
19. 既然主板上已集成了显示卡,为什么还要提供 AGP 插槽？
20. 在主板上除了前端总线,还有哪些总线？

CHAPTER 2

第2章 微处理器

主要内容：

- 8086微处理器的编程结构。
- 8086微处理器的引脚信号及组态模式。
- 8086微处理器的三种主要操作及时序。
- 8086微处理器的中断操作及中断系统。
- 8086微处理器的存储组织及I/O组织。
- 80x86微处理器的结构变化。
- 小结与习题。

自从率先推出4004微处理器之后，Intel公司不断研制和生产的各种微处理器就一直占据着绝对的市场份额。Intel系列的CPU采用了向下兼容的策略，使得每种新款CPU对原有的系列产品都能保持兼容，进而也保证了此前开发的软件能够得到继续运行和使用。

为了学习微处理器的工作原理，掌握微处理器最重要的关键技术，本书选择8086为主要平台加以详细阐述，这样的选择是出于如下的考虑：尽管8086是16位的第二代微处理器，但它是Intel系列微处理器中最具代表性的，其中包含了CPU最重要的关键技术，而且这些主要技术和运行机制在当今最先进的CPU中仍被继承并使用着，在性能上也保持着兼容；同时，作为教材，在有限的学时内以最为先进的Pentium 4为背景来详尽阐述CPU的技术和方法也不现实。

2.1 8086微处理器的编程结构

2.1.1 8086/8088概述

8086是Intel系列的16位微处理器，其时钟频率为5MHz(8086-1型的时钟频率为10MHz，8086-2型的时钟频率为8MHz)，它有16条数据线和20条地址线。由于地址总线的位数决定了CPU可直接寻址的内存单元的范围,因此,8086 可直接寻址的最大内存空间为 2^{20} 个字节,即 1MB。

8088 是 Intel 系列的准 16 位微处理器,其内部寄存器、内部运算部件以及内部操作都是按 16 位设计的,只是它的外部数据总线宽度为 8 位,因此,在处理一个 16 位的数据字时,需要进行两步操作。这种设计的主要目的是为了使它能与当时已有的一整套 Intel 外设接口芯片兼容使用,也正是因为 8086 与 8088 的内部结构基本相同(都是 16 位的),所以常记为"8086/8088"的形式。

2.1.2 编程结构

编程结构与真正的物理结构或实际布局有所不同,它是指从程序员和使用者的角度感受到或"看到"的内部结构。或者说,是从指令执行过程的角度来讨论 8086 的内部结构的。8086 的编程结构如图 2.1 所示。

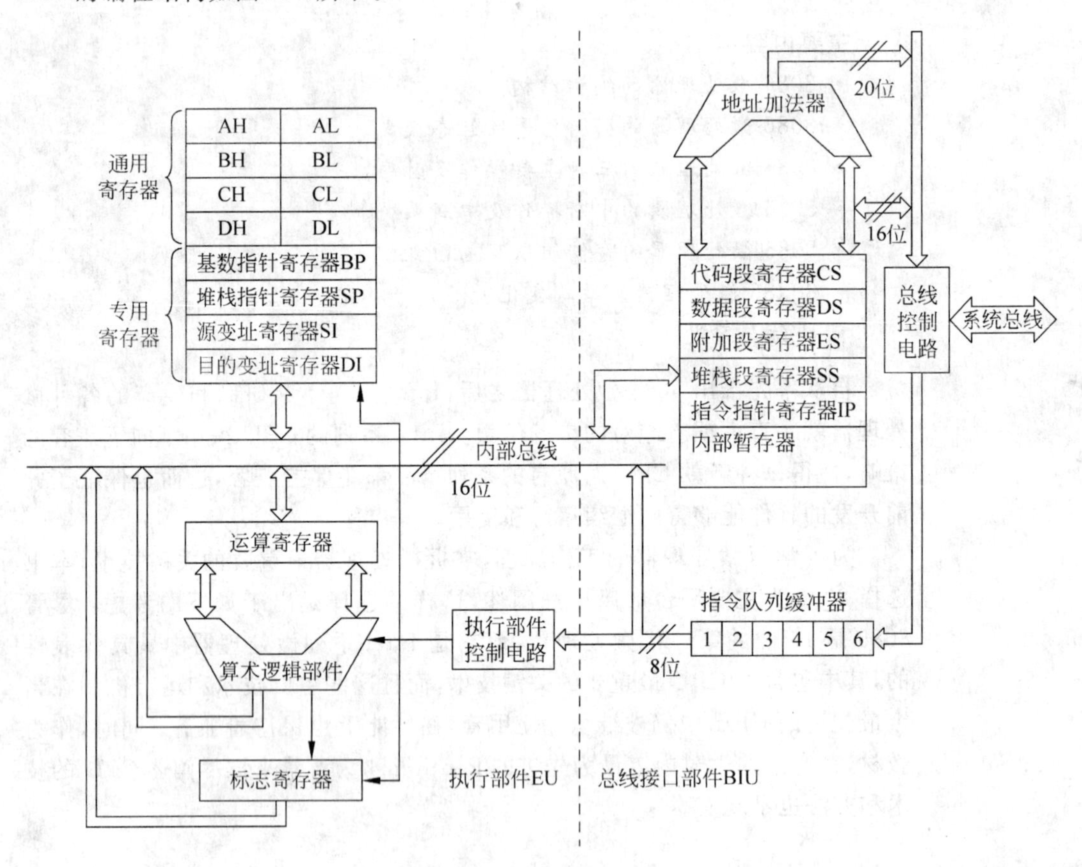

图 2.1 8086 的编程结构

8086 的编程结构从功能上可分为两个部分,一是总线接口部件(Bus Interface Unit,BIU),二是执行部件(Execution Unit,EU)。

2.1.3 BIU 的功能和组成

概括说来,BIU 的功能是负责与内存或 I/O 端口传送数据(这里的数据概念是广义的,包括指令代码),换句话说,BIU 的主要功能是完成 CPU 执行指令时利用系统总线进行数据传送的操作。具体说来，①BIU负责从内存的指定存储单元取出指令，送至指令队列缓冲器中进行排队；②负责配合EU从内存的指定存储单元或I/O端口中取出指令规定的操作数传送给EU；③负责把EU的操作结果传送到指定的存储单元或I/O端口中。

BIU由以下五个部分组成。

1. 一个6字节的指令队列缓冲器

为提高CPU的工作效率，改变以往CPU轮番进行取指令和执行指令的状况，8086采用了取指令与执行指令同时进行的处理方式，即在执行指令的同时从内存中取出下一条或下几条指令，将取来的指令放在这个指令队列缓冲器中。这样，在大多数情况下，CPU执行完一条指令便可从指令队列缓冲器中得到下一条要执行的指令，并且立即执行这条指令。由于此时无需再通过系统总线从内存中取出下一条指令，所以，就如同取指令的时间消失了一样，进而提高了CPU的运行效率。

2. 4个段地址寄存器

8086系统采用了地址分段的方法，将1MB的内存空间分为4个段，每段最多为64K个存储单元(不一定都是64KB，可以小于64KB，且每段之间既可以分开也可以重叠)，段地址寄存器就是用于存放每个段起始地址(也称段基地址或段首地址)的寄存器。4个段对应的段基地址分别存放于16位的代码段寄存器(Code Segment，CS)、数据段寄存器(Data Segment，DS)、附加数据段寄存器(Extra Segment，ES)和堆栈段寄存器(Stack Segment，SS)中。具体来说，CS用来存放当前程序所在段的段基地址；DS用来存放当前程序所用数据段的段基地址；ES用来存放附加数据所在段的段基地址；SS用来存放当前程序所用堆栈段的段基地址。

3. 20位地址加法器

8086系统之所以引入地址分段的概念，是因为8086内部的寄存器都是16位的，16位信息所能寻址的内存空间只能达2^{16}个存储单元，即64KB。为达到用20位的地址寻址1MB内存空间的目的，就需要有一个部件能根据16位寄存器提供的信息来计算出20位的物理地址，这个部件便是20位地址加法器。

所谓物理地址是指CPU和内存进行数据交换时实际使用的地址。它由两部分地址决定：一是段基地址，由段地址寄存器给出；二是段内偏移地址，它是指所要访问的内存单元离段基地址的偏移距离，一般由指令指针寄存器或专用寄存器给出。

20位地址加法器用于完成由段基地址与段内偏移地址形成20位物理地址的工作。由于段寄存器是16位的，因此要计算出一个存储单元的物理地址，要先将对应的段寄存器的值左移4位(相当于乘16)，得到一个20位的新值，然后，再加上段内偏移地址，这样，就可以得到这个存储单元所对应的20位物理地址了。例如，一条指令的物理地址就是根据CS和IP的内容计算出来的，具体计算时，先将CS的值左移4位，然后再与IP的值相加，如果CS＝E800H，IP＝0400H，则此时指令的物理地址就是E8000H＋0400H＝E8400H。

4. 指令指针寄存器(Instruction Pointer，IP)

这是一个16位的寄存器，用于存放下一条要执行指令的段内偏移地址。通常，IP的值不断地加1。

5. 总线控制电路

它是用于产生并发出总线控制信号，以实现对内存或I/O端口的读/写控制，正是总线控制电路将8086的内部总线与外部总线相连接。

2.1.4 EU的功能和组成

概括说来，EU的主要功能就是负责指令的执行。具体说来，EU的作用包括从指令队列缓冲器中取出指令；对指令进行译码，发出相应的传送数据或算术、逻辑运算的控制信号；接收由BIU传送来的数据或把数据传送到BIU；进行算术、逻辑运算等几个方面。

EU由以下五个部分组成。

1. 4个通用寄存器

4个通用寄存器既可作16位寄存器使用，也可作8位寄存器使用。作16位寄存器用时，分别记为AX、BX、CX、DX，其中AX又被称为16位累加器；作8位寄存器用时，分别记为AL、AH，BL、BH，CL、CH，DL、DH，其中AL又被称为8位累加器。8086指令系统中有许多指令都是通过累加器的参与来执行的。

2. 4个专用寄存器

4个专用寄存器分别是基数指针寄存器(Base Pointer，BP)、堆栈指针寄存器(Stack Pointer，SP)、源变址寄存器(Source Index，SI)、目的变址寄存器(Destination Index，DI)。

3. 算术逻辑部件(Arithmetic Logic Unit，ALU)

ALU是一个运算器，可用于进行8位或16位的二进制算术运算和逻辑运算，也可用于按指令的寻址方式计算出所需的偏移量。

4. 执行部件控制电路

它的作用是从BIU的指令队列缓冲器中取出指令并执行，根据指令要求，向EU内各功能部件发送相应的控制命令，以完成每条指令所规定的操作。

5. 标志寄存器

这是一个16位的寄存器，其16个位中除了未定义的7个位以外，其余9位按功能可以分为两类：一类是能够反映指令执行结果特征的状态标志，有6个；一类是可由编程人员通过专门指令设置的控制标志，有3个。

标志寄存器的格式如图2.2所示，下面分别介绍这9个标志位的含义。

(1) 六个状态标志

每个状态标志反映指令执行结果的一种特征，常用于根据指令执行后的结果进行判断转移。

① CF(Carry Flag，进位标志)：使最高位产生进/借位时，CF为1。

② PF(Parity Flag，奇/偶标志)：运行结果的低8位中含1的个数为偶数时，PF为1。

③ AF(Auxiliary carry Flag，辅助进位标志)：D3位向D4位有进/借位时，AF为1。

④ ZF(Zero Flag，零标志)：当前的运算结果为0时，ZF为1。

⑤ SF(Sign Flag，符号标志)：与运算结果的最高位相同，当数据用补码表示时，SF指出了运算结果是正还是负。

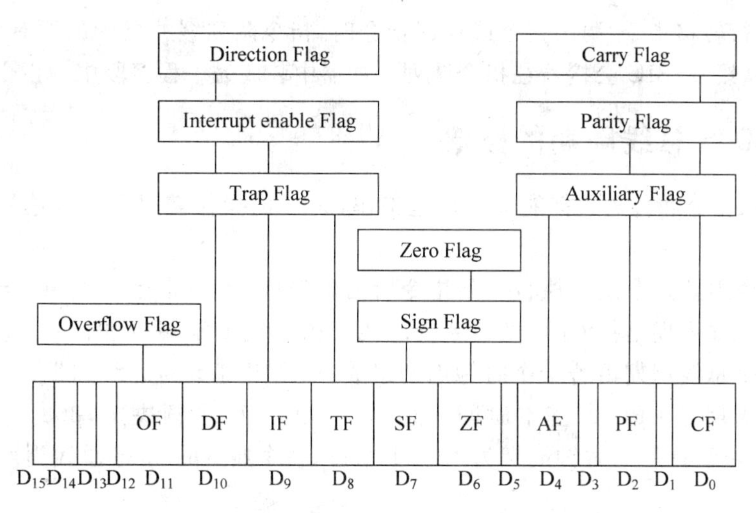

图 2.2　标志寄存器的格式

⑥ OF(Overflow Flag,溢出标志)：运算过程中产生溢出时,OF 为 1。当运算结果超出如下范围时,即为溢出。对于字节运算：－128～＋127；对于字运算：－32768～＋32767。

判断运算结果是否溢出的简单方法是：当判断出低位往最高有效位产生进/借位,而最高有效位又没有往前产生进/借位时,得知产生溢出；当判断出低位往最高有效位未产生进/借位,而最高有效位却往前又产生进/借位时,得知产生溢出。

例如，

```
  0101 0100 0011 1001
+ 0100 0101 0110 1010
---------------------
  1001 1001 1010 0011
```

运算完成后,CF＝0；PF＝1；AF＝1；ZF＝0；SF＝1；OF＝1。

(2) 三个控制标志

每一个控制标志针对着某一特定的功能。控制标志一旦设置后,便对后面的操作产生相应的控制作用。

① DF(Direction Flag,方向标志)：若在串操作过程中,地址不断递减,则 DF 为 1。

② IF(Interrupt enable Flag,中断允许标志)：若允许 CPU 接受外部可屏蔽中断请求,则 IF 为 1。

③ TF(Trap Flag,跟踪标志)：若 CPU 处于单步工作方式,即按跟踪方式执行指令,则 TF 为 1。

2.1.5　BIU 和 EU 的动作管理

BIU 和 EU 之间需要协调,其动作管理原则包括以下四个方面：

- 每当指令队列缓冲器中有 2 个空字节时,BIU 会自动把指令取到指令队列缓冲器中；
- 当指令队列缓冲器已满,且 EU 对 BIU 没有总线访问请求时,BIU 将进入空闲状态；
- 在 EU 执行指令的过程中,若必须访问内存或输入/输出设备,则 EU 会请求 BIU 进入总线周期,以完成所需的访问存储单元或 I/O 端口的操作；

• 当执行转移指令、调用指令或返回指令时,指令队列缓冲器中的原有内容会被自动清除,然后,BIU会接着往指令队列缓冲器中装放另一程序段中的指令。

2.1.6 8086总线周期的概念

为了使取指令和传送数据能够协调地工作,8086的操作需要在时钟信号CLK的统一控制下进行。

所谓指令周期是指微机执行一条指令所需的时间,一个指令周期由若干个总线周期组成。所谓总线周期是指CPU通过系统总线与内存或I/O端口进行一次数据传送所需的时间。一个总线周期由若干个时钟周期组成,一个最基本的总线周期由4个时钟周期组成。时钟周期是CPU的基本时间计量单位,由CPU主频决定,8086的时钟周期为200ns。一般习惯称一个时钟周期为一个T状态,一个典型的8086总线周期序列如图2.3所示。

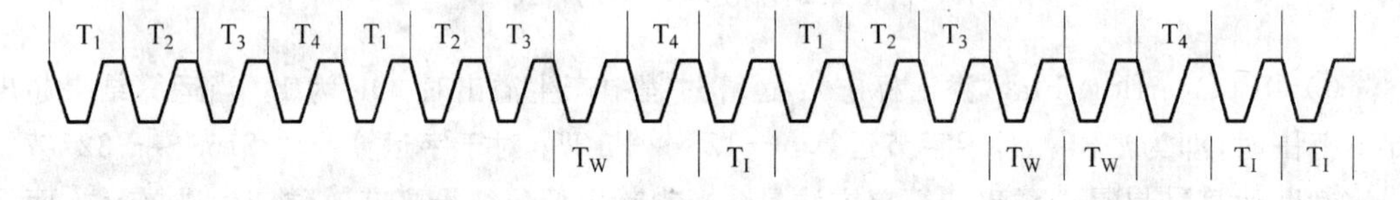

图2.3 典型的8086总线周期序列

其中:

(1) T_1状态——CPU往复用总线上发出地址信息,以指出要寻址的存储单元地址或I/O端口的地址。

(2) T_2状态——CPU从复用总线上撤销地址,使总线的低16位置成高阻状态,为传数据做准备;总线的高4位用来输出本总线周期的状态信息。

(3) T_3状态——复用总线的高4位继续提供状态信息,低16位上出现由CPU写出的数据或从内存或I/O端口读入的数据。

(4) T_4状态——总线周期结束。

(5) T_W状态——等待周期。当内存或I/O设备的速度低于CPU的速度时,在T_3与T_4状态之间插入1个或几个T_W状态,用来使CPU等待内存或I/O接口的响应。

(6) T_I状态——空闲周期。在一个总线周期之后,不立即执行下一总线周期时,即在两个总线周期之间执行空闲周期。

总之,CPU在两种情况下会执行总线周期:一是CPU在与内存或I/O端口间传送数据时;二是CPU填充指令队列缓冲器时。

2.2 8086微处理器的组态模式及引脚信号

2.2.1 8086的组态模式

8086有两种组态模式,可构成两种不同规模的应用系统,它们是最小模式和最大模式。

最小模式是指系统中只有8086这一个微处理器。在这种系统中,由于所有的总线控制信号都是由8086直接产生,因此,系统中的总线控制逻辑部件最少,由此得名最小模式。

最大模式是指系统中包含两个或两个以上的微处理器,其中一个为主处理器(8086),其他处理器都是协助主处理器8086工作的,被称为协处理器。常与8086配合工作的协处理器有两个:一个是专用于数值运算的处理器8087,它能实现多种类型的数值操作。系统中加入8087以后,可大大提高数值运算的速度;另一个是专用于输入/输出操作的处理器8089,它能实现大量数据的输入/输出。在输入/输出频繁的情况下,系统中加入8089以后,可明显提高主处理器8086的工作效率。

由于最大模式是一个多处理器系统,需要解决主处理器8086与协处理器之间协调工作,以及对系统总线共享控制等问题,因此,在硬件上就需要增加一个总线控制器8288,由总线控制器8288对主处理器8086发出的控制信号进行变换和组合,进而产生所需的全部总线控制信号。这样一来,相对于最小模式而言,系统中的总线控制逻辑部件较多,总线控制电路较为复杂,由此得名最大模式。

2.2.2 学习8086引脚应注意的问题

CPU是微机系统中核心而关键的部件,而它与整个系统的联系(即它的外部特性)主要表现在它的引脚信号上。在学习8086引脚时,应留意以下几方面的问题。

1. 引脚名称及其功能

通常用英文单词或英文单词缩写来表示,引脚名称基本反映出该信号的作用或功能。

2. 信号流向

有三种情况:一是从8086芯片向外输出,为输出引脚;二是从外部向8086芯片输入,为输入引脚;三是既可输出,也可输入,为双向引脚。

3. 有效电平

是引脚起作用时的逻辑电平。有的引脚信号为低电平有效(即负逻辑),有的引脚信号为高电平有效(即正逻辑)。为在形式上能够加以区分,在低电平有效的引脚名称上加一个上划线来表示。

4. 三态能力

是指引脚除了能正常输出或输入高、低电平两种状态之外,还能输出高阻状态。当输出高阻状态时,表示8086芯片已经放弃对该引脚的控制,使之"悬空",进而可以由所连接的其他设备接管对它的控制。

5. 引脚分时复用

CPU的功能越强,其引脚数就越多,但受到集成电路制造工艺和可靠性要求的限制,一般希望芯片的引脚数不要很多,为此8086采用了引脚复用技术。所谓引脚复用实际上就是分时使用引脚。例如,在某一时钟周期,连在引脚的总线上出现的是数据信息,而在另一时钟周期,连在引脚的总线上出现的又是地址信息,这样,就实现了数据线与地址线的复用。为此,也常称总线为复用总线、多路总线或多路复用总线。

6. 其他

有的引脚在不同的场合具有不同的功能和有效电平;有的引脚信号的有效电平可由编

程来决定；有的引脚为边沿有效，可能是上跳沿有效，也可能是下跳沿有效。

图 2.4 为 8086 的引脚信号，括号中表示的是工作在最大模式时的引脚名称。

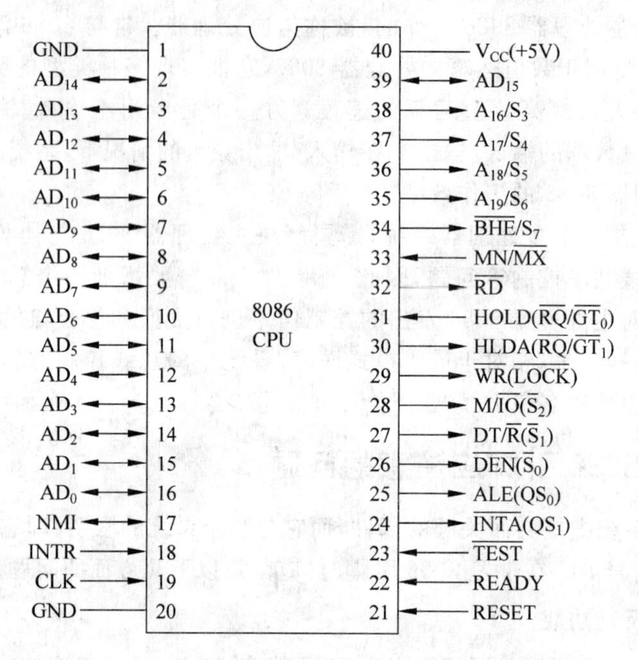

图 2.4　8086 的引脚信号

2.2.3　最小和最大模式下都用到的引脚信号

有些引脚工作在最小模式和最大模式下是有不同意义的，所以，我们先来介绍最小和最大模式下都用到的 12 类具有相同意义的引脚信号。

1. V_{CC}、GND——电源和地线

单一的＋5V 电源第 40 引脚(V_{CC})接单一的＋5V 电源；第 1 引脚和第 20 引脚(GND)应接地。

2. AD_{15}～AD_0(Address/Data)——地址(T_1)/数据(T_2、T_3)复用引脚(双向，三态)

在总线周期的 T_1 状态，用来输出所要访问的存储单元或 I/O 端口的地址信息；在 T_2 状态，如果是读周期，则处于高阻状态，如果是写周期，则为送出的数据信息；在 T_3 状态，无论是读周期还是写周期，都为送入的数据信息。

在 CPU 中断响应周期以及总线保持响应周期，AD_{15}～AD_0 为高阻状态。

3. A_{19}/S_6～A_{16}/S_3(Address/Status)——地址(T_1)/状态(T_2、T_3、T_W、T_4)复用引脚(输出，三态)

在总线周期的 T_1 状态，作地址引脚用，与 AD_{15}～AD_0 构成 20 位的物理地址；在总线周期的 T_2、T_3、T_W、T_4 状态，作状态引脚用，输出 4 位状态信息。其中：

S_6——指示 8086 当前是否与总线相连。S_6＝0 表示 8086 当前与总线相连，S_6＝1 表示 8086 当前未与总线相连。

S_5——指示中断允许标志当前的状态。S_5＝0 表示中断允许标志 IF 当前为 0，即 8086

关闭了可屏蔽中断的中断请求；$S_5=1$ 表示中断允许标志 IF 当前为 1，即 8086 允许响应可屏蔽中断的中断请求。

S_4、S_3——合起来指出当前正在使用哪个段寄存器，具体规定如表 2.1 所示。

表 2.1　S_4、S_3 合起来指出当前正在使用的段寄存器

S_4	S_3	含　义
0	0	当前正在使用附加段寄存器 ES
0	1	当前正在使用堆栈段寄存器 SS
1	0	当前正在使用 CS 或未使用任何段寄存器
1	1	当前正在使用数据段寄存器 DS

当系统总线处于保持响应周期时，$A_{19}\sim A_{16}$ 呈现高阻状态。

4. $\overline{BHE}(T_1)/S_7(T_2、T_3、T_W、T_4)$(Bus High Enable/Status)——高八位数据总线允许/状态复用引脚(输出)

在总线周期的 T_1 状态，用来输出高八位数据总线允许信号 $\overline{BHE}$，为低电平时，表示高八位数据总线上的数据有效；在总线周期 T_2、T_3、T_W、T_4 状态，用来输出状态信息 S_7，8086 芯片设计没有赋予 S_7 实际意义，留作备用。

$\overline{BHE}$和 AD_0 合起来可说明当前数据在总线上是以何种格式出现。代码组合、对应的存取操作，及所用的数据引脚如表 2.2 所示。表 2.2 中的偶地址是指偶地址的存储单元或偶地址的 I/O 端口。

表 2.2　$\overline{BHE}$和 AD_0 的代码组合、对应的存取操作、所用的数据引脚

$\overline{BHE}$　A_0	存 取 操 作		所用数据引脚
①　0　0	从偶地址开始读/写一个字(规则字)		$AD_{15}\sim AD_0$
②　1　0	从偶地址开始读/写一个字节		$AD_7\sim AD_0$
③　0　1	从奇地址开始读/写一个字节		$AD_{15}\sim AD_8$
④　0　1	从奇地址开始读/写一个字(非规则字)	在第一个总线周期，高八位数据有效	$AD_{15}\sim AD_8$
1　0		在第二个总线周期，低八位数据有效	$AD_7\sim AD_0$

为解释清楚为什么$\overline{BHE}$与 AD_0 结合可以指出当前传送的数据在总线上的出现形式，先需要了解 8086 系统中的两个约定。

约定一：8086 在用数据总线传输 16 位数据时，总是把数据传到以偶地址开头的两个相邻存储单元或两个相邻 I/O 端口中，或者从这样两个存储单元或两个 I/O 端口中取数。

约定二：数据作为“字”在内存或端口中存放时，低位字节总是放在地址较低的存储单元或 I/O 端口中，高位字节总是放在地址较高的存储单元或 I/O 端口中。

也就是说，若以 CPU 向内存写数据为例，则当 CPU 往内存传送数据时，低 8 位数据会传送到较低的偶地址单元，高 8 位数据会传送到较高的奇地址单元。

由此得出结论：偶地址的 I/O 端口或存储单元总是与数据总线的低 8 位相联系，而奇地址的 I/O 端或存储单元总是与数据总线的高 8 位相联系。

当系统总线处于保持响应周期时，$\overline{BHE}/S_7$ 呈现高阻状态。

图 2.5 是表 2.2 对应的存取操作的示意。

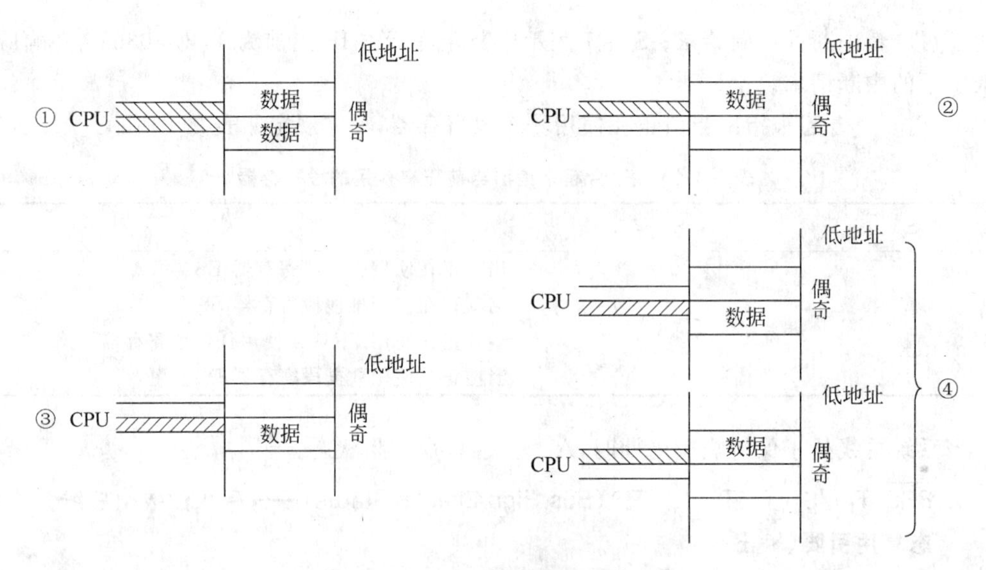

图 2.5　表 2.2 对应的存取操作示意

5. NMI(Non-Maskable Interrupt)——非屏蔽中断请求信号(输入,上升沿触发)

一旦该信号有效,8086 在结束现行指令后,便自动转入执行对应于中断类型码为 2 的非屏蔽中断处理子程序。

6. INTR(INTerruption Request)——可屏蔽中断请求信号(输入,电平触发,高电平有效)

8086 在执行每条指令的最后一个时钟周期,都会对 INTR 引脚进行检测,一旦检测到此信号有效,且中断允许标志 IF 为 1,8086 就在当前指令执行结束后,转入中断响应周期,执行相应的中断处理子程序。

7. $\overline{RD}$(T_2、T_3、T_W)(ReaD)——读信号(三态输出,低电平有效)

该信号指出 8086 将要执行一个对存储单元或 I/O 端口的读操作。到底是对内存读还是对 I/O 端口读,在最小模式下是由 M/$\overline{IO}$信号决定的。

8. CLK(CLocK)——主时钟信号(输入)

该信号为 8086 和总线控制逻辑电路提供定时手段。8086 要求主时钟信号的占空比为 33%。

9. RESET(RESET)——复位信号(输入,高电平有效)

该信号的高电平有效要求至少维持 4 个时钟周期。8086 接到该引脚的有效信号后,会停止现行操作,并将标志寄存器、IP、DS、SS、ES 清零,将指令队列缓冲器清空,将 CS 设置为 FFFFH;当 RESET 信号变为低电平时,8086 则从 FFFF0H 存储单元开始执行程序。

10. READY(READY)——准备好信号(输入,高电平有效)

这是一个用来使 8086 与内存或输入/输出设备实现速度匹配的信号。该信号是由被访问的内存或 I/O 设备发出的。当 READY 为高电平时,表示内存或输入/输出设备已做好输入/输出数据的准备。8086 会在每个总线周期的 T_3 状态对 READY 引脚进行检测,若检测到 READY 引脚为高电平,则总线周期按正常时序进行读/写操作;若 8086 检测到

READY 引脚为低电平，则 8086 在 T_3 状态之后自动插入一个或几个等待状态 T_W，直到检测 READY 引脚为高电平后，才进入 T_4 状态，完成数据的传送过程，结束当前总线周期。

11. $\overline{TEST}$(TEST)——测试信号(输入，低电平有效)

该信号是与 WAIT 指令结合起来使用的。当 8086 执行 WAIT 指令时，8086 处于空转状态进行等待，且每隔 5 个时钟周期对 $\overline{TEST}$ 信号进行一次测试，若测试到它为无效，则 8086 继续处于等待状态，直到检测到它为有效的低电平时，才结束等待状态，继续往下执行被暂停了的指令。

12. MN/$\overline{MX}$(MiNimum/MaXimum)——组态模式选择信号(输入)

MN/$\overline{MX}$=1 时，表示 8086 工作在最小模式下；MN/$\overline{MX}$=0 时，表示 8086 工作在最大模式下。

2.2.4　最小模式下用到的其他引脚信号

除两种模式下都用到的 12 类信号以外，最小模式下用到的引脚信号还有 8 个，它们都是控制信号，现逐一介绍如下。

1. $\overline{INTA}$(INTerrupt Acknowledge)——中断响应信号(输出，低电平有效)

该信号有效时，表示 8086 响应了外设发来的可屏蔽中断请求，是对 INTR 信号的响应。该信号形式实际上是位于两个连续总线周期中的两个负脉冲：第一个负脉冲用于通知相应的外设接口，由它发出的中断请求已得到响应；外设接口收到第二个负脉冲后，往数据总线送上中断类型码。正因为如此，$\overline{INTA}$ 通常用来作为读取中断类型码的选通信号。

2. ALE(T_1)(Address Latch Enable)——地址锁存允许信号(输出，高电平有效)

CPU 在与内存或 I/O 端口交换数据时，总是先送出地址信息，然后再传送数据信息，ALE 便是 8086 提供给地址锁存器的锁存控制信号。在任何一个总线周期的 T_1 状态，该引脚输出有效的高电平，表示当前在数据/地址复用总线上输出的是地址信息。正因为如此，ALE 常用作地址锁存器 8282 的片选信号，完成对地址的锁存，进而保证在读/写总线周期内地址信息是稳定的。

3. $\overline{DEN}$(Data ENable)——数据允许信号(三态输出，低电平有效)

该信号表示 8086 当前准备发送或接收一个数据，可用作数据总线收发器 8286 的输出允许信号。在每个对内存和 I/O 端口的访问周期及中断响应周期，$\overline{DEN}$ 引脚都会成为有效电平。

在 DMA 方式时，$\overline{DEN}$ 呈现高阻状态。

4. DT/$\overline{R}$(Data Transmit/Receive)——数据收发信号(输出)

当系统中使用总线收发器 8286 时，该信号用来控制 8286 芯片的数据传送方向：当 8086 向内存或 I/O 端口写数据时，DT/$\overline{R}$ 为高电平；当 8086 从内存或 I/O 端口读数据时，DT/$\overline{R}$ 为低电平。

在 DMA 方式时，DT/$\overline{R}$ 呈现高阻状态。

5. M/$\overline{IO}$(Memery/Input and Output)——存储器/输入输出控制信号(三态输出)

该信号用于区分 8086 当前访问的是内存还是 I/O 端口：M/$\overline{IO}$ 为高电平时，表示 8086

当前正在访问内存；M/$\overline{IO}$为低电平时，表示8086当前正在访问I/O端口。一般地，在前一个总线周期的T_4状态，该信号就成为有效电平，然后开始一个新的总线周期，且在此总线周期中，该信号一直保持有效电平，直到本总线周期的T_4状态为止。

在DMA方式时，M/$\overline{IO}$呈现高阻状态。

6. $\overline{WR}$(WRite)——写信号(三态输出，低电平有效)

当$\overline{WR}$有效时，表示8086当前正在对内存或I/O端口进行写操作。对于任何写周期，该信号只在T_2、T_3、T_W期间有效。

在DMA方式时，$\overline{WR}$呈现高阻状态。

7. HOLD(HOLD request)——总线保持请求信号(输入，高电平有效)

当系统中的另一个总线主模块要求控制总线时，通过该引脚向8086发出高电平的保持总线的请求信号。

8. HLDA(HoLD Acknowledge)——总线保持响应信号(输出，高电平有效)

当该信号有效时，表示8086对其他总线主模块发出的保持总线的请求信号HOLD做出响应。当8086检测到有效的HOLD信号时，如果允许让出总线的控制权，则在当前总线周期的T_4状态发出有效的HLDA信号，表示放弃对总线的控制，与此同时，所有地址/数据复用线和控制/状态线都呈现高阻状态。当其他总线主模块控制完总线后，会使HOLD信号变为低电平，即表示要交还总线的控制权，之后，8086会通过使HLDA信号变为低电平收回总线的控制权。

2.2.5 最小模式下的系统配置

所谓系统配置，是指要想构成一个在某一组态模式下工作的系统，除了CPU外，还需配置其他哪些芯片，这些芯片与CPU间的主要连接关系怎样。

在最小模式系统配置下，除了有CPU、内存、I/O接口及总线外，还应包括地址锁存器、总线收发器和时钟发生器。所以，在硬件连接上，最小模式有如下四个特点：

- MN/$\overline{MX}$引脚接+5V；
- 需三片8位地址锁存器8282/8283；
- 含两片8位总线收发器8286/8287(可选)；
- 需一片时钟发生器8284A。

1. 关于地址锁存器8282/8283

由于8086的复用总线是分时复用的，所以8086在与内存或I/O端口进行数据传送时，在T_1状态输出存储单元或I/O端口的地址信息，在其他T状态传送数据和状态信息；而在对内存或I/O端口进行读/写操作的过程中，必须保持地址信息的稳定。为此，需要在数据占用复用总线之前，先将地址信息锁存起来，以保证在读/写总线周期地址信息是稳定的，地址锁存器8282/8283便是为完成这一任务而设计的芯片。

8282和8283都是带有三态缓冲器的8位芯片，只是两者输出极性有所不同：8282的输出与输入极性相同；8283的输出与输入极性相反。地址锁存器8282与8086的连接如图2.6所示。

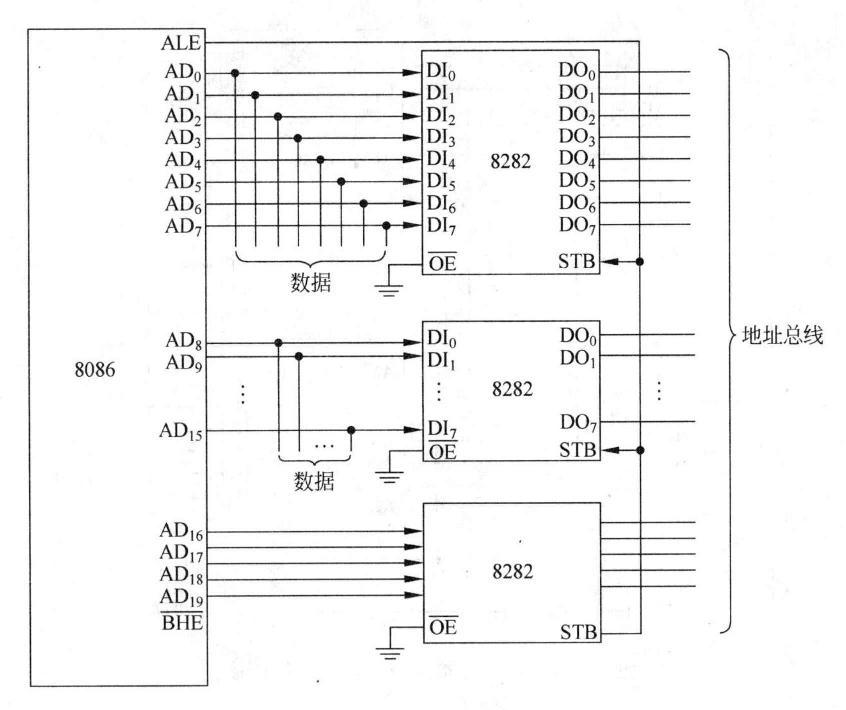

图 2.6 地址锁存器 8282 与 8086 的连接

8282 的信号引脚 $DI_0 \sim DI_7$ 为数据输入端；$DO_0 \sim DO_7$ 为数据输出端；STB 为数据选通端；$\overline{OE}$为数据输出允许端。当 STB 有效时，$DI_0 \sim DI_7$ 引脚上的数据锁存到锁存器中。因为 ALE 正适合作为地址锁存器的数据选通信号，所以，8086 的 ALE 端与地址锁存器 8282 的 STB 端连接在一起。另外，因为需要锁存 20 位地址信息和一个 BHE 信号，加起来共 21 位信息，所以系统中需要 3 片 8282。在不带有 DMA 控制器的最小模式系统中，$\overline{OE}$端接地。

2. 关于总线收发器 8286

由于 8086 的发出或接收数据的能力有限，所以当总线上连接的设备较多时，为使系统稳定地工作，需要使用数据功率放大器，以提高 8086 的数据总线驱动能力，总线收发器 8286/8287 便是这样一种能增强总线驱动能力的功率放大器。

8286 和 8287 都是具有三态输出的 8 位双向总线收发器，只是两者输出极性有所不同：8286 的输出与输入极性相同；8287 的输出与输入极性相反。

由于 8086 有 16 条数据线，而 8286 是 8 位芯片，所以 8086 系统中需要 2 片 8286。总线收发器 8286 与 8086 的连接如图 2.7 所示。

8286 的信号引脚 $A_0 \sim A_7$ 和 $B_0 \sim B_7$ 都为双向数据输入/输出数据端。T 和$\overline{OE}$都是用于控制数据传送方向的控制端。当$\overline{OE}$为高电平时，8286 在两个方向上都不能传送数据。当$\overline{OE}$为有效的低电平时：若 T 为高电平，则 $A_0 \sim A_7$ 为输入端，实现 A 到 B 的传送；若 T 为低电平时，则 $B_0 \sim B_7$ 为输入端，实现 B 到 A 的传送。这样一来，8086 的 $DT/\overline{R}$端正合适与 8286 的 T 端相连，以控制数据传送的方向；8086 的$\overline{DEN}$端正适合与 8286 的$\overline{OE}$端相连，使得 8086 只在访问内存或 I/O 端口时，才允许数据通过 8286。

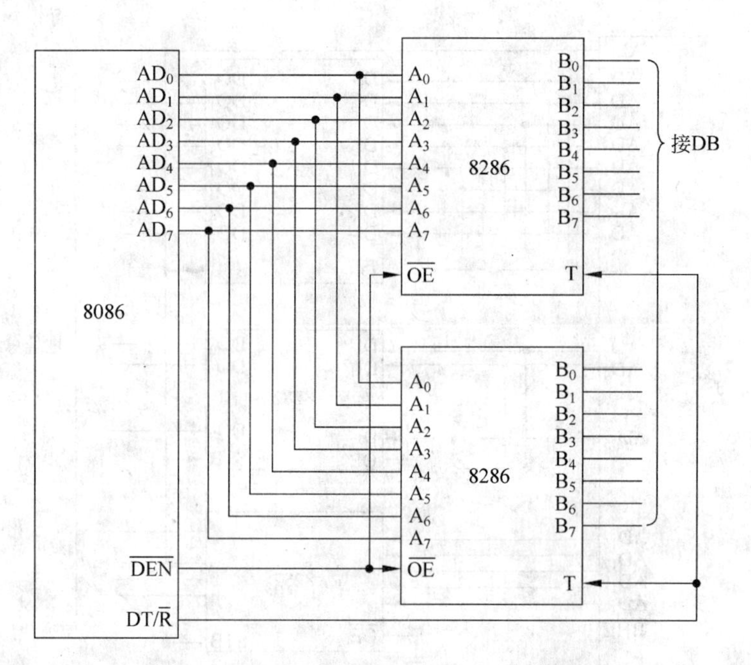

图 2.7　总线收发器 8286 与 8086 的连接

3. 关于时钟发生器 8284A

8086 内部和外部的时间基准信号都是从时钟输入端 CLK 引入的，8284A 便是 8086 系统中的一个时钟发生器。

8284A 有两个功能：一是提供频率恒定的时钟信号；二是提供与 CLK 同步的 READY 和 RESET 信号。8284A 有两个振荡源：一是脉冲发生器；二是晶体振荡器。

8284A 与 8086 的连接如图 2.8 所示。

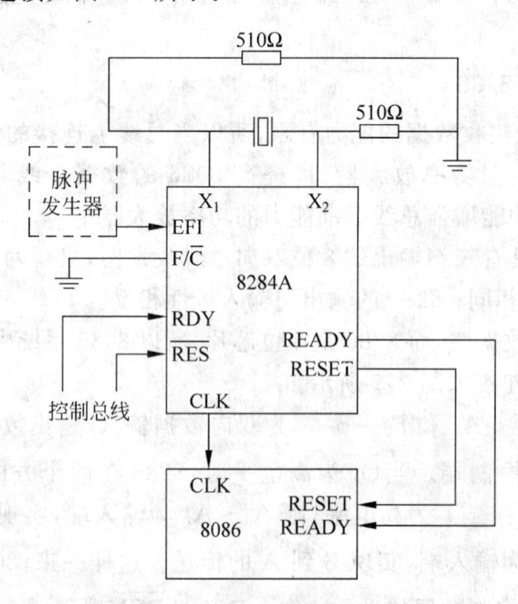

图 2.8　8284A 与 8086 的连接

8086 在最小模式下的典型配置如图 2.9 所示。

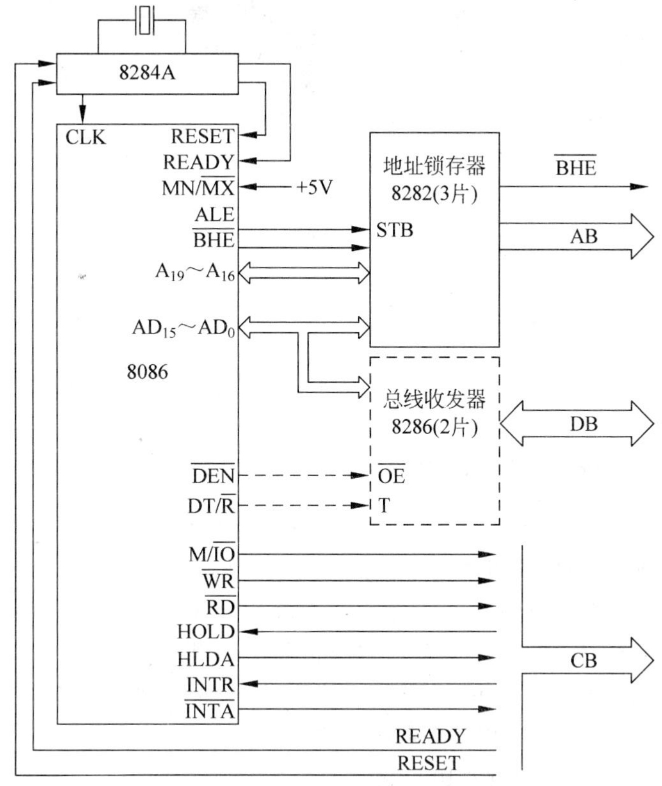

图 2.9　8086 在最小模式下的典型配置

2.2.6　最大模式下用到的其他引脚信号

除两种模式下都用到的 12 类引脚信号以外，在最大模式下用到的引脚信号还有四组，它们都是控制信号，现介绍如下。

1. QS_1、QS_0(instruction Queue Status)——指令队列状态信号(输出)

它们组合起来用来提供 8086 内部指令队列缓冲器的当前状态，以便于外部对 8086 内部指令队列缓冲器动作的跟踪。它们的编码组合及对应的含义如表 2.3 所示。

表 2.3　QS_1、QS_0 编码组合及对应的含义

QS_1	QS_0	含　义
0	0	无操作
0	1	从指令队列缓冲器的第一个字节中取走代码
1	0	指令队列缓冲器为空
1	1	除第一个字节外，还取走了后续字节中的代码

2. $\overline{S_2}$、$\overline{S_1}$、$\overline{S_0}$(bus cycle Status)——总线周期状态信号(三态输出)

在最大模式系统中，它们提供给总线控制器 8288，8288 正是利用这三个状态信号来产生对内存或 I/O 端口的读/写控制信号的，即决定 8086 在当前总线周期中所进行的操作类型。这三个状态信号的编码组合及对应的含义如表 2.4 所示。

表 2.4 $\overline{S_2}$、$\overline{S_1}$、$\overline{S_0}$ 编码组合及对应的含义

$\overline{S_2}$	$\overline{S_1}$	$\overline{S_0}$	操作过程	产生信号
0	0	0	发中断响应信号	$\overline{INTA}$
0	0	1	读 I/O 端口	$\overline{IORC}$
0	1	0	写 I/O 端口	$\overline{IOWC}$
0	1	1	暂停	无
1	0	0	取指令	$\overline{MRDC}$
1	0	1	读内存	$\overline{MRDC}$
1	1	0	写内存	$\overline{MWTC}$
1	1	1	不作用	无

3. $\overline{RQ}/\overline{GT_0}$、$\overline{RQ}/\overline{GT_1}$(ReQuest/GranT)——总线请求信号/总线请求授权信号(双向,低电平有效)

它们用来供 8086 以外的协处理器发送保持总线的请求信号和接收 8086 对总线保持请求的允许信号。其中,$\overline{RQ}/\overline{GT_0}$ 比$\overline{RQ}/\overline{GT_1}$ 的优先级要高。

4. $\overline{LOCK}$(LOCK)——总线封锁信号(输出,低电平有效)

该信号有效时,表示 8086 不允许其他总线主模块占用总线。该信号由软件设置,通过总线锁定前缀指令 LOCK 使其成为有效,并维持到下一条指令执行完为止。另外,在中断响应的两个负脉冲之间,该信号自动变为有效电平,以避免其他总线主模块在中断响应过程中占用总线,而造成间断一个完整的中断响应过程。

在 DMA 方式时,$\overline{LOCK}$呈现高阻状态。

2.2.7 最大模式下的系统配置

最大模式下还需配置总线控制器 8288 这个外加电路来对 8086 输出的状态信号($\overline{S_2}$、$\overline{S_1}$、$\overline{S_0}$)进行变换和组合,以得到对内存和 I/O 端口的读/写控制信号,以及对 8282、8286 的控制信号等。

总线控制器 8288 与 8086 的连接如图 2.10 所示。

8288 的$\overline{S_2}$、$\overline{S_1}$、$\overline{S_0}$ 与来自 8086 的$\overline{S_2}$、$\overline{S_1}$、$\overline{S_0}$ 直接相连,用来接收 8086 三个引脚上提供的各种状态信息,8288 通过译码器输出五组控制信号,它们是:

① 送给地址锁存器 8282 的地址锁存信号 ALE;

② 送给总线收发器 8286 的控制信号$\overline{DEN}$和 DT/$\overline{R}$,分别控制 8286 的开启和数据的传输方向;

③ 决定 8288 本身工作方式的 IOB 信号。8288 提供两种工作方式,分别适用于单处理器系统和多处理器系统。当 IOB 接地时,8288 工作在适用于单处理器系统的方式下;当 IOB 接+5V 时,8288 工作在适用于多处理器系统的方式下;

④ 中断响应信号$\overline{INTA}$;

⑤ 读/写控制信号$\overline{MRDC}$、$\overline{MWTC}$、$\overline{IORC}$、$\overline{IOWC}$。它们分别是控制内存和 I/O 端口的读/写控制信号。

8086 在最大模式下的典型配置如图 2.11 所示。

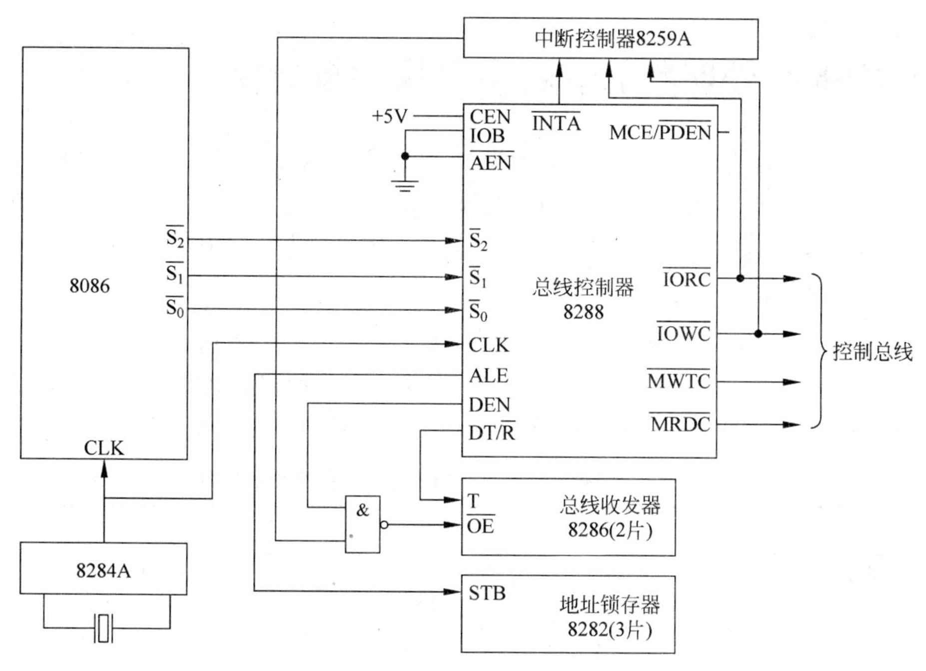

图 2.10 总线控制器 8288 与 8086 的连接

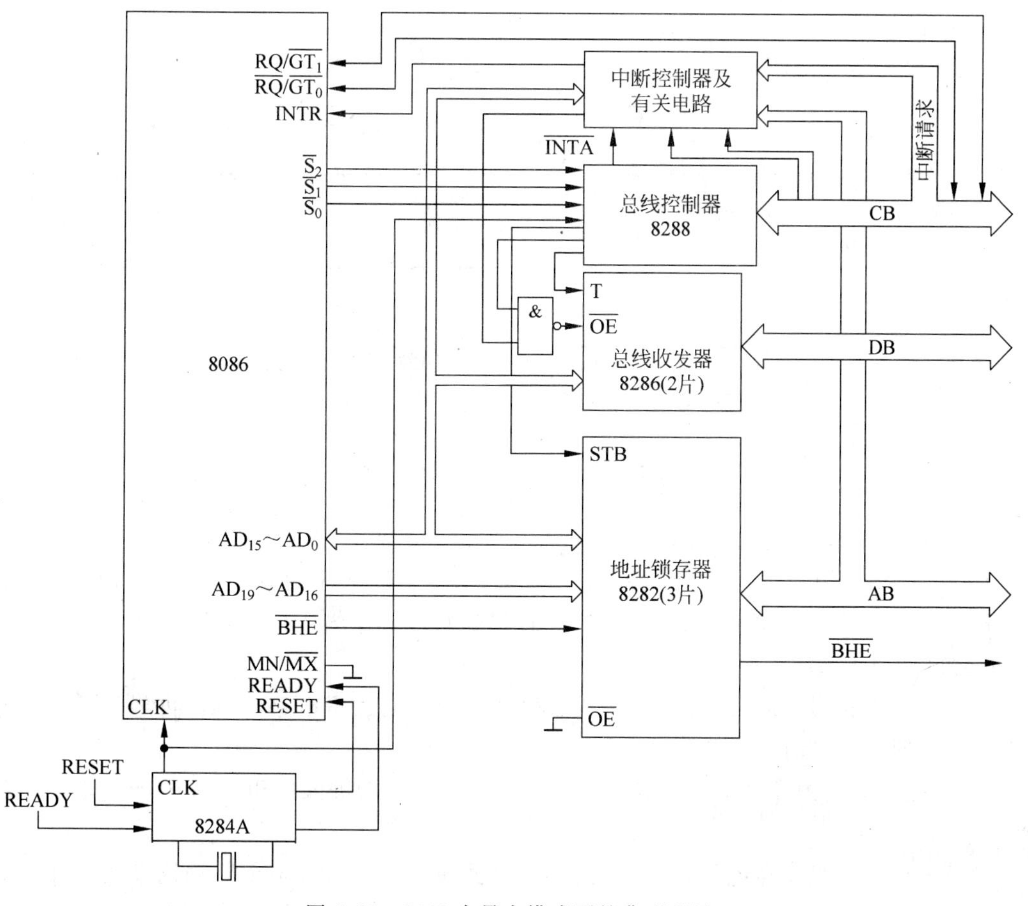

图 2.11 8086 在最大模式下的典型配置

2.3 8086微处理器的三种主要操作及时序

8086 的主要操作有：系统的复位启动操作、暂停操作、总线操作、最小模式下的总线保持操作、最大模式下的总线请求/授权和中断操作等。本节中仅介绍系统的复位启动操作、总线操作，及最小模式下的总线保持操作。在 2.4 节中将全面介绍中断操作。

1. 系统的复位启动操作

8086 要求 RESET 信号至少要保持 4 个时钟周期的高电平才算有效。8086 在接收到有效的复位信号后，会结束现行操作。只要 RESET 信号停留在高电平状态，8086 就维持在复位状态。复位时，8086 各内部寄存器及指令队列缓冲器的内容如表 2.5 所示。

表 2.5 复位时 8086 内部寄存器及指令队列缓冲器的内容

名　称	内　容	名　称	内　容
标志寄存器	0000H	SS	0000H
IP	0000H	ES	0000H
CS	FFFFH	其他寄存器	0000H
DS	0000H	指令队列缓冲器	空

8086 的复位操作时序如图 2.12 所示。

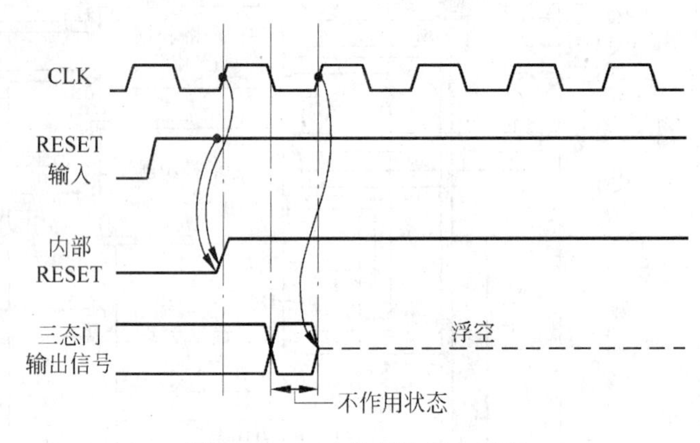

图 2.12 8086 的复位操作时序

对于 8086 的复位启动操作，有如下四点说明：

① 当 8086 复位后再重新启动时，是从 FFFF0H 处开始执行指令的，而一般在 FFFF0H 处存放的是一条无条件转移指令，转移到系统程序的入口处，这样，系统一旦被启动，便会自动进入系统程序。

② RESET 信号从高到低的跳变会触发 8086 内部的逻辑电路，之后，再经过 7 个时钟周期，8086 便会被启动而恢复正常工作。

③ 复位后因中断允许标志被清零，因而从 INTR 引脚进入的可屏蔽中断请求得不到允许。

④ RESET 信号变高电平以后，再过一个时钟周期(其中，有半个时钟周期为不作用状

态），所有三态输出线将呈现高阻状态。

2. 总线操作

CPU 在与内存或 I/O 端口传送数据时，需要执行一个总线周期，CPU 执行一个总线周期的操作称为总线操作。按照数据的传送方向，总线操作分为两种：一是 CPU 从内存或 I/O 端口读取数据的总线读操作；二是 CPU 将数据写入内存或 I/O 端口的总线写操作。

由于在最大模式下，对内存或 I/O 端口的读/写控制信号是经总线控制器 8288 对总线周期状态信号（$\overline{S_2}$、$\overline{S_1}$、$\overline{S_0}$）组合产生的，所以，虽然在控制信号上与最小模式的有差别，但是在两种模式下，地址信号、数据信号和控制信号的内在关系是相同的，为此，不妨以最小模式为例来介绍总线读/写操作的时序关系和具体操作过程。

图 2.13 和图 2.14 分别为最小模式下 8086 读周期时序和写周期时序。

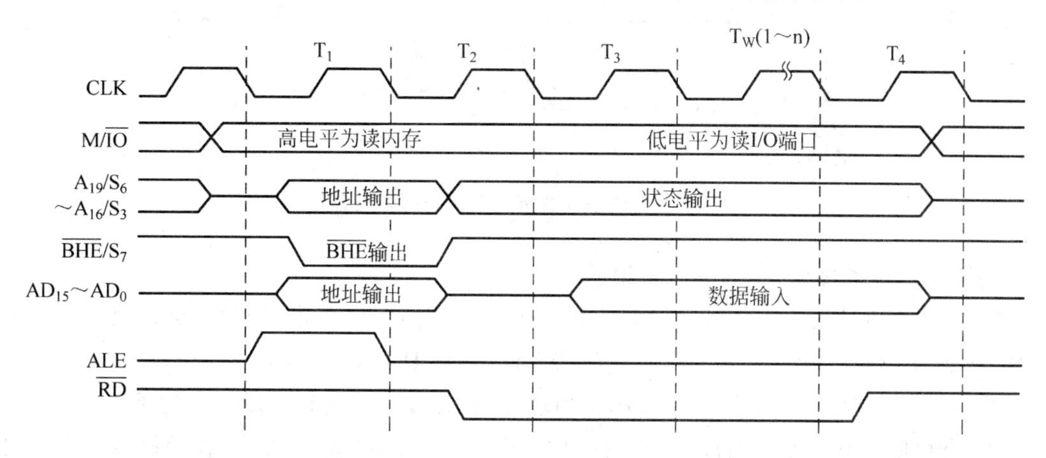

图 2.13 最小模式下 8086 读周期时序

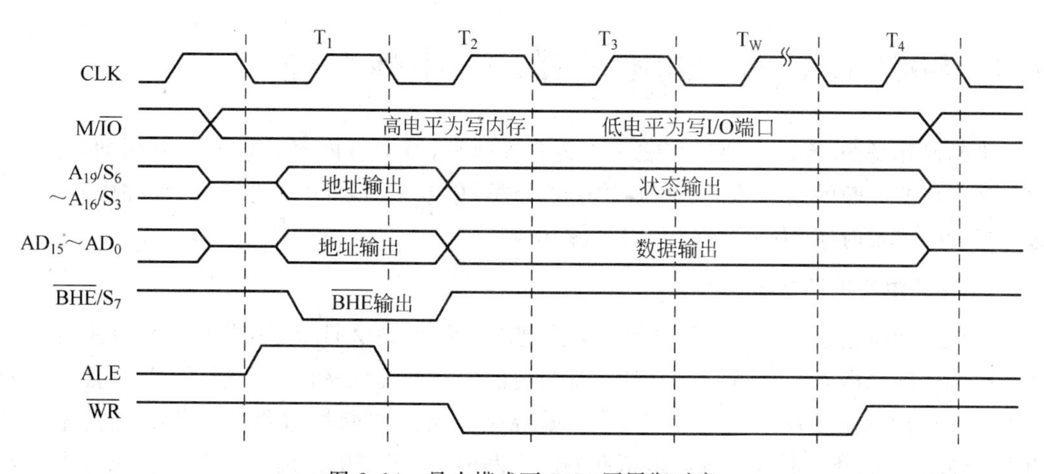

图 2.14 最小模式下 8086 写周期时序

8086 在不执行总线周期时，BIU 便不与总线打交道，此时 8086 便进入总线空闲周期 T_I，执行总线空操作。需要说明的是，因为一些操作与动作都是由 EU 完成的，所以尽管 8086 对总线进行空操作，但在 8086 内部可能仍在进行着有效的操作。事实上，在更多情况下，总线空操作是 BIU 对 EU 的等待。

3. 最小模式下的总线保持

8086 会在每个时钟脉冲的上升沿对 HOLD 信号进行检测。如果检测到有效的 HOLD 信号，且 8086 允许让出总线，则在总线周期的 T_4 或 T_1 之后的时钟周期的下降沿，8086 会发出有效的 HLDA 信号，以让出总线的控制权。

最小模式下总线保持操作时序如图 2.15 所示。

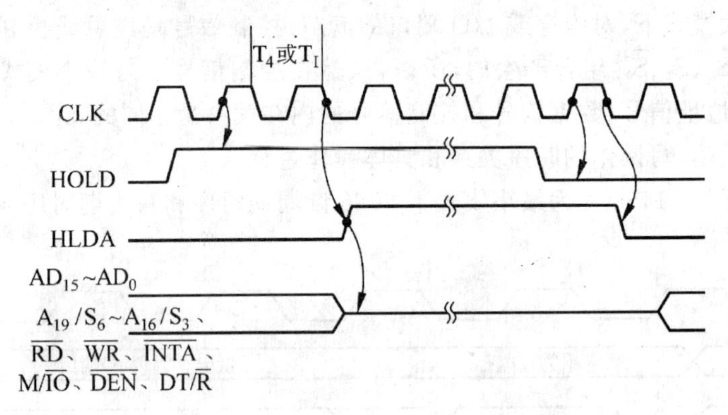

图 2.15　最小模式下总线保持操作时序

对于总线保持操作，有如下三点说明：

① 如果在 8086 测到 HOLD 信号有效时并非在 T_4 或 T_I 状态，则可能会延迟几个时钟周期，等到 T_4 或 T_I 状态时才发出总线保持允许信号 HLDA。

② 8086 和其他获得总线控制权的主模块之间，在操作上会有一段小小的重叠。

③ 有可能在某一小段时间里，没有任何一个模块在驱动总线，为此，在控制线和电源之间需要连接一个提拉电阻。

2.4　8086 微处理器的中断操作及中断系统

中断操作是 8086 的主要操作之一。为清晰起见，将本节内容分为七个方面加以介绍。它们是：有关中断的基本概念、8086 的中断分类、中断向量和中断向量表、硬件中断、可屏蔽中断的响应及时序、中断处理程序和软件中断。

1. 有关中断的基本概念

所谓中断是指这样一个过程，CPU 被内部或外部事件所打断，不再顺序执行主程序而转去执行中断源需要 CPU 执行的程序，待相应的中断处理程序执行完毕后，CPU 返回到断点处继续执行原主程序的过程。其中，中断源是指引起中断的事件；中断处理程序是指 CPU 转去执行的那段程序；断点是指在响应中断时，主程序中当前指令的下一条指令的地址；中断系统是指能实现中断过程的软硬件系统。

所谓中断嵌套(也称多重中断)是指当 CPU 正在执行优先级较低的中断处理程序时，允许响应优先级别较高的中断源的中断请求。此时，CPU 会暂时中止正在处理的原中断，转而为优先级别较高的中断源服务，待优先级别较高中断对应的中断处理程序结束后，再回到刚才被中止的那一级中断，继续执行原中断处理程序，直至处理结束后返回主程序。

图 2.16 为中断嵌套示意。

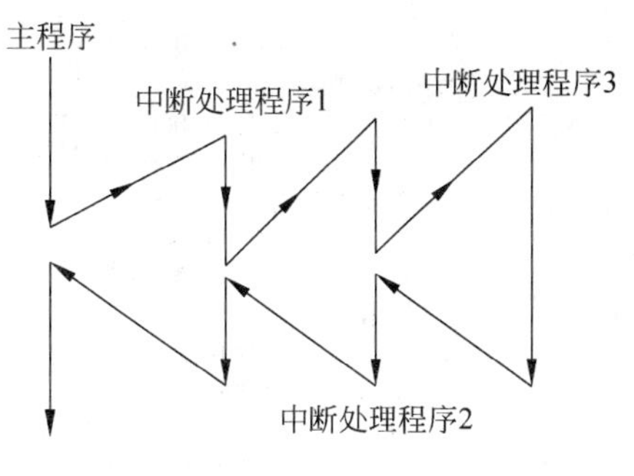

图 2.16 中断嵌套示意

2. 8086 的中断分类

按照产生中断的来源，8086 的中断分为内部中断和外部中断。

内部中断是指由 CPU 内部事件引起的中断。它是由软件中的某条指令或软件对标志寄存器中某个标志的设置而产生的，其产生过程与硬件电路无关；外部中断是指由外部硬件设备通过发出中断请求信号而产生的，外部中断又可进一步分为非屏蔽中断和可屏蔽中断两种。

两种外部中断的特点对比如下：

① 非屏蔽中断用来处理紧急事件，如电源掉电等；通过 NMI 引脚进入；不受 IF 位的影响；在整个系统中只有一个。

② 可屏蔽中断用于处理一般的随机外部事件，如外设的 I/O 处理请求等；通过 INTR 引脚进入；受 IF 位的影响；在系统中通过中断控制器(如 8259A)的配合可以有很多个。

3. 中断向量和中断向量表

中断系统是以中断向量表为基础的系统。中断向量表是由中断向量构成的表，位于内存 0 段 0000H～03FFH 区域。每个中断处理程序都有一个确定的入口地址，该入口地址即为中断向量。一个中断向量占 4 个存储单元：前 2 个存储单元存放中断处理程序入口地址的偏移地址；后 2 个存储单元存放中断处理程序入口地址的段地址。

为了区分不同的中断源，给每个中断源进行了编号，为中断源所指定的编号即为中断类型码(又称中断类型号)。中断类型码的 4 倍就是存放对应中断向量首地址的段内偏移地址值。

8086 中断向量表如图 2.17 所示。

4. 内部中断

内部中断也称软件中断，主要由下面三种情况引起：

① 中断指令 INT n(n 为中断类型码)；

② CPU 的某些运算错误(如除法出错、溢出等)；

③ 调试程序 DEBUG 设置。.

另外，因为中断指令 INT n 本身便为 CPU 提供了中断类型码 n，所以，CPU 从指令流中读得中断类型码，而非像响应可屏蔽中断那样，是通过发出两个负脉冲后而获得中断类型码的。

内部中断的特点归纳如下：

① 用一条 INT n 指令进入中断处理程序；

② 进入中断时无需执行中断响应总线周期；

③ 不受 IF 位影响(中断类型码为 1 的单步中断受 TF 位影响)；

④ 若 CPU 正在执行内部中断时，有外部可屏蔽中断请求，则根据情况决定是否给予响应；

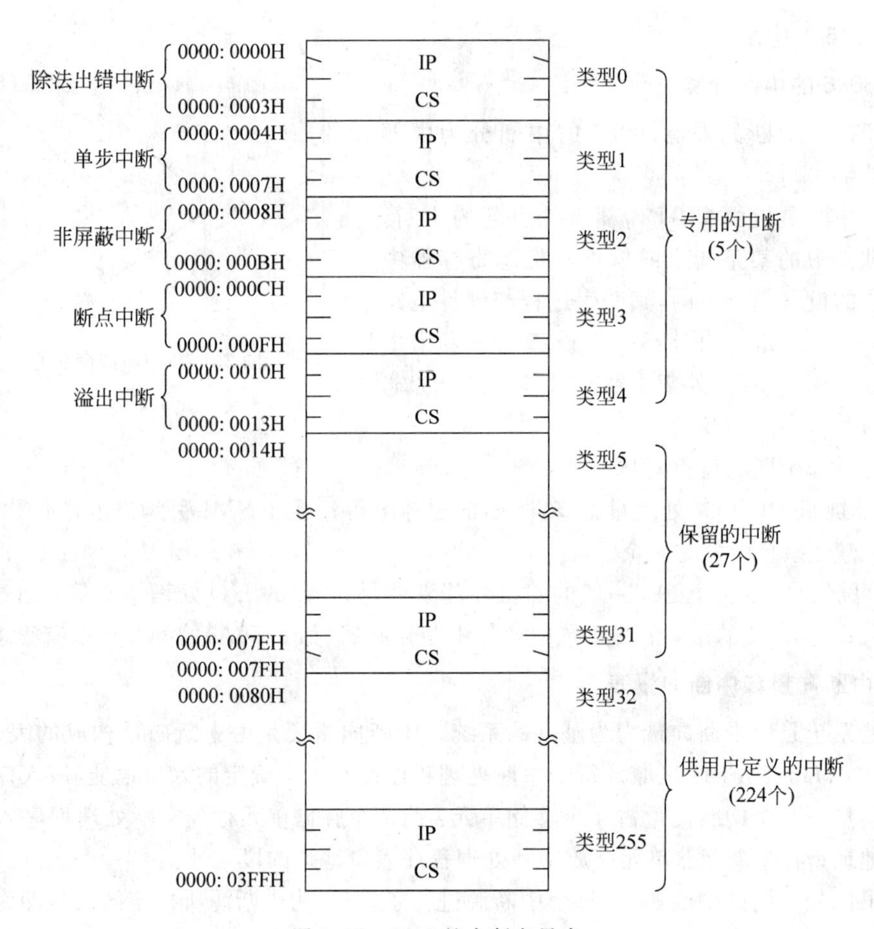

图 2.17　8086 的中断向量表

⑤ 没有随机性(而外部中断是具有随机性的)。

8086 的中断源如图 2.18 所示。

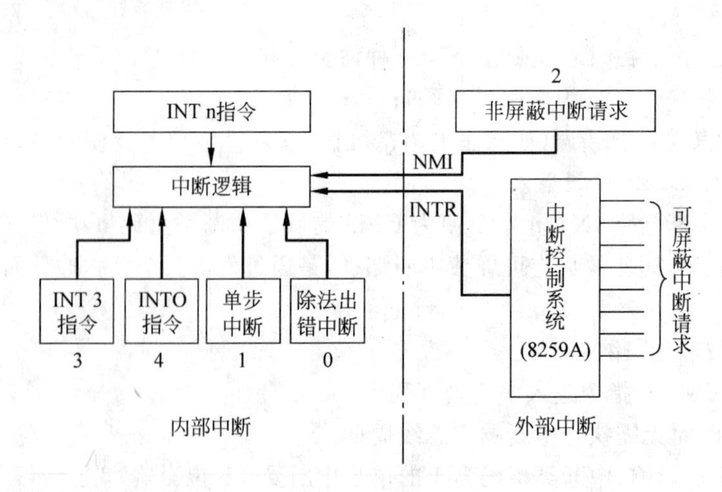

图 2.18　8086 的中断源

5. 外部中断

外部中断也称为硬件中断。8086 为外设提供的发送中断请求信号的引脚有两个：NMI 和 INTR。其中，NMI 的中断优先级最高，中断类型码为 2，所以，非屏蔽处理程序的入口地址放在内存 0 段的 0008H～000BH 中；INTR 受 IF 位的限制，而 IF 位的设置和清除可通过指令或调试工具来实现。用于管理多个中断请求的中断控制器是具体执行中断优先级管理和排队的部件。

6. 可屏蔽中断的响应和时序

可屏蔽中断的响应过程为：当 8086 从 INTR 引脚收到一个高电平的中断请求信号，且当前的中断允许标志 IF 位为 1 时，8086 就会在当前指令执行完之后，开始响应这个可屏蔽中断请求，即从 $\overline{\text{INTA}}$ 引脚发出两个负脉冲。在外设接口收到第 2 个负脉冲后，立即往数据总线上送中断类型码，然后，8086 将依次做下面的 5 件事：

① 从数据总线上读取中断类型码，将其存入内部暂存器；

② 将标志寄存器中的值压入堆栈；

③ 将标志寄存器中的 IF 位和 TF 位清零；

④ 将断点压入到堆栈；

⑤ 据得到的中断类型码，到内存的中断向量表中找到相应的中断向量，再依此中断向量转入相应的中断处理程序。

对于中断响应过程，有如下 4 点说明：

① 非屏蔽中断与可屏蔽中断在中断响应上的区别在于，非屏蔽中断无需进行 IF 位判断和读取中断类型码；

② 单步中断是指执行当前程序的一条指令后将各寄存器内容显示出来，且在每执行一条指令之后，又自动产生类型 1 的单步中断；

③ 进入可屏蔽中断处理程序之后，非屏蔽中断和级别更高的可屏蔽中断可以通过嵌套得到响应；

④ 中断处理程序结束时，会按与中断响应相反的过程返回到断点处，继续执行刚才被停止的原程序。

8086 的可屏蔽中断响应时序如图 2.19 所示。

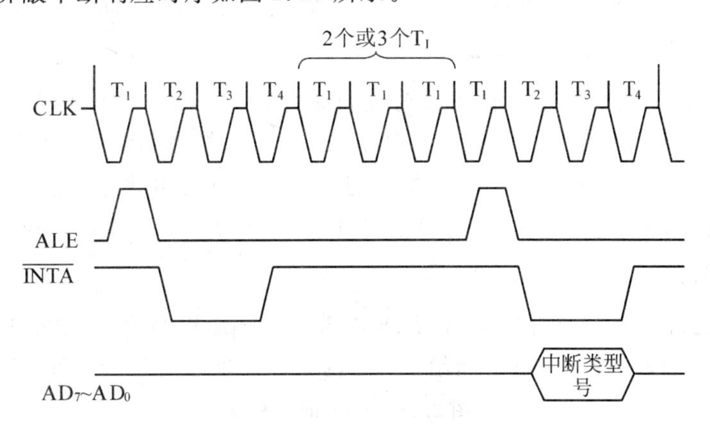

图 2.19　8086 的可屏蔽中断响应时序

对于中断响应时序，有如下 7 点说明：

① 内部中断及非屏蔽中断不按照该时序来响应中断；

② 只有在最小模式时才从$\overline{\text{INTA}}$引腿发中断响应的两个负脉冲；

③ 中断响应占用两个总线周期；

④ 中断类型码通过低 8 位数据总线送给 8086；

⑤ 在两个中断响应总线周期之间插入 3 个空闲周期(这是 8086 执行中断响应过程的典型情况)；

⑥ INTR 电平信号必须维持到 8086 响应中断之后再结束；

⑦ $\text{M}/\overline{\text{IO}}$信号应为低电平，以表示与 I/O 端口进行数据传送(因为中断类型码由接口电路所提供)。

7. 中断处理程序

中断处理程序也称中断服务程序、中断处理子程序或中断服务子程序。虽然各种中断处理程序的具体功能多种多样，但从结构模式上看，所有中断处理程序都应包括如下 6 个部分：

① 进一步保护现场——将中断处理程序中可能使用的有关寄存器的值压入堆栈，以免破坏其原有内容，即进一步保护中断现场；

② 开中断——用指令设置 IF 位为 1 来开放中断，以允许级别更高的中断请求进行嵌套；

③ 主体功能——中断处理程序的主体部分；

④ 关中断——保证在恢复现场时不被新的中断所打扰；

⑤ 进一步恢复现场——恢复被保护了的 CPU 各寄存器的内容；

⑥ 中断返回——CPU 执行中断返回指令时，自动将保护在现行堆栈中的标志寄存器的值和断点地址弹出。

2.5 8086 微处理器的存储器组织及 I/O 组织

本节的主要内容包括：8086 系统中存储器的段结构、8086 系统中物理地址的形成，以及 8086 的 I/O 组织。前两方面涉及的是存储器组织，最后一个方面涉及的是 I/O 组织。

1. 8086 系统中存储器的段结构

8086 有 20 条地址线，每个存储单元对应的地址是 20 位的，应可直接寻址 1MB 内存空间；而 8086 内部寄存器的位数都是 16 位的，若不采取措施，能够寻址的内存空间只有 64KB。为此，8086 系统采用地址分段的方法，即分为四个逻辑段，每个逻辑段最大为 64KB，段内仍然采用 16 位寻址。段与段之间可以是连续的，也可以是分开或重叠的。

2. 物理地址的形成

物理地址是指 CPU 与存储器进行数据传送时实际使用的地址，由段基址和段内偏移地址两部分组成。段基址由段寄存器给出；段内偏移地址一般由 IP、DI、SI、BP、SP 等寄存器给出。

当 CPU 寻址某个存储单元时，需先计算出物理地址，形成物理地址的计算方法示意如

图 2.20 所示。

段寄存器与其他寄存器进行组合，指向存储单元的示意如图 2.21 所示。

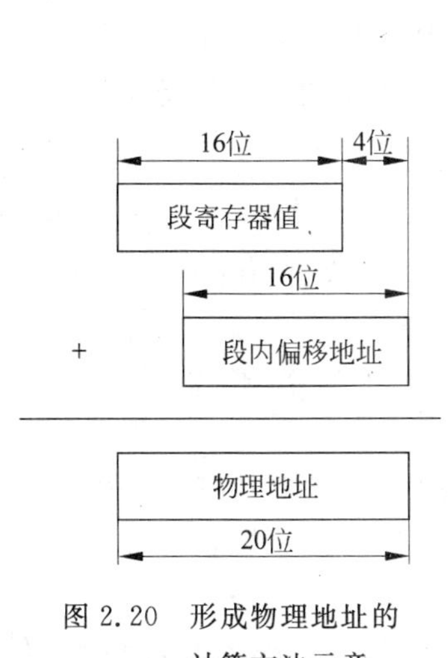

图 2.20 形成物理地址的计算方法示意

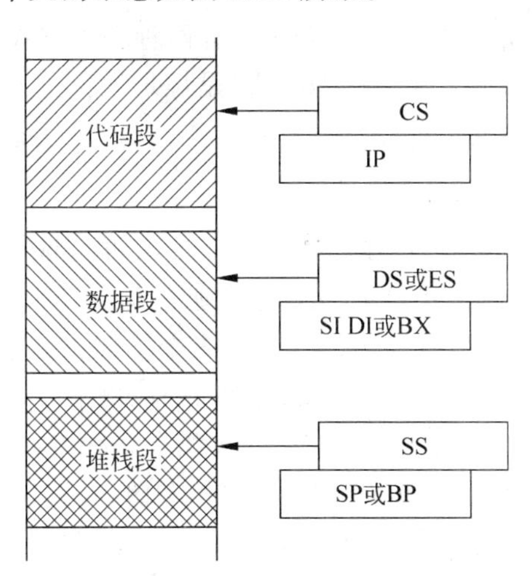

图 2.21 段寄存器与其他寄存器进行组合指向存储单元的示意

3. I/O 组织

每个接口电路芯片中都有一个或几个端口，一个端口往往对应了芯片内部的一个寄存器或一组寄存器。为了区分不同的端口，微机系统为每一端口分配了一个地址，称之为端口号。8086 允许有 65535 个 8 位的端口，两个相邻的端口可以组成一个 16 位的端口。

在不同的微机系统中，I/O 端口的编址方式有两种：一是独立编址方式，即 I/O 端口地址空间独立于存储器的地址空间；二是统一编址方式，即 I/O 端口与存储器共用一个地址空间，用对存储器的访问指令来实现对 I/O 端口的读/写。统一编址方式的优点是不需要提供专门的输入/输出指令，寻址手段丰富、灵活；其缺点是 I/O 端口占用了存储器的一部分地址空间，程序的可读性较差。而独立编址方式的优缺点与统一编址方式的正好相反。

独立编址的操作过程为：8086 执行 IN 或 OUT 指令时，从硬件产生有效的读/写控制信号，同时使 $M/\overline{IO}$ 引脚为低电平，通过外部逻辑电路的组合，产生对 I/O 端口的读/写控制信号。

2.6 80x86 微处理器的结构变化

在 8086 之后，Intel 公司又相继推出了 80286、80386、80486、Pentium 和 Itanium 等微处理器。所推出的新微处理器总是集成度更高、主频更大、性能更好。下面分 5 节简要介绍它们的结构和技术特点。

2.6.1 80286 微处理器

1. 80286 概述

80286 是 Intel 公司于 1982 年推出的相对 8086 而言更为先进的 16 位微处理器，它的内部时钟频率提高到 5～25MHz，未采用引脚分时复用的方法，而是具有独立的 16 条数据线和 24 条地址线。

在工作方式上，80286 有两种基本方式：一是 DOS 应用程序占用全部系统资源的实地址方式（与 8086 一样）；二是虚地址保护方式。在虚地址保护方式下，80286 增加了三个方面的功能：一是存储管理功能，二是多任务处理功能，三是多任务之间快速切换功能。

2. 80286 的结构

从功能结构上看，80286 也由两大部分组成：一是总线接口部件，二是执行部件（EU）。其中，总线接口部件又包括地址部件（Address Unit，AU）、指令部件（Instruction Unit，IU）和总线部件（Bus Unit，BU）3 个子部分。这里，80286 新增加的部件是 IU，其作用是从总线部件（BU）的 6 字节预取队列中取出指令，通过指令部件（IU）的指令译码器进行译码，再将译码结果放入 3 字节已译码指令队列中，因而加快了指令的执行速度。

若与 8086 的内部结构相对照，80286 的执行部件（EU）和指令部件（IU）合在一起基本相当于 8086 的 EU；而 80286 的总线部件（BU）和地址部件（AU）合在一起基本相当于 8086 的 BIU。

总之，由于 80286 的时钟频率更高，且 EU、IU、BU、AU 等多个部件并行操作，因而提高了 CPU 的工作速度，其系统的整体性能要比 5MHz 的 8086 系统性能高 6 倍。

80286 内部结构如图 2.22 所示。

2.6.2 80386 微处理器

如果说微处理器从 8 位到 16 位的发展主要是表现在总线宽度的增加上，那么，微处理器从 16 位到 32 位的演变则主要是体现在体系结构设计理念的改变上。例如，32 位微处理器普遍采用了流水线和指令重叠执行技术、虚拟存储技术、片内存储管理技术等，这些新技术为实现多用户、多任务操作系统提供了强有力的支持。也正因为如此，32 位微机能够更有效地处理数据、文字、图形、图像、语音等各种信息，进而在数据处理、工程计算、事务处理、办公自动化、实时控制、实时传输、人工智能，以及 CAD/CAM 等诸多领域发挥着很大的作用。

1. 80386 概述

80386 是 Intel 公司于 1985 年推出的 32 位微处理器，具有独立的 32 条数据线和 32 条地址线，直接寻址能力达 4GB，其主频从最初的 16MHz 提高到后来的 40MHz。仅在 16MHz 的主频下，80386 的工作速度即可与十年前的大型机相匹敌，从这个意义上讲，在微处理器发展史上，80386 的推出具有里程碑式的意义。

2. 80386 的结构

从功能结构上看，80386 由中央处理器（CPU）、存储器管理部件（MMU）、总线接口部件（BIU）等 3 大部分组成。80386 的内部结构如图 2.23 所示。

(1) 中央处理器（CPU）

CPU 由指令部件（IU）和执行部件（EU）两个部分组成，其中，指令部件又包括执行预取部件（IPU）和指令译码部件（IDU）。这样一来，也可以说，80386 的 CPU 是由 IPU、IDU 和 EU 3 个子部分组成的。

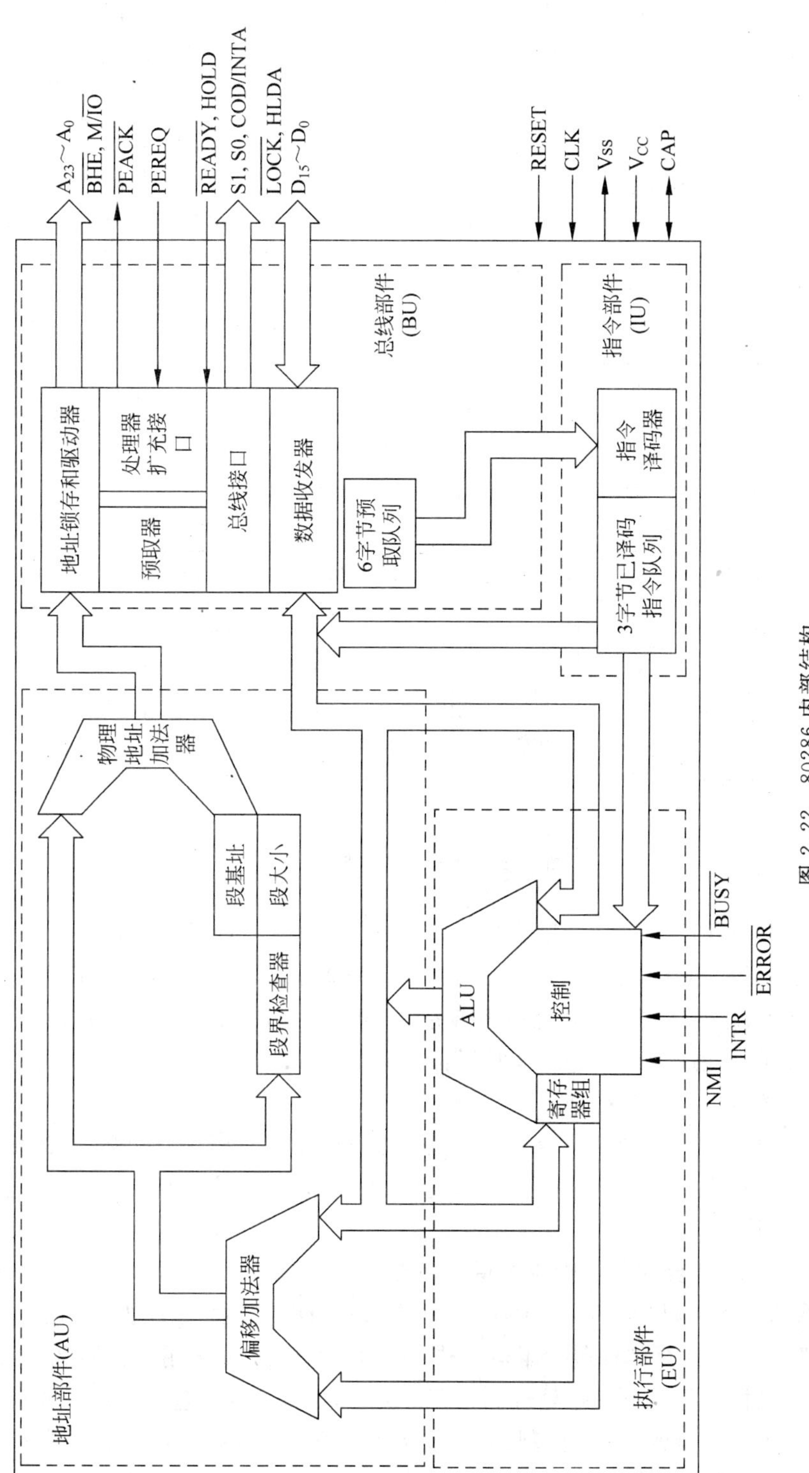

图 2.22　80286 内部结构

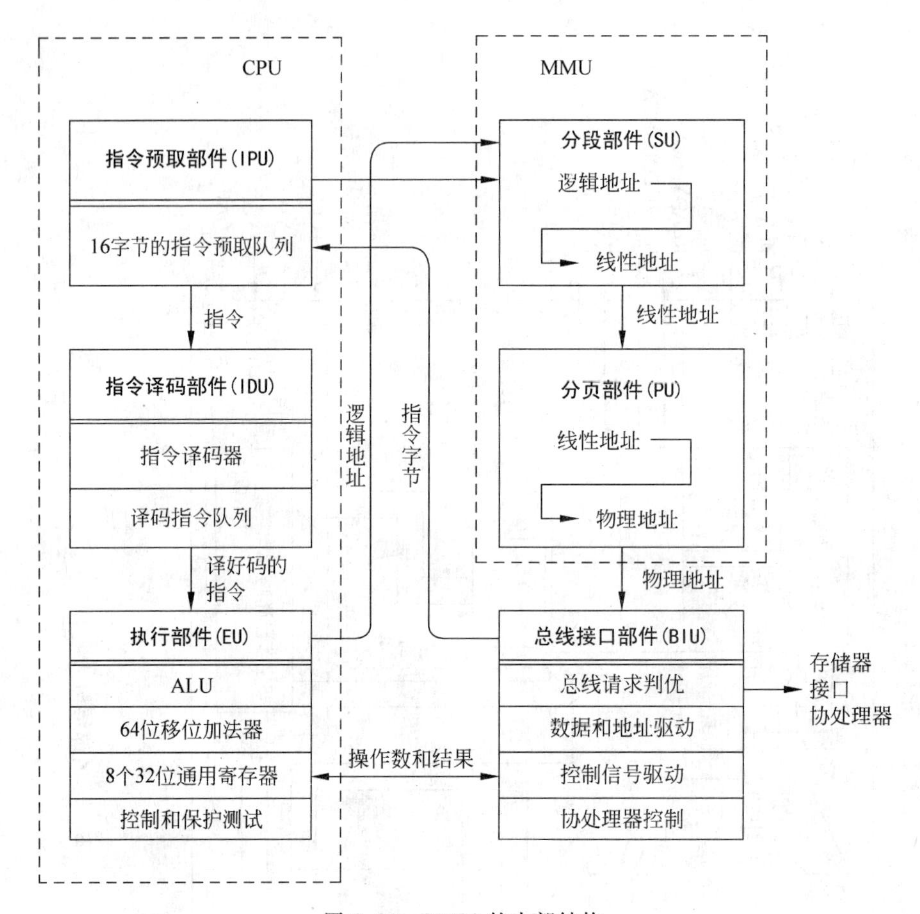

图 2.23 80386 的内部结构

指令预取部件(IPU)：该部件完成将存储器中的指令按顺序取到 16 字节的预取指令队列中来，以便当 CPU 正在执行当前指令时，指令译码器能对下一条指令进行译码。每当从 16 字节的指令预取队列向 IDU 输送一条指令后，IPU 就会向总线接口部件(BIU)发出总线请求，如果 BIU 此时正处于空闲状态，则会响应此请求，进而再从存储器中取出下面的指令以填充 16 字节的指令预取队列。

指令译码部件(IDU)：该部件包括指令译码器和译码指令队列(可容纳 3 条译好码的指令)。只要译码指令队列有剩余的空间，译码部件就会从 16 字节的指令预取队列中取来下一条指令进行译码。

总之，IPU 和 IDU 合在一起构成的指令部件与 80286 的 IU 一样，可以预取指令、译码，而且指令预取队列和译码指令队列为实现指令重叠执行技术建立了前提。

执行部件(EU)：执行部件包括了运算器(ALU)、8 个 32 位通用寄存器和一个 64 位移位加法器，它们共同执行各种数据处理和运算。另外，执行部件还包括了用于实现有效地址计算、乘除法加速等功能的 ALU 控制部分，以及用于检验指令执行中是否符合设计的存储器分段规则的保护测试部分。

由于 80386 的指令部件和执行部件(EU)是并行工作的，因而省去了取指令和译码的时间，提高了微处理器的工作速度。

(2) 存储器管理部件(MMU)

MMU 的功能是实现对存储器的管理,由分段部件(SU)和分页部件(PU)两部分组成。

80368 系统中允许使用虚拟存储器,容量可达 64TB,为此,先来引出虚拟存储器的概念。所谓虚拟存储器是指,系统中包含一个速度较快、容量较小的内存和一个速度较慢、容量较大的外存,通过存储管理机制将外存与内存有机地结合起来,使得从程序员的角度来看,似乎系统中存在一个容量很大、速度又很快的内存,因而可以用来运行要求存储器容量比实际内存容量大得多的程序。正因为这个内存并非真正物理上的内存,所以称之为虚拟存储器。

80386 的存储器仍然按段来划分,每个段最大可达 4GB,而且每个段又划分为多个页,每个页固定为 4KB,即分页是在分段的基础上进一步把段分为固定大小的页面。进行分页是为了便于实现虚拟存储管理,因为大部分程序在一个时间段内只访问很少的页面,所以,有了分页功能之后,就可以使内存只保留程序中被访问的页面,从而减轻内存的负担,实现虚拟存储管理。

MMU 通过分段部件(SU)和分页部件(PU)实现对存储器的管理。其中,SU 管理面向程序员的逻辑地址空间,且负责将逻辑地址转换为线性地址;PU 管理物理地址空间,且负责将 SU 或者 IDU 产生的线性地址转换为物理地址。之后,BIU 就可以根据此物理地址对存储器或 I/O 端口进行读/写操作了。

(3) 总线接口部件(BIU)

在 80386 内部,当指令预取部件(IPU)从存储器取指令,以及执行部件(EU)在执行指令过程中对存储器或 I/O 端口进行读/写操作时,都会发出总线请求。这时,总线接口部件(BIU)就会根据优先级对这些请求进行仲裁,从而有条不紊地服务于多个总线请求,并产生相应总线操作所需的多个信号。

总之,BIU 负责与存储器或 I/O 端口进行数据的传送。

3. 流水线技术

由于 80386 采用的流水线技术大大加快了指令执行速度,因此流水线技术也是 80386 的重要技术特点之一。流水线技术包括指令流水线和地址流水线两个方面。

(1) 指令流水线

80386 的指令流水线由 BIU、IPU、IDU 和 EU 组成。

在 80386 中,所有的指令都是在微程序控制下执行的。事实上,在微程序控制类型的计算机中,每条指令的功能都是通过一系列有次序的基本操作来完成的。例如,加法指令包含 4 个步骤:取指令、地址计算、取数、加法运算;而其中的每一个步骤中又包含了若干个基本操作,通常把这些基本操作称为微操作,把同时发出的控制信号所执行的一组微操作称为一条微指令。对应加法指令的例子就是由四条微指令实现的。这样,一条指令就对应了一个微指令序列,而这个微指令序列就被称为微程序。由此可见,实际上,执行一条指令就是在执行一段相应的微程序(微程序通常放在控制 ROM 中)。

所谓指令流水线是指当前一条指令对应的微程序接近完成时,就启动接收下一个微程序的开始地址,这种指令提取和指令执行相重叠的技术有效地提高了指令的执行速度。另外,在 80386 的流水线设计中,还采用了将每一条访问存储器的指令都与前一条指令的执行过程部分相重叠的措施,从而进一步提高了 80386 的总体速率。

(2) 地址流水线

80386 的地址指令流水线由 SU、PU 和 BIU 组成。

在地址流水线的操作中涉及 3 个地址：逻辑地址、线性地址和物理地址。逻辑地址又称虚拟地址，它是程序员在程序中使用的地址；物理地址与芯片引脚上的地址信号相对应，指出存储单元在存储体中的具体位置。SU 将逻辑地址转换为 32 位线性地址，PU 将 32 位线性地址转化为物理地址。如果段内不分页，即 PU 处于禁止状态，那么线性地址就是物理地址。

有效地址是指真正的偏移量。在 80386 的程序中，一个偏移量可能是由立即数和另一两个寄存器给出的值构成的，SU 会把各地址分量送到一个加法器中，以形成有效地址；然后，再经过另一个加法器将有效地址与段基址相加，得到线性地址；接着，SU 把线性地址送到 PU，由 PU 将线性地址转换为物理地址，并负责向 BIU 请求总线操作。

所谓地址流水线是指有效地址的形成、逻辑地址往线性地址的转换、线性地址往物理地址的转换这三个动作是重叠进行的。这样一来，在通常情况下，前一个操作还在总线上进行时，下一个物理地址就已经算好了，进而充分体现出了流水线的特质。

2.6.3 80486 微处理器

80486 是 Intel 公司于 1989 年推出的性能更高的 32 位微处理器，外部有 32 条数据线和 32 条地址线。从功能结构上讲，80486 就是把 80386、浮点运算协处理器 80387 及 8KB 的 Cache 集成在一个芯片上，并且支持二级 Cache。

80486 内部结构如图 2.24 所示。

1. 80486 结构的主要特点

80486 结构上的主要特点归纳如下：

- 指令执行单元采用了流水线技术，使得 80486 能够在一个时钟周期内执行一条指令；
- 采用突发总线方式实现 CPU 与内存进行高速数据传送，同时使片内 Cache 得到快速填充；
- 片内 Cache 用于存放频繁使用的指令和数据，加快了存储访问速度；
- 具有与其他处理器互相通信、传送数据的各种功能，并设有指令切换机构；
- 具有浮点运算功能。

2. 80486 的寄存器

80486 的寄存器按功能可分为 4 类：基本寄存器、系统寄存器、调试和测试寄存器和浮点寄存器。

(1) 基本寄存器

基本寄存器包括 8 个通用寄存器 EAX、EBX、ECX、EDX、EBP、ESP、EDI、ESI，一个指令指针寄存器 EIP，6 个段寄存器 CS、DS、ES、SS、FS、GS，一个标志寄存器 EFLAGS。

其中，EAX、EBX、ECX、EDX 都可以作为 32 位、16 位或 8 位寄存器使用。EAX 可作为累加器用于乘法、除法及一些调整指令，也可以保存被访问存储器单元的偏移地址；EBX 常用于地址指针，保存被访问存储器单元的偏移地址；ECX 经常用作计数器，用于保存指令的计数值，也可以保存访问数据所在存储器单元的偏移地址；EDX 常与 EAX 配合，用于

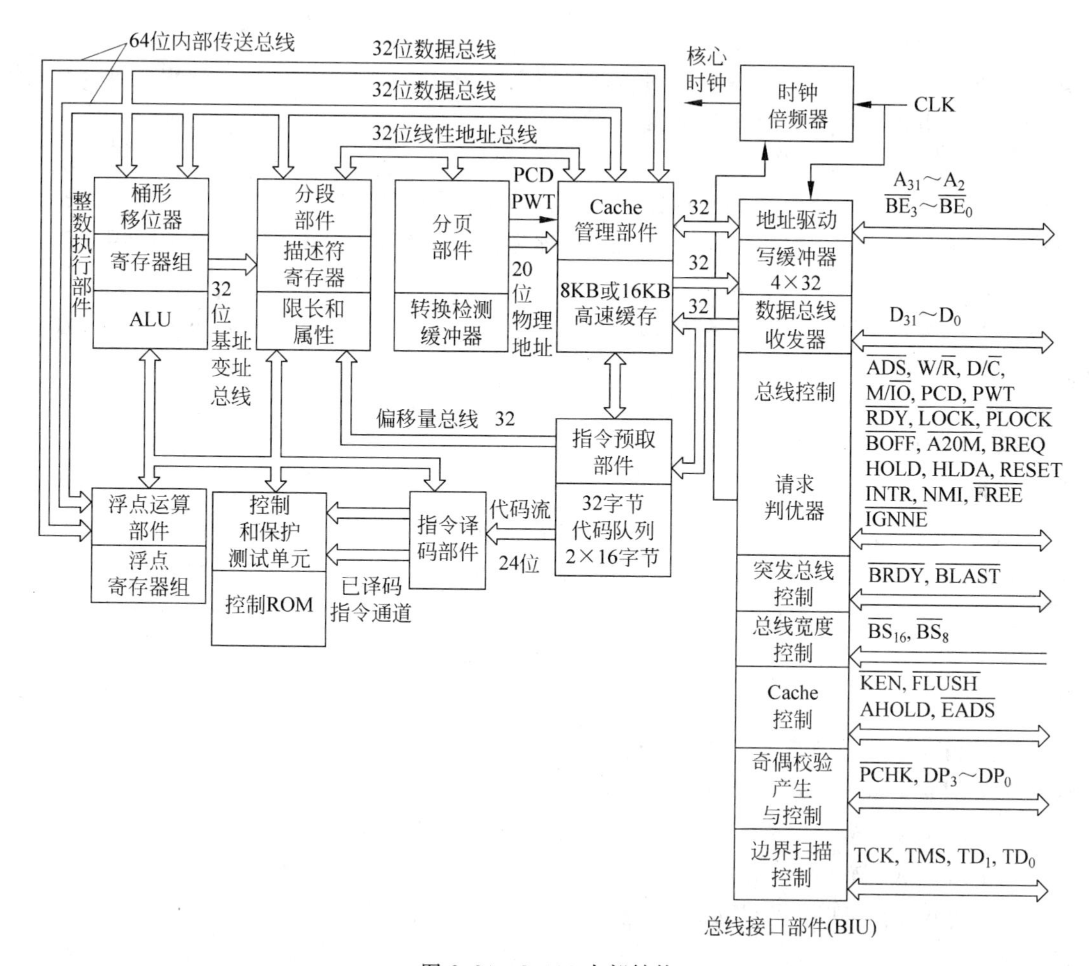

图 2.24　80486 内部结构

保存乘法形成的部分结果，或者除法操作前的被除数，它还可以保存寻址存储器数据；EBP 和 ESP 是 32 位寄存器，也可作为 16 位寄存器 BP 和 SP 来用，常用于堆栈操作；EDI 和 ESI 常用于串操作，EDI 用于寻址目标数据串，ESI 用于寻址源数据串。

指令指针寄存器 EIP 存放指令的偏移地址。当 80486 工作于实模式下时，EIP 就是 16 位寄存器 IP；当 80486 工作于保护模式时，EIP 为 32 位寄存器。EIP 总是指向程序的下一条指令(即 EIP 的内容自动加 1，指向下一个存储单元)，用于 80486 在程序中顺序地寻址代码段内的下一条指令。当遇到跳转指令或调用指令时，指令指针寄存器的内容需要修改。

6 个段寄存器分别存放段基址(实地址模式)或选择符(保护模式)，用于与 80486 中的其他寄存器联合，以生成存储器单元的物理地址。

标志寄存器 EFR 包括状态位、控制位和系统标志位，用于指示 80486 的状态并控制 80486 的操作。

(2) 系统寄存器

在保护模式下操作时，存储器系统中增加了全局描述符表、局部描述符表和中断描述符表。为了访问和指定这些表的地址，80486 的系统寄存器包括 4 个系统地址寄存器和一个控制寄存器。

(3) 调试和测试寄存器

80486 提供了 8 个 32 位可编程调试寄存器 DR_0～DR_7，和 8 个 32 位可编程测试寄存器 TR_0～TR_7，用于支持系统的调试功能。

(4) 浮点寄存器

80486 包括 8 个 80 位通用寄存器，两个 48 位寄存器(指令指针寄存器和数据指针寄存器)，3 个 16 位寄存器(控制寄存器、状态寄存器和标志寄存器)。这些寄存器主要用于浮点运算。

总之，80486 的内部结构是在 80386 的基础上，增加了高速缓存 Cache 和主要用于浮点运算的浮点处理部件(FPU)。

2.6.4 Pentium 微处理器

1. Pentium 概述

Pentium 是 Intel 公司于 1993 年推出的 64 位微处理器，外部 64 位数据线，36 位地址线。

在 Pentium 所采用的多项先进技术中，除了从多方面实施了先进的体系结构之外，最重要技术的有三项：一是超标量流水线技术；二是 CISC 和 RISC 相结合的技术；三是分支预测技术。

(1) 超标量流水线技术

所谓超标量就是指在一个微处理器中有多条指令流水线。在超标量机制中，每条流水线都对应配置了多个流水线部件。

Pentium 内部有两条指令流水线，它们是 U 流水线和 V 流水线。每条流水线都有自己独立的地址生成逻辑部件、算术逻辑部件(ALU)、一系列寄存器和连接数据 Cache 的接口。两条指令流水线都可以执行整数指令，但只有 U 流水线能够执行浮点指令。同时，采用超标量流水线机制使得 Pentium 可以在一个时钟周期里执行多条指令，因而大大加快了运行速度。

(2) CISC 和 RISC 相结合的技术

CISC(Complex Instructions Set Computer，复杂指令集计算机)技术和 RISC(Reduced Instruction Set Computer，简化指令集计算机)技术是基于两种不同构思的 CPU 设计技术，两者各有其特点。从出现时间上看，CISC 技术的产生和应用均早于 RISC 技术，Pentium 将 CISC 和 RISC 相结合，旨在取两者技术之长，以实现更好的性能。

Pentium 的大多数指令是简化指令，采用硬件来实现保留的一部分复杂指令，这样就在客观上达到了吸取两者技术之长的目的。

(3) 分支预测技术

引入这种先进技术是源自于如下的考虑：在程序设计中，分支转移指令用得非常多，而通常情况下，在执行分支转移指令之前不能够确定转移是否真的会发生，而指令预取缓冲器又是按顺序装放指令的，这样一来，如果真的产生了转移，那么指令预取缓冲器中装放的后续指令就全部要作废，从而造成流水线的“断流”现象，也就因此失去了流水线的本质效能。为此，希望能够在转移指令执行之前预测出转移是否会发生，从而确定此后是要执行哪段程序。

Pentium 利用分支目标缓冲器(Branch Target Buffer，BTB)来执行分支预测功能。这种功能是基于分支转移指令的转移目标地址是可以预测的这一重要结论，而预测的依据就是前一次的转移目标地址即所谓的历史状态。

在程序运行过程中，BTB采用动态预测的方法，具体说，每当一条指令造成分支时，BTB就检测这条指令以前的执行状态，并利用此状态信息预测当前的分支目标地址，然后预取此处的指令。如果BTB判断正确，则会如同未发生分支转移一样，维持流水线的照常运行；如果BTB判断错误，则需修改历史记录并重新建立流水线。总之，当预测正确时，流水线会持续；当预测错误时，CPU会清除流水线中的指令，重建流水线中的指令序列。但不管怎样，总的说来，有了BTB会明显提高CPU的工作效率。

再后来，为进一步提高性能，Pentium又采用了高速分支预测技术。这种技术尽管在BTB预测出错时也是会消耗时间，但延迟很小，总之会比从代码Cache取指令，开始全部重新建立流水线要省时得多。

Pentium的主要技术特点可归纳为以下四点：

① 具有64位数据总线；

② 互相独立的指令Cache和数据Cache；

③ 常用指令采用硬件来实现；

④ 增加系统管理方式SMM。

2. Pentium的结构

Pentium初级产品的内部结构相当于将80486、两个8KB Cache、高性能浮点处理单元集成在一块芯片上，具有80486所有的优点，如支持多用户、多任务，具有硬件保护功能，支持构成多处理器等。Pentium内部结构如图2.25所示。

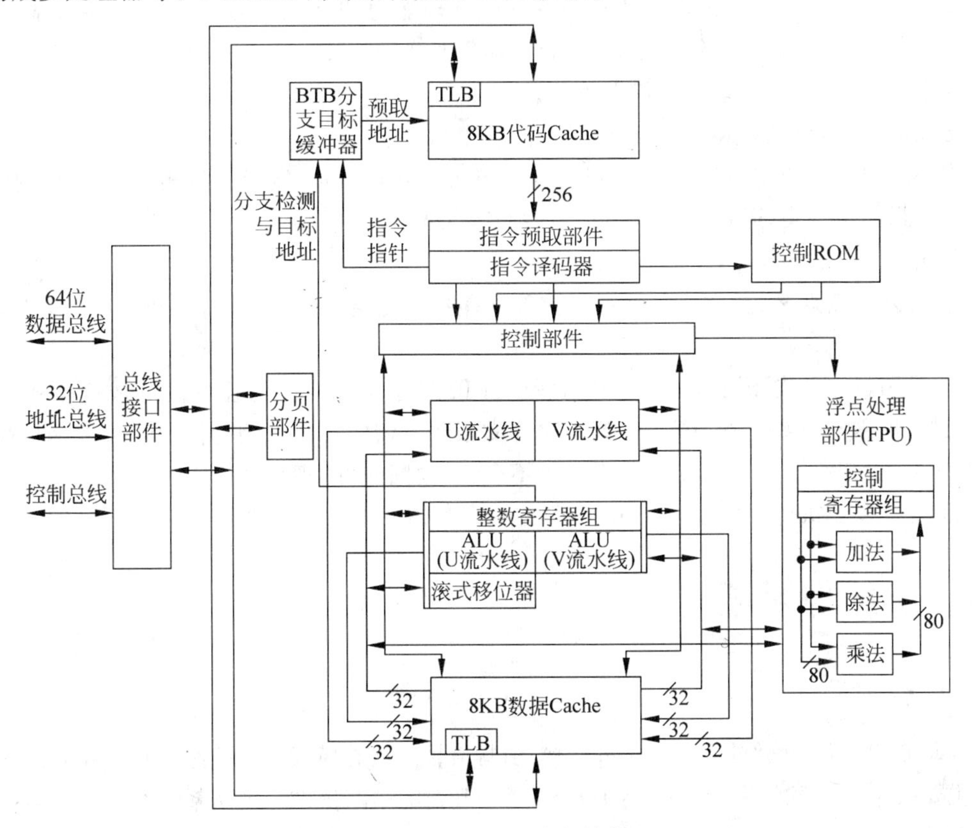

图2.25　Pentium内部结构

Pentium 主要包括以下十个部件：

① 总线接口部件；

② U 流水线和 V 流水线；

③ 8KB 代码 Cache；

④ 8KB 数据 Cache；

⑤ 指令预取部件；

⑥ 指令译码器；

⑦ 浮点处理部件(FPU)；

⑧ 分支目标缓冲器(BTB)；

⑨ 控制 ROM；

⑩ 寄存器组。

Pentium 的寄存器分为以下三大类：

① 基本寄存器组：包括通用寄存器、指令寄存器、标志寄存器、段寄存器等。

② 系统寄存器组：包括地址寄存器、调试寄存器、控制寄存器、模式寄存器等。

③ 浮点寄存器组：包括数据寄存器、标记字寄存器、状态寄存器、控制字寄存器、指令指针寄存器、数据指针寄存器等。

2.6.5 Itanium 微处理器

Itanium 是 Intel 公司最新推出的有着超强处理能力的微处理器，主要用于面向高档服务器和工作站，它的数据总线和地址总线都为 64 位。它在 Pentium 基础上进一步引入了多种新的技术，因而提高了系统的综合性能。

Itanium 的主要技术特点可归纳为以下五点：

① 采用 EPIC(Explicitly Parallel Instruction Computing，显示并行指令计算)技术，包括一个增强的指令集，通过提高并行指令吞吐率来扩充处理器的性能。

② 把三级 Cache 容纳于芯片中。

③ 内含数量众多的寄存器，保证了内部寄存器的充足，减少了等待与传送，提高了工作效率。

④ 采用新的分支预测技术，通过编译软件预先将分支结构的程序段分成几个指令序列，通过同时执行这些指令序列，达到消除分支预测出错的目的。因为同时执行这些指令序列，在效果上，似乎所有的流水线分支总也不会出现“断流”的现象。

⑤ 具有多个执行部件和多个通道，可在一个时钟周期内执行多达 20 个操作。

2.7 小结与习题

2.7.1 小结

本章介绍了 8086 微处理器的编程结构、引脚信号及组态模式；在阐述了 8086 微处理器的三种主要操作及时序之后，详细介绍了 8086 微处理器的中断操作与中断系统；介绍了 8086 微处理器的存储组织及 I/O 组织；简要描述了 80x86 系列微处理器的结构变化和技术特点。

2.7.2 习题

1. 什么是编程结构？8086 的总线接口部件(BIU)由哪几部分组成？BIU 的功能是什么？

2. 若 CS=1200H,IP=FF00H,其对应指令的物理地址为多少？指向这一物理地址的 CS 值和 IP 值是唯一的吗？

3. 8086 的执行部件(EU)由哪几部分组成？它的功能是什么？

4. 状态标志与控制标志有何不同？

5. 总线周期的含义是什么？

6. 什么情况下需要在总线周期中插入等待状态？在哪儿插入？怎样插入？

7. 8086 复位时有哪些特征？对 8086 系统的启动程序应如何去寻找？

8. 在可屏蔽中断响应过程中,8086 发出的中断响应信号中两个负脉冲的作用分别是什么？

9. 总线保持过程是怎样产生和结束的？

10. 8284A 的功能是什么？

11. 在编写中断服务程序时,为什么通常总要用开中断指令设置中断允许标志？

12. 8086 系统最多可处理多少级中断？它是如何分类的？

13. 非屏蔽和可屏蔽中断的特点是什么？

14. 什么是中断向量？对应于 1CH 的中断向量存放在哪里？若 1CH 的中断服务程序的入口地址为 5110：2030H,则中断向量应如何存放？

15. 若一个用户想定义某个中断,中断类型码应选择在什么范围？

16. 非屏蔽中断服务程序入口地址如何寻找？

17. 叙述可屏蔽中断的响应过程。

18. 在对堆栈指针进行修改时,要特别注意什么问题？

19. 中断服务程序在结构上一般采用怎样的模式？

20. 在不同的微机系统中,I/O 接口的编址有哪两种形式？各自有什么特点？

21. 什么是端口？

22. 80386 体系结构中的分段和分页部件分别完成什么功能？

23. 80386 有哪三种工作方式？

24. 32 位微机中指令流水线的含义是什么？

25. 80386 微机中地址流水线技术的具体体现是什么？

26. 虚拟存储机制的构成是什么？什么是虚拟存储系统？

27. Pentium 中采用了哪几种先进技术？

CHAPTER 3

第3章 存储器

主要内容：

- 存储器的体系结构。
- 微机系统的内存组织。
- 半导体存储器。
- 高速缓存技术。
- 小结与习题。

3.1 存储器的体系结构

3.1.1 存储器的总体结构

在微机系统中，存储体系采用的是层次化结构，这种结构很实际地满足了现代微机对存储系统在速度、容量及价格方面的综合要求。

所谓存储器的层次化结构，是指将多种速度不同、容量不同、存储技术不同的存储设备分为若干个层次，通过硬件和管理软件将它们组成一个有机的整体，从而构成了具有足够大的存储空间、足够快的存取速度，同时价格又较为适中，具有很好性价比的存储体系。

按照用途和特点，可笼统地将存储器分为两大类：一是内部存储器，又称内存储器，简称为内存或主存；二是外部存储器，又称外存储器，简称为外存或辅存。具体说来，内存用来存放当前运行的程序和数据，CPU可直接用指令对内存进行读/写；而外存用来存放当前暂时不用的程序和数据，CPU不能直接用指令对外存进行读/写。CPU要使用外存中的程序或数据时，必须通过专门的机制将其中的信息先传送到内存中，然后再用指令进行访问。

在微机系统中，一方面，通过硬、软件之间的结合，可将内存和外存构成一个存储层次，这样，从整体来看，它解决了存储器容量与成本之间的矛盾；

另一方面，在CPU和内存中间通过设置高速缓存，将高速缓存和内存构成另一个存储层次，这样，从CPU的角度来看，它解决了存储器的存取速度与成本之间的矛盾。因此，在现代微机中，由内存-外存和高速缓存-内存这两个存储层次构成的“高速缓存-内存-外存”的三级存储系统，满足了人们对存储系统在速度、容量及价格方面的综合要求。

内存的速度快、容量小、每位价格高，目前主要采用半导体存储器，且多使用随机存取的方式；外存的速度慢、容量大、每位价格低，一般采用软磁盘、硬磁盘、光盘、磁带机等；高速缓存(Cache)速度最快，容量最小，用在CPU与内存这两个工作速度不同的部件之间，在交换信息时起缓冲的作用。微机存储器的层次化总体结构如图3.1所示。

3.1.2　内存的分区结构

内存是关系到微机运行性能的关键部件之一。为提高系统的速度和整体性能，现在微机中配置的内存容量越来越大，种类也越来越多。

事实上，在现代微机中，不仅存储器的总体结构采用层次化结构，内存本身也采用层次化的结构，分为基本内存区、高端内存区、扩充内存区、扩展内存区。微机内存的分区结构如图3.2所示。

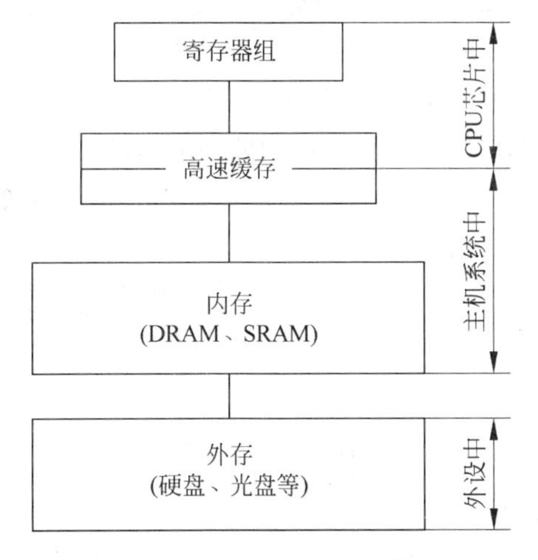

图3.1　存储器的层次化总体结构

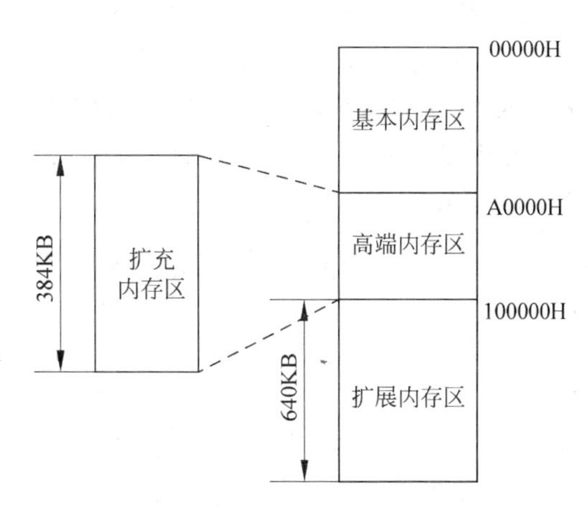

图3.2　微机内存的分区结构

1. 基本内存区的组织

基本内存区主要供DOS操作系统使用。因为Windows操作系统将DOS作为其下属的一个子系统，并保持着对DOS的兼容，所以，直到Pentium计算机，其基本内存区大小还都是640KB，内容和功能也都没有改变。基本内存区的组织如图3.3所示。

2. 高端内存区的组织

高端内存区主要供系统ROM和外设的适配卡缓冲区使用。由于适配卡缓冲区位于插在主机板总线槽中的适配卡上，所以，在主机板上找不到这部分内存区所对应的RAM。

高端内存区的大小为384KB，其组织如图3.4所示。

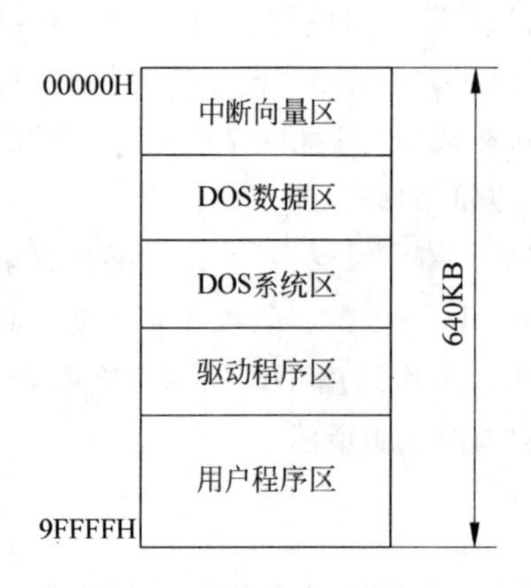

图 3.3　基本内存区的组织

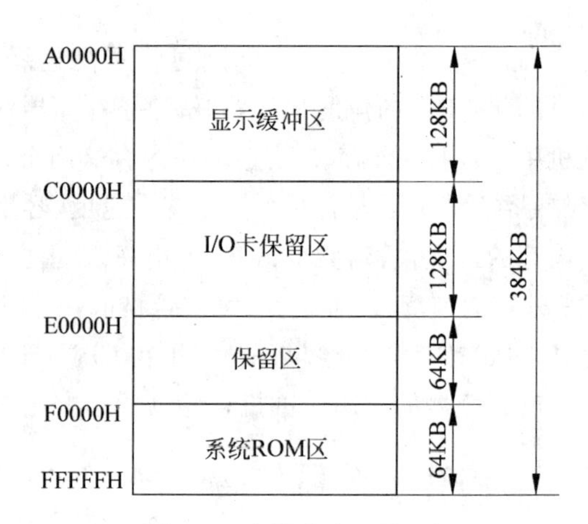

图 3.4　高端内存区的组织

3. 扩充内存区

扩充内存区是CPU直接寻址范围以外的物理存储区。例如，8086直接寻址的内存空间为1MB，那么，1MB以外的内存区即为扩充内存区。当系统运行时，扩充内存区需要通过EMM(Expanded Memory Manage，扩充内存管理软件)进行管理。在使用扩充内存区时，EMM将扩充内存分为许多个页，每个页大小为16KB，每4个页作为一个页组。EMM会将扩充内存区中的页组映射到高端内存区的4个页中，也就是说，EMM利用高端内存区中的64KB空间来衔接扩充内存区，由此达到间接地访问扩充内存区中数据的目的。

扩充内存区最大为32MB。图3.5表示了用高端内存区64KB映射扩充内存区中1个页组的原理示意。

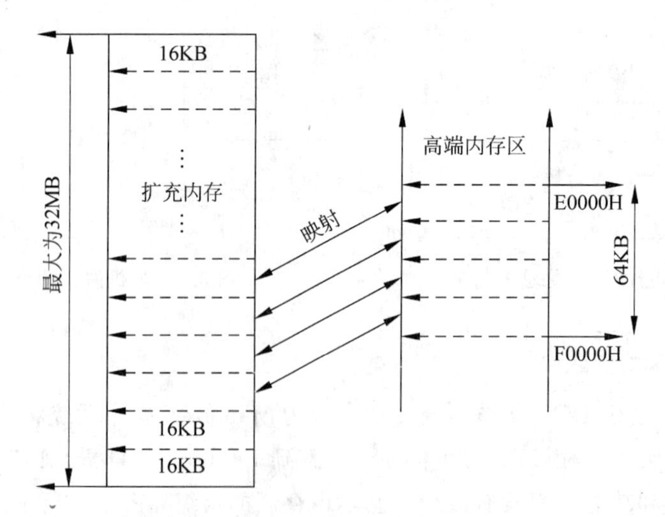

图 3.5　用高端内存区64KB映射扩充内存中1个页组的原理示意

4. 扩展内存区

事实上，只有32位微机系统中才有扩展内存区。扩展内存区是指1MB以上，但又不是通过内存扩充卡映射获得的内存空间。在32位CPU的寻址范围内，扩展内存区的大小随具体系统的内存配置而定。

3.2　微机系统的内存组织

16 位微机系统与 32 位微机系统的内存组织有所不同，为此，下面分两小节介绍。

3.2.1　16 位微机系统的内存组织

以 8086 为例，它用 20 位地址总线寻址 1MB 的存储空间，整个存储空间由奇地址存储体(512KB)和偶地址存储体(512KB)两个存储体组成。16 位 CPU 对内存的访问可分为按字节访问和按字访问两种方式。

1. 按字节访问

按字节访问时，可以只访问奇地址存储体，也可以只访问偶地址存储体。具体说，当 $A_0=0$，$\overline{BHE}=1$ 时，按字节访问偶地址存储体，数据在 $D_7 \sim D_0$ 上传送；当 $A_0=1$，$\overline{BHE}=0$ 时，按字节访问奇地址存储体，数据在 $D_{15} \sim D_8$ 上传送。

2. 按字访问

按字访问时有两种状态，即对准状态和非对准状态。当 $A_0=0$，$\overline{BHE}=0$ 时，按对准状态访问两个存储体，数据在 $D_{15} \sim D_0$ 上传送，且使用一个总线周期即可完成一个字的传送；当 $A_0=1$，$\overline{BHE}=1$ 时，不能访问任何一个存储体。按非对准状态访问时，一个字的低 8 位在奇地址存储体中，而这个字的高 8 位在偶地址存储体中，此时，CPU 会自动使用两个总线周期完成对这个字的传送。具体为：第一个总线周期访问奇地址存储体，字的低 8 位数据在 $D_{15} \sim D_8$ 上传送；第二个总线周期访问偶地址存储体，字的高 8 位数据在 $D_7 \sim D_0$ 上传送。

正因为按字访问时，CPU 总是把指令提供的地址作为字的起始地址，所以，编程时程序员应尽量用偶地址进行字访问(即处于对准状态)，以避免非对准状态所造成的总线周期的浪费。16 位微机系统的内存组织如图 3.6 所示。

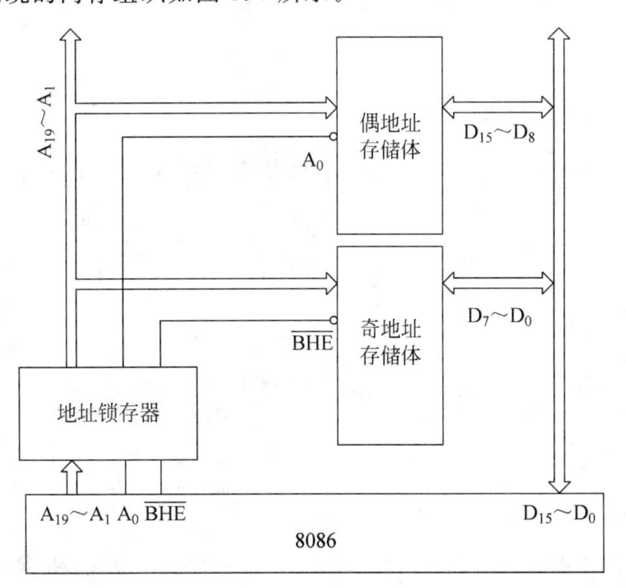

图 3.6　16 位微机系统的内存组织

3.2.2 32位微机系统的内存组织

32位地址总线可寻址4GB的存储空间，整个存储空间由4个存储体(每个存储体为1GB)组成，每个存储体都与数据总线相连，也都与地址线 $A_{31} \sim A_2$ 相连。字节允许信号 $\overline{BE_3} \sim \overline{BE_0}$ 作为4个存储体的体选信号，分别连接一个存储体。32位微机系统的内存组织如图3.7所示。

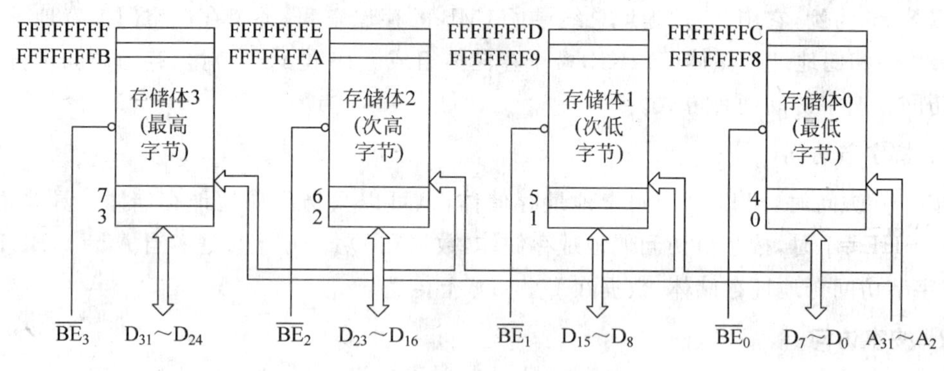

图3.7 32位微机系统的内存组织

3.3 半导体存储器

在微机系统中，内存是用半导体存储器件来构成的。习惯上，人们也常把存储器件简称为存储器。半导体存储器具有很多方面的优点，包括容量大、成本低、功耗小、体积小、速度快、使用方便、扩容和维护灵活等。

关于半导体存储器，以下分六个方面来介绍，即半导体存储器的分类、只读存储器、半导体存储器的性能指标、半导体存储器芯片的一般结构、随机存取存储器、半导体存储器在系统中的连接。

3.3.1 半导体存储器的分类

半导体存储器的种类很多，图3.8给出了半导体存储器的分类情况。

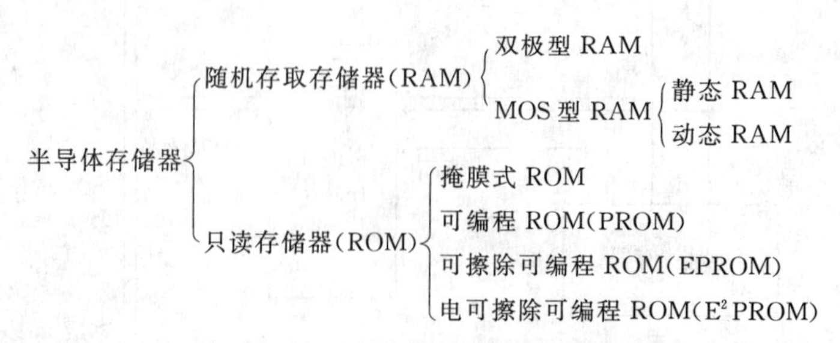

图3.8 半导体存储器的分类

按功能半导体存储器分为RAM(Random Access Memory，随机存取存储器)和ROM(Read Only Memory，只读存储器)。其中，RAM又称读/写存储器，它的特点是，既能读出其中存放的信息,又可将新的信息写入其中。因为RAM是一种易失性(掉电后,信息全部丢失)存储器,所以,一般用于存放输入/输出数据及中间结果。ROM的特点是,只能随意地读出存放其中的信息,但不能随意地写入新的信息。因为ROM是一种非易失性存储器,所以常用来存放专用程序、管理软件和监控程序等。

按器件原理RAM又分为双极型RAM和MOS型RAM。其中,双极型RAM的特点是存取速度快,但集成度低,且功耗大,主要用在对速度要求较高时;MOS型RAM的特点是工艺简单、功耗小、成本低、集成度高,但存取速度不如双极型RAM快。

MOS型RAM又分为静态RAM和动态RAM。其中,静态RAM的存储元件是由MOS管构成的触发器,只要不掉电,信息就不会丢失。它的特点是,集成度高于双极型RAM但低于动态RAM,功耗低于双极型RAM但高于动态RAM,常用于存储容量较小的系统中。动态RAM的存储元件是MOS管的栅极分布电容。为避免因电容漏电而丢失信息,动态RAM必须定时地通过将保存的信息重新写入的方法进行信息刷新。它的特点是集成度高、功耗低,但由于需要信息刷新,所以电路结构相对复杂,常用于存储容量较大的系统中。

按信息传送方式半导体存储器还可分为并行存储器和串行存储器。其中,并行存储器是按照字长所有位同时存取的方式工作的;串行存储器是按照一位一位存取的方式工作的。

3.3.2 只读存储器

简单地讲,ROM的特点是,只许读出,不许写入。ROM器件有两个显著的优点:一是结构简单,因而位密度高;二是具有非易失性,因而可靠性高。

按存储单元的结构和生产工艺的不同,可构成五种ROM:掩膜式ROM、可编程ROM(PROM)、可擦除可编程ROM(EPROM)、电可擦除可编程ROM(E^2PROM)、闪烁存储器(Flash)等。

1. 掩膜式ROM

这种ROM在制作集成电路时,用定做的掩膜进行编程(未金属化的位存1,金属化的位存0)。由于它的每个存储元件是由单管构成的,因此集成度较高。但由于它的编程是由器件制造厂商在生产时定型完成的,即一旦制作完毕,其内容也就固定了,所以对于掩膜式ROM,用户自己是无法操作编程的。因为掩膜式ROM具有使用可靠、大量生产成本较低的特点,所以,当产品已被定型而大批量生产时,选择这种ROM是很合适的。

2. 可编程ROM

PROM的特点是,允许用户根据需要编写其中的内容,但只允许编写一次。信息一旦写入,便永久固定,不能再有改变。

3. 可擦除可编程ROM

EPROM的特点是,在擦除信息时,要将其从电路上取下,置于紫外线或X光下照射十几分钟,这样才能将芯片上的信息全部擦除,然后,再使用专用的编程器将新的信息写入。

4. 电可擦除可编程ROM

E^2PROM的特点是,在擦除信息时,无需将芯片从电路板上拔下,而是直接用电信号进行擦除，而且对其再编程也是在线操作的，因此，改写相对较为简单。

5. 闪烁存储器

闪烁存储器(Flash ROM)又称闪存，是于1983年推出的一种电可擦除、可重写的非易失性半导体存储器。它采用一种非挥发性存储技术，即如果不对其施加大电压进行擦除，则可一直保持其状态的技术。这种存储器可在不加电的状态下，安全保存信息长达十年之久；它还具有固态电子学特性，即没有可移动部件，抗震性能好；同时，它的存取时间仅为30ns，具有很优越的性能。Flash ROM 属于 E^2PROM 类型，但性能优于普通的 E^2PROM。它与 E^2PROM 最大的差别是采用了块可擦除的阵列结构，这种结构不仅使其具有更快的擦除速度，而且具有像 E^2PROM 那样的单管结构的高密度，由此带来了更低的制造成本和更小的体积。所以，这种新型的半导体存储器既具有随机存取存储器体积小、擦写灵活、集成度高、速度快、容量大等优点，又具有只读存储器的非易失性、可靠性等优点，目前其他半导体存储器技术所无法比拟的。闪存多用于系统的BIOS、调制解调器，以及一些网络设备(如Hub、路由器等)。

按照擦除和使用的方式，闪存分为下面三种类型：

- 整体型——按整体来实现擦除和重写操作；
- 块结构型——将存储器划分为大小相等的块，按块进行独立地擦除和重写；
- 带自举块型——在自举块开放时，可进行擦除和重写；在自举块被锁定时，只能读出不能擦除和重写。实际上，这种带自举块型闪存只是在块结构型闪存的基础上增加了自举功能，并使自举块受到信号的控制。

3.3.3 半导体存储器的性能指标

在选择半导体存储器时，应考虑一些影响半导体存储器性能的因素。实际上，衡量半导体存储器性能的指标很多，主要包括易失性、只读性、存储容量、存取时间或速度、功耗、电源等。

1. 只读性

只读性是区分存储器种类的重要特性之一。就只读性而言，半导体存储器有只读存储器 ROM 和读/写存储器 RAM 之分。只读存储器只能被读出，不能用通常的办法重写或改写；而读/写存储器既可对它进行读出，又可对它进行修改写入。

2. 易失性

易失性是指存储器在电源断开后其内容是否丢失的特性。就易失性而言，半导体存储器有非易失性存储器和易失性存储器之分。非易失性存储器在断电后，仍能保持其中的内容不变；而对于易失性存储器，即便是瞬间的电源断开，也会使其中原有的内容消失殆尽。

易失性也是区分存储器种类的重要特性之一。通常，外存都是非易失性的，而内存中的 ROM 是非易失性的，内存中的 RAM 是易失性的。所以，在微机中，用 ROM 存放系统启动程序、监控程序和基本输入/输出程序；而用 RAM 存放当前正在运行的程序和数据，且在微机工作过程中，经常需要将程序和数据从外存传送到内存，之后，还要再将 CPU 操作的结果送回到外存去保存。

3. 存储容量

存储容量是指存储器芯片上能存储的二进制数的位数。由于存储器芯片中所包含的单元的个数与该芯片地址引腿的数目 a 有关；每个单元所存储的二进制数的位数与该芯片输入/输出数据引腿的数目 b 有关，所以，存储容量＝芯片中的单元数×每个单元的位数＝$2^a \times b$。现在，存储容量通常是以字节为单位来表示的，如 512MB 或 1GB 等。

4. 存取时间

存储器的速度是用存取时间来衡量的。存取时间是指，从存储器接收到稳定的地址信号到完成读/写操作所占用的时间。一般地，存储器芯片以 ns 为单位给出典型的存取时间和最大的存取时间，存取时间越短，存取速度越快。例如，一个标为 70ns 的存储器芯片要用 70ns 的时间读出一个数据。

5. 功耗

它是指每个存储单元所消耗的功率，单位为微瓦/单元。也有给出每块存储器芯片总功率的，这时，单位为毫瓦/芯片。功耗是与存储器的速度成正比的。

6. 电源

它是指存储器芯片工作时所需的电源种类。有的存储器芯片只要单一的＋5V 电源，而有的存储器芯片则需要多种电源才能工作。

既然功耗与存储器的速度成正比，可以将存取时间和功耗的乘积作为一项衡量半导体存储器性能的重要综合指标。

3.3.4 半导体存储器芯片的一般结构

半导体存储器芯片的一般结构包括 3 个部分：存储体、地址译码电路、读/写电路与控制电路。半导体存储器芯片的一般结构如图 3.9 所示。

1. 存储体

存储体是用来存储信息的模块，它由许多存储元件按一定规则排列而成，其中的每个存储元件只能存储一个二进制位。由于 ASCII 码和汉字内码都是按 8 或 16 位来制定的，所以，通常把 8 个存储元件作为一个整体来对待，即构成一个存储单元。例如，一个存储容量为 128KB 的存储器芯片，它的存储体中有 128×1024×8 个存储元件，即 128×1024 个存储单元。为区分不同的存储单元，需给每个存储单元进行编号，这个编号即存储单元的地址，通常用十六进制数来表示。

从使用的角度来看，半导体存储器芯片有字结构和位结构两种。字结构是指把一些存储单元的 8 位都制造在一个芯片中，选中某一存储单元时，该存储单元的 8 位信息会同时从一个芯片读出或写入；而位结构是指把一些存储单元的某一位或某几位制造在一个芯片中。当要构成存储空间时，必需选用多片同种位结构的芯片才行。例如，1K×4 规格的存储器芯片中，有 1K 个单元，每个单元能存储 4 位信息，要构成 1KB 的存储空间则需要 2 块 1K×4 规格的芯片，构成由 1K 个存储单元组成的存储空间。

相对说来，字结构芯片封装引线较多，而由于位结构芯片的数据线数较少，电源线和控制线又与字结构的相同，所以，位结构芯片的封装引线减少，成品合格率提高，成本相应降低，故而一般用在大容量的存储器中。

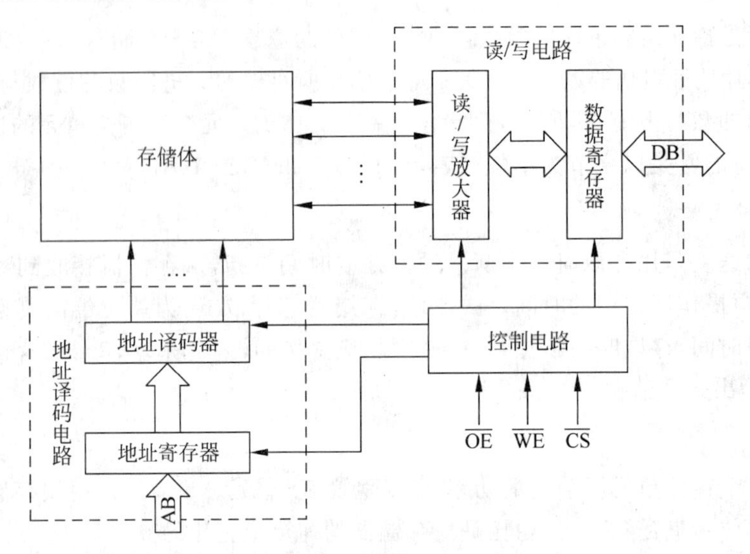

图 3.9　半导体存储器芯片的一般结构

2. 地址译码电路

地址译码电路用于根据输入的地址编码选中芯片内某个特定的单元的模块。地址译码有单译码和双译码两种方式。单译码方式是将地址码的全部位用一个译码器进行译码的方式；双译码方式是将地址码分为两部分，用两个译码器分别进行译码的方式，这样可大大简化芯片的设计。图 3.10 和图 3.11 分别是对 1024 个单元进行选择的单译码方式和双译码方式的示意。

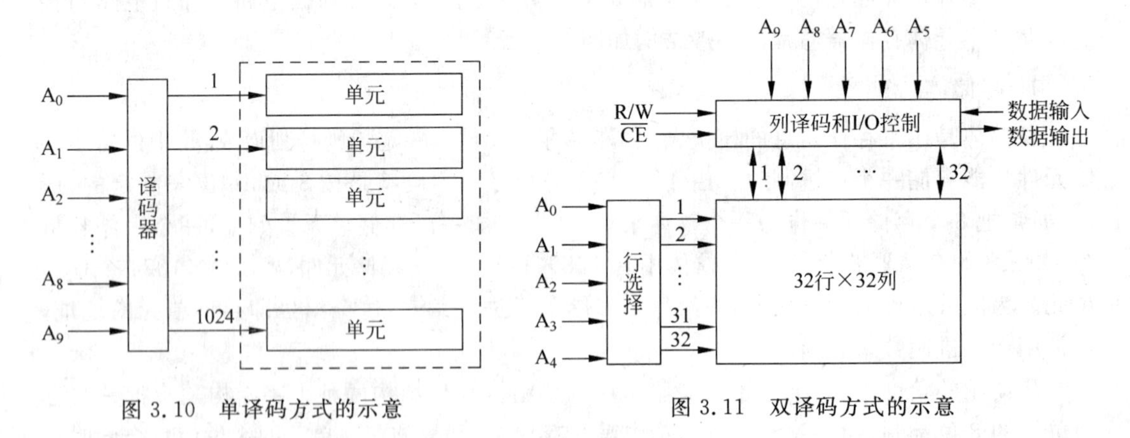

图 3.10　单译码方式的示意　　　图 3.11　双译码方式的示意

3. 读/写电路与控制电路

读/写电路由读/写放大器和数据寄存器组成，是数据输入、输出的通道；而控制电路用于对存储器芯片的读/写操作进行控制。片选信号 $\overline{CS}$ 是用来对存储器芯片进行选择的输入信号。

3.3.5　随机存取存储器

随机存取存储器 RAM 的最主要特点是既可读又可写。RAM 按其结构和工作原理分为 SRAM(静态 RAM)和 DRAM(动态 RAM)。SRAM 的特点是速度快、无需信息刷新、片容量低、功耗大；而 DRAM 的主要特点是片容量高、需要信息刷新。

1. SRAM 的工作原理

SRAM 的一个存储元件通常由 6 个 MOS 管组成,其保存信息的特点与双稳态触发器的稳态特点密切相关,是采用单边读出和双边写入的原理完成读/写的。

2. SRAM 的特点

SRAM 的主要缺点有两个：一是由于每个存储元件中包含的 MOS 管数目较多,所以芯片容量较小；二是由于双稳态触发器的两个交叉耦合 MOS 管中总有一个处于导通状态,所以会持续消耗功率,使得 SRAM 的功耗较大。SRAM 的主要优点是无需进行信息刷新,因此简化了外部电路。

常用的 SRAM 芯片规格有：2101(256×4)；2102(1K×1)；2114(1K×4)；4118(1K×8)；6116(2K×8)；6264(8K×8)；62 256(32K×8)等。其中,前三个是位结构芯片,后四个是字结构芯片。

图 3.12 给出了一个 SRAM 的使用示例,其中四块 4K×8 规格的 SRAM 芯片构成了 16KB 的 SRAM 子系统的存储模块,另外,这个子系统还包括了总线驱动器和外围电路。

在图 3.12 中,之所以可以把 4 个 SRAM 芯片的数据端 $D_7 \sim D_0$ 连在一起,是因为在 SRAM 芯片的片选信号$\overline{CE}$无效时,存储器芯片的数据端会处于高阻状态；另外,之所以 4 个 SRAM 芯片上都只有写信号$\overline{WE}$而没有读信号,是因为利用了地址信号有效后,CPU 非读即写的特点,即在读操作时,写脉冲发生器不会产生负脉冲,此时,$\overline{WE}$端处于高电平,这个高电平即可作为读信号来用,从而节省了 SRAM 芯片的引脚数目。

3. DRAM 的工作原理

DRAM 的存储元件可由四个、三个或单个 MOS 管组成。四管组成的考虑是,MOS 管的栅极电阻很高,泄漏电流很小,即使在 SRAM 六管组成的基础上去掉两个负载管和电源,构成触发器管子的栅极分布电容上电荷也能维持一定的时间。

4. DRAM 特点

四管 DRAM 所用的管子数相对于三管和单管来说最多,因而芯片的容量相对较小,但由于它的读出过程就是信息刷新过程,所以四管 DRAM 不必为刷新而在外部另加逻辑电路。

三管 DRAM 所用的管子数少些,但读/写数据线是分开的,读/写选择线也是分开的,且需要另加刷新电路完成信息刷新,所以外加电路增加了,存储器芯片与外加电路的连接也随之增加了。

单管 DRAM 所用的管子数最少,但读出的数据信号很弱,所以需要使用灵敏度很高、起到读出放大作用的读出放大器。

5. DRAM 的刷新

由于 DRAM 是靠 MOS 管栅极和衬底间电容上的电荷来存储信息的,而这些电荷会因

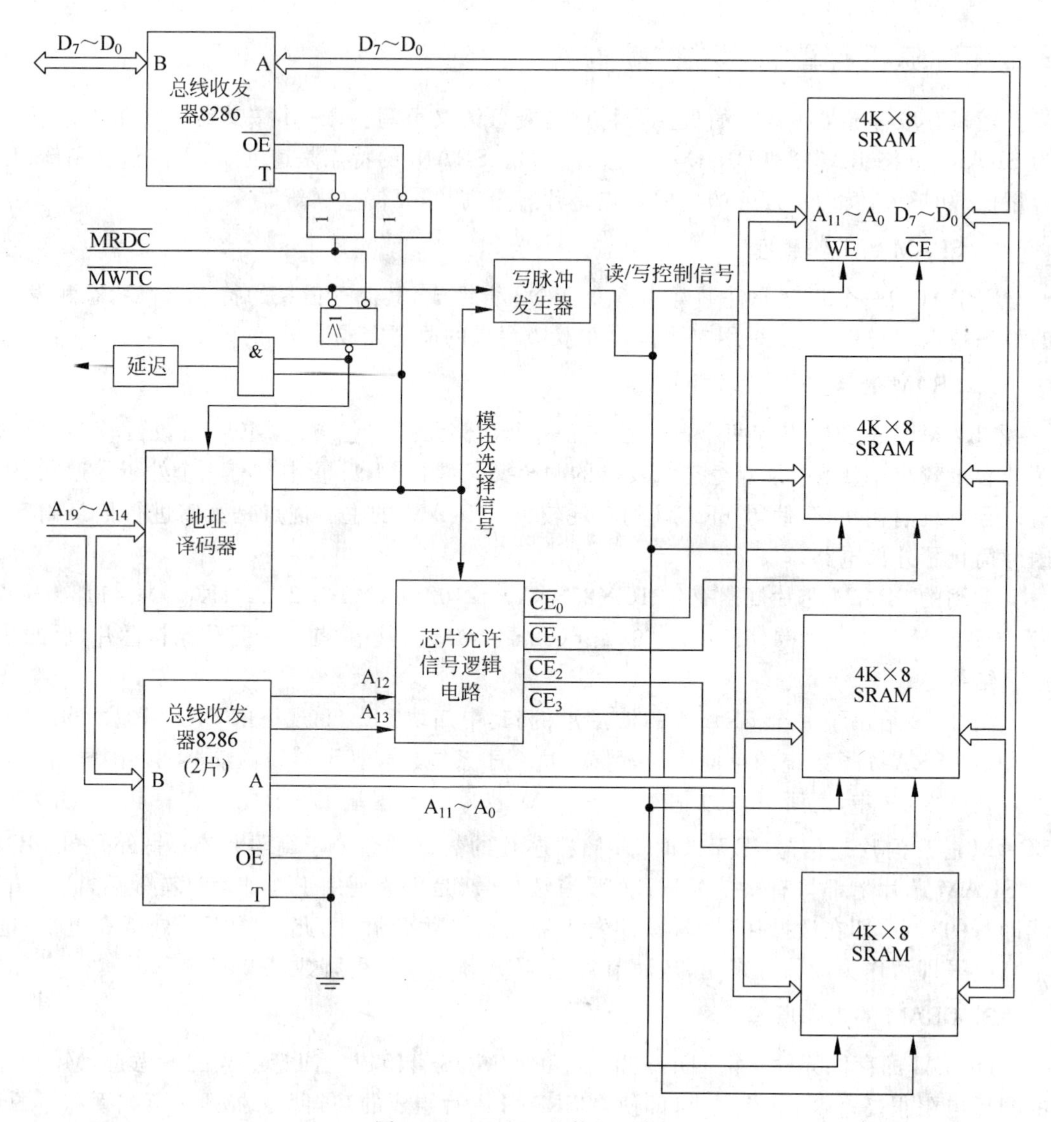

图 3.12　SRAM 的使用示例

漏电而泄放，所以，存储元件中的信息只能保持若干毫秒。为此，要求在 1 至 3 毫秒中周期性地刷新存储单元，而 DRAM 本身不具备刷新功能，因此，必须附加刷新电路。需要强调的是，信息刷新是将存储单元的内容重新按原样再设置一遍，而非将所有存储单元的内容都清零。

6. 各种 DRAM 及其技术特点

微机指令的存取时间主要取决于内存的存取时间。对于大多数微机系统而言，内存的存取时间是制约系统性能的主要因素之一。因此，在判断某一系统的性能时，不仅要看内存容量的大小，还要看所用内存的种类及工作速度。

DRAM 主要用作内存，早前所用的动态随机存储器都是 PM RAM（Page Mode RAM），后来是 FPM RAM（Fast PM RAM）。再后来，为跟上 CPU 越来越快的速度，开发出许多增强的 DRAM 结构：将少量 SRAM 集成到一个普通的 DRAM 芯片中的增强 DRAM

(EDRAM),内部包括比 EDRAM 更多 SRAM 的 Cache DRAM(CDRAM),以及 EDO RAM、BEDO RAM、SDRAM 等。

(1) 快速页模式随机存储器(Fast Page Mode RAM,FPM RAM)

这里的"页"指的是 DRAM 芯片中存储阵列上的 2048 位片断,存取时间为 60ns 的 FPM RAM 可用于总线速度为 66MHz 的主频为 100、133、166 和 200MHz 的 Pentium 系统。

FPM RAM 常用于视频卡。一种经过特殊设计的 FPM RAM 的存取时间仅为 48ns,常称它为视频 DRAM(VRAM)。这是一种专为视频图像设计的 RAM,通常安装在显卡或图形加速卡上。与 DRAM 芯片不同的是,VRAM 采用了双端口设计,比一般的 DRAM 要快些。

(2) 扩充数据输出随机存储器(Extended Data Output RAM,EDO RAM)

在 DRAM 芯片中,除存储单元外,还需有一些附加逻辑电路。通过增加少量的额外逻辑电路,可以提高在单位时间内的数据流量,EDO RAM 正是在这个方面所做出的尝试。EDO RAM 和下面介绍的 BEDO DRAM 便是两种基于页模式技术的内存。

EDO RAM 的工作方式类似于 FPM DRAM,但具有比 FPM DRAM 更快的理想化突发式读周期时钟安排。EDO DRAM 的设计仅适用于数据输出。

(3) 突发扩充数据输出随机存储器(Burst Extended Data Output RAM,BEDO RAM)

BEDO RAM 对所需的 4 个数据地址进行假定,且正如其名字所表达的那样,它是在一个"突发动作"中读取数据的。这就是说,在提供了内存地址之后,CPU 假定其后面的数据地址,并自动把它们预取出来。这样,在读后面的 3 个数据的每一个数据时,仅用了一个时钟周期,因而体现了 CPU 能以突发模式读数据的特点。在这种方式下,指令的传送速度大大提高,处理器的指令队列能有效地填满。然而,这种真正快速的 BEDO RAM 也是有缺陷的,那就是它无法与频率高于 66MHz 的总线相匹配。

(4) 同步动态随机存储器(Synchronous Dynamic RAM,SDRAM)

按照访问方式,内存可分为两种:同步内存和异步内存。区分的标准是,看它们能否与系统时钟同步。内存控制电路(一般在主板的北桥芯片组中)通过发出行地址选择信号和列地址选择信号来指定哪一块存储体将被访问。当系统的速度逐渐增加,特别是当 66MHz 频率成为总线标准时,EDO DRAM 的速度就显得慢了。因为 CPU 总要等待内存的数据,严重影响了系统的性能,内存成为一个很大的瓶颈,为此出现了同步系统时钟频率的 SDRAM。

SDRAM 就像其名字所表达的,可以使所有的输入/输出信号保持与系统时钟同步。SDRAM 与系统时钟同步,采用的是管道处理方式。当指定一个特定的地址时,SDRAM 就可读出多个数据,即实现突发传送。具体来说,第一步指定地址;第二步把数据从存储地址指定的单元传到输出电路;第三步将数据输出到外部。重要的是,以上三个步骤是各自独立进行的,且与 CPU 同步,而以往的内存是从头到尾执行这三个步骤的。SDRAM 的读/写周期为 10~15ns。

SDRAM 基于双存储体结构,内含两个交错的存储阵列,当 CPU 从一个存储阵列访问数据的同时,另一个已准备好读/写数据。通过两个存储阵列的紧密切换,使读取效率得到成倍地提高。总之,SDRAM 将 CPU 和 RAM 通过一个相同的时钟锁在一起,使得 RAM 与 CPU 能够共享一个时钟周期,以相同的速度同步工作。

SDRAM 也将应用于共享内存结构,这是一种集成主存和显示内存的结构,它在很大程度上降低了系统成本。因为许多高性能显示卡价格高昂,就是由其专用显示内存成本带来的,而共享内存结构利用主存作显示内存,也就不再需要增加专门显示内存,因而降低了系统成本。

3.3.6 半导体存储器在系统中的连接

半导体存储器与 CPU 相连接时,需要考虑的问题包括:存储器地址的分配、存储器容量的扩充、存储器地址的译码,存储器芯片与 CPU 的连接。

1. 存储器地址的分配

在进行存储器与 CPU 连接之前,首先要确定内存容量的大小,并选择存储器芯片的规格。在实际配置内存时,往往要选择若干个存储器芯片才能达到容量上的要求。

存储器地址分配问题是指,如何将选择好的存储器芯片同 CPU 有效地连接,并能有效地实现寻址。在由多个存储器芯片组成的内存中,大多是通过译码器来实现存储器地址的分配的。

2. 存储器容量的扩充

存储器容量的扩充包括两种形式:一是存储器芯片的扩充;二是存储器地址的扩充。

(1) 存储器芯片的扩充

当使用位结构存储器芯片来构成存储空间时,可将若干个芯片并联在一起,以构成一定容量的存储空间。例如,图 3.13 表示的是将 8 块 1K×1 规格的芯片并联,构成 1KB 的存储空间。事实上,存储器芯片的扩充也属数据宽度的扩充,图 3.14 是对数据宽度扩充的示意。

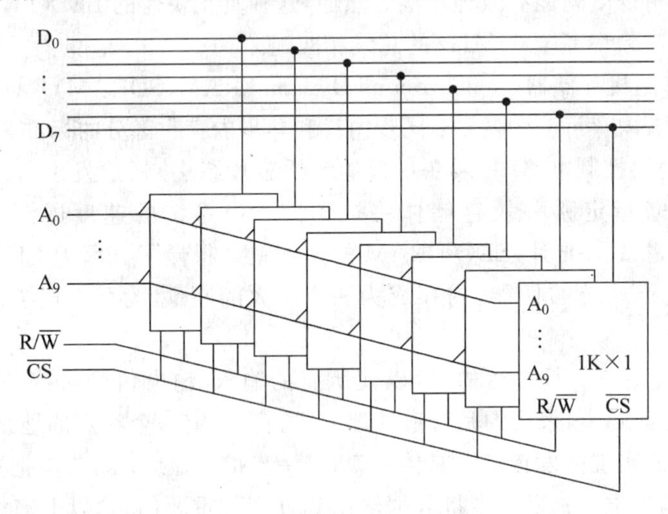

图 3.13 存储器芯片的扩充

(2) 存储器地址的扩充

当使用容量较小的存储器芯片来构成更大容量的存储空间时,可用地址串联的方法,将若干个小容量的芯片连接在一起,构成所需容量的存储空间。其中,每个存储器芯片的地址范围是经译码器来分配的,以避免每个存储器芯片实际地址范围的重复。图 3.15 表示的是将 3 片存储器芯片(EPROM,型号为 2716,容量为 2KB)串联,构成 6KB 的存储空间。

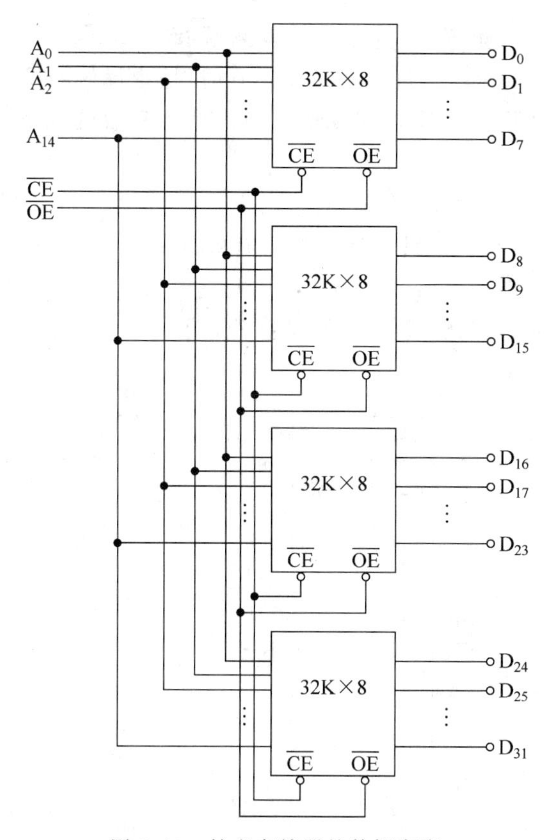

图 3.14　扩充存储器的数据宽度

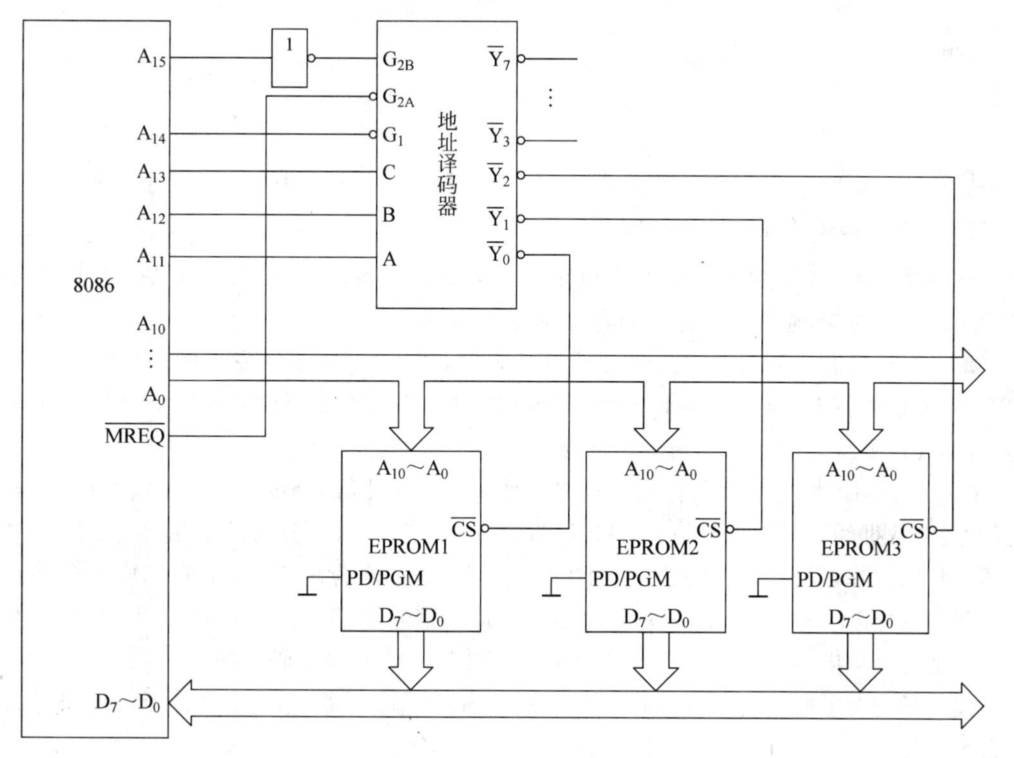

图 3.15　存储器地址的扩充

74LS138 是常用的地址译码器，它有 3 个输入端（A，B，C），3 个控制端（G_1，G_{2A}，G_{2B}），8 个输出端（$\overline{Y}_0$～$\overline{Y}_7$）。当 $G_1=1$，且 $G_{2A}=G_{2B}=0$ 时，地址译码器 74LS138 工作。这时，对应 A，B，C 输入端的一个状态，8 个输出端中只有一个为有效的低电平，以选中对应的某一个存储器芯片。

在图 3.15 的连接中，只用到 3 个输出端 $\overline{Y}_0$～$\overline{Y}_2$，分别连接 3 片 2716 的片选信号端 $\overline{CS}$，但在某一时间，3 输出端 $\overline{Y}_0$～$\overline{Y}_2$ 只会有一个为有效的低电平，用来选择某一片 2716，但由于 3 个输入端 A，B，C 分别连在 A_{11}～A_{13} 上，所以，每片 2716 的实际地址是不会重复的。

事实上，存储器地址的扩充也即字节数的扩充，图 3.16 表示了字节数扩充的方法。

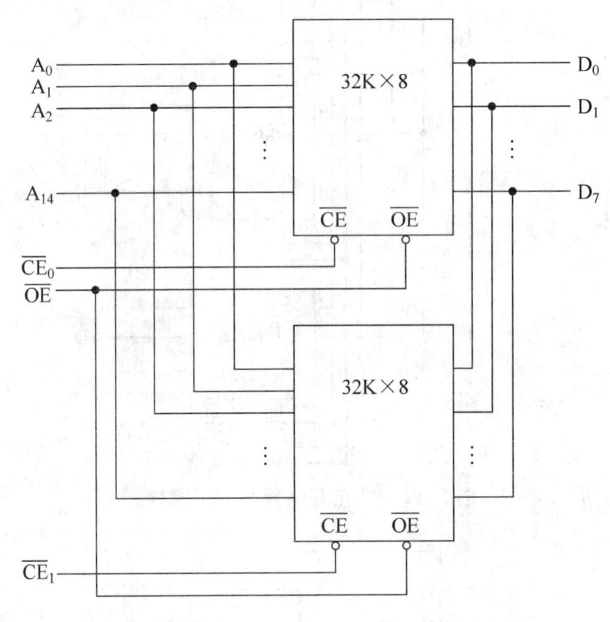

图 3.16 扩充存储器的字节数

总之，存储器容量的扩充体现在两方面：一是数据宽度的扩充；二是字节数的扩充。

3. 存储器地址的译码

存储器系统设计是将所选芯片与确定的地址空间联系起来，即将芯片中的存储单元与实际地址一一对应，通过寻址完成对存储单元的读/写。

每个存储器芯片都有一定数量的地址输入端，用于接收 CPU 发出的地址信号。由于 CPU 的地址输出信号到底能寻址到哪一个存储单元是由地址译码器确定的，因此，地址译码器在 CPU 寻址时所起的作用十分重要。

CPU 对存储器的读/写操作首先是向地址线发出地址信号，然后向控制线发出读/写信号，最后在数据线上传送数据信息。CPU 发出的地址信号必须实现两步选择：首先是对存储器芯片的选择，使相关存储器芯片的片选端有效，这称之为片选；然后在选中的存储器芯片内部再选择某一存储单元，这称之为字选。片选信号和字选信号均由 CPU 发出的地址信号经地址译码电路而产生。片选信号由存储器芯片的外部译码电路产生，这是需要用户自行设计的部分；而字选信号由存储器芯片的内部译码电路产生，这部分译码电路无需用户自行设计。

4. 存储器芯片与CPU的连接

存储器芯片与CPU的连接就是指地址线、数据线和控制线的连接。

为正确实现存储器寻址，地址线按用途分为两个部分：它们是低位地址线和高位地址线。其中，低位地址线直接连到所有存储器芯片的所有地址引脚上，以实现片内寻址；而高位地址线与CPU控制信号结合，产生片选信号，以实现片间寻址。若高位地址单个使用，则形成线选方式；若高位地址组合使用，则形成全译码方式或局部译码方式。

(1) 线选方式

在线选方式中，直接用CPU地址总线中的某一个高位线作为存储器芯片的片选信号。图3.17是对线选方式的示意，它是用2片2716构成4KB的存储空间。线选方式的优点是，连接简单，片选信号的产生不需复杂的逻辑电路；线选方式的缺点是，如果高位地址未全部用完而又没有对它们实施控制的话，则会出现地址不连续和地址多义的问题。地址多义是指，当未用的其他高位地址取值为非全0时，将出现另外许多组地址范围，这样便会带来一个存储单元对应着多个地址。另外，由于线选方式只用某一个高位线作为存储器芯片的片选信号，所以只能构成二片或二组，因而所能寻址的存储空间也就很有限了。

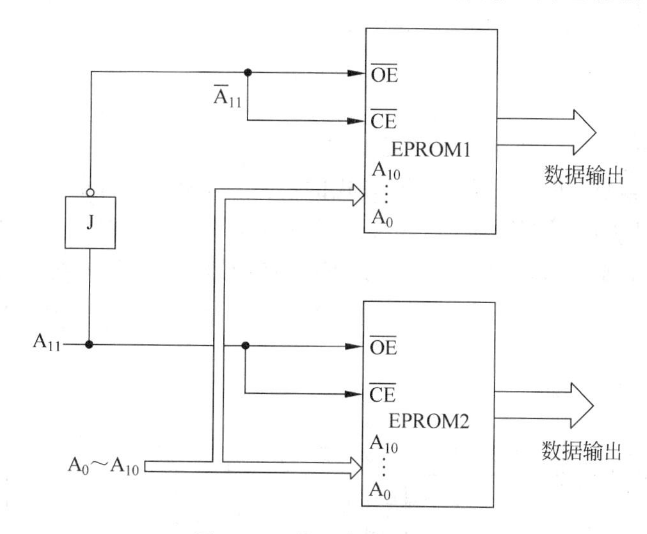

图3.17 线选方式的示意

(2) 全译码方式

为避免地址不连续和地址多义的问题，同时增强系统存储器的扩展能力，可采用另一种寻址方法，即全译码方式。在全译码方式中，低位地址线用做字选，与存储器芯片的地址输入端直接相连；而将高位地址线全部连接到外部译码电路上，用来生成片选信号。这样，所有的地址线均参与了地址译码，因而也就不会产生地址不连续和地址多义的问题了。

以16K×8规格存储器芯片构成静态RAM模块为例，全译码方式的示意如图3.18所示。对应这样的连接，四块芯片占用的地址范围分别是：0000H～03FFH，0400H～07FFH，0800H～0BFFH，0C00H～0FFFH。每块芯片的地址空间各为1KB，四块芯片的总地址空间为4KB。

(3) 局部译码方式

在局部译码方式中，低位地址线仍用作字选，与所有存储器芯片的所有地址引脚相连，

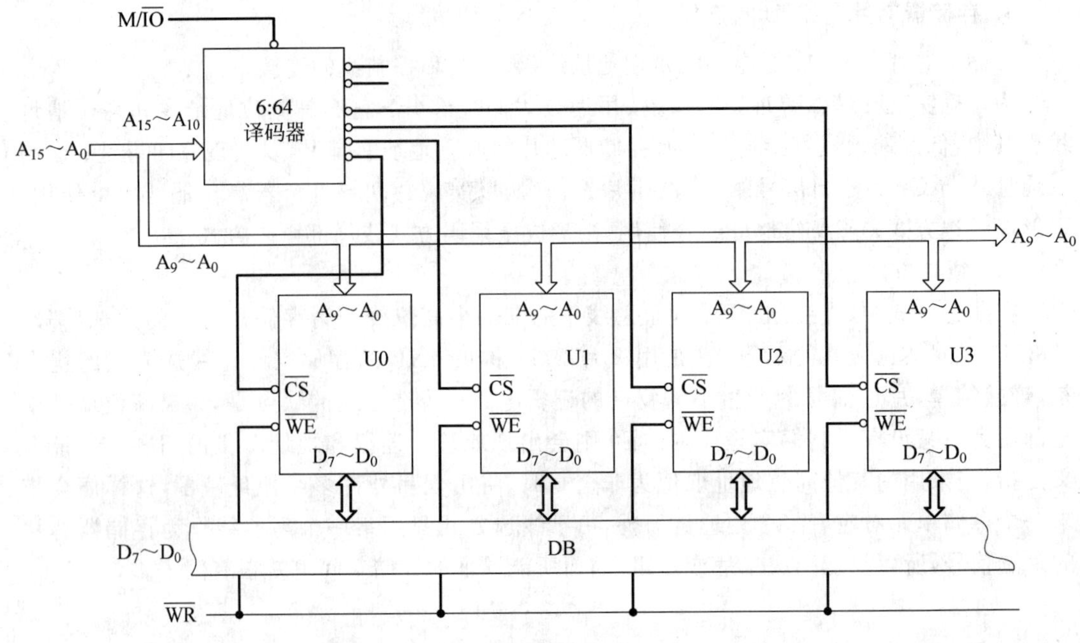

图 3.18　全译码方式的示意

实现片内寻址；使一部分而非全部高位地址线与 CPU 控制信号结合，产生片选信号，以实现片间寻址。这样，也就决定了局部译码方式的特点是，相对全译码方式而言，虽然可以节省外部译码器，但其扩展受到限制，且在实际应用中，必须考虑地址空间的分配重叠问题。例如，若采用 1K×4 规格的存储器芯片构成 4KB 容量的 RAM 子系统，可采用图 3.19 的连接形式。

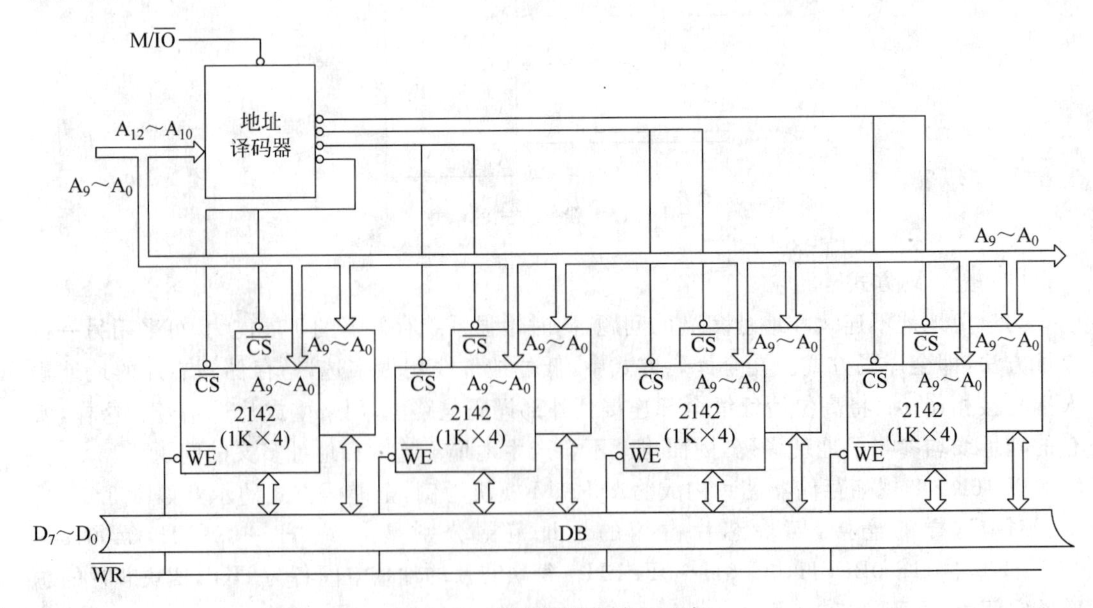

图 3.19　局部译码方式的示意

对于这样的连接，四组芯片占用的地址范围分别是：

第一组：共 8KB
0000H～03FFH
2000H～23FFH
……
E000H～E3FFH

第二组：共 8KB
0400H～07FFH
2400H～27FFH
……
E400H～E7FFH

第三组：共 8KB
0800H～0BFFH
……
E800H～EBFFH

第四组：共 8KB
0C00H～0FFFH
……
EC00H～EFFFH

实际上，每组只有 1KB 容量，而它们却占用了 8KB 的地址空间，即每一个存储单元都对应着 8 个不同的存储单元地址，这就是所谓的地址空间分配的重叠问题。由此可见，局部译码方式是线选方式和全译码方式的折中，它可寻址的地址空间比线选方式的范围大，比全译码方式的范围小。由于局部译码方式可以节省外部译码器，因而在较小的系统中得到了较多的应用。

需要指出的是，在线选方式和局部译码方式中，可能会出现地址空间分配的重叠问题，而且随着不同信号被用作片选控制信号，它们的地址分配也将有所不同，因而在实际应用中，必须注意考虑这个问题。

总之，存储器芯片片选信号构成方法的应用特点是，全译码方式适用于容量较大的存储器，但结构复杂；线选方式适用于容量较小的存储器，但结构简单；局部译码方式是全译码方式与线选方式的一种折中。

3.4　高速缓存技术

3.4.1　Cache 系统的组成及工作原理

32 位微机系统普遍采用了高速缓存技术，Cache 系统包含三个部分：一是 Cache 模块；二是主存；三是 Cache 控制器。Cache 系统框图如图 3.20 所示。

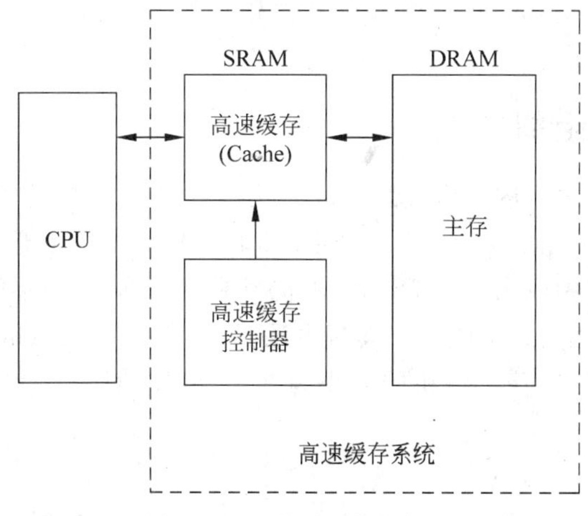

图 3.20　Cache 系统的框图

尽管 SRAM 的速度很快，但价格很高，而 DRAM 虽然速度相对较慢，但价格较低，为此也就有了 Cache 技术的初衷，即，将 SRAM 和 DRAM 构成一个组合的存储子系统，使之兼具 SRAM 和 DRAM 的优点。

访问内存是 CPU 最为频繁的操作。由于一般微机中的内存主要是由 MOS 型动态 RAM 构成的，其工作速度比 CPU 要低一个数量级，加之 CPU 的所有访问都要通过总线这个瓶颈，所以，如何缩短存储器的访问时间也就成为提高微机速度的关键之一。而在 CPU 和主存之间加进 Cache 的办法可以较好地解决了这一问题。在保证系统性价比的前提下，使用速度与 CPU 速度相当的 SRAM 芯片组成小容量的高速缓存；使用低价格、能提供更大存储空间的 DRAM 芯片组成主存。

命中率是对高速缓存子系统操作有效性的一种测度，它被定义为高速缓存命中次数与存储器访问总次数之比，用百分率来表示：

$$命中率=\frac{命中次数}{存储器访问总次数}\times 100\%$$

例如，若高速缓存的命中率为 92%，则意味着 CPU 可用 92%的总线周期从高速缓存中读取数据。换句话说，仅有 8%的存储器访问是对主存进行的。

大部分软件对存储器的访问并非是随机的、任意的，而是遵循着一种区域性定律，这种区域性定律表现在两个方面：一是时间区域性，即存储区域中某个数据被存取后，可能很快又被存取；二是空间区域性，即存储区域中某个数据被存取了，其附近的数据也很快被存取。为此，可就把容量很小、速度很快的 Cache 作为最接近 CPU 的层次，把正在执行指令附近的一部分指令或数据从主存复制到 Cache，以供 CPU 在一段时间内使用，这样，就大大减少了 CPU 访问主存的次数，提高了程序运行的速度。

下面以取指令为例，对 Cache 的工作原理进行说明。假设经过前面的操作，Cache 中已保存了一个指令序列，当 CPU 按地址再次取指令时，Cache 控制器会先分析地址，看其是否已在 Cache 中，若在，则立即取来，否则再去访问主存。当 CPU 第一次访问低速主存时，要插入等待周期，同时也把数据存到 Cache 中。这样，当 CPU 再次访问这一区域时，CPU 就可以直接访问 Cache，而不是访问低速主存了。由于 Cache 容量远小于低速主存的容量，所以它不可能包含后者的所有信息，为此，便需要由 Cache 控制器来复制低速主存上的内容，以更新 Cache 上的内容。Cache 系统的设计目标是使 CPU 访问尽可能地在高速缓存中进行。

3.4.2 Cache 的组织方式

按照主存和 Cache 之间的映像关系，Cache 有 3 种组织方式，它们是：全相联方式、直接映像方式、组相联方式。图 3.21 是对 Cache 的 3 种组织方式的示意。

为了把数据从主存中取出送入 Cache 中，必须使用某种地址转换机制把主存地址映像到 Cache 中定位，这称之为地址映像。实现方法是：将主存和 Cache 都分为大小相等的若干个块，以块为单位进行映像。每块的大小为 2^n 个字节，通常为 2^9(512B)，2^{10}(1024B)或 2^{11}(2048B)等。

(1) 全相联方式

全相联方式是指主存中的每一块都可以映像到 Cache 的任何一块位置上。这种映像方

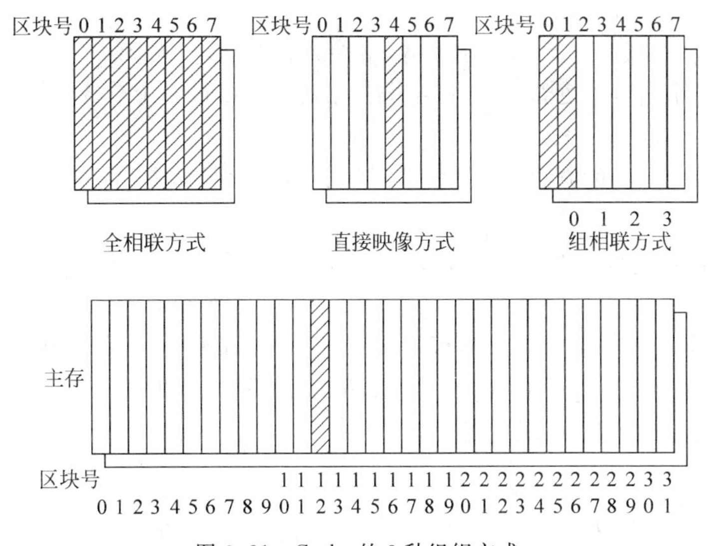

图 3.21 Cache的3种组织方式

法比较灵活，Cache的利用率高，但地址转换速度较慢，且需要采用某种置换算法将Cache中的内容调入调出，实现起来系统开销较大。

(2) 直接映像方式

直接映像方式将主存按Cache大小分为若干组，每一组按对应的块号进行映像，即主存中每一个块只能映像到Cache的某一固定位置上。例如，设Cache大小为128个块，则主存的第1组由第0块、第8块、……、第1016块组成，它们中的任何一块只能映像到Cache的第0块上；而主存的第2组由第1块、第9块、……、第1017块组成，它们中的任何一块只能映像到Cache的第1块上，以此类推。这种映像方法比较简单，且地址转换速度快，但是不够灵活，不能使Cache空间得到充分的利用。

(3) 组相联方式

该方式是直接映射和全相联映像方式的折中。它将主存和Cache都分组，且使主存中一个组内的块数与Cache中的分组数相同，然后，组间采用直接映像方式，而组内采用全相联方式。即主存中的各块与Cache的组号之间有着固定的映像关系，但可以自由映像到对应Cache组中的任何一块位置上。例如，设Cache分为128组，则主存第1组中的第0块、第8块、……、第1016块可映像到Cache第0组的第0块、或第1块、……，或第127块任何一个位置上；主存第2组中的第1块、第9块、……、第1017块可映像到Cache第1组的第128块、或第129块、……，或第255块任何一个位置上；以此类推。这种映像方式比直接映像方式灵活，比全相联方式速度快。实际上，当组的大小为1时，该方式就变成了直接映像方式；当组的大小为整个Cache的尺寸时，该方式就变成了全相联方式。

3.4.3 Cache的数据更新方法

在Cache系统中，同一个数据可能既在Cache中，又在主存中，这样，当数据更新时，就有了两类数据一致性的问题：一是数据丢失的问题；二是数据过时的问题。

数据丢失是指当数据更新时，存在于Cache中的数据已更新，而存在于主存中的数据尚未更新。

解决数据丢失问题的方法有：通写式、缓冲通写式、回写式。

数据过时是指当数据更新时，存在于主存中的数据已被某个总线主模块更新过，而存在于某个 Cache 中的数据尚未更新。

解决数据过时问题的方法有：总线监视法、硬件监视法、划出不可高速缓存存储区法、Cache 清除法。

另外，Cache 控制器 82385 对 Cache 系统的管理体现在 3 个方面，即 Cache 和主存的映像关系处理、未命中 Cache 时的处理，以及 Cache 的数据更新等。

总之，Cache 的性能受到多方面因素的影响，包括 Cache 芯片的速度、Cache 的容量、Cache 的组织方式、Cache 对主存的回写方式等，其中最重要的性能指标是速度和命中率，速度越快而且命中率越高，Cache 的性能就越好。

3.5 小结与习题

3.5.1 小结

本章首先介绍了存储器的体系结构，然后阐述了微机系统的内存组织，之后，对半导体存储器从六个方面做了详细的描述，最后，从 Cache 系统的组成、Cache 的组织方式，及 Cache 的数据更新方法等方面简要介绍了高速缓存技术。

3.5.2 习题

1. 内存和外存各自的特点是什么？
2. 存储器的层次化结构是指什么？
3. 现代微机中采用三级存储系统，解决了什么实际问题？
4. 按在微机中的作用，存储器分为哪几种？它们各自的特点是什么？
5. 为什么存储体将许多单元按一定规则排列而成矩阵？以 4KB 存储体为例加以说明。
6. 为节省内存的地址译码电路，内存一般采用什么结构？
7. 在微机系统中，内存是由什么构成的？它有什么优点？
8. 按功能，半导体存储分为哪两种？它们的特点是什么？
9. 按器件原理，RAM 分为哪两种？它们的特点是什么？
10. 按存取原理，MOS 型 RAM 分为哪两种？它们的特点是什么？
11. 画出半导体存储器的分类情况？
12. 在选择半导体存储器时，应主要考虑哪些因素？
13. SRAM 是基于什么原理保存信息的？在使用上有什么特点？
14. RAM 芯片上为什么往往只有写信号 $\overline{WE}$？什么情况下可以从芯片读得数据？
15. 在对 SRAM 进行读/写时，地址信号可分为几部分？分别产生什么信号？
16. DRAM 工作有什么特点？与 SRAM 相比有什么长处与不足？
17. DRAM 为什么要进行刷新？

18. 掩膜型 ROM、PROM、EPROM、E^2PROM 各自的特点是什么？

19. 若用规格为 4K×1 的 SRAM 构成 256KB 的存储空间，需多少位的地址？地址线分为几部分？

20. 半导体存储器芯片的一般结构是什么？

21. 若用规格为 4K×1 的 RAM 芯片组成 8KB 的存储空间，需多少块芯片？哪些地址线参与片内寻址？

22. 下列 RAM 各需多少条地址线进行寻址？各需多少条输入/输出数据线？

(1) 512K×8

(2) 1K×4

(3) 16K×8

(4) 64K×1

23. 设有一个具有 16 条地址和 8 条数据引脚的存储器，则，

(1) 该存储器能存储多少字节的信息？

(2) 若存储器由 8K×4 规格的芯片组成，需多少片？

(3) 需多少位地址作芯片选择？

24. 使用下列 RAM 组成所需的存储容量，各需多少块芯片？各需多少芯片组？共需多少条寻址线？每块芯片需多少条寻址线？

(1) 2K×4 的芯片组成 8KB 的存储容量

(2) 4K×1 的芯片组成 32KB 的存储容量

25. 微机存储系统中为什么要采用 Cache？

26. 设某 CPU 有 16 条地址引脚，8 条数据引脚，若用 2114 芯片（1K×4）组成 2KB RAM，地址范围为 3000H～37FFH，问地址线应如何连接？

27. 闪烁存储器分为哪几类？

28. 存储器芯片片选信号的构成方法有哪几种？

29. 存储器容量的扩充体现在哪两方面？

30. Cache 系统是如何构成的？

31. 什么是区域性定律？

32. 按照主存和 Cache 之间的映像关系，Cache 有哪几种组织方式？

33. 按容量从小到大表示存储器的层次化总体结构。

CHAPTER 4

第4章 总　　线

主要内容：

- 总线概述。
- 总线的分类及标准。
- 总线的性能指标。
- 系统总线。
- 外部总线。
- 小结与习题。

4.1 总线概述

总线是指许多信号线的集合，它是微机系统中连接各部件的公共通道，是CPU内部各组成部件之间、微机芯片之间、系统各模块之间以及各设备之间传送数据信息、地址信息、控制和状态信息的通道。

如果在微机系统中将各部件分别两两地相连接，那么连线势必会错综复杂，极不易于维护与扩展，甚至难以实现。因此，微机从其诞生以来就采用了总线结构，尤其是在制定了统一的总线标准后，总线结构更易于实现部件互连。

总线技术之所以能够得到迅速的发展，是由于总线结构在诸多方面表现出了很大的优越性，概括起来有以下几点：

① 总线结构支持模块结构的设计方法，可以简化系统设计；

② 标准总线便于生产与之兼容的硬件板卡和软件，具有开放性和通用性；

③ 总线结构便于模块的专业化生产和产品的升级换代，便于故障诊断和维修，灵活性好；

④ 总线结构降低了设计与系统成本。

先进的总线技术对于提高整机系统的性能起着十分重要的作用，在微机的发展过程中，总线结构也在不断地发展变化。

另外，在微机系统中，除了采用总线技术外，还采用了标准接口技术，其主要目的也是为了便于模块化结构设计。接口一般是指主板与某类外设之间的适配电路，其功能是解决主板和外设之间在电压等级、信号形式和速度上的匹配问题。一方面，不同类型的外设对应需要不同的接口；另一方面，由于目前的一些新型接口标准(如 USB、IEEE 1394 等)允许同时连接多种不同的外设，因此也把它们称为外设总线。此外，连接显示系统的新型接口 AGP 也被习惯地称为 AGP 总线，但实际上它应该是一种接口标准。

4.2　总线的分类及系统总线标准

4.2.1　总线的分类

在微机系统中有许多种总线，可以对这些总线从不同角度进行分类。

1. 按相对于 CPU 的位置

可分为片内总线和片外总线。片内总线即 CPU 芯片内部的总线，是指在 CPU 内部，寄存器之间、算术逻辑部件(ALU)与控制部件之间传送数据的通道；片外总线是指 CPU 与内存、与 I/O 接口电路之间进行数据传送的通道。通常所说的总线指的是片外总线。

2. 按总线的功能

可分为地址总线、数据总线和控制总线。地址总线(AB)用来传送地址信息，数据总线(DB)用来传送数据信息，控制总线(CB)用来传送各种控制信号。例如，ISA 标准总线共有 98 条线(即 ISA 插槽有 98 个引脚)，其中数据线 16 条(构成数据总线)，地址线 24 条(构成地址总线)，其余为控制信号线(构成控制总线)、接地线和电源线。

3. 按总线的层次结构

可分为 CPU 总线、存储总线、系统总线、外部总线。CPU 总线包括 CPU 地址线(CAB)、CPU 数据线(CDB)和 CPU 控制线(CCD)，它们用来连接 CPU 和控制芯片；存储总线包括存储地址线(MAB)、存储数据线(MDB)和存储控制线(MCD)，它们用来连接 DRAM 和存储控制器；系统总线包括系统地址线(SAB)、系统数据线(SDB)和系统控制线(SCB)，它们用来与扩充插槽上的各扩充板卡相连接，系统总线是最受关注的总线，它有多种标准，以适用于各种系统；外部总线包括外部地址线(XAB)、外部数据线(XDB)和外部控制线(XCB)，它们用来与外设控制芯片相连接，如主机板上的 I/O 控制器和键盘控制器等。

以上提到的 CPU 总线、存储总线和外部总线是在主板上的，不同的系统采用不同的芯片集，不存在互换性。而系统总线是与 I/O 扩充插槽相连的，由于在 I/O 插槽中可插入各式各样的扩充板卡，这些扩充板卡作为各种外设的适配器与外设相连接，因此系统总线必须有统一的标准，以便厂家按照统一的标准设计各类适配卡。

4. 按总线实现连接的对象

可分为内部总线、局部总线、系统总线、外部总线。内部总线是指芯片内部各部件之间传送数据的通路；局部总线(又称片级总线)是指同一块电路板上 CPU 芯片与外围芯片间的信息通路；系统总线是指连接各模块的信号线(微机系统的设计一般采用多模块结构)；外部总线是指连接微机系统之间，或者微机系统与电子仪器/仪表或其他设备之间的信号线。

5. 按总线在微机系统中的位置

可分为机内总线和机外总线，前面提到的各类总线都属机内总线；机外总线（又称外设总线）是指微机与外设接口的总线，它实际上是一种外设的接口标准。目前在微机上流行的有四种，即 IDE、SCSI、USB 和 IEEE 1394。前两种主要是与硬盘、光驱等 IDE（Integrated Device Electronics）设备的接口，后两种新型的外设总线可以用来连接多种外部设备。

4.2.2 系统总线标准

微机中的系统总线包括 ISA、MCA、EISA、VESA、PCI、AGP 等多种标准。

ISA（Industry Standard Architecture）也称为 AT 标准，是 IBM 公司为 286/AT 系统制定的总线工业标准。

MCA（Micro Channel Architecture）是 IBM 公司专为其 PS/2 系统开发的微通道总线结构（由于 MCA 执行的是使用许可证制度，因此未能得到有效推广）。

EISA（Extended Industry Standard Architecture）是 EISA 集团为 32 位 CPU 设计的总线扩展工业标准。

VESA（Video Electronics Standards Association）是 VESA 组织按 Local Bus 标准设计的一种开放性总线。

PCI（Peripheral Component Interconnect）是 SIG 集团推出的总线结构。

AGP（Accelerated Graphics Port，加速图形端口）是一种为提高视频带宽而设计的总线规范，因为 AGP 是连接控制芯片和 AGP 显卡的点对点连接，所以严格说来，它是一种接口标准。

从系统总线标准的发展过程来看，在以 Windows 为代表的图形用户接口（Graphics User Interface，GUI）进入微机之后，对微机的图形描绘能力和 I/O 处理能力有了更高的要求，这不仅要改善图形适配卡的性能，而且要提高总线的速度。原有的 ISA 和 EISA 因远远不能满足要求而成为整个系统的主要瓶颈，PCI 总线的出现给微机体系结构带来了重大的发展，打破了数据输入输出的瓶颈，使高性能 CPU 的功能得以充分发挥；一些高速外设（如图形卡、硬盘控制器等）可以通过 PCI 总线直接挂到 CPU 总线上，与高速的 CPU 总线相匹配。从结构上看，PCI 总线是在 ISA 总线和 CPU 总线之间添加的一级总线。

4.3 总线的性能指标

微机总线的主要功能是负责在微机各部件之间传送数据，因此，衡量总线性能的指标自然是围绕这一功能而定义、测试和比较的。在总线性能指标中，最主要的有以下 5 个。

1. 总线宽度

总线宽度是指总线中数据总线的数量，是总线能同时传送的数据位数。通常总线宽度有 8 位、16 位、32 位和 64 位之分。显然，总线的数据传输量与总线宽度成正比。

2. 总线时钟频率

总线时钟频率是总线中各种信号的定时标准，以 MHz 为单位。一般说来，总线时钟频率越高，其单位时间内数据传输量越大，但不完全成正比例关系。

3. 总线的最大数据传输速率

总线的最大数据传输速率也称总线带宽，指的是在总线中每秒钟传输的最大字节量，以MB/s 为单位。与总线带宽密切相关的两个概念是总线宽度和总线时钟频率，总线宽度越宽则总线的最大数据传输速率越大，即总线带宽越宽；总线时钟频率越高则总线工作速度越快，即总线带宽越宽。

为了弄清总线带宽、总线宽度、总线时钟频率的关系，现打个比方：总线带宽就好比高速公路的车流量，总线宽度就如同高速公路上的车道数，而总线时钟频率相当于车速，这样，车道数越多、车速越快，车流量就越大。因此说，总线宽度越宽、总线时钟频率越高，则总线带宽越大。

单方面提高总线宽度或总线时钟频率都只能部分提高总线带宽，只有将两者配合起来才能使总线带宽得到更大的提升。

在现代微机中，一般可以做到一个总线时钟周期完成一次数据传输，因此，总线的最大数据传输速率为总线宽度除以 8(每次传输的字节数)再乘以总线时钟频率。例如，PCI 总线的宽度为 32 位，PCI 总线时钟频率为 33MHz，则最大数据传输速率为 $32 \div 8 \times 33 = 132$MB/s。但有些总线采用了一些新技术，可使最大数据传输速率比上面的计算结果更高。

因为总线是用来传送数据的，所采取的提高性能的各项措施最终都要反映在传输速率上，所以在总线的诸多指标中最大数据传输速率是最为重要的。

4. 信号线数

信号线数是总线中信号线的总数，包括数据总线、地址总线和控制总线的数量。信号线数与性能不成正比，它反映了总线的复杂程度。

5. 负载能力

负载能力是指总线带负载的能力。负载能力越强，表明可连接的总线板卡数量就越多。当然，不同的板卡对总线的负载是不一样的，但所接板卡负载的总和不应超过总线的最大负载能力。

4.4 系统总线

在微机系统应用了标准总线之后，总线成为系统的支柱，换句话说，总线设计的好坏直接影响着微机系统的功能、性能及可扩展性等。本节重点介绍 3 种系统总线：ISA、PCI 和 AGP。

4.4.1 ISA 总线

1. ISA 总线概述

最早的微机总线是由 IBM 公司于 1981 年推出的基于准 16 位微机的 PC/XT 总线(也称 PC 总线)。1984 年，IBM 公司又推出了基于 16 位微机的 PC/AT 总线。之后，为了能够合理地开发外插接口卡，由 Intel、IEEE 和 EISA 集团联合开发了与 PC/AT 总线兼容的 ISA 总线(也称 AT 总线)，即 8/16 位的工业标准结构(Industry Standard Architecture,

ISA)总线。ISA 曾是微机中使用最广泛的系统总线，286、386 和 486 微机多采用 ISA 总线，即便是后来的 Pentium 机也还保留了一个 ISA 总线插槽。在 PCI 系统中，ISA 总线通过扩展桥连接到 PCI 总线，从而使大量原有的外设适配卡无需作任何改动而能够正常工作。

2. ISA 总线性能指标

ISA 总线的主要性能指标有：

- 0100H～03FFH 的 I/O 地址空间；
- 24 位地址线，可直接寻址的内存空间为 16MB；
- 8/16 位数据线；
- 62＋36 引脚；
- 最大总线宽度为 16 位；
- 最高时钟频率为 8MHz；
- 最大数据传输速率为 16MB/s；
- 中断功能；
- DMA 通道功能；
- 开放式总线结构，允许多个 CPU 共享系统资源。

3. ISA 总线的构成与信号

ISA 总线由两种类型插槽(每个插槽都有正反两面引脚)组成：8 位扩展插槽(主槽)由 A 面和 B 面共 62 线引脚插槽构成，用于 8 位的插接板；8/16 位的扩展插槽除了具有 62 线引脚插槽外，还附加了 C 面和 D 面共 36 线引脚插槽(附加槽)，既支持 8 位也支持 16 位的插接板；两槽共有 98 引脚。其中，A 面和 C 面主要连接数据线和地址线；B 面和 D 面主要连接包括电源、地、中断输入线和 DMA 信号线等在内的其他信号线。

按功能，ISA 的信号分为数据线、地址线、控制线、状态线、辅助线和电源线等五类。

(1) 数据线

主槽上的 A_2～A_8 引脚为低 8 位的双向数据线 D_0～D_7；附加槽上的 C_{11}～C_{18}引脚为高 8 位的双向数据线 SD_8～SD_{15}。

(2) 地址线

附加槽中的 C_5～C_8 引脚为高 4 位地址线 LA_{20}～LA_{23}，它们与主槽上的 A_0～A_{19} 构成 24 位地址线，使直接寻址范围达 16MB。引脚 C_2～C_4 上的 LA_{17}～LA_{19} 也是地址线，与 A_{17}～A_{19} 重复。但是，主槽上的地址是由锁存器提供的，锁存环节会使传输速率降低；而 LA_{17}～LA_{23} 则是不经过锁存的地址信号，所以传输速率较高。

(3) 控制线

ALE——地址锁存允许输出信号，由总线控制器 8288 提供。

IRQ_0～IRQ_{15}——中断请求输入信号。AT 系统有两片 8259A，主片的 IRQ_2 与从片的中断请求端 INT 相连，因此共有 16 个中断请求输入端，编号为 IRQ_0～IRQ_{15}。其中，IRQ_3～IRQ_7、IRQ_9 在主槽上；IRQ_0 和 IRQ_1 被系统板占用，分别作为系统计数器时钟请求端和键盘接口中断请求端；IRQ_{10}～IRQ_{15}在附加槽上，其中 IRQ_{13}做连接协处理器用。通常，IRQ_3作网络连接用，IRQ_5 作硬盘读/写的中断请求端，IRQ_6 作软盘读/写的中断请求端。

$\overline{IOR}$——I/O 读输出命令，由 CPU 或 DMA 控制器产生。

$\overline{\text{IOW}}$——I/O 写输出命令，由 CPU 或 DMA 控制器产生。

$\overline{\text{MEMR}}$——存储器读命令，由 CPU 或 DMA 控制器产生。

$\overline{\text{MEMW}}$——存储器写命令，由 CPU 或 DMA 控制器产生。

$\text{DRQ}_0 \sim \text{DRQ}_7$——DMA 请求输入信号。AT 主板上有两片 DMA 控制器 8237A，构成主从结构，对应 8 个通道，编号为 $\text{DRQ}_0 \sim \text{DRQ}_7$。其中，$\text{DRQ}_4$（即主片的 DRQ_0）作连接从片用，即接到从片的 DMA 请求端。DRQ_0 的优先级最高，DRQ_7 的优先级最低。

$\overline{\text{DACK}_0} \sim \overline{\text{DACK}_7}$——DMA 响应信号，是对应于 $\text{DRQ}_0 \sim \text{DRQ}_7$ 的回答信号。

AEN——地址允许信号，由 8237A 输出。当 AEN 为高电平时，由 DMA 控制器控制地址总线和数据总线。

T/C——计数结束输出信号，当任一 DMA 通道计数结束时，T/C 线上便出现结束脉冲。

RESET DRV——系统总清信号，此信号使系统各部件复位。

SBHE——数据总线高字节允许信号，此信号与地址信号共同控制对 8 位或 16 位数据的传送。

$\overline{\text{SMEMR}}$——系统存储读信号，用来对系统的 16MB 存储器进行读。不同于$\overline{\text{MEMR}}$的是，$\overline{\text{MEMR}}$只对 1MB 范围的存储器有效。

$\overline{\text{SMEMW}}$——系统存储写信号，用来对系统的 16MB 存储器进行写。不同于$\overline{\text{MEMW}}$的是，$\overline{\text{MEMW}}$只对 1MB 范围的存储器有效。

$\overline{\text{MEMCS}_{16}}$和$\overline{\text{I/OCS}_{16}}$——16 位数据传输有效信号。当进行 16 位数据传送时，便使$\overline{\text{MEMCS}_{16}}$或$\overline{\text{I/OCS}_{16}}$有效，否则，就只能进行 8 位数据传送。

$\overline{\text{MASTER}}$——总线主模信号。获得此信号的总线插槽上的扩展卡成为总线主模块。

(4) 状态线

$\overline{\text{I/O CH CHK}}$——I/O 通道奇/偶校验信号，进行奇/偶校验用。

I/O CH RDY——I/O 通道准备好信号，较慢的设备可通过设置此信号为低电平而使 CPU 或 DMA 控制器插入等待状态，从而延长访问周期。

(5) 辅助线和电源线

- OSC——晶体振荡信号。
- CLK——系统时钟信号。
- 主槽上的+5V、−5V、+12V、−12V 电源。
- 主槽上的接地端。

4.4.2 PCI 总线

1. PCI 总线概述

伴随着各种应用软件的发展，需要在微处理器与外设之间进行大量的高速数据传输，由于以往的 ISA 总线以及之后发展的 EISA 总线都未能解决总线高效率传输的问题，于是，在 1991 年的下半年，Intel 公司率先提出了 PCI 的概念，并联合 IBM、Compaq、AST、HP、DEC 等一百多家公司成立了 PCISIG（Peripheral Component Interconnect Special Interest Group，外围部件互连专业组）。已成为当今微机总线主流的 PCI 总线就是在 1992 年由

PCISIG 推出的 32/64 位总线，其目标是在高速 CPU、存储器和各种外设扩展卡之间提供一种通用连接机制，以满足高速图形/图像传输和高速网络传输的需求。

PCI 总线提供了微处理器与外设之间的高速通道，总线频率达 33MHz，与 CPU 的时钟频率无关；总线宽度为 32 位，并可扩展到 64 位，因而其带宽达到 132MB/s～264MB/s。PCI 总线与 ISA、EISA 总线完全兼容，尽管每台微机系统的插槽数目有限，但 PCI 总线规格提供"共用插槽"，以容纳一个 PCI 及一个 ISA。

2. PCI 总线的主要性能和特点

从结构上看，PCI 是在 CPU 总线和原系统总线之间插入的一级总线，由一个桥接电路实现对这一层的管理，并实现上下之间的接口以协调数据的传送。管理器提供了信号缓冲，使之能支持多种外设，并能在高的时钟频率下保持高的性能。PCI 总线也支持总线主控技术，即允许智能设备在需要时取得总线控制权，以加速数据传送。

PCI 总线的主要性能如下：

- 支持 10 台外设；
- 总线时钟频率为 33.366MHz；
- 最大数据传输速率为 132MB/s；
- 时钟同步方式；
- 与 CPU 及时钟频率无关；
- 总线宽度为 32 位(5V)/64 位(3.3V)；
- 能自动识别外设；
- 特别适合与 Intel 的 CPU 协同工作。

PCI 总线的特点如下。

(1) 数据传输率高

PCI 的数据总线宽度为 32 位，还可扩充到 64 位。它以 33MHz 的时钟频率工作，因此，若采用 32 位数据总线，则最高数据传输率可达 132MB/s；若采用 64 位数据总线，则最高数据传输率可达 264MB/s。

(2) 支持突发传输

通常的数据传送是在输出地址后再进行数据操作，即使所要传送数据的地址是连续的，每次也都要有输出和建立地址的阶段。而 PCI 支持突发数据传输周期，该周期在一个地址相位后面可跟上若干个数据相位。这就意味着，从某一地址开始后，可以连续地对数据进行操作，而每次的操作数的地址是自动加 1 的。这样便减少了无谓地址操作的次数，加快了传输速度。

(3) 支持多主控器

在同一条 PCI 总线上可以有多个总线主控器。各主控器通过 PCI 总线专门设置的总线占用请求信号和总线占用允许信号来竞争对总线的控制权。

(4) 减少存取延迟

PCI 总线能够大幅度减少外设取得总线控制权所需的时间，以保证数据传送的畅通。

(5) 支持即插即用

所谓即插即用是指在新的接口卡插入 PCI 总线插槽时立即可以使用的特点。

因为系统能自动识别插入的设备并装入相应的设备驱动程序，所以用户在安装接口卡时，不必再关电源或设跳线，也不会因设置有错而造成接口卡或系统无法工作。

(6) 独立于处理器

传统的系统总线实际上是中央处理器信号的延伸或再驱动，而 PCI 总线采用一种独特的中间缓冲器设计将处理器子系统与外设分开，使得 PCI 结构不受处理器种类的限制。

一般说来，在 CPU 总线上增加更多的设备或部件会降低系统的性能和可靠性，而有了这种缓冲器的设计方式，用户可随意增添外设而不必担心系统性能会下降。

(7) 数据完整

由于 PCI 总线提供了数据和地址的奇/偶校验功能，因此保证了数据的完整性和准确性。

(8) 适用于多种机型

通过转换 5V 和 3.3V 工作环境，PCI 总线可适用于各种规格的计算机系统，如台式机、便携式计算机及服务器等。

(9) 低成本、高可靠性

PCI 总线插槽短而精致，PCI 芯片均为超大规模集成电路，体积小、可靠性高。由于 PCI 总线采用地址/数据引脚复用技术，使得 PCI 板卡更加小型化，降低了成本，提高了可靠性。

3. PCI 总线结构连接方式

PCI 总线支持微处理器快速访问系统存储器，并支持适配器之间的相互访问。

PCI 总线的基本连接方式如图 4.1 所示，展示出了 PCI、扩展系统、CPU 及存储器之间的连接关系。

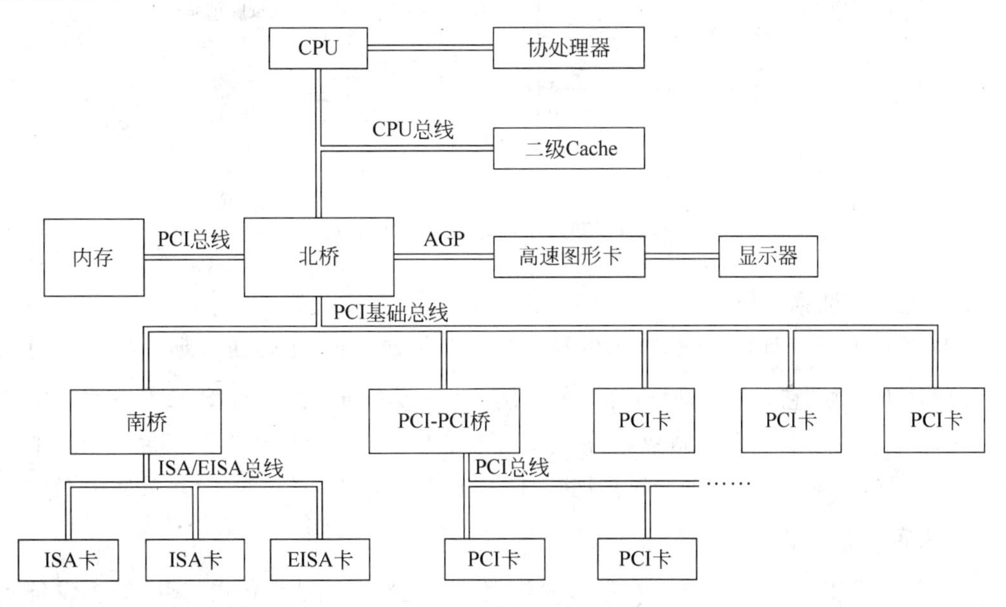

图 4.1　PCI 总线的基本连接方式

从图 4.1 中可以看到，这种典型的 PCI 系统包括两个桥接器：南桥和北桥。北桥将 CPU 总线连接到 PCI 基础总线上，使得 PCI 基础总线上的部件可以与 CPU 并行工作。PCI 基础总线上挂接高速设备，如图形控制器、IDE 设备或 SCSI 设备、网络控制设备等；南桥将 PCI 基础总线连接到 ISA、EISA 等标准总线上，以便在标准总线上挂接低速设备，如打印机、MODEM、传真机、扫描仪等，以继承原有的资源。

北桥和南桥构成芯片组，PCI 基础总线上可以连接一个或多个 PCI-PCI 桥，一个芯片组可以支持多个北桥。总之，PCI 系统由桥接器将处理器、内存、PCI 和扩展系统联系在一起。

4. PCI 总线信号定义

PCI 总线包含电源、地线、保留引脚等共 120 条。PCI 信号可分为必备和可选两大类，如果是获得了总线控制权的主设备，则必备信号为 49 条，如果是被主设备选中进行数据交换的从设备，则必备信号是 47 条；可选信号为 51 条，主要用于 64 位扩展、中断请求和高速缓存支持等。利用这些信号线，可以处理数据、地址信息，实现接口控制、仲裁及其他系统功能。

PCI 总线的信号如图 4.2 所示。

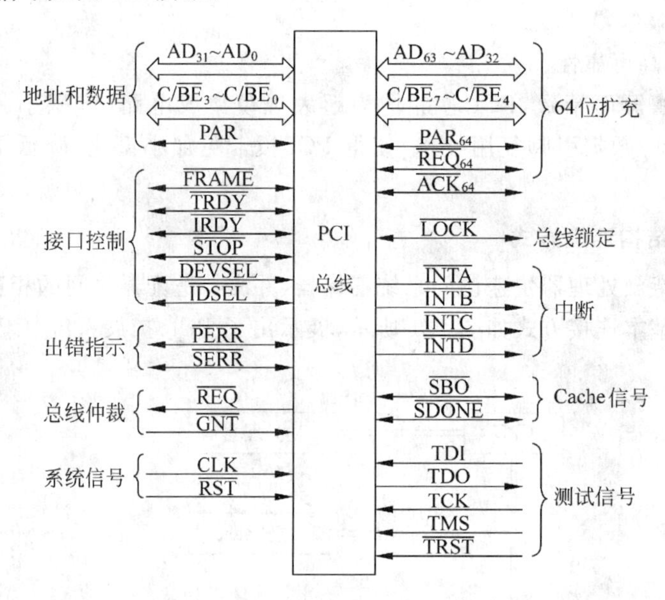

图 4.2　PCI 总线的信号(左边为必选信号，右边为可选信号)

(1) 地址和数据信号

AD_0～AD_{31}——地址/数据复用引脚。它们既传送地址，也传送数据。当总线周期信号 $\overline{FRAME}$ 有效时，它们传送地址，称为地址期；当主设备准备好信号 $\overline{IRDY}$ 和从设备准备好信号 $\overline{TRDY}$ 都有效时，它们传送数据，称为数据期。PCI 的一个传送操作包含 1 个地址期和 1～n 个数据期。地址期只用一个时钟周期，而数据期可一次传送多个字节，具体由 C/$\overline{BE_0}$～C/$\overline{BE_7}$ 决定。

C/$\overline{BE_3}$～C/$\overline{BE_0}$——总线命令/字节允许信号。它们在地址期传送 CPU 等主设备向从设备发送的命令；在数据期传送字节允许信号，用来指出 32 位数据线上，哪些字节是真正有效的数据。

PAR——奇偶校验信号。这是对 AD_0～AD_{31} 和 C/$\overline{BE_0}$～C/$\overline{BE_3}$ 作偶校验得到的校验信号。此信号为双向，读操作时送往 CPU，写操作时送往存储器或外设。

(2) 接口控制信号

$\overline{\text{FRAME}}$——帧数据总线周期信号。这是主设备发出的总线帧周期信号。$\overline{\text{FRAME}}$有效时，表示总线传送开始和持续；一旦$\overline{\text{FRAME}}$撤销，则在$\overline{\text{IRDY}}$和$\overline{\text{TRDY}}$有效的情况下，进行最后一个数据期。

$\overline{\text{TRDY}}$——从设备准备好信号。表示从设备准备好传送数据。具体说，写操作时，此信号有效表示从设备已做好接收数据的准备；读操作时，此信号有效表示数据已由从设备提交到总线上。

$\overline{\text{IRDY}}$——主设备准备好信号。只有在此信号和$\overline{\text{TRDY}}$均有效时，才可传送数据。写操作时，此信号有效表示数据已由主设备提交到总线上；读操作时，此信号有效表示主设备已做好接收数据的准备。

$\overline{\text{STOP}}$——停止信号，从设备用此信号停止当前的数据传送过程。

$\overline{\text{DEVSEL}}$——设备选择信号。此信号是从设备发出的，表示确认其为当前访问的从设备。

$\overline{\text{IDSEL}}$——初始化设备选择信号。它是 PCI 对即插即用卡进行配置时的适配卡选择信号，每次只能有一个 PCI 槽上的$\overline{\text{IDSEL}}$有效，以选中唯一的一个适配卡。

(3) 出错指示信号

$\overline{\text{PERR}}$——奇偶校验出错信号。每个接收设备在发现接收的数据有错误时，在此后的两个时钟周期内发出此信号，表示出现奇/偶校验错误。通过奇/偶校验，使 $AD_{31} \sim AD_0$ 上传送的地址和数据以及 $C/\overline{BE}_3 \sim C/\overline{BE}_0$ 上传送的信息得到准确性校验。

$\overline{\text{SERR}}$——系统出错指示信号，表示出现奇/偶校验错、命令格式错，以及其他系统性错误。此信号报告错误的作用类似于非屏蔽中断，所以，在不希望因某些运行错误而引起非屏蔽中断造成停机的情况下，常以$\overline{\text{SERR}}$来代替非屏蔽中断报告错误，以便系统转入相关的错误处理过程。

(4) 总线仲裁信号

$\overline{\text{REQ}}$——总线请求信号。主设备连接到总线仲裁器上，作为请求控制总线的信号。

$\overline{\text{GNT}}$——总线请求允许信号。对$\overline{\text{REQ}}$的应答信号，表示该主设备获得总线控制权。

(5) 系统信号

CLK——时钟信号。PCI 的时钟信号，对所有设备都为输入信号。

$\overline{\text{RST}}$——复位信号。此信号有效时，所有寄存器、计数器以及所有信号都处于初始状态。

(6) 64 位扩充信号

$AD_{32} \sim AD_{63}$——地址/数据扩充信号。传送 64 位数据时，在地址期，它们传送高 32 位地址；在数据期，它们传送高 32 位数据。

$C/\overline{BE}_4 \sim C/\overline{BE}_7$——高 32 位命令和字节允许扩充信号。传送 64 位数据时，它们传送 CPU 等主设备向从设备发送的高 4 位命令，从而为命令扩展提供支持；在数据期，它们传送对应高 32 位数据的字节允许信号。

PAR_{64}——奇/偶校验信号。此信号是高 32 位的奇/偶校验信号，是在对高 32 位数据和 $C/\overline{BE}_4 \sim C/\overline{BE}_7$ 进行奇/偶校验后得到的校验码。

$\overline{\mathrm{REQ}_{64}}$——64 位传送请求信号，是主设备请求传送 64 位数据的信号。

$\overline{\mathrm{ACK}_{64}}$——64 位传送应答信号，是对$\overline{\mathrm{REQ}_{64}}$的应答信号。

(7) Cache 信号

$\overline{\mathrm{SBO}}$——测试 Cache 后返回信号。此信号有效表示当前对 Cache 的测试已完成并返回。

$\overline{\mathrm{SDONE}}$——Cache 测试完成信号。此信号有效表示当前对 Cache 的测试已完成。

(8) 测试信号

TCK——测试时钟输入信号，为所测试的设备提供的时钟信号。

TDI——测试数据输入信号，用于把测试数据或命令串行输入到设备。

TDO——测试数据输出信号，用于把测试结果由设备送往主机。

TMS——测试模式选择信号，通过选择某种方式用于控制设备的状态。

$\overline{\mathrm{TRST}}$——测试复位信号，对访问端口控制器进行初始化。

(9) 总线锁定信号

$\overline{\mathrm{LOCK}}$——总线锁定信号。在 PCI 的早期版本中，$\overline{\mathrm{LOCK}}$信号是专为一些需要用多个数据周期进行数据传送的设备而设置的信号。但在 PCI 2.2 以上版本中，只有北桥和 PCI-PCI 桥可输出$\overline{\mathrm{LOCK}}$信号，而只有扩展桥才能输入$\overline{\mathrm{LOCK}}$信号。

(10) 中断信号

$\overline{\mathrm{INTA}}$、$\overline{\mathrm{INTB}}$、$\overline{\mathrm{INTC}}$、$\overline{\mathrm{INTD}}$为从设备的中断请求信号。

5. PCI 总线的发展

ISA 总线通常称为第一代 I/O 总线，而 PCI 是第二代 I/O 总线标准，应该说这是一种技术发展上的跨越。

随着时代的发展，PCI 总线的性能面临着挑战。最为典型的是，图像传输受到了传统 PCI 性能瓶颈的制约，因此，多年前显卡设备脱离了 PCI 总线，单独形成了一个新的总线标准 AGP。再后来，随着技术的发展，出现了越来越多有高速传输需求的 I/O 设备，而且千兆网络、光纤通道等应用也对传统 PCI 总线的性能提出了更高的要求。于是 1999 年提出了 PCI-X 协议规范，该总线具有 64 位总线宽度，最高能够达到 133MHz 的时钟频率，在性能上较 PCI 总线有了一个新的跨越。但是，PCI-X 总线仍然是一种并行总线，仍存在并行传输过程中的数据相位问题。因此，当 PCI-X 频率达到一定程度后，总线负载能力就变得很差，PCI 总线的发展再次遇到了并行总线的技术瓶颈，为此，PCI 总线需要对总线结构做出根本性变革。进入 21 世纪之后提出了 PCI-Express 总线，它将并行总线演变成了点对点的串行总线，在可扩展性方面跨上了一个更新的台阶。因此，可以称 PCI-Express 总线为第三代 I/O 总线。

4.4.3 AGP 总线

1. AGP 总线概述

AGP(Accelerated Graphics Port，加速图形端口)是一种为提高视频带宽而设计的总线规范。其视频信号的传输速率从 PCI 的 132MB/s 提高到 266MB/s(×1 模式)或 532MB/s(×2 模式)。

技术的发展对微机的图形处理能力要求越来越强，要完成细致的大型3D图形描绘，PCI总线结构的性能仍显有限。为提高微机的3D应用能力，Intel公司开发了以大幅提高3D图形处理能力为主要目的AGP标准。

严格说来，AGP不能称之为总线，因为它是连接控制芯片和AGP显卡的点对点连接。采用AGP的目的就是为了使3D图形数据越过PCI总线，直接送入显示子系统，以此突破由PCI总线形成的系统瓶颈。AGP在内存与显卡之间提供了一条直接的通道，达到了以相对低的价格达到高性能3D图形描绘功能的目的。

2. AGP的性能特点

AGP以66MHz PCI总线2.1版本规范为基础，扩充了以下主要功能。

(1) 数据读写采用流水线操作

流水线操作是AGP提供的仅针对内存的增强协议。由于采用了流水线操作，减少了内存的等待时间，数据传输速度有了很大的提高。

(2) 133MHz的数据传输速率

AGP使用了32位数据总线和双时钟技术的66MHz时钟。双时钟技术允许AGP在一个时钟周期内传送双倍的数据，即在工作脉冲波形的上升沿和下降沿都传送数据，从而达到133MHz的传输速率，即532MB/s(133M×4B/s)的突发数据传输速率。

(3) 直接内存执行(DIME)

AGP允许3D纹理数据不存入拥挤的帧缓冲区(即图形控制器内存)，而将其存入系统内存，从而让出帧缓冲区和带宽，以供他用。这种允许显示卡直接操作内存的技术称为直接内存执行(DIrect Memory Execute，DIME)。

(4) 地址信号与数据信号分离

采用多路信号分离技术，并通过使用边带寻址总线来提高随机访问内存的速度。

(5) 并行操作

允许在CPU访问系统RAM的同时，AGP显示卡访问AGP内存，且显示带宽不与其他设备共享，从而进一步提高了系统的性能。

3. PCI和AGP的比较

在采用AGP的系统中，由于显示卡通过AGP总线、芯片组与内存相连，提高了显示芯片与内存间的数据传输速率，让原需存入显示内存的纹理数据直接存入内存，不仅提高了画面的更新速度及帧缓冲区等数据的传送速度，同时减轻了PCI总线的负载，有利于其他PCI设备充分发挥性能。当然，AGP不可能取代PCI，因为AGP只是一个图形显示接口标准，并非系统总线。另外，AGP插槽和AGP插卡的插脚都采用了与EISA相似的上下两层结构，因此减小了AGP插槽的尺寸。

4.5 外部总线

外部总线也称为通信总线，用于微机之间、微机和一部分外设之间的通信。常用的通信方式有并行和串行两种，对应这两种通信方式，外部总线也有并行和串行两类。在微机系统中，外部总线主要用于主机和打印机、硬盘、光驱以及扫描仪等外设的连接。

对于微机系统来说，最常用的外部总线是 IDE/EIDE 总线、SCSI 总线和 USB 总线。IDE/EIDE 和 SCSI 都是并行外部总线，均用于主机与硬盘子系统的连接；IDE/EIDE 价廉，但速度较慢，普遍用于微机系统中；SCSI 速度快，但价格高，主要用于高性能计算机、小型机、服务器和工作站中；USB 是当前通用的串行总线，广泛用于微机系统中。

4.5.1 IDE 接口

实际上，接口包括硬件和软件两部分。接口设备是硬件，而接口信号规约标准则是软件。接口信号规约标准对每一根信号线进行定义，定义内容包括信号的属性（数据信号、控制信号、状态信号）、方向（输入、输出）和有效电平（高电平有效、低电平有效）。只有符合接口标准的外设，才能连接使用。

IDE 总线是 Compaq 公司联合 Western Digital 公司专门为主机和硬盘子系统连接而设计的外部总线。

1. IDE 接口标准

IDE（Integrated Device Electronics，集成设备电子部件）的最大特点是把控制器集成到驱动器内，因此在硬盘适配卡中不再有控制器这个部分。这样做的最大好处是可以消除驱动器和控制器之间的数据丢失问题，使得数据传送十分可靠。由于控制器电路并入到了驱动器内，所以从驱动器中引出的信号线已不是控制器和驱动器之间的接口信号线，而是通过简单处理后就可与主系统连接的接口信号线。在 IDE 的接口中，除了对 AT 总线上的信号作必要的控制外，基本上是原封不动地送往硬盘驱动器。由此可见，IDE 实际上是系统级的接口。因为把控制器集成到驱动器之中，所以适配卡变得十分简单，现在的微机系统中已将适配电路集成到系统主板上，并留有专门的 IDE 连接器插口。

IDE 通过 40 芯扁平电缆将主机和磁盘子系统相连，采用 16 位并行传输。其中，除了数据线以外，还有一组 DMA 请求和应答信号、一个中断请求信号、I/O 读信号、I/O 写信号以及复位信号等。同时，另用一个 4 芯电缆将主机的电源送往外设子系统。

IDE 的传输速率为 8.33MB/s，每个硬盘的最高容量为 528MB。一个 IDE 接口可连接两个硬盘，这样，一个硬盘有三种连接模式：当只接一个硬盘时为单盘模式；当接两个硬盘时，其中一个为主盘模式，另一个为从盘模式。在使用时，模式可随需要而改变，只要按盘面上的指示图改变跨接线即可。主机和硬盘之间的数据传输既可用 PIO 方式，也可用 DMA 方式。一个 IDE 接口最多连接两个设备。

IDE 的主要信号线有：

- $D_0 \sim D_{15}$——16 位数据线；
- $DA_0 \sim DA_2$——地址线，用于选择端口；
- $\overline{CS_0} \sim \overline{CS_1}$——寄存器组选择信号；
- $\overline{IOR}$，$\overline{IOW}$——对 IDE 的读/写信号；
- DRQ 和$\overline{DACK}$——DMA 请求和应答信号；
- RST——复位信号；
- $\overline{IOCS_{16}}$——16 位传输选通信号；
- IORDY——I/O 设备准备好信号；

- IRQ——中断请求，与系统中的 IRQ_{14} 相连。

2. EIDE 接口标准

EIDE(Enhanced IDE，增强型 IDE)是 Western Digital 为取代 IDE 而开发的接口标准。在采用 EIDE 接口的微机系统中，EIDE 接口是直接集成在主板上的，用户也就不必再购买单独的适配卡了。与 IDE 相比，EIDE 有以下五个方面的特点。

(1) 支持大容量硬盘

原有的 IDE 标准因受到硬盘磁头数的限制，支持的硬盘容量不得超过 528MB，而 EIDE 支持的硬盘最大容量可达 8.4GB。

(2) 支持除硬盘以外的其他外设

原有 IDE 标准只支持硬盘，因此只是个硬盘接口标准；而 EIDE 支持符合 ATAPI 接口(AT Attachment Packet Interface)标准的磁带驱动器和 CD-ROM 驱动器。为此，说到 IDE 连接的对象时，只能是硬盘，而谈到 EIDE 连接的对象时就可笼统地说是 EIDE 设备。

(3) 可连接更多的外设

原有 IDE 只提供一个 IDE 插座，最多只能挂接两个硬盘；而 EIDE 提供了两个接口插座，分别称为第一 IDE 接口插座和第二 IDE 接口插座。每个插座又可连接两个设备，分别称为主设备和从设备。第一 IDE 接口也称为主通道，通常与高速的局部总线相连，用于挂接硬盘等高速的主 IDE 设备。第二 IDE 接口又称为辅通道，一般与 ISA 总线相连，可挂接 CD-ROM 或磁带机等辅 IDE 设备。这样，EIDE 最多可连接四台 EIDE 设备。在 BIOS 设置中，用户要对辅 IDE 设备的数量以及主从设备的工作模式进行设置。

(4) EIDE 具有更高的数据传输速率

突发数据传输速率是指从硬盘缓冲区读取数据的速度，其单位是每秒兆字节(MB/s)或每秒兆位(Mb/s)。EIDE 支持硬盘标准组织 SFFC(Small Form Factor Committee)在 1993 年制定的宿主传输标准(如 PIO Mode 3 以及 PIO Mode 4)，也支持 Multiword Mode 1 DMA 以及 Multiword Mode 2 DMA。为了说明不同的传输标准，通常把支持 PIO Mode 3 或 Multiword Mode 1 DMA 的系统及硬盘称为 Fast ATA；把支持 PIO Mode 4 或 Multiword Mode 2 DMA 的系统及硬盘称为 Fast ATA-2。

(5) EIDE 支持三种硬盘工作模式

为了支持大容量硬盘，EIDE 支持 NORMAL、LBA 和 LARGE 三种硬盘工作模式。

4.5.2　SCSI 接口

1. SCSI 概述

SCSI 是由美国国家标准协会(ANSI)于 1986 年 6 月公布的接口标准(称为 SCSI-1)，1990 年又推出了 SCSI-2 标准。

SCSI(Small Computer System Interface，小型计算机系统接口)，最初是为磁盘设备设计的，但由于它是一种系统级接口，可以连接各种不同设备的任意一种，并通过高级命令与之通信，所以很快得到了广泛的认可。SCSI 作为输入/输出接口，使用最多的是磁盘，还广泛用于 CD-ROM、磁带驱动器、扫描仪、光盘、打印机等设备。

SCSI 总线上的设备分为启动设备和目标设备两大类，其中启动设备是发出命令的设备，目标设备是接收并执行命令的设备。对于总线上的所有设备来说，SCSI 总线操作不是主从关系,而是一种双向对等的关系。通过SCSI总线可以从一台磁盘读出数据写到另一台磁盘而不用主机的过多干预,也就是说,启动设备和目标设备是由当时的运行状态决定的,而不是预先规定好的。

SCSI总线具有较高的数据传输速率。在异步传送时,数据传输速率达1.5MB/s;在同步传送时,数据传输速率达4MB/s。总线上的主机适配器和SCSI外设控制器的总数最大可达8个,但在任何时刻,只允许两台设备进行通信。

2. SCSI接口标准的主要特性

(1) SCSI是系统级接口

SCSI可与各种采用SCSI接口标准的外部设备相连,如硬盘驱动器、扫描仪、光盘、打印机、磁带驱动器、通信设备等。

(2) SCSI具有总线仲裁功能

SCSI是一个多任务接口,SCSI总线上的适配器和控制器可以并行工作,在同一个SCSI控制器控制下的多台外设也可以并行工作。

(3) SCSI可以按同步方式和异步方式传送数据

SCSI最多可支持32个硬盘。SCSI的全部信号通过一根50线的扁平电缆传送,其中包含9条数据线及9条控制/状态信号线。SCSI-2标准增加一条68线的电缆,数据信号的宽度扩充为16/32位,同步数据传送速率达到了20MB/s。

(4) SCSI可分为单端传送方式和差分传送方式

单端SCSI的电缆不能超过6m,如果数据传送距离超过6m,则应采用差分SCSI传送方式。

(5) SCSI总线上的设备没有主从之分

启动设备和目标设备之间是采用高级命令进行通信,不涉及外设特有的物理特性。因此,使用十分方便,适应性较强,便于系统集成。

3. SCSI总线分配情况

DB-1～DB-8——8条数据线。

DB-P——1条奇/偶校验信号线。

BUSY——忙信号。当BUSY=1时,表示总线正被某个设备占用。

SEL——选择信号。该信号由启动设备产生,用来选择目标设备。

REQ——请求信号。该信号由目标设备产生,用来请求进行数据传送。

ACK——响应信号。该信号由启动设备产生,用来作为对REQ信号的响应。

C/$\overline{D}$——控制/数据信号。该信号由目标设备产生,在信息传送过程中,用来告知启动设备,在数据线上传送的是控制信号还是数据信号。当C/$\overline{D}$=0时,表示传送的是数据信息;当C/$\overline{D}$=1时,表示传送的是控制信息。

I/O——输入/输出信号。该信号由目标设备产生,在信号传送过程中,用来告知启动设备信息的传送方向。当I/O=0时,表示启动设备输入;I/O=1时,表示启动设备输出。

MSG——信息信号。该信号由目标设备产生,在信息传送过程中产生。

ATN——数据准备好信号。该信号由启动设备产生,用来通知目标设备启动设备已经准备好一组数据。

RST——重置信号。该信号可由总线上的任何一个设备产生，使总线上的所有设备重置。

4.5.3 通用串行总线

通用串行总线(Universal Serial Bus，USB)是由 Compaq、DEC、IBM、Intel、Microsoft、NEC 和 NT(北方电讯)等七大公司联合推出的新一代输入/输出接口标准，在微机上得到了广泛使用。

1. USB 特点

USB 的优点包括以下几方面。

(1) 具有热即插即用功能

USB 提供机箱外的热即插即用连接。在连接外设时既不必打开机箱，也不必关闭主机电源，这一特点为用户提供了很大的方便。

(2) 具有供电的灵活性

USB 设备采用总线供电，低功率设备无需外接电源；也可以通过电池或其他的电力设备为其供电，或者使用两种供电方式的组合。

(3) 具有扩展的灵活性

USB 可采用“级联”方式连接外部设备。每个 USB 设备用一个 USB 插头连接到前一个外设的 USB 插座上，而其本身又提供一个 USB 插座，以供下一个 USB 外设连接使用。通过这种类似菊花链式的连接，一个 USB 控制器可以连接多达 127 个外设，而两个外设间的距离可达 5m。USB 可以智能识别 USB 链上外设的插入或拆卸。

(4) 具有很高的容错性

USB 具有很高的容错性能。因为在协议中规定了出错处理和差错恢复的机制，所以可以对有缺陷的设备进行认定，并对错误的数据进行恢复或报告。

(5) 具有多种数据传输模式

为满足不同类型外设的要求，USB 提供了 4 种不同的数据传输模式：控制传输模式、块传送模式、同步传输模式和中断传输模式。

(6) 具有广泛的应用性

USB 适用于带宽范围在几 Kb/s 至几百 Mb/s 的设备。USB 既可连接键盘、鼠标、游戏杆低速设备，也可连接电话、麦克风、压缩视频这样的全速设备，还可连接视频、存储器、图像这样的高速设备。此外，USB 还允许连接具有多种功能的复合设备。

USB 也有其缺点，如供电能力和传输距离有限等。当外设的供电电流大于 500mA 时，设备必须外接电源；USB 的连线长度最大为 5m，即便是用 hub 来扩展，最远也不能超过 30m。

2. USB 技术指标

目前 USB 支持低速、全速、高速 3 种数据信号速率，USB 设备应该在其外壳上或自身上正确标明其使用的速率。

1.5Mb/s 的低速速率。主要用于人机接口设备(Human Interface Devices，HID)，如键

盘、鼠标、游戏杆等。

12Mb/s 的全速速率。在 USB 2.0 出现之前曾是最高速率，后来的更高速率的高速接口应该兼容全速速率。多个全速设备间可按照先到先得的原则划分带宽。所有的 USB hub 都支持全速速率。

480Mb/s 的高速速率。并非所有的 USB 2.0 设备都是高速的。高速设备插入全速 USB hub 时应该与全速兼容，而高速 USB hub 能够隔离全速、低速与高速设备之间的数据流，但不会影响供电和串联深度。

3. USB 系统的拓扑结构及其硬件组成

典型 USB 系统采用级联星形拓扑结构，如图 4.3 所示。一个 USB 系统包含 3 类硬件设备：USB 主机、USB 设备、USB 集线器(USB hub)。

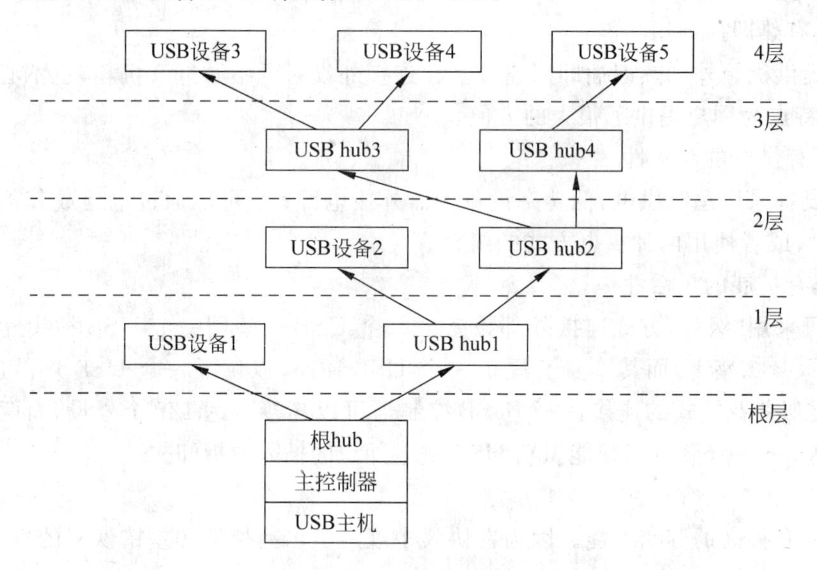

图 4.3　典型 USB 系统的拓扑结构

在整个 USB 系统中只允许有一个 USB 主机，USB 主机和 USB 的接口称为主控制器，主控制器可由硬件、固件和软件结合实现。集线器(hub)用来提供附加连接点，与主控制器相连的 hub 称为根 hub，一个 USB 系统中只允许有一个根 hub，通常位于主机箱的后面或侧面。

(1) USB 主机。其功能包括：管理 USB 系统；每毫秒产生一帧数据；通过发送配置请求对 USB 设备进行配置操作；对总线上的错误进行管理和恢复。

(2) USB 设备。在一个 USB 系统中，USB 设备与 hub 的总数不超过 127 个。USB 设备是一个能够通过 USB 总线来收发数据、传递控制信息的一个独立外设。具有多功能和嵌入式 hub 功能的 USB 设备称为复合设备。每个 USB 设备都有自己的配置信息，描述它的性能和资源需求，包括带宽分配和参数选择等。配置信息由主机在 USB 设备使用之前完成。

一个 USB 设备一般由 USB 总线接口、USB 逻辑电路和 USB 功能模块组成。USB 总线接口用于收发数据分组；USB 逻辑电路用于控制数据传输；USB 功能模块则是该 USB 设备所提供的相应功能，如 USB 鼠标、键盘、写字板、打印机、扫描仪等接口。

(3) USB hub。USB hub 有两个重要的部分：集线器收发器和集线器控制器。集线器收发器负责连接的建立和拆除；集线器控制器提供主机到集线器的通信机制，并允许 USB 主机对 hub 进行访问。

USB hub 是用于设备扩展连接的关键器件，所有 USB 设备都连接在集线器的端口上。一个主机总与一个根 hub 相连。USB hub 为每一个端口提供 100mA 电流供下端设备使用，通过每一个下行端口电气状态的变化诊断出设备的插拔操作，并响应 USB 主机的数据包，把端口状态汇报给 USB 主机。

4. USB 系统的软件结构

USB 设备也需有自己的软件，这里的软件结构是针对主机系统而言的。USB 系统的软件是基于模块化、用面向对象方法设计的。USB 软件一般由 3 个主要模块组成：通用主控制器驱动程序、USB 驱动程序和 USB 设备驱动程序，如图 4.4 所示。

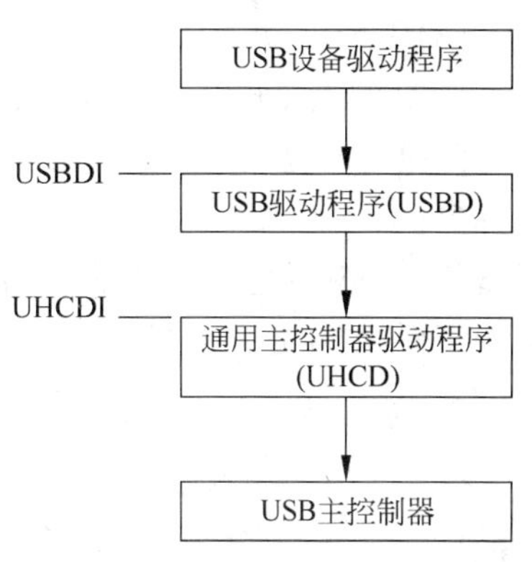

图 4.4 USB 系统的软件结构

USB 系统用 USB 主控制器管理主机与 USB 设备间的数据传输，同时，USB 系统也负责管理 USB 资源，如带宽和总线能量等，这使得客户访问 USB 成为可能。

(1) 主控制器驱动程序(UHCD)

UHCD 位于软件结构的最底层，由它来管理和控制 USB 主控制器。UHCD 实现了与 USB 主控制器的通信和对 USB 主控制器的控制，它对系统软件的其他部分是隐蔽的。系统软件中的最高层通过 UHCD 的软件接口与 USB 主控制器通信。

(2) USB 驱动程序(USBD)

USBD 位于中间层，用来实现 USB 总线的驱动、带宽分配、管道建立，以及控制管道的管理等。通常操作系统已提供 USBD 支持。

(3) USB 设备驱动程序

USB 设备驱动程序位于最上层，用来实现对特定 USB 设备的管理和驱动。USB 设备驱动程序是 USB 系统软件和 USB 应用程序之间的接口。USB 设备驱动程序通过 I/O 请求包将请求发送给 USB 设备。

5. USB 物理接口

(1) USB 设备

USB 设备有 hub 和功能部件两类。在 USB 系统中，hub 也是一种设备，可内置于某个设备(如键盘、显示器)中，这种 hub 被看成设备的一种功能。hub 简化了 USB 互连的复杂性，hub 串接在一起，可让不同性质的更多设备连在 USB 接口上。在设备与设备之间只有通过主机的管理与调节，才能实现数据的互相传送。

(2) USB 电缆

USB 通过一种四芯电缆传送信号和电源(如图 4.5 所示)，4 根线分别为 V_{BUS}、GND、D+、D-，其中 V_{BUS} 为总线的电源线，GND 为地线，D+和 D-为数据线。USB 1.1 提供了两种速率，一个是低速 1.5Mb/s，另一个是全速 12Mb/s，这意味着 USB 全速的数据传输速度比普通的串口快了100倍，比普通的并口也快10多倍。两种模式可在用同一USB总线传输的情况下自动地动态切换。USB 2.0在USB 1.1的基础上增加了另一种数据传输速率，即高速480Mb/s。因为过多低速模式的使用将会降低总线利用率，所以低速模式只支持少量设备(如鼠标等)。

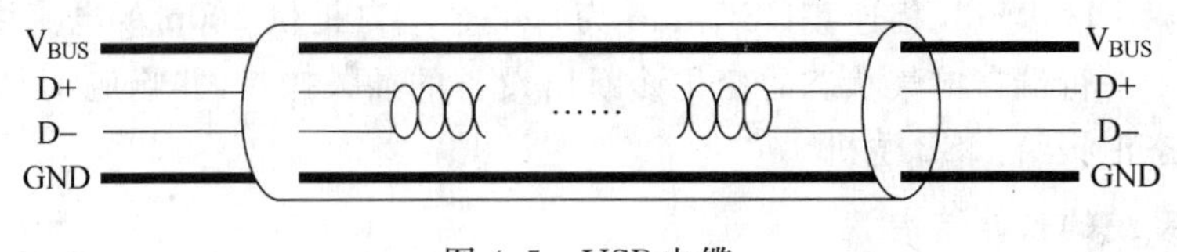

图4.5　USB电缆

(3) USB电源

USB的电源规范主要包括电源分配和电源管理两方面的内容。电源分配是指USB如何分配微机所提供的能源。需要主机提供电源的设备称为总线供能设备，如键盘、输入笔和鼠标等；而一些USB设备可能自带电源，该类设备称为自供能设备。USB主机有与USB设备相互独立的电源管理系统，系统软件可以与主机的电源管理系统相结合，共同处理各种电源事件，如挂起、唤醒等。

6. 高速USB 2.0

(1) USB 2.0概述

USB 2.0标准由Compaq、HP、Intel、Lucent、Microsoft、NEC和Philips联合制订，是由USB 1.1演变而来、完全兼容，它将连接的速度从USB 1.1的12Mb/s提高到480Mb/s，两者使用同样的连接线和接头，彼此间的转换对用户而言是无缝的(当然，USB 1.1设备的速度不会因安装USB 2.0接口上而提高，而安装在USB 1.1接口上的USB 2.0设备的速度也会受到限制)，USB 2.0将引领微机设备接口模式的创新和拓展。

(2) USB 2.0的优势

USB 2.0接口的最高传输率可达USB 1.1的40多倍，比串口快了4000多倍，比并口快了400多倍，使得微机上可使用的外设的范围大大增加。即使是有多个高速外设连接到USB 2.0总线上，系统达到瓶颈带宽的可能性仍然很小。USB 2.0标准不仅继承了目前USB 1.1设备即插即用及热拔插的特性，而且提供了USB 1.1设备的向下兼容性，使得用户可以平稳升级。

(3) USB 2.0连接线的最大长度

USB 2.0连接线的最大长度是5m，如果分级连接多个hub，则最大长度可达30m。

(4) USB 2.0的实现

要实现USB 2.0需要得到硬件和软件两方面的支持。除了微机中安装的Host Controller等设备以及内置于hub的控制芯片需要支持2.0版本以外，另外还要在操作系统中安装驱动软件。USB 2.0可以使用原来USB定义中同样规格的电缆，接头的规格也完全相同，在高速的前提下保持了USB 1.1的优秀特性，而且USB 2.0设备不会与USB 1.X设备在共同使用时发生任何冲突，但在数据处理上则有快有慢。若将一个USB 2.0外设与一台只有USB 1.1插口的微机相连，其结果只能让该外设运行于USB 1.1模式下，传输速率也只能降低到12Mb/s。

在软件方面，操作系统对 USB 2.0 的支持程度将直接影响到这个接口的成功与否，例如，Windows 2000 以后的操作系统才支持 USB 2.0 驱动程序。

(5) USB 2.0 和 USB 1.1 的比较

目前微机大多配备了 USB 插口(主板通常提供两个 USB 插口，一些高档显示器甚至提供了 USB 转接器，使 USB 插口的总数增加至 4～6 个)，而且市场上采用 USB 接口的外设越来越多(如扫描仪、Web 摄影机、数码相机等)。随着 USB 2.0 的问世，输入/输出的带宽得到了显著扩展，从而进一步刺激了 USB 外设的发展。用户将可享受分辨率更高的电视会议摄影机、新一代的打印机、新一代扫描仪，以及更快的外置存储设备。此外，USB 2.0 也使现有技术能够发挥出更高的效率。例如，使用 USB 2.0 数码相机几秒钟即可完成数码照片的下载，而下载同样内容 USB 1.1 则需要几分钟的时间；在一分钟之内，1GB 的数据即可通过 USB 2.0 从微机硬盘备份到便携式存储设备上，而 USB 1.1 则需半个小时；扫描仪在数秒内即可通过 USB 2.0 完成一张高分辨率的数字图像的扫描，而 USB 1.1 则需要几分钟时间。

4.5.4　高速串行总线 IEEE 1394

1. IEEE 1394 概述

IEEE 1394 也是一种串行接口标准，允许把微机、微机外设、各种家电非常简单地连接在一起。从 IEEE 1394 可连接多种不同外设的功能特点来看，也可以称它为总线，即一种连接外设的机外总线。

IEEE 1394 定义了数据的传输协议及连接系统，增强了微机与外设及消费性电子产品的连接能力。不仅微机的外设(如硬盘、光驱、打印机、扫描仪等)可利用 IEEE 1394 来传输数据，而且采用 IEEE 1394 接口的数码摄像机可以毫无延迟地传输影像、声音数据。数码相机、DVD 播放机、VCR、HDTV、音响等也都可以利用 IEEE 1394 接口来互相连接。

2. IEEE 1394 性能特点

IEEE 1394 的性能特点包括以下 7 个方面。

(1) 纯数字接口

IEEE 1394 是一种纯数字接口，避免了将数字信号转换成模拟信号而造成的无谓损失。

(2) 通用性强

IEEE 1394 在一个端口上最多可以连接 63 个设备，设备间采用树形或菊花链结构。设备间电缆的最大长度为 4.5m，采用树形结构时可达 16 层，从主机到最末端外设总长可达 72m。IEEE 1394 连接的设备不仅数量多，而且种类广泛，通用性很强。

(3) 可向被连接设备提供电源

IEEE 1394 的连接电缆中共有 6 条芯线。其中，两条线为电源线，可向被连接的设备提供 4～10V 和 1.5A 的电源；其他 4 条线被包装成两对双绞线，用于传输信号。

(4) 具有高速传输能力

IEEE 1394 的数据传输率有 3 档：100Mb/s、200Mb/s、400Mb/s，特别适合于高速硬盘以及多媒体数据的传输。

(5) 实时性好

IEEE 1394 的高传输率加上同步传送方式使 IEEE 1394 对数据的传送具有很好的实时性。

(6) 设备之间关系平等

IEEE 1394 采用点对点结构，任何两个支持 IEEE 1394 的设备可以直接连接，无需通过微机控制。

(7) 安装方便且易使用

IEEE 1394 支持即插即用，在增加或拆除外设后，IEEE 1394 会自动调整拓扑结构，重设各种外设网络状态，因此容易使用。

3. IEEE 1394 工作模式

(1) IEEE 1394 标准的总线数据传输模式

IEEE 1394 标准定义了两种总线数据传输模式：Backplane 模式和 Cable 模式。其中，Backplane 模式支持 12.5Mb/s，25Mb/s，50Mb/s 的数据传输速率，Cable 模式支持 100Mb/s，200Mb/s，400Mb/s 的数据传输速率。

2003 年 10 月，IEEE 1394b 问世，它把数据传输速率提高到 800Mb/s～3.2Gb/s，同时最大距离从原来的 5m 延伸至 100m。

(2) IEEE 1394 可同时提供同步和异步数据传输方式

同步数据传输方式常用于实时性的任务，而异步数据传输方式则是将数据传送到特定的地址。

IEEE 1394 设备可以从连接中获得必要的带宽，实现等时同步数据传输。其余的带宽可以用于异步数据传输。在异步数据传输过程中，并不保留同步传输所需的带宽。这种处理方式使得两种传输方式各得其所，可以在同一传输媒质上可靠地传输音频、视频和微机数据。它对微机内部总线没有影响，且能保证图像和声音不会出现时断时续的现象，这对多媒体数据传输而言是至关重要的。

4. USB 2.0 与 IEEE 1349 的比较

两者的主要区别在于各自面向的应用上。USB 2.0 主要用于微机外设的连接，而 IEEE 1394 主要定位在声音/视频领域，用于制造消费类电子设备，如数字 VCR、DVD 和数码电视等。目前 USB 2.0 和 IEEE 1394 在许多消费类系统上已经共存。

当今提供 USB 功能的微机越来越多，市面上也出现了大量可与微机连接的 USB 外设，自然地，要求 USB 的速度有进一步的提高。一方面，在影音消费类电器领域，IEEE 1394 已成为一种事实上的连接标准，微机如果要同这种电器连接，本身就必须符合 IEEE 1394 标准；另一方面，USB 2.0 传输速度比 IEEE 1394 还快，而 USB 2.0 的第二版将达到 800Mb/s 的速度(最高理想值为 1600Mb/s)，将会成为超越 IEEE 1394 的最高传输标准。此外，USB 2.0 兼容目前所有的 USB 1.1，而且单位造价比 IEEE 1394 还便宜，所以，以 Intel、Compaq、HP 为首的国际计算机厂商都支持 USB 2.0。

总之，USB 和 IEEE 1394 都是新一代多媒体微机的外设接口标准。在一段时间内，USB 曾与 IEEE 1394 共存，USB 主要用于连接中低速外设，其应用局限于微机领域；而 IEEE 1394 则可连接高速外设和数字化家电设备(尤其适合连接高档视频设备)等。虽然从性能上看，USB 在一些方面不如 IEEE 1394，但 USB 有着 IEEE 1394 无法比拟的价格优势，特别是高速 USB 的出现使得 USB 越发占据着主导的地位。

4.6　小结和习题

4.6.1　小结

本章首先介绍了总线概念及接口标准，然后介绍了总线的分类及标准，之后给出了总线的性能指标，最后分别对系统总线的 ISA、PCI、AGP 和外部总线的 IDE、SCSI、USB、IEEE 1394 做了相应的介绍。

4.6.2　习题

1. 什么是总线?
2. 总线结构的优点是什么?
3. 按照布局范围，总线分为哪几种类型?
4. 微机系统中常用的系统总线有哪几种?
5. 按照功能，总线可分为哪几类?
6. 为什么引入 PCI 总线有利于提高微机系统的整体工作性能和效率?
7. 总线的性能主要从哪几方面来衡量?
8. PCI 总线宽度是多少? 可扩展为多少位? 总线频率是多少? 传输率是多少?
9. PCI 总线的特点是什么?
10. 对于微机系统来说，常用的外部总线有哪些?
11. 对 IEEE 1394 与 USB 2.0 进行比较。
12. IEEE 1394 与 USB 的主要区别在于什么?

PART 2

第二篇

过渡篇：汇编语言基础及数据传送方式

CHAPTER 5

第5章 指令系统

主要内容：

- 指令系统的指令格式。
- 微处理器的数据类型。
- 微处理器的寻址方式。
- 微处理器的基本指令系统。
- 小结与习题。

指令系统是汇编语言程序设计的基础，在微处理器设计中，所采用的各种先进技术最终会体现在通过性能优越的指令系统运行各种程序来有效实现更多、更强的功能。16 位微处理器 8086 的指令系统设计得非常成功，32 位微处理器的指令系统是在它的基础上扩展而成的，而且它们兼容了低档微处理器的全部指令。本章以 32 位微处理器 80486 为对象，介绍微处理器指令系统的指令格式、数据类型和寻址方式，以及基本指令系统。

5.1 指令系统的指令格式

计算机程序是由计算机所能识别的、按一定顺序排列的许多基本操作命令组成的，或者说，计算机程序是以实现某些功能为目的的一系列指令的有序集合；其中的指令指的是计算机完成规定操作的命令；而指令系统指的就是计算机所能执行的全部指令的集合。

80486 汇编语言指令的格式由标号、前缀及助记符、操作数和注释等 4 部分组成，而以括号表示的部分是可选项，可以省略。80486 汇编语言指令的格式为：

[标号：][前缀] 助记符 [操作数][；注释]

1. 标号

标号即指令语句的标识符，也可理解为给该指令所在地址所取的名字

(又称符号地址)。标号可由字母(英文 26 个大小写字母)、数字(0～9)及一些特殊符号组成,但第一个字符只能是字母,且字符总数不得超过 31 个。在标号的字符中间可插入空格或连接符。对于指令语句,标号与后面的助记符之间必须用冒号分隔开。一般来说,跳转指令的目标语句或子程序的首语句必须设置标号。

2. 前缀及助记符

指令码由操作码和操作数组成。前缀及助记符是指令的操作码,用来指示指令语句的操作类型和功能。助记符因通常用一些意义相近的英文缩写来表示可帮助记忆而得名。所有的指令语句都必须有操作码,这是不可缺少的。在一些特殊指令中,有时在助记符前面加前缀,前缀与助记符配合使用,用以实现某些附加操作。

3. 操作数

指令的操作数即参与操作的数据。不同的指令对操作数的要求有所不同,有的不带任何操作数,有的要求带一个或两个操作数。若指令中有两个操作数,中间必须用逗号分隔开,并称逗号左边的操作数为目标操作数,逗号右边的操作数为源操作数。操作数与助记符之间必须以空格分隔。

4. 注释

注释是对有关指令语句及程序功能的标注和说明,用以增加程序的可读性。既可采用英文注释,也可用中文注释。注释不影响程序的执行,也并非所有的语句都要加注释。注释与操作数之间用分号分隔,即用分号作为注释的开始。

5.2 微处理器的数据类型

80486 微处理器在其内部整数执行部件和浮点运算部件的支持下,可以处理 6 种类型的数据:无符号二进制数、带符号二进制定点整数、浮点数、BCD 码数据、串数据和 ASCII 码数据。

1. 无符号二进制数

这类数包括字节、字和双字三种。

① 字节:无符号 8 位二进制数。

② 字:两个相邻字节组成的无符号 16 位二进制数。

③ 双字:四个相邻字节组成的无符号 32 位二进制数。

2. 带符号二进制定点整数

这类数有正、负之分,均以补码表示,最高位为符号位。这类数包括以下四种。

① 字节:8 位数。

② 字:16 位数。

③ 双字:32 位数。

④ 四字:64 位数。

3. 浮点数(实数)

在 80486 微处理器中,浮点数由符号位、有效数字(尾数)和阶码 3 个字段组成。这类数分为单精度(32 位)、双精度(64 位)和扩展精度(80 位)3 种。

① 单精度浮点数：包括 1 位符号，8 位阶码，24 位有效数字。

② 双精度浮点数：包括 1 位符号，11 位阶码，53 位有效数字。

③ 扩展精度浮点数：包括 1 位符号，15 位阶码，64 位有效数字。

4. BCD 码数据

BCD 码分为非压缩 BCD 码和压缩 BCD 码两种。

① 非压缩 BCD 码：非压缩 BCD 码的每个字节包含一位十进制数。

② 压缩 BCD 码：压缩 BCD 码的每个字节包含两位十进制数。

5. 串数据

这类数包括位串、字节串、字串、双字串四种。在 32 位微处理器中，可处理最长达($2^{32}-1$)个字节的串数据。

① 位串：一串连续的二进制数。

② 字节串：一串连续的字节。

③ 字串：一串连续的字。

④ 双字串：一串连续的双字。

6. ASCII 码数据

包括 ASCII 码字符串和 ASCII 码数(0～F)两种。

5.3　微处理器的寻址方式

就一条汇编语言的指令语句而言，不仅需要指出进行怎样的操作(由指令操作码来表明)，而且需要指出大多数指令所涉及的操作数和操作结果放在何处。一般地，为使指令形式简单，约定将操作结果送回到原来放操作数的地方，这样，寻址就归结为寻找指令中所需要的操作数或操作数地址的来源。所谓寻址方式就是指寻找指令中所需要的操作数或操作数地址来源的方式。80486 指令系统的寻址方式包括三个方面：操作数寻址方式、转移地址寻址方式及 I/O 端口寻址方式。

5.3.1　操作数的寻址方式

指令中所需要的操作数来自以下 3 种途径。

- 操作数就包含在指令中，直接由指令本身提供。在取指令的同时，操作数也随之取出，这种操作数被称为立即数，相应的寻址方式为立即寻址。
- 操作数包含在 CPU 某个内部寄存器中，由寄存器提供，相应的寻址方式为寄存器寻址。由于存取此类操作数是在 CPU 内部进行的，因此执行速度快。
- 操作数在内存中，由内存提供。由于内存在 CPU 的外部，因此，在寻找这种操作数时需要执行一个总线周期，即先要找到存放该操作数的地址，再从该地址指向的存储单元中取出操作数。

在 80486 微机系统中，任何存储单元的地址由段基址和偏移地址(又称偏移量)组成。段基址由段寄存器提供；而偏移地址则由以下 4 个部分组合而成，这 4 个部分被称为偏移地址四元素：

- 基址寄存器；
- 间址寄存器(又称变址寄存器)；
- 比例因子；
- 位移量。

一般地，将偏移地址四元素按某种计算方法组合形成的偏移地址称为有效地址(Effective Address,EA)。有效地址的组合方式和计算方法为

$$EA=基址+(间址\times 比例因子)+位移量$$

采用16位寻址时，位移量是8位或16位。用BX和BP作基址寄存器，用SI和DI作为间址寄存器，比例因子为1。

采用32位寻址时，可使用8位和32位的位移量。32位通用寄存器都可以作为基址寄存器或间址寄存器(其中ESP不用于间址)，比例因子可采用2、4或8。

偏移地址四元素可优化组合出9种存储器寻址方式，再加上立即寻址和寄存器寻址，共有11种操作数的寻址方式。

下面以汇编语言中的MOV指令为例，介绍这11种寻址方式。MOV指令的指令格式为：

```
MOV 目标操作数,源操作数                    ;将源操作数传送到目标操作数中
```

1. 立即数寻址

特点：操作数就在指令中，跟在操作码后面，称为立即数。当立即数寻址时，只允许源操作数为立即数，目标操作数必须是寄存器或存储器，其功能是给寄存器或存储单元赋值。

注意：*在汇编语言中，立即数是以常数形式出现的。常数可以是二进制数(后缀字母B或b)、十进制数(不用后缀字母，或用D或d)、十六进制数(后缀字母H或h，以A～F开头时前面要加一个"0")、字符串(用单引号括起来的字符表示对应的ASCII码值)。*

例如：有指令如下

```
MOV  AL,0AH                 ;将8位立即数0AH传送到AL寄存器中
MOV  AX,0204H               ;将16位立即数0204H传送到AX寄存器中
```

这两条指令的指令码在内存中的存放格式及指令执行过程如图5.1所示。

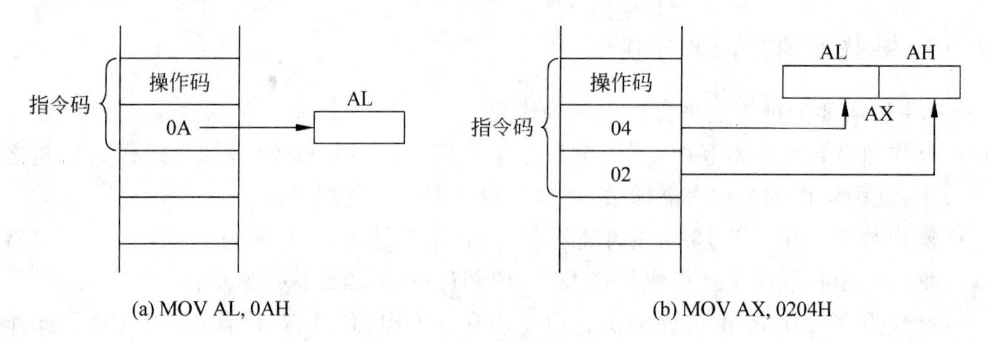

图5.1 立即数寻址及执行过程

2. 寄存器寻址

特点：指令中所需的操作数在CPU内部的某个寄存器中。

例如：有指令如下

```
MOV   AX,CX                              ;将 CX 中的内容传送到 AX 中
```

该指令的寻址及执行过程如图 5.2 所示。

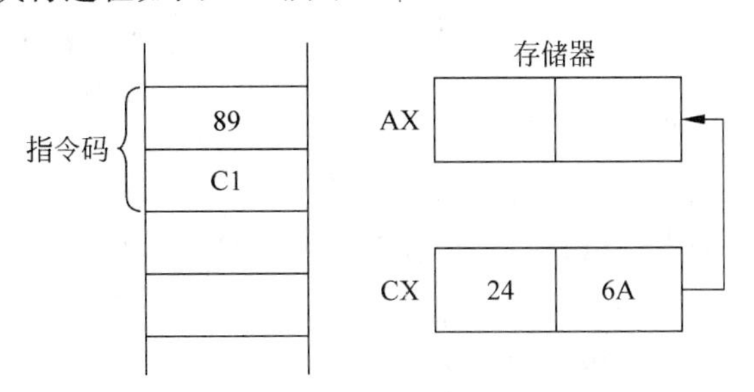

图 5.2　寄存器寻址及执行过程

3. 直接寻址

特点：操作数一般存放在存储器的数据段中，而操作数的有效地址(EA)由指令给出。

$$物理地址=(DS)\times 16+EA$$

例如：有指令如下

```
MOV   AX,[2000H]                     ; 将有效地址 EA = 2000H 字单元中的内容传送到 AX 中
```

在汇编语言中，带方括号"[ ]"的操作数表示存储器操作数，括号中的内容作为存储单元的有效地址(EA)。存储器操作数本身并不能表明地址的类型，而需通过另一个寄存器操作数的类型或别的方式来确定。由于此例中目标操作数 AX 为字类型，源操作数也就应该与之相配合，所以，有效地址 EA＝2000H，为字单元。设 DS＝6000H，则物理地址＝6000H×16＋2000H＝62000H，即将存储器 62000H 和 62001H 两个存储单元的内容送到 AX 寄存器中。其中，AX 高位字节对应较高的地址，AX 低位字节对应较低的地址，该指令的寻址及执行过程如图 5.3 所示。

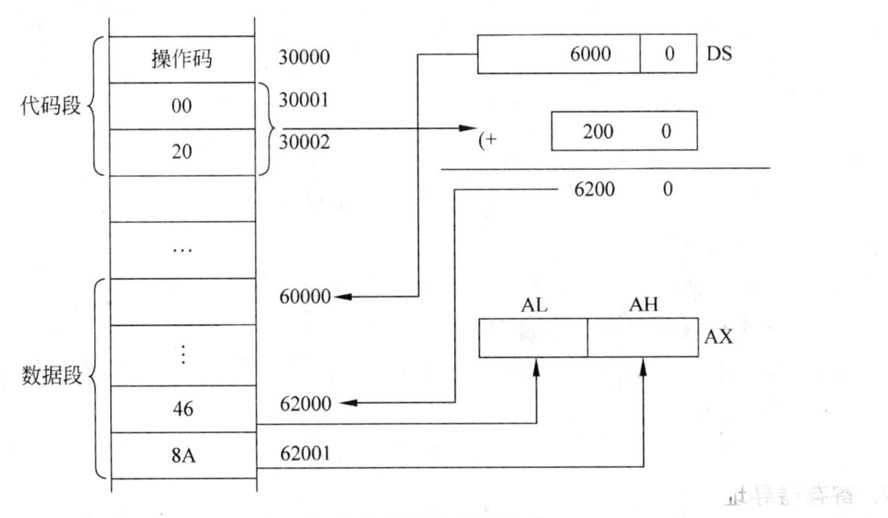

图 5.3　直接寻址及执行过程

直接寻址允许用符号地址来代替数值地址，如“MOV AX，[DATA]”，其中，变量DATA即为存放操作数的存储单元的符号地址。直接寻址适用于处理单个变量。

4. 寄存器间接寻址

特点：操作数在存储器中，其有效地址(EA)存放在某个寄存器中。

注意：寄存器的使用在16位寻址和32位寻址时是不一样的，下面分别介绍。

(1) 16位寻址

有效地址存放在SI、DI、BX、BP中。这里又分为两种情况：

- 如果指令中指定的寄存器是BX、SI、DI，则操作数在数据段中，段基址在DS中，操作数的物理地址为

$$物理地址=(DS)\times16+(SI/BX/DI)$$

- 如果指令中指定的寄存器是BP，则操作数在堆栈中，段基址在SS中，操作数的物理地址为

$$物理地址=(SS)\times16+(BP)$$

例如：有指令如下

```
MOV  AX,[BP]
```

设SS=4000H，BP=1000H，则该指令寻址及执行过程如图5.4所示。

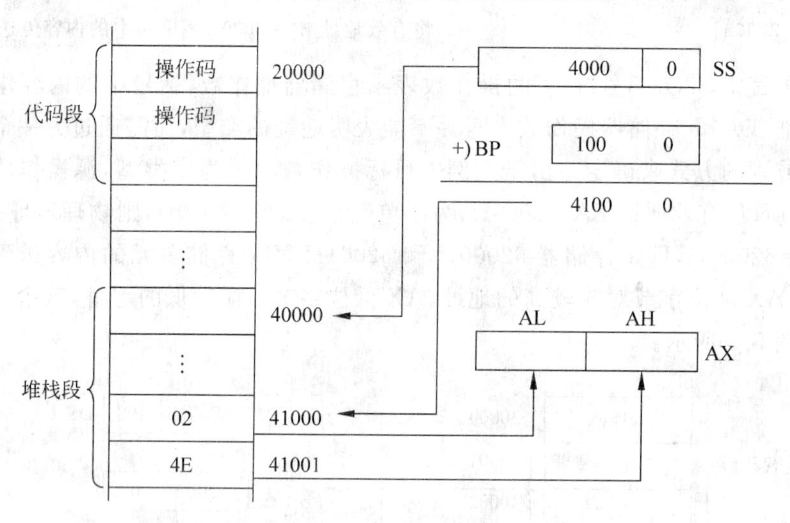

图5.4　寄存器间接寻址及执行过程示意

(2) 32位寻址

8个32位通用寄存器均可作为寄存器间接寻址使用。除ESP和EBP会默认SS为段寄存器外，其余6个通用寄存器均默认DS为段寄存器。

说明：寄存器间接寻址方式多用于表格处理。执行完一条指令后，只需要修改寄存器内容就可取出表格中的下一项。

5. 基址寻址

特点：操作数在存储单元中，操作数的有效地址(EA)由基址寄存器的内容与指令中给出的位移量之和算出。

注意：寄存器的使用在16位寻址和32位寻址时是不一样的，下面分别介绍。

(1) 16位寻址

BX和BP作为基址寄存器，BX以DS作为默认段寄存器，BP以SS为默认段寄存器；位移量可以是8位或16位。有效地址的计算公式为

EA=(BX或BP)+位移量

其中，位移量为8位或16位。

(2) 32位寻址

8个32位通用寄存器均可作为基址寄存器，其中，ESP、EBP以SS为默认段寄存器，其余均以DS为默认段寄存器。位移量为8位或32位。有效地址(EA)的计算公式为

EA=(基址寄存器)+位移量

其中，位移量为8位或32位。

6. 间址寻址

特点：有效地址(EA)的计算公式为

EA=(间址寄存器)+位移量

其中，位移量为8位或32位。

注意：寄存器的使用在16位寻址和32位寻址时是不一样的，下面分别介绍。

(1) 16位寻址

仅有SI和DI可作为间址寄存器，默认DS为段基址寄存器。

(2) 32位寻址

除ESP以外的其他7个32位的寄存器均可作为间址寄存器，EBP默认SS为段基址寄存器，其余寄存器默认DS为段基址寄存器。

说明：基址寻址和间址寻址适用于对一维数组的数组元素进行检索操作。常用位移量表示数组起始地址的偏移量，基址/间址寄存器表示数组元素的下标，可通过修改下标来获取数组元素的值。

7. 比例间接寻址

特点：有效地址(EA)的计算公式为

EA=(间址寄存器)×比例因子+位移量

其中，比例因子为2,4或8；位移量为8位或32位。

注意：该寻址方式只适用于32位寻址。

例如：有指令如下

```
MOV   EAX,TABLE[ESI×4]
```

其中，TABLE为位移量，4为比例因子，ESI乘以4的操作在CPU内部完成。

8. 基址加间址寻址

特点：该寻址方式也包括16位寻址和32位寻址，有效地址(EA)的计算公式为

EA=(基址寄存器)+(间址寄存器)

例如：有指令如下

```
MOV   DX,RSSA[BX][SI]
```

设 DS＝3000H，BX＝2000H，SI＝1000H，位移量 RSSA＝0250H，则，

$$\begin{aligned}物理地址 &= DS \times 16 + BX + SI + RSSA \\ &= 30000H + 2000H + 1000H + 0250H \\ &= 33250H\end{aligned}$$

其寻址及执行过程如图 5.5 所示。

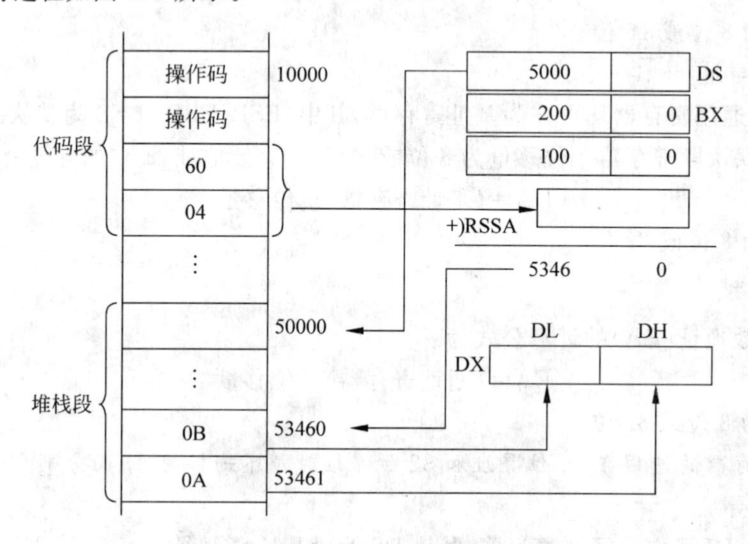

图 5.5　基址加间址寻址及执行过程示意

注意：当基址寄存器和间址寄存器默认的段寄存器不同时，一般以基址寄存器决定的段寄存器为段基址寄存器。

说明：基址加间址寻址主要用于二维数组的操作。

9. 基址加比例间址寻址

特点：在该寻址方式中，有效地址(EA)的计算公式为

EA＝(间址寄存器)×比例因子＋(基址寄存器)

例如：有指令如下

```
MOV  EAX,[ECX×8][EDX]
```

注意：该寻址方式只适用于 32 位寻址。

10. 带位移的基址加间址寻址

特点：在此寻址方式中，有效地址(EA)的计算公式为

EA＝(间址寄存器)＋(基址寄存器)＋位移量

注意：该寻址方式分为 16 位和 32 位寻址两种情况。

例如：有指令如下

```
MOV  AX,[BX + SI + MASK]
ADD  EDX,[ESI][EBP + 0FFF0000H]
```

11. 带位移的基址加比例间址寻址

特点：在该寻址方式中，有效地址(EA)的计算公式为

EA＝(间址寄存器)×比例因子＋(基址寄存器)＋位移量

注意：这种寻址方式只有32位寻址一种情况。

归纳一下，以上这11种寻址方式可分为非存储器操作寻址方式和访问存储器操作寻址方式两大类。

- 非存储器操作寻址方式：包括前两种即立即数寻址和寄存器寻址。这类寻址方式不需要访问存储器，故执行速度快。
- 访问存储器操作寻址方式：后9种寻址方式属于这一类。在进行访问存储器操作时，除要计算有效地址EA外，还必须确定操作数所在的段，即确定有关的段寄存器。

一般情况下的五点说明：

① 指令不特别指出段寄存器，而80486微机系统中约定了默认的段寄存器；

② 有的指令允许段超越寻址，这时，指令中应加上超越前缀；

③ 程序只能存放在代码段中，只能用IP(EIP)作为偏移地址寄存器；

④ 堆栈操作数只能在堆栈中，只能用SP或BP(ESP或EBP)作为偏移地址寄存器；

⑤ 在串操作中，目的操作数只能在附加数据段ES中，其他操作虽然也有默认段，但也都允许段超越。

5.3.2 转移地址的寻址方式

通常情况下，CPU执行程序的顺序是由代码段寄存器CS和指令指针IP(EIP)的内容所确定的。指令指针IP(EIP)具有自动加1的功能，每当BIU取完一条指令以后，IP(EIP)的内容就自动加1指向下一条指令，以便使程序按照指令存放的次序由低地址到高地址依次执行。但当程序中有跳转指令时，就需要改变顺序执行的过程，而按照指令的要求修改IP(EIP)的内容或同时修改IP(EIP)和CS的内容，从而将CPU引领到指令所规定的地址去执行。转移地址的寻址方式寻找的是程序转移的目标地址，而非操作数。

在80486微机系统中，由于存储器采用了分段结构，所以对转移地址的寻址方式分为段内寻址和段间寻址两大类。以下以16位寻址为例，说明4种与转移地址有关的寻址方式：段内直接寻址方式、段内间接寻址方式、段间直接寻址方式和段间间接寻址方式。

1. 段内直接寻址方式

特点：转向的有效地址是当前IP内容和指令指定的8位或16位位移量之和，如图5.6所示。

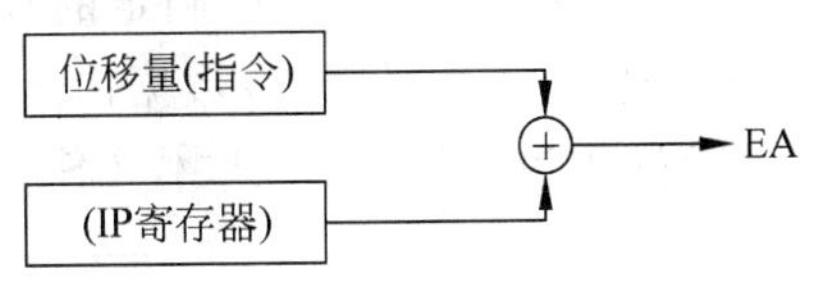

图5.6　段内直接寻址

当位移量是8位时，称为短程转移，经常在转向的符号地址前加操作符SHORT；当位移量是16位时，称为近程转移，经常在转向的符号地址前加操作符NEAR PTR。

例如：有指令如下

```
JMP   SHORT LOOP1
JMP   NEAR PTR LOOP2
```

其中，LOOP1和LOOP2均为程序转向的符号地址。

2. 段内间接寻址方式

特点：转向的有效地址存放在寄存器或存储单元中。指令执行时，可用寄存器或存储单元中的内容去更新指令指针 IP 的值，从而正确地实现程序转移，如图 5.7 所示。

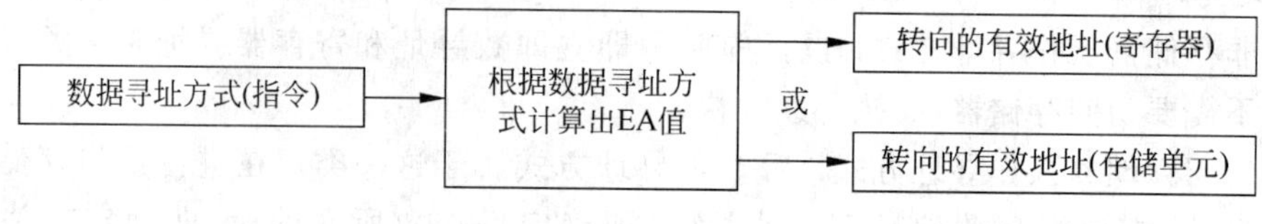

图 5.7 段内间接寻址

例如：有指令如下

```
JMP  BX
```

以上两种寻址方式均为段内寻址。由于转向的目标地址与跳转指令在同一个代码段中，所以，无需修改 CS 的内容，仅需修改指令指针 IP 的内容，根据指令的寻址方式求得转向的有效地址 EA，并送到 IP 寄存器即可。转向的物理地址计算公式为

$$物理地址=(CS)\times 16+IP$$

3. 段间直接寻址方式

特点：在跳转指令中直接给出了转向的段基址和偏移地址，16 位的段基址用来更新 CS，16 位的偏移地址用来更新 IP，从而完成了从一个段到另一段的转移。在这种寻址方式的指令中，常在转向的符号地址前加上操作符 FAR PTR，如图 5.8 所示。

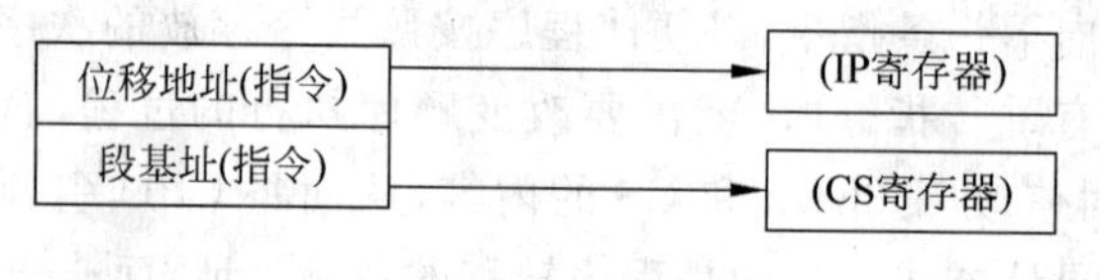

图 5.8 段间直接寻址

例如：

```
JMP  FAR PTR LOOP3                  ;LOOP3 为转向的符号地址
```

4. 段间间接寻址方式

特点：由指令寻址方式确定的连续两个字的内容来取代 IP 和 CS 寄存器中的原有内容。低位字单元中的 16 位数据作为转向的偏移地址用以取代 IP 的内容，高位字单元中的 16 位数据作为段基址用以取代 CS，从而实现段间程序转移，如图 5.9 所示。

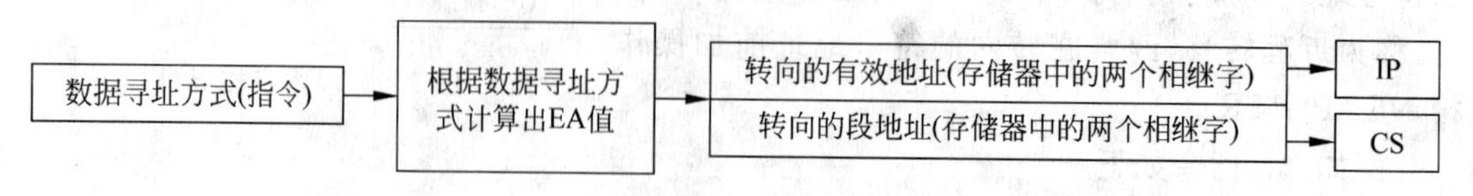

图 5.9 段间间接寻址

以上 3 和 4 两种寻址方式均为段间寻址。由于跳转指令和转向地址分别处在两个不同的代码段，所以，既需要修改 IP 的内容，又需要修改 CS 的内容，才能实现段间转移。

5.3.3　I/O 端口的寻址方式

80486 微处理器允许使用地址总线的低 16 位 $A_{15} \sim A_0$ 来访问 I/O 端口，共有 65536 (2^{16})个，其地址范围为 0000H～FFFFH。80486 微处理器采用独立编址方式，对 I/O 端口可采用直接端口寻址方式和间接端口寻址方式两种。

1. 直接端口寻址方式

该寻址方式仅适合于访问地址 00H～FFH 的端口。在输入/输出指令中，端口地址以 8 位立即数的形式出现。

例如：有指令如下

```
IN  AL,80H                      ；从地址为 80H 的端口读取一个字节数据到 AL 中
```

2. 间接端口寻址方式

该寻址方式适合于访问地址 0000H～FFFFH 的全部端口，在输入/输出指令中，端口是 16 位的立即数。端口间接寻址只可使用寄存器 DX，16 位的 I/O 端口地址必须预置在 DX 中。

例如：有指令如下

```
MOV  DX,2000H
OUT  DX,AX
```

这两条指令完成将 AX 中的 16 位数据从 2000H 和 2001H 两个端口输出。

5.4　微处理器的基本指令系统

80486 微处理器的指令系统包含 133 条基本指令，按功能可分为 6 大类：数据传送类指令、算术运算类指令、逻辑运算类指令、串操作类指令、控制转移类指令、处理机控制类指令。

5.4.1　数据传送类指令

该类指令的功能是完成寄存器与寄存器之间、寄存器与存储器之间，以及寄存器与 I/O 端口之间的字节或字的传送。这类指令的共同特点是不影响标志寄存器的内容。数据传送类指令又可分为 4 种类型：通用数据传送指令、目标地址传送指令、标志位传送指令和 I/O 数据传送指令。

数据传送类指令的类型、格式及功能归纳为表 5.1，表中的 d 表示目标操作数，s 表示源操作数。

表 5.1　数据传送类指令

类　型	格　式	功　能
通用数据传送	① MOV　d,s	字节或字传送
	② PUSH s/POP d	字压入堆栈/字弹出堆栈
	③ XCHG d,s	字节或字交换

续表

类型	格式	功能
目标地址传送	① LEA d,s	装入有效地址
	② LDS d,s	装入 DS 寄存器
	③ LES d,s	装入 ES 寄存器
标志位传送	① LAHF	将 FR 低字节装入 AH
	② SAHF	将 AH 内容装入 FR 低字节
	③ PUSHF	将 FR 内容压入堆栈
	④ POPF	从堆栈弹出 FR 内容
I/O 数据传送	① IN 累加器,端口	输入字节或字
	② OUT 端口,累加器	输出字节或字

1. 通用数据传送指令

通用数据传送指令包括最基本的传送指令 MOV、堆栈操作指令 PUSH 及 POP、数据交换指令 XCHG 等。

(1) 传送指令

MOV(MOVe)是最基本的传送指令。格式:

```
MOV d,s
```

操作:(d)←(s),即将由 s 指定的源操作数送到目标 d。

注意:这里的括号表示有关的内容。

在这类传送指令中,由 s 和 d 分别指定源操作数与目标操作数。源操作数可以是 8 位或 16 位寄存器,也可以是存储器中的某个字节/字,或者是 8/16 位立即数。目标操作数不允许为立即数,其他与源操作数一样,且两者不能同时为存储器操作数。例如:

```
MOV   AX,1122H                 ; 寄存器←立即数,字传送
MOV   BH,CH                    ; 寄存器←寄存器,字节传送
MOV   CL,ADDR                  ; CL←内存单元 ADDR 中的字节内容
MOV   [SI],DX                  ; [SI]←DX 的内容,[SI]指定内存单元的字地址
MOV   [2000H],DS               ; [2000H]←DS 的内容,[2000H]指定内存单元的字地址
MOV   SS,AX                    ; 段寄存器←寄存器,字传送
```

注意:CS 和 IP 这两个寄存器不能作为目标操作数,即这两个寄存器的值是不能用 MOV 指令来修改的。另外,当操作数采用 BX、SI、DI 来间接寻址时,默认的段寄存器为 DS,即访问数据段;当采用 BP 来间接寻址时,默认的段寄存器为 SS,即访问堆栈段。

(2) 堆栈操作指令

80486 微处理器对堆栈的操作遵循"先进后出"的原则,即最先存入堆栈的数据最后才能取出;最后存入的数据可最先取出。堆栈采取"向下生长"的编址方式,即越靠近堆栈底部,其地址越大;越靠近堆栈顶部,其地址越小。在堆栈操作的过程中,堆栈指针 SP 的内容始终指向堆栈栈顶的地址(开始时,它指在堆栈的最底部,地址最高)。在 80486 指令系统中,有两条专用于堆栈操作的指令,它们是压栈指令 PUSH 和出栈指令 POP。

压栈指令 PUSH(PUSH word onto the stack)将数据压入堆栈。格式:

```
PUSH s
```

操作:(SP−1),(SP−2)←(s)

　　　SP←SP−2

其中，s 是源操作数，表示入栈的字操作数。除了不允许使用立即数外，寄存器、存储器、段寄存器(CS 除外)都可以作为源操作数。

具体操作过程是：先把 SP 减 1，将操作数的高位字节送入当前 SP 所指单元中，然后再次 SP 减 1，将操作数的低位字节又送入当前 SP 所指单元中。也就是说，每执行一次 PUSH 操作，将源操作数 s 指定的一个字数据压入堆栈中，由 SP 指定的相邻两个单元保存起来，且数据的高位字节压入高地址单元，低位字节压入低地址单元；堆栈指针 SP 减 2，SP 总是指向最后压入数据的单元地址，即栈顶。

例如：有指令如下

```
PUSH  AX
```

设指令执行前 SS=6000H，SP=2500H，AX=4680H，则指令执行过程及堆栈操作如图 5.10 所示。

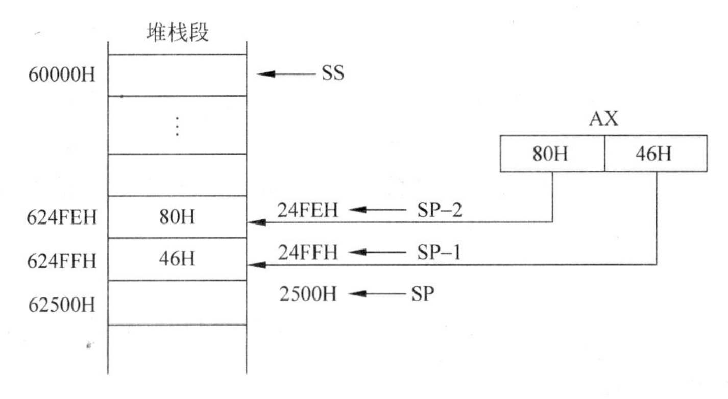

图 5.10　PUSH AX 指令执行过程及堆栈操作

指令执行时，首先 SP 减 1，则 SP=24FFH，将 AX 的高位字节 AH=46H 送入 SP 和 SS 所指定的 424FFH 单元中，然后将 SP 再减 1，此时 SP=24FEH，将 AX 的低位字节 AL=80H 送入 SP 和 SS 所指定的 424FEH 单元中。执行完 PUSH 指令，SP=24FEH，即在原来 SP=2500H 的基础上减少了 2，指向压入数据的单元地址，即栈顶。

出栈指令 POP(POP word from the stack)将数据弹出堆栈。格式：

```
POP d
```

操作：(d)←(SP+1)，(SP)

　　　SP←SP+2

其中，d 为目标操作数，表示由堆栈弹出的字操作数所在的目标地址。除了立即数和 CS 段寄存器外，寄存器、存储器和段寄存器都可作为出栈的字操作数目标地址。

具体操作过程是：先将当前 SP 所指的栈顶单元的内容弹出送入 d 指定的低位字节单元，SP 内容加 1 指向下一个单元，然后再将当前 SP 所指栈顶单元中的内容弹出送入 d 指定的高位字节单元，SP 的内容再加 1。也就是说，每执行一次 POP 操作，由当前 SP 所指的栈顶字单元中弹出一个字数据，送入 d 指定的目标操作数，高位字节对应较高地址，低位字节对应较低地址。堆栈指针 SP 加 2，SP 总是指向下一个该弹出数据的单元地址，即栈顶。

堆栈操作在微机中常被用来保护现场。如果在程序中要用到某些寄存器，而它们原有的内容在后面程序执行过程中还要用到，这时，就可用压栈指令将这些寄存器的内容暂时保存在堆栈中，在以后要用到这些内容时，便可用出栈指令恢复出来。

例如：有指令如下

```
PUSH  AX                        ；将 AX 的内容压入堆栈保护
PUSH  BX                        ；将 BX 的内容压入堆栈保护
  ⋮                             ；在此程序段中可使用 AX, BX
POP   BX                        ；恢复 BX 原先的内容
POP   AX                        ；恢复 AX 原先的内容
```

此时，要遵循堆栈操作"先进后出"的原则，特别注意有关内容的入栈及出栈顺序，以防止造成数据的交叉或混乱。

(3) XCHG(eXCHanGe)：交换指令

格式：

```
XCHG  d,s
```

操作：(d)←→(s)

功能：将 s 表示的源操作数的内容与 d 表示的目标操作数的内容相互交换。这两个操作数都可以是字节或字类型。交换可以在寄存器与寄存器之间，或寄存器与存储单元之间进行，但不能在两个存储单元之间进行。段寄存器与指令指针 IP 也不能作为源操作数和目标操作数。

例如：有指令如下

```
XCHG  AX,CX                     ；AX←→CX,将 AX, CX 中原先保存的内容相互交换
```

2. 目标地址传送指令

目标地址传送指令共有 3 条：取有效地址指令、取指针送寄存器和 DS 指令、取指针送寄存器和 ES 指令。它们可将操作数的段基址或偏移地址传送到指定的寄存器中。

(1) LEA(Load Effective Address)：取有效地址指令

格式：

```
LEA  d,s
```

操作：(d)←EA

该指令可把源操作数 s 的有效地址 EA 送到指令指定的寄存器中。源操作数 s 只能是各种寻址方式的存储器操作数，而寄存器、立即数和段寄存器都不能作为源操作数。目标操作数 d 可以是一个 16 位的通用寄存器。

说明：该指令常用来使一个寄存器作为地址指针。

例如：有指令如下

```
LEA  BX,[SI]
```

设指令执行前，SI=3600H，则 EA=3600H；指令执行后，BX=3600H。

该指令的执行结果是将源操作数确定的存储单元的有效地址 3600H 传送到目标操作数确定的寄存器 BX 中。这里关注的是存储单元的有效地址，而不是其中的内容，所以要特别注意指令"LEA BX,[SI]"和指令"MOV BX,[SI]"的区别。前者是将 SI 的内容 3600H 作为存储器的有效地址送入 BX 中；后者则是将 SI 寄存器间接寻址方式确定的相继两个存

储单元中的内容送入 BX 中。若设 DS＝5000H，该数据段中 53600H 字单元中的内容为 2468H，则这两条指令的操作过程如图 5.11 所示。

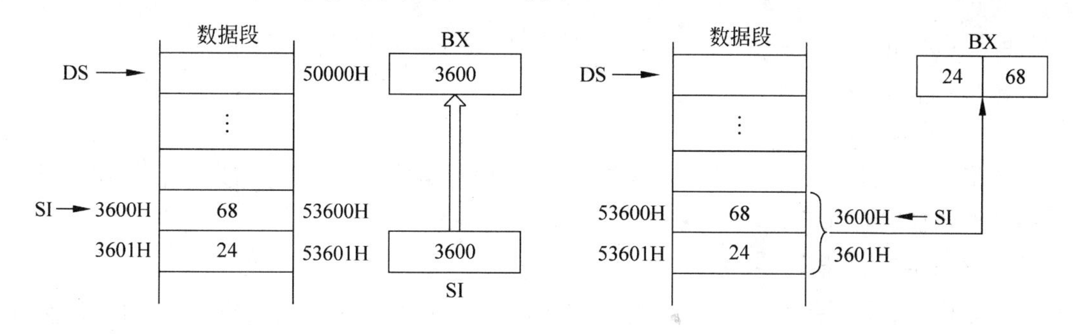

(a) LEA BX，[SI] 指令执行过程　　(b) MOV BX，[SI] 指令执行过程

图 5.11　LEA 和 MOV 指令的执行过程示意

(2) LDS(Load Data Segment register)：取指针送目标寄存器和 DS 指令

格式：

```
LDS  d,s
```

操作：(d)←(s)

DS←(s+2)

指令中的源操作数 s 确定一个双字类型的存储器操作数的首地址，目标操作数 d 指定一个 16 位的寄存器操作数(不允许使用段寄存器)。

功能：从指令的源操作数 s 所指定的存储单元开始，从连续 4 个存储单元中取出某变量的地址指针(共 4 字节)，将其前两个字节(即偏移地址值)传送到指令的目标操作数 d 所指定的某 16 位通用寄存器中，而将后两个字节(即段基址值)传送到 DS 段寄存器中。

例如：有指令如下

```
LDS  BX,LOP[DI]
```

设 DS＝6000H，DI＝0200H，LOP＝0010H，则该双字操作数存储单元的物理地址为

物理地址＝DS×16＋DI＋LOP＝60000H＋0200H＋0010H＝60210H

指令执行前，BX＝30A0H，双字操作数在数据段中的存放情况如图 5.12(a)所示。则指令执行后，BX＝2030H，DS＝8000H，如图 5.12(b)所示。

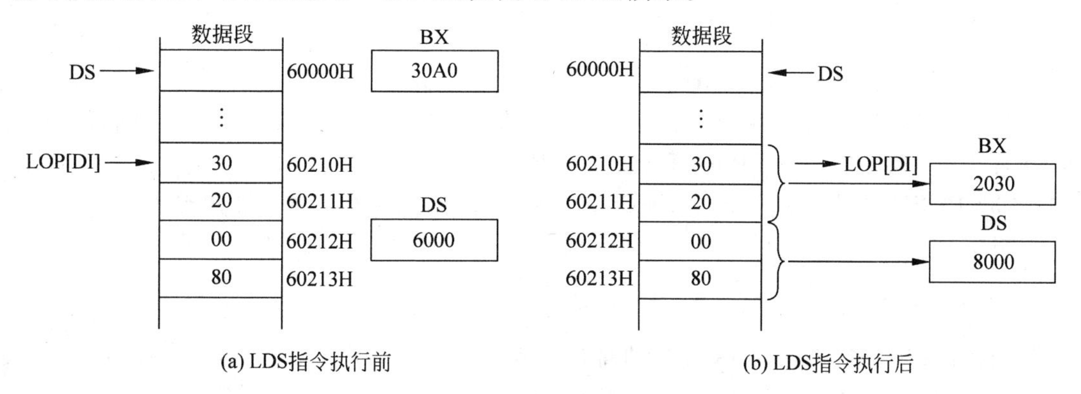

(a) LDS指令执行前　　(b) LDS指令执行后

图 5.12　LDS BX,LOP[DI]的执行前后情况示意

(3) LES(Load Extra Segment register)：取指针送目标寄存器和 ES 指令

格式：

```
LES  d,s
```

操作：(d)←(s)

ES←(s+2)

该指令的操作与 LDS 指令的基本类似，所不同的是以 ES 代替 DS，即将源操作数所指定的地址指针中的后两个字节(段基址)传送到 ES 段寄存器中。

3. 标志位传送指令

标志位传送指令共有 4 条，它们的操作涉及标志寄存器，利用这些指令，既可以读出标志寄存器的内容，也可以设置标志寄存器中的标志位为新值。标志位传送指令都是单字节指令，指令的操作数规定为隐含方式，即在指令的书写格式中不出现，属无操作数指令。

(1) LAHF(Load status Flags into AH register)：标志位送 AH 指令

格式：

```
LAHF
```

操作：AH←标志寄存器 FR 的低位字节。该指令的操作如图 5.13 所示。

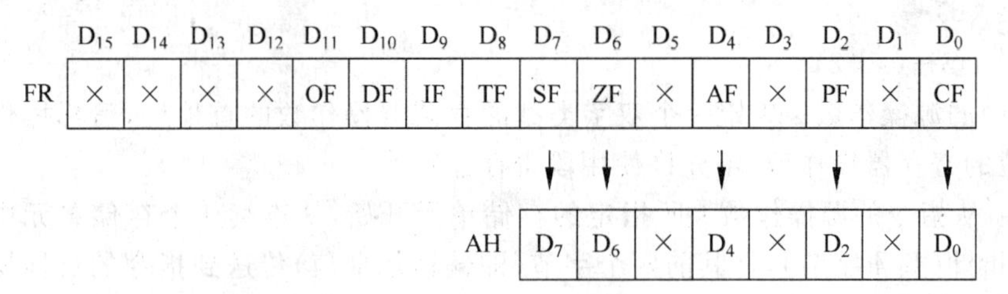

图 5.13　LAHF 的操作情况

功能：将 FR 寄存器的低 8 位状态标志送入 AH 寄存器的相应位。即 SF 送 D_7 位，ZF 送 D_6，AF 送 D_4 位，PF 送 D_2 位，CF 送 D_0 位。LAHF 指令执行以后，AH 中的 D_5，D_3，D_1 位没有意义。

(2) SAHF(Store AH into Flag register)：AH 内容送入标志寄存器指令

格式：

```
SAHF
```

操作：FR 的低位字节← AH

功能：正好与 LAHF 指令功能相反。它是将 AH 寄存器中相应位(D_7、D_6、D_4、D_2、D_0)的状态传送到标志寄存器 FR 的相应位，而 FR 的其他位不受影响。

(3) PUSHF(PUSH Flags register onto stack)：标志寄存器压入堆栈指令

格式：

```
PUSHF
```

操作：SP← SP－1，(SP)← FR 的高 8 位字节

SP← SP－1，(SP)← FR 的低 8 位字节

功能：将16位标志寄存器FR的内容压入堆栈顶部保存起来，堆栈指针SP的值减2，指令执行后，FR的内容不变。其操作过程与PUSH指令的类似。

(4) POPF(POP stack into Flag register)：堆栈内容弹出到标志寄存器指令

格式：

```
POPF
```

操作：FR低8位← (SP)，SP← SP+1

　　　FR高8位← (SP)，SP← SP+1

功能：正好与PUSHF的功能相反。它是将当前栈顶中的一个字数据弹出来，送回到标志寄存器FR中，同时堆栈指针SP的值加2，其操作过程与POP指令的类似。

4. I/O数据传送指令

80486微处理器的输入/输出指令只能在AL或AX寄存器与I/O端口之间进行数据传送。I/O端口地址的寻址方式包括直接寻址和DX寄存器间接寻址两种。

(1) IN(INput data from port)：输入指令

格式：

```
IN  累加器,端口地址
```

输入指令允许把一个字节或字数据由指令指定的输入端口传送到AL(字节)或AX(字)。若端口地址采用直接寻址方式，则可用8位立即数直接给出，可以寻址0～255共256个端口；若端口地址采用DX寄存器间接寻址方式，则可间接寻址65 536个16位长端口地址。

例如：有指令如下

```
IN  AL,PORT                     ; AL←(端口 PORT)
IN  AX,PORT                     ; AX←(端口(PORT+1))(端口 PORT)
IN  AL,DX                       ; AL←(端口(DX))
IN  AX,DX                       ; AX←(端口(DX+1))(端口(DX))
```

其中，指令中的PORT代表8位的端口地址号0～255(用十六进制表示为00H～FFH)。

例如：有指令如下

```
IN  AL,80H                      ;直接寻址方式的字节类型的输入指令
```

该指令将8位端口80H中的内容传送到AL寄存器中。设端口80H中的内容为3FH，则指令执行后，AL=3FH。

```
MOV  DX,2000H
IN     AX,DX                    ; 间接寻址方式的字类型输入指令
```

该指令将由(DX+1)和(DX)确定的相邻两个端口地址2001H和2000H中输入的一个字数据传送到累加器AX中。存放时，AH=(2001H)，AL=(2000H)，即高位字节对应较高地址，低位字节对应较低地址。

(2) OUT(OUTput data to port)：输出指令

格式：

```
OUT  端口地址,累加器
```

输出指令把预先存放在AL中的一个字节数据或AX中的一个字数据传送到指令指定

的输出端口,端口地址的寻址方式同输入指令的。例如:

```
OUT   PORT,AX                    ;(端口(PORT+1))(端口 PORT)← AX
OUT   DX,AL                      ;(端口(DX))← AL
```

总之,80486 CPU 的输入/输出指令只能在累加器 AL/AX 与 I/O 端口之间传送数据,而不能使用其他寄存器代替累加器。当采用直接寻址方式的指令时,寻址端口地址范围为 0～FFH,一般适用于较小规模的微机系统;当需要寻址大于 FFH 的端口地址时,则必须使用 DX 间接寻址。为正确完成 CPU 与 I/O 端口之间的数据传送,应搞清楚三个方面:①是输入过程还是输出过程(即数据传送的方向);②是字节类型还是字类型(即输入/输出数据的类型);③是直接寻址还是 DX 间接寻址(即指令的寻址方式)。

5.4.2 算术运算类指令

80486 微处理器的算术运算类指令包括二进制数运算及十进制数运算两种。指令系统中提供了加、减、乘、除 4 种基本算术操作,用于字节或字的运算、带符号数与无符号数的运算,如果是带符号数,则用补码来表示;指令系统中还提供了各种校正操作指令,可以进行 BCD 码或 ASCII 码表示的十进制数的算术运算。在学习这类指令时,除应掌握指令的格式和操作功能外,还要注意掌握指令对标志位的影响。

80486 指令系统的算术运算指令归纳为表 5.2。在本章的各表中,s 表示源,d 表示目标;☆表示运算结果影响标志位,※表示运算结果不影响标志位,x 表示标志位为任意值,1 表示将标志位置 1,0 表示将标志位清 0。

表 5.2　80486 指令系统的算术运算指令

类　型	格　式	名　称	状态标志位					
			OF	SF	ZF	AF	PF	CF
加法	① ADD d,s	不带进位的加法(字节/字)	☆	☆	☆	☆	☆	☆
	② ADC d,s	带进位的加法(字节/字)	☆	☆	☆	☆	☆	☆
	③ INC d	加 1(字节/字)	☆	☆	☆	☆	☆	※
减法	① SUB d,s	不带借位的减法(字节/字)	☆	☆	☆	☆	☆	☆
	② SBB d,s	带借位的减法(字节/字)	☆	☆	☆	☆	☆	☆
	③ DEC d	减 1(字节/字)	☆	☆	☆	☆	☆	※
	④ NEG d	求补	☆	☆	☆	☆	☆	1
	⑤ CMP d,s	比较	☆	☆	☆	☆	☆	☆
乘法	① MUL s	无符号数乘法(字节/字)	☆	x	x	x	x	☆
	② IMUL s	有符号数乘法(字节/字)	☆	x	x	x	x	☆
除法	① DIV s	无符号数除法(字节/字)	x	x	x	x	x	x
	② IDIV s	有符号数除法(字节/字)	x	x	x	x	x	x
	③ CBW	字节转换成字	※	※	※	※	※	※
	④ CWD	字转换成双字	※	※	※	※	※	※
十进制调整	① AAA	加法的 ASCII 码调整	x	x	x	☆	x	1
	② DAA	加法的十进制调整	x	☆	☆	☆	☆	☆
	③ AAS	减法的 ASCII 码调整	x	x	x	☆	x	☆
	④ DAS	减法的十进制调整	x	☆	☆	☆	☆	☆
	⑤ AAM	乘法的 ASCII 码调整	x	☆	☆	x	☆	x
	⑥ AAD	除法的 ASCII 码调整	x	☆	☆	※	☆	x

1. 加法指令

加法指令共有 3 条：ADD 指令、ADC 指令和 INC 指令。

(1) ADD(signed or unsigned ADD)：不带进位的加法指令

格式：

```
ADD  d,s
```

操作：(d)← (d)+(s)

其中，目标操作数 d 为被加数操作数和结果操作数，源操作数 s 为加数操作数。

功能：将源操作数的内容和目标操作数的内容相加，结果保存在目标操作数中，并根据结果置标志位。ADD 指令完成半加器的功能。

源操作数可以是 8/16 位的通用寄存器、存储器操作数或立即数。目标操作数除不允许为立即数外，其他同源操作数。

注意：两个操作数不能同时为存储器操作数，且段寄存器不能作为源和目标操作数。

例如：有指令如下

```
ADD  AL,BL
```

设指令执行前：AL=67H，BL=22H。指令执行：

```
   0110 0111
+) 0010 0010
-----------
   1000 1001
```

指令执行后：AL=89H，BL=22H。

影响标志位的情况：CF=0，ZF=0，SF=1，AF=0，OF=1，PF=0。

(2) ADC(ADd with Carry)：带进位的加法指令

格式：

```
ADC  d,s
```

操作：(d)← (d)+(s)+CF

功能：与 ADD 指令的功能唯一不同的是，还要加上当前进位标志的值。ADC 指令完成全加器的功能，主要用于两个多字节(或多字)二进制数的加法运算。

(3) INC(INCrement by 1)：加 1 指令

格式：

```
INC  d
```

操作：(d)← (d)+1

功能：将目标操作数当作无符号数，将其内容加 1 后，又送回到目标操作数中。目标操作数可以是 8/16 位的通用寄存器或存储器操作数，但不允许是立即数和段寄存器。INC 指令的执行不影响 CF 标志位，通常用于在循环过程中修改指针和循环次数。

2. 减法指令

减法指令共有 5 条：SUB 指令、SBB 指令、DEC 指令、NEG 指令和 CMP 指令。

(1) SUB(SUBtract)：不带借位的减法指令

格式：

```
SUB  d,s
```

操作：(d)← (d)－(s)

其中，对目标操作数 d 和源操作数 s 寻址方式的规定与 ADD 指令的相同。

功能：将目标操作数的内容减去源操作数的内容，结果存入目标操作数中，并根据结果置标志位。与 ADD 指令一样，SUB 指令可以是字操作，也可以是字节操作。

例如：有指令如下

```
SUB  AL,[BP+8]
```

设 SS＝5000H，BP＝2000H，则源操作数存储单元的物理地址为

物理地址＝SS×16＋BP＋8＝50000H＋2000H＋8＝52008H

设指令执行前：AL＝45H，(52008H)＝87H。指令执行：

```
            0100  0101   AL
 一)        1000  0111   (52008H)
 ─────────────────────────────
 CF←1       1011  1110   AL
```

指令执行后：AL＝BEH，(52008H)＝87H。

标志位的情况：CF＝1，ZF＝0，SF＝1，AF＝1，OF＝1，PF＝1。

(2) SBB(SuBtraction with Borrow)：带借位的减法指令

格式：

```
SBB  d,s
```

操作：(d)← (d)－(s)－CF

其中，CF 为当前借位标志的值。该指令的操作功能以及两个操作数寻址方式的规定与 SUB 指令唯一不同的就是，SBB 指令在执行减法运算时，还要减去 CF 的值，即减去低位字节相减时所产生的借位。在实际应用中，SBB 指令主要用于两个多字节或多字二进制数的相减过程。

(3) DEC(DECrement by 1)：减 1 指令

格式：

```
DEC d
```

操作：(d)← (d)－1

DEC 指令的功能以及操作数的规定与 INC 指令的基本相同，所不同的只是将目标操作数的内容减 1，结果送回到目标操作数中。与 INC 指令一样，DEC 指令通常也用于在循环过程中修改指针和循环次数。

(4) NEG(two's complement NEGate)：求补指令

格式：

```
NEG  d
```

操作：(d)← (a)＋1

功能：将目标操作数的内容按位求反后末位加 1，再返回到目标操作数中。对一个操作数求补实际上也相当于用零减去该操作数的内容，NEG 指令执行的也是减法 (d)←0－(d)，目

标操作数的规定与 INC、DEC 指令的相同。

(5) CMP(CoMPare two operands)：比较指令

格式：

```
CMP  d,s
```

操作：(d)－(s)

CMP 指令的操作功能、操作数的规定以及影响标志位的情况类似于 SUB 指令，唯一不同的是，CMP 指令不保存相减以后的结果，即该指令执行后，两个操作数原先的内容不会改变，只是根据相减操作的结果设置标志位。CMP 指令通常用在分支程序结构中比较两个数的大小，在该指令之后经常安排一条条件转移指令，根据比较的结果让程序转移到相应的分支去执行。

3. 乘法指令

乘法共有两条指令：MUL 指令和 IMUL 指令。

(1) MUL(unsigned MULtiply)：无符号数的乘法指令

格式：

```
MUL  s
```

操作：s 为字节操作数　AX←AL×(s)

　　　s 为字操作数　　DX,AX←AX×(s)

MUL 指令中仅有一个操作数(源操作数)，表示乘数，可使用寄存器或各种寻址方式的存储器操作数，而绝对不可以使用立即数和段寄存器。指令中的目标操作数隐含在指令中且必须使用累加器(表示被乘数)，字节相乘时用 AL，字相乘时用 AX。乘法操作的过程如图 5.14 所示。

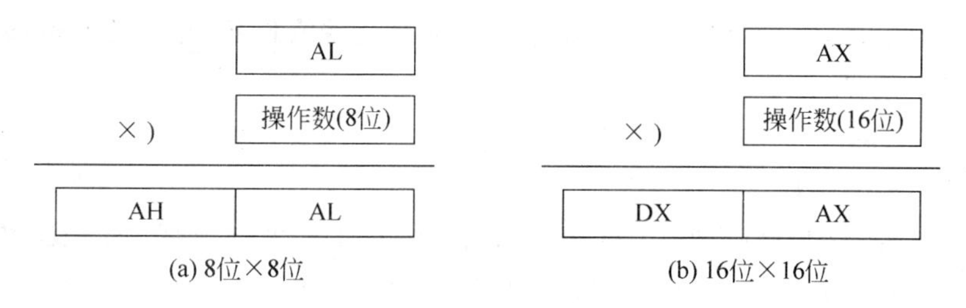

图 5.14　乘法指令的操作过程

由图 5.14(a)可知，两个八位数相乘时，用 AL 中的被乘数乘以指令操作数指定的乘数，得到的乘积为 16 位，存放在 AX 中。由图 5.14(b)可知，两个 16 位数相乘时，用 AX 中的被乘数乘以指令操作数指定的乘数，得到的乘积为 32 位，存放在 DX, AX 中(DX 存放结果的高位字，AX 存放结果的低位字)。

(2) IMUL(sIgned MULtiply)：有符号数的乘法指令

格式：

```
IMUL  s
```

操作：s 为字节操作数　AX←AL×(s)

　　　s 为字操作数　　DX,AX←AX×(s)

IMUL 指令执行的操作与 MUL 指令的基本相同，不同之处在于，MUL 指令中的操作数为无符号数，而 IMUL 指令中的操作数为有符号数。

无符号数和有符号数的乘法指令的执行结果是不同的。例如，两个 4 位二进制数 1110 和 0011，如果理解为不带符号数，用 MUL 指令运算，则 1110B×0011B=2AH(即十进制数的 14×3=42)。如果理解为带符号数，用 IMUL 指令运算，则 1110 还原的原码为 1010B(即十进制数的−2)，0011B 的原码仍为 0011B(即十进制数的+3)，运算时，先去掉符号位，将两数绝对值相乘，0010B×0011B=00000110B，其结果的符号按两数符号位"异或"运算规则确定，1⊕0=1 结果为负，再将相乘所得的结果取补码，所以，最后相乘的结果为 11111010B=FAH(对应十进制数−2×3=−6)。

乘法指令的操作影响 OF 和 CF 标志位，对其余的标志位无定义(指令执行后，这些标志位的状态不确定)。对于 MUL 指令，如果乘积的高一半数位为零，即字节操作时 AH=0，字操作时 DX=0，则操作结果使 CF=0，OF=0；否则，若 AH≠0 或 DX≠0 时，则 CF=1，OF=1，这种情况的标志位状态可以用来检查字节相乘的结果是字节还是字，字相乘的结果是字还是双字。而对于 IMUL 指令，如果乘积的高一半数位是低一半符号位的扩展时，CF=0，OF=0；否则，CF=1，OF=1。

4. 除法指令

除法共有 4 条指令：DIV 指令、IDIV 指令、CBW 指令和 CWD 指令。

(1) DIV(unsigned DIVide)：无符号数的除法指令

格式：

```
DIV  s
```

操作：分为字节和字两种操作类型。

进行字节操作时，16 位被除数在 AX 中，8 位除数为源操作数，结果的 8 位商在 AL 中，8 位余数在 AH 中，表示为

AL←AX/(s)的商

AH←AX/(s)的余数

进行字操作时，32 位被除数在 DX 和 AX 中，其中，DX 为高位字，16 位除数为源操作数，结果的 16 位商在 AX 中，16 位余数在 DX 中，表示为

AX←(DX,AX)/(s)的商

DX←(DX,AX)/(s)的余数

DIV 指令的被除数、除数、商和余数全部为无符号数。

(2) IDIV(sIgned DIVide)：有符号数的除法指令

格式：

```
IDIV  s
```

操作：与 DIV 指令的相同，只是被除数、除数、商和余数均为有符号数，且余数的符号和被除数的符号相同。

这两条除法指令中的操作数 s 的规定与乘法指令相同。除法指令的操作过程如图 5.15 所示。

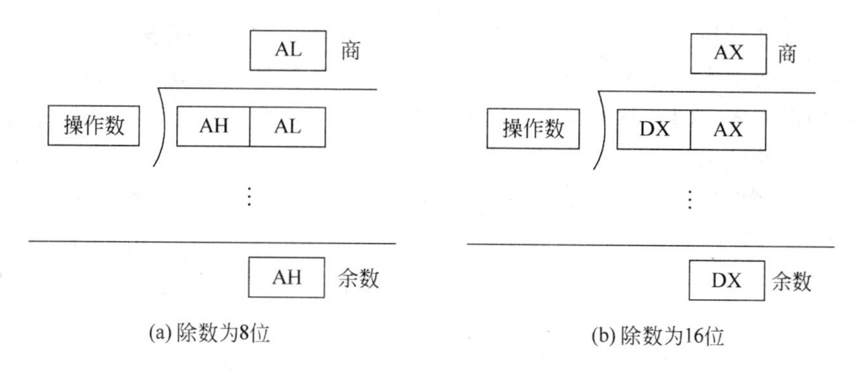

(a) 除数为8位　　(b) 除数为16位

图 5.15　除法指令的操作过程

除法指令执行后，标志位 AF，OF，CF，PF，SF 和 ZF 都是不确定的。

用 IDIV 指令时，如果是一个双字除以一个字，则商的范围为－32728～＋32727；如果是一个字除以一个字节，则商的范围为－128～＋127。如果超出这个范围，那么会产生 0 型中断，以除数为 0 的情况来处理，而不是使溢出标志 OF 置 1。

IDIV 指令运算时与有符号数的乘法指令类似，先将数变为原码，并去掉符号位，然后再将两数(绝对值)相除。其结果，商的符号按两符号位"异或"运算规则确定，如符号位为 1，再取补码。

由于除法指令的字节操作要求被除数为 16 位，字操作要求被除数为 32 位，当实际数据不满足以上要求时，就需要进行被除数位数的扩展。

对于无符号数除法指令 DIV 来说，只需将字节操作时被除数的高 8 位 AH 和字操作时被除数的高 16 位 DX 清 0 即可。

对于有符号数除法指令 IDIV 来说，AH 和 DX 的扩展是将其低位字节或低位字的符号位扩展，即把 AL 中的最高位扩展到 AH 的 8 位中(正数为 00H，负数为 FFH)，或者把 AX 中的最高位扩展到 DX 的 16 位中(正数为 0000H，负数为 FFFFH)。为此，80486 指令系统提供了专门的符号扩展指令 CBW 和 CWD。

(3) CBW(Convert Byte to Word)：字节转换为字指令

格式：

```
CBW
```

操作：AL 中的符号位(最高位 D_7)扩展到 AH 中。若 AL 中的 $D_7=0$，则 AH＝00H；若 AL 中的 $D_7=1$，则 AH＝FFH。

(4) CWD(Convert Word to Doubleword)：字转换为双字指令

格式：

```
CWD
```

操作：AX 中的符号位(最高位 D_{15})扩展到 DX 中。若 AX 中的 $D_{15}=0$，则 DX＝0000H；若 AX 中的 $D_{15}=1$，则 DX＝FFFFH。

注意：CBW 和 CWD 指令执行结果都不影响标志位。

5. 十进制调整指令

上面介绍过的算术运算指令都是二进制数的运算指令，如果要进行十进制数的运算就必须先把十进制数转换为二进制数，用相应的二进制运算指令进行运算，然后再将运算得到的二进制结果转换为十进制数加以输出。为了便于十进制数的运算，80486 指令系统中提供了一组专门用于十进制调整的指令，它们可对由二进制运算指令得到的结果进行调整，从而得到十进制数的结果。

表示十进制数的 BCD 码(以 8421 BCD 码为例)分为两种：压缩 BCD 码和非压缩 BCD 码。

① 压缩 BCD 码：压缩的 BCD 码用 4 位二进制数表示一个十进制数位，整个十进制数形式为一个顺序的以 4 位为一组的数串。例如，十进制数 8564 的压缩 BCD 码形式为 1000 0101 0110 0100，用十六进制表示为 8564H。

② 非压缩 BCD 码：非压缩的 BCD 码以 8 位二进制数为一组，表示一个十进制数位，8 位中的低 4 位表示一位 BCD 码，而高 4 位则没有意义，通常将高 4 位清 0。例如，8564 的非压缩 BCD 码形式为 00001000 00000101 00000110 00000100，用十六进制表示为 08050604H，为 4 字节数据。

可以看出，由于一个数字 0～9 的 ASCII 码其高 4 位为 0011，低 4 位是以 BCD 码表示的十进制数位，符合非压缩 BCD 码高 4 位无意义的规定。

用普通二进制运算指令对 BCD 码运算时是要进行调整的，下面通过一个加法例子来说明为什么要进行十进制调整以及如何进行调整。

例如：7＋6＝13

```
     0111 → 7 的 BCD 码
+）  0110 → 6 的 BCD 码
─────────────────────────────
     1101 → DH 的二进制数，即十进制数的 13
```

BCD 码的 7 加 6，结果为十六进制数 D。由于在 BCD 码中，只允许出现 0～9 共 10 个数字，D 不代表任何 BCD 码，因此必须要把它转换，即进行调整。

BCD 码运算的进位规则是“逢十进一”的，但 80486 指令系统中的加法指令进行的运算是二进制运算，对四位运算来说，是“逢十六进一”。用这些加法指令进行十进制运算时，必须跳过六个数的编码 1010～1111，这些数在二进制中是存在的，而在 BCD 码中是不存在的。因此在调整时，遇到运算结果中出现 1010～1111 时，就必须加 0110(6)进行调整，让其产生进位得到正确的十进制结果。对上例的结果进行加 6 调整，则

```
     1101 → 13 的二进制数
+）  0110 → 加 6 调整
──────────────────────
    10011 → 13 的压缩 BCD 码
```

当 BCD 码的数位增多需要进行多字节 BCD 码加法时，调整的原理是一样的。凡是遇上某 4 位二进制数值大于 9 时，则加 6 进行调整；凡是一个字节中的低 4 位向高 4 位产生进位，或者是低位字节向高位字节产生进位时，也应加 6 调整。十进制调整指令会根据 AF 或 CF 的状态做出判断，看是否需要进行加 6 调整。

如果是进行多字节 BCD 码减法，则相应地进行减 6 调整，乘、除法也有相应的调整办法。

(1) 压缩的 BCD 码调整指令

① DAA(Decimal Adjust AL after Addition)：加法的十进制调整指令

格式：

```
DAA
```

操作：DAA 指令必须紧跟在二进制加法指令 ADD 或 ADC 之后，将二进制加法的结果(必须放在 AL 中)调整为压缩的 BCD 码格式，再存回到 AL 中。可见，二进制加法指令 ADD/ADC 和 DAA 指令构成复合的压缩 BCD 码加法指令。

DAA 指令的调整方法：考查结果(在 AL 中)的低 4 位和高 4 位的值以及半进位标志 AF 和进位标志 CF 的状态，如果结果的低 4 位的值大于 9 或有 AF=1 时，则将结果的低 4 位加 6 调整，并将 AF 标志位置 1；如果结果的高 4 位的值大于 9 或有 CF=1 时，则将结果的高 4 位加 6 调整，并将 CF 标志位置 1；如果结果的高 4 位和低 4 位的值均大于 9 或既有 AF=1，又有 CF=1 时，则将结果的高低 4 位均加 6 调整，并将 AF,CF 标志位均置 1，从而得到正确的压缩 BCD 码结果。

DAA 指令对 OF 标志无定义，但却影响其他所有标志。

② DAS(Decimal Adjust AL after Subtraction)：减法的十进制调整指令

格式：

```
DAS
```

操作：DAS 指令必须紧跟在二进制减法指令 SUB 或 SBB 指令之后，将二进制减法的结果(必须放在 AL 中)调整为压缩的 BCD 码格式，又存回 AL 中。可见，二进制减法指令 SUB/SBB 和 DAS 指令构成了复合的压缩 BCD 码减法指令。

DAS 指令的调整方法类似于 DAA，只是在需要进行十进制调整时，DAA 指令是加 6 调整，而 DAS 指令是减 6 调整；对标志位的影响也与 DAA 指令的相同。

(2) 非压缩的 BCD 码调整指令

非压缩的 BCD 码调整指令有 4 种：加法的 ASCII 码调整指令(AAA)、减法的 ASCII 码调整指令(AAS)、乘法的 ASCII 码调整指令(AAM)，除法的 ASCII 码调整指令(AAD)。

5.4.3　逻辑运算与移位类指令

逻辑运算与移位类指令可分为 3 种类型，它们的类型、格式及名称归纳为表 5.3。

表 5.3　逻辑运算与移位类指令

类　型	格　式	名　称	状态标志位					
			OF	SF	ZF	AF	PF	CF
逻辑运算	AND d,s	"与"(字节/字)	0	☆	☆	x	☆	0
	OR d,s	"或"(字节/字)	0	☆	☆	x	☆	0
	XOR d,s	"异或"(字节/字)	0	☆	☆	x	☆	0
	NOT d	"非"(字节/字)	※	※	※	※	※	※
	TEST d,s	"测试"(字节/字)	0	☆	☆	x	☆	0
移位	SAL d,count	算术左移(字节/字)	☆	☆	☆	x	☆	☆
	SAR d,count	算术右移(字节/字)	☆	☆	☆	x	☆	☆
	SHL d,count	逻辑左移(字节/字)	☆	☆	☆	x	☆	☆
	SHR d,count	逻辑右移(字节/字)	☆	☆	☆	x	☆	☆
循环移位	ROL d,count	循环左移(字节/字)	☆	※	※	x	※	☆
	ROR d,count	循环右移(字节/字)	☆	※	※	x	※	☆
	RCL d,count	带进位循环左移(字节/字)	☆	※	※	x	※	☆
	RCR d,count	带进位循环右移(字节/字)	☆	※	※	x	※	☆

1. 逻辑运算指令

逻辑运算指令共有 5 条：AND 指令、OR 指令、XOR 指令、NOT 指令和 TEST 指令。

(1) AND(logical AND)：逻辑“与”指令

格式：

```
AND  d,s
```

操作：(d)← (d) ∧ (s)

其中，符号“∧”表示逻辑“与”操作。源操作数 s 可以是 8/16 位通用寄存器、存储器操作数或立即数，而目标操作数 d 只允许是通用寄存器或存储器操作数。

AND 指令可将两个操作数的内容按位相“与”，并将结果保存在目标操作数中。指令执行后，将使 CF=0，OF=0，AF 位无定义，并影响 SF，ZF 和 PF 标志位。

AND 指令常用于将操作数的某些位清 0(也称为屏蔽某些位)，而其余位维持不变。需要清 0 的位和 0 相“与”，需要维持不变的位和 1 相“与”。

例如：将 AL 寄存器中的 D_1 位、D_5 位清 0，其余位保持不变，有指令如下

```
AND  AL,0DDH                  ；将 D1 位、D5 位和 0 相"与"，其他位和 1 相"与"
```

设指令执行前：AL=6EH。

指令执行：

```
   0110 1110 → AL 的内容 6EH
∧) 1101 1101 → DDH
------------------------------
   0100 1100 → 4CH
```

指令执行后：AL=4CH。

(2) OR(logical OR)：逻辑“或”指令

格式：

```
OR  d,s
```

操作：(d)← (d) ∨ (s)

其中，符号“∨”表示逻辑“或”操作。源操作数和目标操作数的约定与 AND 指令的相同。

OR 指令可将两个操作数的内容按位相“或”，并将结果保存在目标操作数中。对标志位的影响同 AND 指令。

利用 OR 指令可将操作数的某些位置 1，而其余位不变。需要置 1 的位和 1 相“或”，需要维持不变的位和 0 相“或”。利用“或”运算，也可对两个操作数进行组合(称为拼字)。

例如：使 AL 寄存器中的最高位和次高位置 1，其余位不变，有指令如下

```
OR  AL,C0H
```

设指令执行前：AL=4FH。

指令执行：

```
   0100 1111 → AL 的内容
∨) 1100 0000 → C0H
-----------------------
   1100 1111 → CFH
```

指令执行后：AL=CFH。

(3) XOR(logical eXclusive OR)：逻辑“异或”指令

格式：

```
XOR   d,s
```

操作：(d)← (d)⊕(s)

其中,符号“⊕”表示逻辑“异或”操作。源操作数和目标操作数的约定同 AND 指令。

XOR 指令可将两个操作数按位相“异或”,并将结果保存在目标操作数中。对标志位的影响同 AND 指令。

利用 XOR 指令,可将操作数的某些位求反,某些位不变。维持不变的位与 0 相“异或”,需要求反的位与 1 相“异或”。

例如：使 BL 寄存器的高 4 位维持不变,而将低 4 位求反,有指令如下

```
XOR   BL,0FH
```

设指令执行前：BL=86H。

指令执行：

```
       1000 0110 → BL 的内容
⊕)     0000 1111 → 0FH
------------------------
       1000 1001 → 89H
```

指令执行后：BL=89H。

(4) NOT(logical NOT)：逻辑“非”指令

格式：

```
NOT d
```

操作：(d)←$(\overline{d})$

其中,操作数 d 上面的横杠表示求反运算,有关操作数的约定同 AND 指令。

NOT 指令可将操作数的内容按位求反,并将结果保存在源操作数中,其执行结果不影响任何标志位。

例如：有指令如下

```
NOT   AL
```

设指令执行前：AL=33H。

指令执行后：AL=CCH。

(5) TEST(TEST bits)：测试指令

格式：

```
TEST   d,s
```

操作：(d)∧(s)

TEST 指令完成的操作、操作数的约定,以及对标志位的影响与 AND 指令的相同,只是 TEST 指令不把结果回送到目标操作数。

使用 TEST 指令,通常是在不希望改变原有操作数的情况下,检测某一位或某几位的

状态，所以，常被用于条件转移指令之前，根据测试的结果使程序发生跳转。

2. 移位与循环移位指令

移位指令和循环移位指令各有 4 个，其功能如图 5.16 所示。指令中的操作数 d 可以是 8/16 位的通用寄存器和任何寻址方式的存储器操作数，而不允许使用立即数和段寄存器。移位次数由 count 决定，count 可取 1 或 CL 寄存器操作数，count 为 1 时每执行一条指令，可将操作数的内容移一位，若需要移位的次数大于 1 时，则可在移位指令前面，将移位次数置于 CL 中，而在移位指令中将 count 写为 CL，当移位结束后，CL＝0。

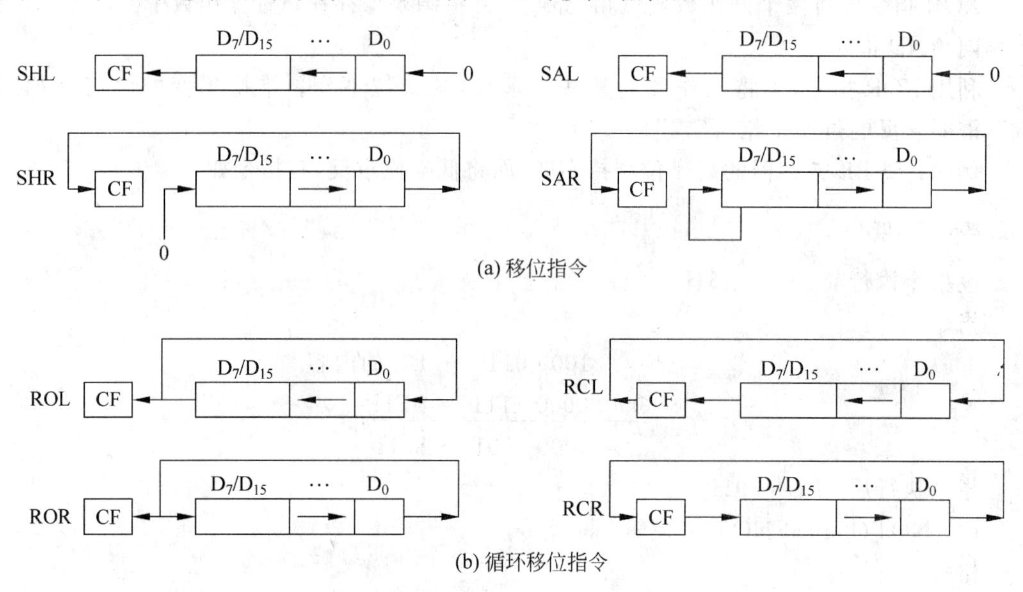

图 5.16　移位与循环移位指令功能

(1) 移位指令

① SHL(SHift Left)：逻辑左移指令

格式：

```
SHL   d,count
```

操作：SHL 指令可将操作数的内容向左移位，移位的次数由 count 给定，每左移一位，操作数最高位的状态移入 CF 标志位，低位补 0。

例如：有指令如下

```
MOV   CL,4
SHL   AL,CL
```

SHL 指令执行后，可使 AL 中的内容左移 4 位，即 AL 中的低 4 位的状态移入高 4 位，并将低 4 位清 0。

② SHR(SHift Right)：逻辑右移指令

格式：

```
SHR   d,count
```

操作：SHR 指令的操作和 SHL 指令相反，可将操作数的内容向右移位，每右移一位，操作数最末位移入 CF 标志，高位补 0。

③ SAL(Shift Arithmetic Left)：算术左移指令

格式：

```
SAL  d,count
```

操作：与 SHL 指令的完全相同。

④ SAR(Shift Arithmetic Right)：算术右移指令

格式：

```
SAR  d,count
```

操作：将操作数的内容向右移位，每右移一位，操作数最末位移入 CF 标志位，最高位移入次高位的同时其值不变，这样移位后最高位和次高位的值相同，符号位始终保持不变。

由此可知，移位指令分为算术移位和逻辑移位。算术移位只对带符号数进行移位。在移位过程中，必须保持符号位不变；而逻辑移位是对无符号数移位。移位时，总是用 0 来填补已空出的数位。每左移一位，相当于将原数据乘以 2；每右移一位，相当于将原数据除以 2。根据移位操作的结果，置标志寄存器中的状态标志(AF 位除外)。若移位的次数是 1，移位的结果又使最高位(符号位)发生变化，则将溢出标志 OF 置 1。若移多位时，OF 标志无效。这样，对于有符号数而言，可由此判断移位后的符号位和移位前的符号位是否相同。

(2) 循环移位指令

① ROL(ROtate Left)：循环左移指令

格式：

```
ROL  d,count
```

操作：每左移一位，操作数最高位的状态移出，该状态除送入标志位 CF 外，还循环传递到由于左移一位而空出的操作数最末位。

② ROR(ROtate Right)：循环右移指令

格式：

```
ROR  d,count
```

操作：ROR 指令的操作正好和 ROL 指令相反，每右移一位，将操作数最末位的状态移出，并传递到 CF 标志和操作数的最高位。

③ RCL(Rotate Left through Carry)：带进位循环左移指令

格式：

```
RCL  d,count
```

操作：每左移一位，将操作数最高位的状态移入 CF 标志位，而 CF 标志原先的状态移入操作数最末位。

④ RCR(Rotate Right through Carry)：带进位循环右移指令

格式：

```
RCR   d,count
```

操作：RCR 指令完成的操作和 RCL 指令正好相反。每右移一位，将操作数最末位的状态移入 CF 标志，而 CF 标志原先的状态移入操作数最高位。

由此可知，循环移位指令也有两类。ROL 和 ROR 指令在执行时，没有把 CF 套在循环中，常称为小循环移位；而 RCL 和 RCR 指令在执行时，连同 CF 一起进行循环移位，常称为大循环移位。以上 4 条指令仅影响标志位 CF 和 OF，且对 OF 的影响是：ROL 和 RCL 指令在执行一次左移后，如果操作数的最高位与 CF(原符号位)不等，说明新的符号位与原符号位不同了，则使 OF＝1，表明左移循环操作造成了溢出；同样，ROR 和 RCR 指令在执行一次右移后，如果操作数的最高位和次高位不等，也表明移位后新的数据符号与原符号不同了，此时也会使 OF＝1，产生溢出。

5.4.4 串操作类指令

在 80486 指令系统中，还提供了一组强有力的串操作指令，可对一系列含有字母、数字的字节(也称字符串)进行操作和处理，如传送、比较、查找、插入、删除等。

串操作指令是指令系统中唯一可在存储器内的源操作数与目标操作数之间进行操作的指令，所有串操作指令均可以处理字或字节。基本字符串(数据块)指令及可使用的重复前缀归纳为表 5.4。

表 5.4 基本字符串指令及可使用的重复前缀

名　称	格　式	状态标志位					
		OF	SF	ZF	AF	PF	CF
字节串/字串传递	MOVS d,s	※	※	※	※	※	※
	MOVSB/MOVSW	※	※	※	※	※	※
字节串/字串比较	CMPS d,s	☆	☆	☆	☆	☆	☆
	CMPSB/CMPSW	☆	☆	☆	☆	☆	☆
字节串/字串搜索	SCAS d	☆	☆	☆	☆	☆	☆
	SCASB/SCASW	☆	☆	☆	☆	☆	☆
读字节串/字串	LODS s	※	※	※	※	※	※
	LODSB/LODSW	※	※	※	※	※	※
写字节串/字串	STOS d	※	※	※	※	※	※
	STOSB/STOSW	※	※	※	※	※	※

为缩短指令长度，串操作指令均采用隐含寻址方式：源串一般存放在当前数据段中，即由 DS 段寄存器提供段基址，其偏移地址必须由源变址寄存器 SI 提供；目标串必须存放在附加段中，即由 ES 段寄存器提供段基址，其偏移地址必须由目标变址寄存器 DI 提供；如果要在同一段内进行串操作，必须使 DS 和 ES 指向同一段。字符串长度必须存放在 CX 寄存器中。所以，在串指令执行之前，必须对 SI、DI 和 CX 预置初值，即将源串和目标串的首元素或末元素的偏移地址分别置入 SI 和 DI 中，将字符串长度置入 CX 中。这样，在 CPU 每处理完一个字符串元素时，就自动修改 SI 和 DI 寄存器的内容，以指向下一个元素。

为加快串操作的执行速度，可在串操作指令前加上重复前缀(共有 5 种，如表 5.5 所示)。带有重复前缀的串操作指令，每处理完一个字符串元素后，自动修改 CX 的内容(按字节/字处理，减 1 或减 2)，以完成计数功能。当 CX≠0 时，继续操作；直到 CX＝0 时，才结束操作。多用于必须重点执行基本串操作来处理一个数据阵列时。

表5.5 常用的重复前缀

重复前缀类型	重复前缀格式	应用	功能
无条件重复	REP	MOVS,STOS	不是串尾时重复 CX≠0
相等/为零时重复	REPE/REPZ	CMPS,SCAS	不是串尾且串相等时重复 CX≠0 且 ZF=1
不等/不为零时重复	REPNE/REPNZ	CMPS,SCAS	当不是串尾且不等时重复 CX≠0 且 ZF=0

串操作指令对 SI 和 DI 寄存器的修改与两个因素有关。一是与被处理的字符串是字节串还是字串有关;二是与当前的方向标志 DF 的状态有关。当 DF=0 时,表示串操作由低地址向高地址进行,SI 和 DI 内容应递增,其初始值应该是源串和目标串的首地址;当 DF=1 时,则情况正好相反。80486 指令系统中共有 5 种基本的串操作指令:串传送指令、串比较指令、搜索指令、读字符串指令和写字符串指令。

5.4.5 程序控制类指令

一般情况下,CPU 执行程序是按照指令的顺序逐条执行的,但实际上,程序不可能总是顺序执行,而经常需要改变程序的执行流程,转到所要求的目标地址去执行,这时就必须安排一条程序转移类指令。在 80486 指令系统中,程序控制类指令就是专门用来控制程序流向的指令,包括无条件转移、条件转移、循环控制及中断控制 4 种类型。

1. 无条件转移指令

无条件转移指令的功能是使程序无条件地转移到指令指定的地址去执行。无条件转移指令分为无条件转移、调用过程及从过程返回 3 种指令格式,它们的名称及格式见表 5.6。

表5.6 无条件转移指令的3种指令格式

名称	格式
无条件转移	JMP 目标标号
调用过程	CALL 过程名
从过程返回	RET

(1) JMP(unconditional JuMP):无条件转移指令

格式:

```
JMP 目标标号
```

操作:JMP 指令可以使程序无条件地转移到目标标号指定的地址去执行。目标单元既可以在当前代码段内(段内转移),也可在其他代码段中(段间转移)。根据目标地址的位置与寻址方式的不同,有 5 种基本指令格式:段内直接短程转移、段内直接近程转移、段内间接转移、段间直接转移、段间间接转移。

① 段内直接短程转移

格式:

```
JMP  SHORT 目标标号
```

操作:IP← IP+D8

其中,SHORT 为属性操作符,表明指令代码中的操作数是一个以字节二进制补码形式表示的偏移量,它只能在－128～＋127 范围内取值。指令执行时,转移的目标地址由当前的 IP 值(即跳转指令的下一条指令的首地址)与指令代码中 8 位偏移量之和决定(SHORT 在指令中可以省略)。

② 段内直接近程转移

格式:

```
JMP   NEAR PTR 目标标号
```

操作:IP← IP＋D16

其中,NEAR PTR 为近程转移的属性操作符。段内直接近程转移指令控制转移的目标地址由当前 IP 值与指令代码中 16 位偏移量之和决定,偏移量的取值范围为－32 768～＋32 767。转移的过程和短程转移过程基本相同(属性运算符 NEAR PTR 在指令中可以省略)。

③ 段内间接转移

格式:

```
JMP   WORD PTR OPR
```

操作:IP← (EA)

其中,OPR 可为存储器或寄存器操作数。将段内转移的目标地址预先存放在某寄存器或存储器的某两个连续地址中,指令中只需给出该寄存器号或存储单元地址,这种方式称为段内间接转移(OPR 为寄存器时,不加 WORD PTR)。

例如,JMP BX 指令是由寄存器间接表示转移的目标地址。设 CS＝1000H,IP＝3000H,BX＝0102H 时,该指令的执行首先以寄存器 BX 的内容取代 IP 的内容,然后,CPU 将转移到物理地址＝CS×16＋IP＝10102H 单元中去执行后续指令。

以上 3 种转移方式均为段内转移,指令执行时,用指令提供的信息修改指令指针 IP 的内容,CS 的值不变。

④ 段间直接转移

格式:

```
JMP   FAR PTR 目标标号
```

操作:IP← 目标标号的偏移地址

　　　CS← 目标标号所在段的段基址

其中,FAR PTR 为属性运算符,表示转移是在段间进行。目标标号在其他代码段中,指令中直接给出目标标号的段基址和偏移地址,分别取代当前 IP 及 CS 的值,从而转移到另一代码段中相应的位置去执行(在指令中,FAR PTR 也可不写)。

⑤ 段间间接转移

格式:

```
JMP   DWORD PTR OPR
```

操作:IP← (EA)

　　　CS← (EA＋2)

其中,OPR 只能是存储器操作数。

指令中由操作数 OPR 的寻址方式确定一个有效地址 EA,指向存放转移地址的偏移地址和段基址的单元，根据寻址方式求出 EA 后，访问相邻的 4 个字节单元，低位字单元的 16 位数据送到 IP 寄存器，高位字单元中的 16 位数据送到 CS 寄存器，从而找到了要转移去的目标地址，实现段间间接转移的目的。

(2) CALL(CALL a procedure)：过程调用指令

格式：

```
CALL  过程名
```

操作：CPU 暂停执行下一条指令，无条件调用指定的过程。

为了便于模块化程序设计，往往把程序中某些具有独立功能的部分编写成独立的程序模块，并称之为子程序。在程序中，可用调用指令 CALL 来调用这些子程序，而在子程序执行完后，又用返回指令 RET 返回主程序继续执行。这里的过程名即子程序名。

与 JMP 指令类似，CALL 指令也有 4 种基本指令：段内直接和间接调用，段间直接和间接调用。它们的格式分别为 CALL NEAR PTR 过程名（或 CALL 过程名）、CALL WORD PTR DST、CALL FAR PTR 过程名（或 CALL 过程名）、CALL DWORD PTR DST。

(3) RET(RETurn from a procedure)：过程返回指令

过程返回指令 RET 一般设置在子程序的末尾。它的功能是由堆栈中弹出由 CALL 指令压入的返回地址值，迫使 CPU 返回到主程序中 CALL 指令的下一条指令去继续执行。段内返回指令把堆栈弹出的两个字节内容送 IP 寄存器，而段间返回指令则由堆栈弹出 4 个字节的内容分别送 IP 和 CS。

① 段内返回

格式：

```
RET
```

操作：IP← (SP+1),(SP)

　　　SP← SP+2

② 段内带立即数返回

格式：

```
RET  EXP
```

操作：IP← (SP+1),(SP)

　　　SP← SP+2

　　　SP← SP+D16

其中，EXP 是一个表达式，根据它的值可计算出位移量 D16。这种指令允许返回地址出栈后修改堆栈指针，这就便于调用程序在使用 CALL 指令调用子程序以前，把子程序所需要的参数入栈，以使子程序运行时可以用这些参数。当子程序返回后，这些参数不再有用，就可以修改指针使其指向参数入栈以前的值，即自动删除了原子程序参数所占用的字节。

③ 段间返回

格式：

```
RET
```

操作：IP← (SP+1),(SP)

SP← SP+2

CS← (SP+1),(SP)

SP← SP+2

④ 段间带立即数返回

格式：

```
RET  EXP
```

操作：IP← (SP+1),(SP)

SP← SP+2

CS← (SP+1),(SP)

SP← SP+2

SP← SP+D16

这里,EXP 的含义与段内带立即数返回指令中的相同。

2. 条件转移指令

条件转移指令根据对标志状态的测试结果来决定程序的走向。当条件满足时,控制程序转移到目标标号指定的那个单元；否则不发生程序转移,依然顺序向下执行。

所有条件转移指令的寻址方式只有一种,即位移量为 8 位的相对寻址方式,所以都是短程转移,即转向语句的目标地址必须在当前代码段内,相对位移只能在－128～＋127 字节范围内。

条件转移指令共有 18 条,分为 3 类：①根据两个无符号数比较/相减的结果决定是否转移；②根据有符号数的比较/相减结果决定是否转移；③根据单个标志位的值来决定程序是否转移。条件转移指令的指令名称、指令格式及测试条件见表 5.7。

表 5.7　条件转移指令的指令名称、指令格式及测试条件

名称			格式		测试条件
对无符号数	高于/不低于也不等于	转移	JA/JNBE	目标标号	CF OR ZF=0
	高于或等于/不低于	转移	JAE/JNB	目标标号	CF=0
	低于/不高于也不等于	转移	JB/JNAE	目标标号	CF=1
	低于或等于/不高于	转移	JBE/JNA	目标标号	CF AND ZF=1
对带符号数	大于/不小于也不等于	转移	JG/JNLE	目标标号	(SF XOR OF) OR ZF=0
	大于或等于/不小于	转移	JGE/JNL	目标标号	SF XOR OF=0 OR ZF=1
	小于/不大于也不等于	转移	JL/JNGE	目标标号	SF XOR OF=1 AND ZF=0
	小于或等于/不大于	转移	JLE/JNG	目标标号	(SF XOR OF) OR ZF=1
对单个条件标志	等于/结果为零	转移	JE/JZ	目标标号	ZF=1
	不等于/结果不为零	转移	JNE/JNZ	目标标号	ZF=0
	有进位/有借位	转移	JC	目标标号	CF=1
	无进位/无借位	转移	JNC	目标标号	CF=0
	溢出	转移	JO	目标标号	OF=1
	不溢出	转移	JNO	目标标号	OF=0
	奇偶行为 1/偶状态	转移	JP/JPE	目标标号	PF=1
	奇偶行为 0/奇状态	转移	JNP/JPO	目标标号	PF=0
	符号位为 1	转移	JS	目标标号	SF=1
	符号位为 0	转移	JNS	目标标号	SF=0

3. 循环控制指令

循环控制指令又称为迭代控制指令，用来管理程序循环的次数。循环控制指令与一般的条件转移指令相同之处是：也要依据给定的条件是否满足来决定程序的走向，当满足条件时，发生程序转移；若不满足条件时，则顺序向下执行程序。循环控制指令与条件转移指令不同之处是：循环指令要对 CX 寄存器的内容进行测试，用 CX 的内容是否为 0 作为转移条件，或把 CX 的内容是否为 0 与 ZF 标志位的状态相结合作为转移条件。所有循环指令程序转移的范围只能在－128～＋127 字节内，具有短距离(SHORT)属性。循环控制指令的指令名称、助记符及测试条件见表 5.8。

表 5.8 循环控制的助记符、名称及测试条件

助　记　符	名　　称	测 试 条 件
LOOP	循环	CX←CX－1，CX≠0
LOOPE/LOOPZ	相等/结果为 0 时循环	CX←CX－1，CX≠0 且 ZF1
LOOPNE/LOOPNZ	不等/结果不为 0 时循环	CX←CX－1，CX≠0 且 ZF＝0
JCXZ	CX 为 0 时循环	CX＝0

由表 5.8 可知，JCXZ 指令执行中不影响 CX 的内容；而其他的循环指令执行时，都先使 CX 寄存器的内容自动减 1，然后再判 CX 的内容是否为 0，CX≠0 时才可能转移。

4. 中断指令

中断指令共有 3 条，其名称及格式见表 5.9。

表 5.9 中断指令名称及格式

名　　称	格　　式
中断	INT 中断类型码
溢出中断	INTO
中断返回	IRET

(1) INT(INTerrupt)：中断指令

格式：

```
INT  TYPE
```

操作：SP← SP－2

(SP＋1)，(SP)← FR

SP← SP－2

(SP＋1)，(SP)← CS

SP← SP－2

(SP＋1)，(SP)← IP

IP← (TYPE×4)

CS← (TYPE×4＋2)

其中，TYPE 为类型号，它可以是常数或常数表达式，其值必须在 0～225 的范围内。

(2) INTO(INTerrupt on Overflow)：溢出中断指令

格式：

```
INTO
```

操作：若 OF=1，则

SP← SP−2

(SP+1),(SP)← FR

SP← SP−2

(SP+1),(SP)← CS

SP← SP−2

(SP+1),(SP)← IP

IP← (0010H)

CS← (0012H)

若 OF=0，则溢出中断指令执行空操作。

(3) IRET(Interrupt RETurn)：中断返回指令

格式：

```
IRET
```

操作：IP← (SP+1),(SP)

SP← SP+2

CS← (SP+1),(SP)

SP← SP+2

FR← (SP+1),(SP)

SP← SP+2

5.4.6 处理器控制类指令

处理器控制类指令只能完成对 CPU 的简单控制功能。共有 12 条指令，它们的类型、名称、格式及标志寄存器的标志位归纳为表 5.10。

表 5.10 处理器控制类指令

类型	名 称	格式	FR标志位								
			OF	DF	IF	TF	SF	ZF	AF	PF	CF
对标志位操作	清除进位标志	CLC	※	※	※	※	※	※	※	※	0
	置进位标志为 1	STC	※	※	※	※	※	※	※	※	1
	取反进位标志	CMC	※	※	※	※	※	※	※	※	$\overline{CF}$
	清除方向标志	CLD	※	0	※	※	※	※	※	※	※
	置方向标志为 1	STD	※	1	※	※	※	※	※	※	※
	清除中断标志	CLI	※	※	0	※	※	※	※	※	※
	置中断标志为 1	STI	※	※	1	※	※	※	※	※	※
同步控制	等待	WAIT	※	※	※	※	※	※	※	※	※
	交权	ESC	※	※	※	※	※	※	※	※	※
	封锁总线	LOCK	※	※	※	※	※	※	※	※	※
其他	暂停	HLP	※	※	※	※	※	※	※	※	※
	空操作	NOP	※	※	※	※	※	※	※	※	※

1. 对标志位操作指令

(1) 对CF标志位进行操作的指令有三条

```
CLC(CLear Carry flag)                ; CF← 0,将 CF 标志位清 0
STC(SeT Carry flag)                  ; CF← 1,将 CF 标志位置 1
CMC(CoMplement Carry flag)           ; CF← CF,将 CF 标志位求反
```

(2) 对DF标志位进行操作的指令有两条

```
CLD(CLear Direction flag)            ; DF← 0,将 DF 标志位清 0
STD(SeT Direction flag)              ; DF← 1,将 DF 标志位置 1
```

(3) 对IF标志位进行操作的指令有两条

```
CLI(CLear Interrupt flag)            ; IF← 0,将 IF 标志位清 0,关中断
STI(SeT Interrupt flag)              ; IF← 1,将 IF 标志位置 1,开中断
```

2. 同步控制指令

同步控制指令有3条：WAIT指令、ESC指令、LOCK指令。它们的操作均不影响标志位。

(1) WAIT(puts processor in WAIT state)：等待指令

WAIT指令可使处理器处于空转状态，也可用来等待外部中断发生，但中断结束后仍返回WAIT指令继续等待。

(2) ESC(ESCape)：外部操作码，源操作数交权指令

其中，外部操作码是一个由程序员规定的六位立即数，源操作数为存储器操作数。这条指令主要用于与协处理器配合工作。当CPU读取ESC指令后，利用6位外部操作码来控制协处理器，使它完成某种指定的操作，而协处理器则可以从CPU的程序中取得一条指令或一个存储器操作数。这相当于在CPU执行ESC指令时，取出源操作数交给协处理器。

(3) LOCK(LOCK system bus prefix)：封锁总线指令

LOCK不是一条独立的指令，常作为指令的前缀可位于任何指令的前端。凡带有LOCK前缀的指令，在该指令执行过程中，都禁止其他协处理器占用总线，故将它称为总线锁定前缀。

3. 其他控制指令

暂停和空操作两条指令的操作不影响标志位。

(1) HLT(HaLT)：暂停指令

HLT指令迫使CPU暂停执行程序，只有当下面3种情况之一发生时，CPU才退出暂停状态：CPU的复位输入端RESET线上有有效的复位信号；非屏蔽中断请求NMI端出现请求信号；可屏蔽中断输入端INTR线上出现请求信号，且中断允许标志位IF=1，CPU允许中断。

(2) NOP(No OPeration)：空操作指令

NOP指令并不使CPU完成任何有效功能，只是每执行一次该指令需要占用3个时钟周期的时间，常用来做延时或取代其他指令作调试之用。

5.5 小结与习题

5.5.1 小结

本章内容主要包括两个部分,它们都是以80486微处理器为对象,第一部分介绍了微处理器指令系统的数据类型、指令格式和寻址方式;第二部分介绍了微处理器的基本指令系统。

5.5.2 习题

1. 指出执行下面两条指令后,相应存储单元中的内容是什么?

```
MOV  AX,5060H
MOV  [2100H],AX
```

2. 说明将十六进制数B转换成相应七段数码管的显示代码的转换过程。设此代码位于当前数据段中,DS=2000H,起始地址的偏移地址值为0300H。

3. 若DS=5000H,BX=2000H,则"LES DI,[BX]"指令执行后,DI和ES的内容是什么?

4. 编制程序段,实现由端口3000H输入一个字节数据到累加器中。

5. 指出执行"INC CX"指令后,CX的内容是什么?

6. 指出执行"DEC CX"指令后,CX的内容是什么?

7. 设指令执行前,DL=80H。指出执行"NEG DL"指令后,DL及6个状态标志是什么?

8. 设指令执行前,AL=B4H=-76, BL=11H=17。指出执行"IMUL BL"指令后,BL及6个状态标志是什么?

9. 设指令执行前,AX=0400H=+1024,BL=B4H=-76。指出执行"IDIV BL"指令后,AX的内容是什么?

10. 设指令执行前,AL=27H,DL=49H。指出执行下面的两条指令后,相应存储单元中的内容是什么?

```
ADD  AL,DL
DAA
```

11. 设指令执行前,AL=88H,AH=49H。指出执行下面的两条指令后,相应存储单元中的内容是什么?

```
SUB  AL,AH
DAS
```

12. 设指令执行前,AX=0135H,CL=38H。指出执行下面两条指令后,相应存储单元中的内容是什么?

```
ADD  AL,CL
AAA
```

13. 设指令执行前，AX＝0236H，DL＝39H。指出执行下面两条指令后，相应存储单元中的内容是什么？

```
SUB   AL,DL
AAS
```

14. 设指令执行前，AL＝07H，BL＝09H。指出执行下面两条指令后，相应存储单元中的内容是什么？

```
MUL   BL
AAM
```

15. 设指令执行前，AX＝0809H。指出执行“AAD”指令后，AX 的内容是什么？

16. 设指令执行前，AL＝78H。指出执行“XOR AL,AL”指令后，AL 及相应标志是什么？

17. 编制程序段，要求检测 DL 中的最高位是否为 1，若为 1 则转移到标号 LOP1 去执行，否则顺序执行。

18. 在存储器中有一个首地址为 ARRAY 的 N 字数组，编制程序段，要求测试其中正数、0 及负数的个数。正数的个数放在 DI 中，0 的个数放在 SI 中，并根据 N－DI－SI 求得负数的个数放在 AX 中。

19. 为检查当前数据段所在的 64KB 内存单元能否正确地进行读写操作，一般做法是：先向每个字节单元写入一个位组合模式 01010101B (55H) 或 10101010B (AAH)，然后读出来进行比较，若读写正确则转入处理正确的程序段，否则转入出错处理程序段。编制此程序段。

20. 设指令执行前，SS＝8000H，SP＝2000H，堆栈区段偏移地址为 2000H 单元中的内容为 0BH，2001H 单元中的内容为 0AH。执行“POP BX”指令后，BX 和 SP 的内容是什么？

21. 设 AX＝0304H，指出执行“OUT 50H,AX”后，相应端口的内容是多少？

22. 下面程序段执行后，端口 3000H 的内容是多少？

```
MOV   AL,68H
MOV   DX,3000H
OUT   DX,AL
```

23. 假设目标操作数(被加数)存放在 DX 和 AX 寄存器中，其中 DX 存放高位字，AX 存放低位字。源操作数(加数)存放在 BX 和 CX 寄存器中，其中 BX 存放高位字，CX 存放低位字。设指令执行前，DX＝0002H，AX＝F365H，BX＝0005H，CX＝E024H。编制程序段完成两个无符号的双精度数(双字数据)的加法。

24. 用压缩 BCD 码表示时，如何完成 28＋39＝67？

CHAPTER6

第6章 汇编语言程序设计基本方法

主要内容：

- 汇编语言概述。
- 宏汇编程序及上机过程。
- MASM 宏汇编语句结构。
- MASM 宏汇编语言的操作数。
- 伪指令。
- 汇编语言程序的基本结构。
- 小结与习题。

使用汇编语言编写程序，除了要掌握 CPU 的指令系统以外，还要了解汇编语言程序设计的基本方法，包括要掌握汇编语言语句的种类及格式、汇编语言的操作数、程序的基本结构和伪指令语句等内容。本章按照模块化程序设计思想，介绍汇编语言程序设计的基本方法。

6.1 汇编语言概述

使用汇编语言编写程序，相比于用机器语言编写程序要优越得多，因为它可使用便于识别和帮助记忆的助记符来表示指令的操作码和操作数，可使用标号和符号来代替地址、常量和变量等。用汇编语言编写的程序称为源程序；但符号化的汇编语言程序必须被翻译成相应的机器代码才能被机器所执行，这个将汇编语言源程序翻译成由机器码程序组成的目标程序的过程称为汇编；汇编过程是通过软件完成的，将汇编语言源程序翻译成目标程序的专用软件称为汇编程序。汇编程序功能示意如图 6.1 所示。汇编程序以汇编语言源程序作为输入，并由它产生目标程序文件（文件扩展名为.OBJ）和源程序列表文件（文件扩展名为.LST）。前者连接定位后即可由微机直接执行；而后者列出源程序清单、机器码和符号表，以用于调试程序。

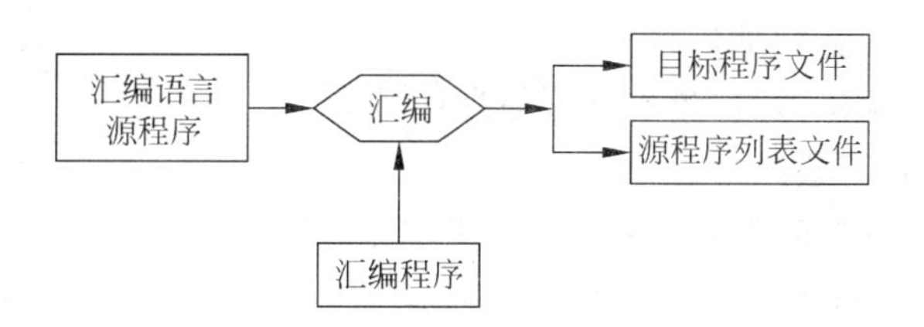

图 6.1　汇编程序功能示意

由于汇编语言只是用助记符代替机器语言指令的二进制代码，汇编语言源程序与经过汇编后产生的目标程序之间具有一一对应的关系，所以，使用汇编语言编程可以直接控制硬件，既允许程序员直接使用存储器、寄存器、I/O 端口，也允许程序员直接对位、字节、字、寄存器、存储单元和 I/O 端口进行处理，同时能够直接使用 CPU 的指令系统和各种寻址方式。汇编语言源程序经汇编后，大约得到几倍容量的目标代码程序。

虽然高级语言因更接近英语自然语言和数据表达式而使一般用户更容易掌握，但高级语言的一条语句相当于很多条汇编语言指令，因而往往一小段用高级语言编写的源程序经编译就成了几十到几百 KB 的目标程序，即得到的目标代码容量大。因此，一方面，汇编语言源程序比高级语言编写的源程序生成的目标代码要精练、占用的存储空间小、执行速度快。但另一方面，用汇编语言编写和调试程序对程序员要求较高，程序员既要熟悉微机的硬件结构，又要熟悉微机的指令系统。另外，汇编语言源程序的通用性和可移植性较差。正是由于汇编语言的这些特点，决定了它主要用于系统软件、实时控制软件、I/O 接口驱动等程序的设计中。

高级语言由于有编译器的支持，可读性好，使用灵活，而且具有强大的库函数，可移植性好。但在某些应用方面，为提高执行速度或直接访问硬件，仍需要使用汇编语言编写程序，以提高程序的运行效率。因此，采用高级语言和汇编语言混合编程可以取长补短，充分利用微机的硬件资源，因而成为有经验的程序员经常使用的方法。混合编程的关键是如何解决好高级语言与汇编语言的接口问题，一般地，可采用两种方法：一是在高级语言的语句中直接使用汇编语句，这是一种嵌入式汇编的方法，简捷、直观，但功能较弱；二是分别产生各自的目标文件，然后经过连接形成一个完整的程序，这是一种独立编程的方法，比较灵活且功能很强，但要解决好汇编语言与高级语言的数据通信问题。

支持微机系列的汇编程序有多种，如 ASM、MASM、TASM 等，对 Pentium 汇编语言源程序进行汇编使用的是 MASM(Micro Assembler)，它是由美国 Microsoft 公司开发的宏汇编程序，它不仅包含了 ASM 的功能，还增加了宏指令等高级宏汇编语言功能，这使得采用汇编语言进行程序设计变得更为方便和灵活。

6.2　宏汇编程序及上机过程

宏汇编程序是一种系统软件，它除了将汇编语言源程序翻译成对应的目标程序外，还包括以下功能：

① 按用户要求自动分配存储区；

② 自动把各种进位制数转换成二进制数；

③ 计算源程序中表达式的值；

④ 对源程序进行语法检查，给出错误信息；

⑤ 进行宏汇编，展开宏指令。

学习汇编语言的一个重要环节是上机进行实际操作。汇编语言源程序上机处理过程如图 6.2 所示。

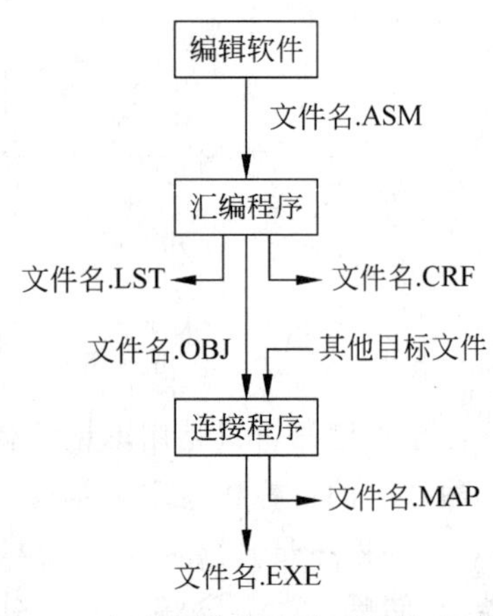

图 6.2　汇编语言源程序上机处理过程

一般地，用户上机要经过编辑源程序、汇编源程序、生成 EXE 文件和调试程序等 4 个基本步骤。

1. 编辑源程序

用户使用文本编辑软件把汇编语言源程序输入微机，形成扩展名为. ASM 的源程序文件，如 PROG. ASM。

2. 汇编源程序

使用宏汇编程序 MASM 把 ASM 文件汇编成扩展名为. OBJ 的二进制代码文件，及扩展名为. LST 的汇编语言程序列表文件。例如，对应 PROG. ASM 有 PROG. OBJ 和 PROG. LST，其汇编方式为：

```
MASM  PROG↙
```

执行汇编方式后，屏幕上会显示如下信息：

```
Microsoft (R) Macro Assembler Version 5.00
Copyright (C) Microsoft Corp 1981～1985,1987 All rights reserved
Object filename [PROG.OBJ]
Source Listing [NUL.LST]
Cross - reference [NUL.CRF]
```

其中：第 3 行，由用户指定汇编后的目标文件名。直接按 Enter 键，表示与源文件名相同，扩展名为 OBJ。

第 4 行，由用户指定生成列表文件名。直接按 Enter 键，表示不需要生成列表文件。扩展名为. CRF 的文件是宏汇编软件 MASM 提供的一个随机交叉参考文件，它提供一个按字母排序的列表文件，其中包含源文件中所有用到的指令、标号和数字。这对包含有多个代码段、数据段的大型源文件程序来说是非常有帮助的。

第 5 行，由用户指定生成交叉参考文件名。直接按 Enter 键，表示不需要生成交叉参考文件。

在汇编过程中，如果源程序有语法错误，汇编程序会在屏幕上指出每一错误的出错信息(指出行号、错误的性质和语句)。错误信息有两种：一是警告错误，这种错误不会影响生成目标代码；二是严重语法错误，这种错误会造成无法正常汇编，用户可根据错误提示重新编辑、修改，直至无错为止。另外，还有一种错误是算法本身的逻辑错误，这是汇编程序所无法检查的，对这种错误用户只能通过调试程序才能找到并予解决。

3. 用 LINK 程序产生 EXE 文件

目标文件虽然是二进制代码文件，但它仍是无法执行的，必须经过 LINK 程序把目标文件、其他文件和库文件连接起来，形成扩展名为. EXE 的可执行文件才行，如 PROG. EXE。

其操作为：

```
LINK   PROG ↙
```

执行操作后，屏幕上会显示如下信息：

```
Microsoft (R) Overlay Link Version 3.60
Copyright (C) Microsoft Corp 1983～1987 All rights reserved
Run File [PROG.EXE]
List File [NUL.MAP]
Libraries [LIB]
```

其中：第 3 行，要求指出生成的可执行文件名。直接按 Enter 键，表示与源文件名相同，扩展名为 EXE。

第 4 行，给出 MAP 文件名。MAP 文件被称为连接映像，其内容为所有段在存储器中的分配情况。直接按 Enter 键，表示不需要生成此文件。扩展名为.MAP 的文件是宏汇编软件 MASM 为包含有多个代码段、数据段的大型源文件程序提供的一个随机文件(称连接映像)。该文件提供了各个段的起始地址、结束地址和段长等信息。

第 5 行，回答所用的子程序库名。如果没有，则直接按 Enter 键。

在生成可执行文件后，直接执行即可。

4. 程序的调试

一般说来，生成了可执行文件并不能说明所设计的源程序就完全符合要求，运行时还可能出现这样那样的错误或得到不正确的结果，其原因是所设计的程序出现了逻辑错误。这时，如果是小型程序，可以直接分析、修改源程序便可得到解决；但如果是大型程序，且在运行中仍存在问题或想观察运行过程，那就必须使用调试程序 DEBUG 进行调试。

调试方法为：首先启动 DEBUG。

```
DEBUG   PROG ↙
```

DEBUG 程序以“_”为提示符，等待输入命令。常用的 DEBUG 命令如表 6.1 所示。

表 6.1　DEBUG 命令一览表

格　式	功　能
A[地址]	汇编
C[范围]	内存区域比较
D[范图]	显示内存单元内容
E 地址[字节值表]	修改内存单元内容
F 范围 字节值表	填充内存区域
G[=起始地址][断点地址表]	断点执行
H 数值 数值	十六进制数加减
I 端口地址	从端口输入
L[地址[驱动器号 扇区号 扇区数]]	从磁盘读
M 范围 地址	内存区域传递
N 文件标识符[文件标识符]	指定文件
O 端口 字节值	向端口输出

续表

格　式	功　能
P[=地址][数值]	执行过程
Q	退出 DEBUG
R[寄存器名]	显示和修改寄存器内容
S 范围 字节值表	在内存区域搜索
T[=地址](数值)	跟踪执行
U[范围]	反汇编
W[地址[驱动器号 扇区号 扇区数]]	向磁盘写

DEBUG 程序可以控制所设计的程序,以便能够以慢的节奏来检查内存中的变量、运行代码,还能改变内存中的变量、寄存器和标志位的值,以发现和修改逻辑性的错误。

6.3 MASM 宏汇编语句结构

1. 汇编语句种类

在宏汇编语言中,有两种基本语句:指令性语句(又称指令语句)和指示性语句(又称伪指令)。另外,在 MASM 宏汇编语言中,还有一种特殊的宏指令语句,是指令语句的另一种形式。

一条指令性语句就是 CPU 指令系统中的一个指令,汇编程序就是把指令语句直接翻译成机器代码;伪指令语句不要求 CPU 执行某种操作,汇编时也不产生对应的机器代码,仅仅给汇编程序提供汇编信息(如源程序起始信息、段的划分及安排等信息),用于指示汇编程序如何进行汇编。指令性语句与指示性语句的本质差别就在于:每条指令性语句在汇编过程中都会产生对应的目标代码;而指示性语句在汇编过程中并不形成任何代码。宏指令语句可以把一个程序段定义为一条宏指令,当宏指令作为语句出现时即为宏指令语句,在汇编时还需要将它们翻译成一条条的机器指令。

2. 汇编语言格式

指令语句和伪指令语句的格式很相似,都是由标号、指令助记符、操作数和注释等 4 个部分组成的,但下面语句格式中方括号内的字段为可选项。

(1) 指令语句格式

```
[标号:] 指令助记符 [操作数][;注释]
```

标号代表该指令在内存中的逻辑地址;指令中是否带有操作数取决于指令本身;注释部分用来说明指令或指令段的功能,它由分号开始至行尾结束,汇编时忽略注释部分。

(2) 伪指令语句格式

```
[名字] 伪指令定义符 [操作数][;注释]
```

伪指令语句的格式与指令语句的格式不同之处有三点:

① 名字是给伪指令取的名称,相当于指令语句的标号,也称为标识符,但在名字后面不允许带冒号,名字可以默认。

② 伪指令定义符是由 MASM 规定的符号，又称为汇编命令，不可省略，如 DB、DW、PROC 等。

③ 操作数的个数随不同伪指令而不同。有的伪指令不允许有操作数，而有的伪指令允许带多个操作数，这时必须用逗号将各个操作数分开。

6.4　MASM 宏汇编语言的操作数

6.4.1　MASM 宏汇编语言的数据项

数据作为指令中操作数的基本组成部分，其形式对语句格式有很大影响。汇编程序能识别的数据项有常数、寄存器、变量和标号。

1. 常数

常数就是指令中出现的固定数值，是没有任何属性的纯数值。在汇编时和程序运行过程中，常数的值不会改变。常数分为数值型和字符串型两种类型。

(1) 数值型常数

① 可用二进制表示：以字母 B 结尾。如 01111011B。

② 可用八进制表示：以字母 Q 或 O 结尾。如 283Q，2465O。

③ 可用十进制表示：以字母 D 结尾(或省略)。如 1005D，1005。

④ 可用十六进制表示：以字母 H 结尾。如 9D71H，2FH。

说明：常数不能以字母开头，必须用数字开头，因此，最高位是字母 A～F 的十六进制常数，必须在第一个字母前加写一个数字 0，以便与标号名或变量名相区别。

(2) 字符串型常数

一个用单引号引起来的字符串也代表常数，即字符串型常数是指用单引号括起来的可打印的 ASCII 码字符串。汇编程序把它们表示成一个字节序列，一个字节对应一个字符，把引号中的字符翻译成它的 ASCII 码值存放在内存中，如'DEF'，'987'，'UNDERSTAND?'等。'DEF'实际上等效于常数 44H、45H、46H，也就是说，给出带单引号的字符相当于给出了字符所对应的 ASCII 代码。

2. 寄存器

8086 CPU 的寄存器可以作为指令的操作数，包括 8 位寄存器和 16 位寄存器，如 AL，DH，CX，DS 等。

3. 变量

变量在除代码段以外的其他段中被定义，用来定义存放在存储单元中的数据。当存储单元中的数据在程序运行中可随时修改时，这个存储单元的数据就可用变量来定义。为便于对变量的访问，要给变量取一个名字，这个名字称为变量名，变量名应符合标识符的规定。变量与一个数据项的第一个字节相对应，表示该数据项第一个字节在现行段中的地址偏移量。变量和后面的操作项应以空格隔开(注意：此处无冒号)。

经过定义的变量有如下 3 种属性。

(1) 段属性(SEG)

定义变量所在段的起始地址(即段基址)。此值必须在一个段寄存器中,一般在DS段寄存器中,也可以用段前缀来指明是ES或SS段寄存器。

(2) 偏移地址属性(OFFSET)

表示变量所在的段内偏移地址。此值为一个16位无符号数,它代表从段的起始地址到定义变量的位置之间的字节数。段基址和偏移地址组成变量的逻辑地址。

(3) 类型属性(TYPE)

表示变量占用存储单元的字节数,即所存放数据的长度,这一属性是由数据定义伪指令来规定的。变量可分别被定义为8位(DB,1个字节)、16位(DW,2个字节)、32位(DD,4个字节)、64位(DQ,8个字节)和80位(DT,10个字节)数据。

4. 标号

标号是指令语句的标识符,可在代码段中被定义。它表示后面的指令所存放单元的符号地址(即该指令第一个字节存放的内存地址)。标号在指令语句中可有可无,如果有标号,必须与后面的操作项以冒号分隔。标号还常作为转移指令的操作数,以确定程序转移的目标地址。每个标号也有如下3种属性。

(1) 段属性(SEG)

定义标号所在段的起始地址(即段基址),此值必须在一个段寄存器中,而标号的段基址则总是在CS段寄存器中。

(2) 偏移属性(OFFSET)

表示标号所在的段内偏移地址,此值为一个16位无符号数,它代表从段的起始地址到定义标号的位置之间的字节数。段基址和偏移地址组成标号的逻辑地址。

(3) 距离属性(DISTANCE)

当标号作为转移类指令的操作数时,可在段内或段间转移。这两种类型的属性分别是NEAR和FAR。其中,NEAR只允许在本段内转移;FAR允许在段间转移。如果没有对标号进行类型说明,则默认它为NEAR属性。

6.4.2 MASM宏汇编语言表达式

表达式是由数据项与一些运算符和操作码相组合的序列,是操作数的常见形式。需要注意的是,表达式的运算不由CPU来完成,而是在程序汇编过程中进行计算确定的,并将表达式的结果作为操作数来参与指令所规定的操作。一个操作数在内容上可能代表一个数字,也可能代表一个存储单元的地址,所以,MASM宏汇编程序允许使用的表达式分为数字表达式和地址表达式两类。

1. 数字表达式

数字表达式的结果是数字。

例如,指令

```
MOV  DX,(8×A-B)/3
```

源操作数是一个表达式。若设变量A的值为2,变量B的值为4,则此表达式的值为

(8×2−4)/3=4，这是一个数字结果，所以，此表达式为数字表达式。

2. 地址表达式

地址表达式的结果是一个存储单元的地址。具体说，当这个地址中存放的是数据时，称为变量；当这个地址中存放的是指令时，则称为标号。

当在指令的操作数部分用到地址表达式时，应注意其物理意义。例如，两个地址相乘或相除是无意义的；两个不同段的地址相加或相减也是无意义的。经常使用的是，地址加减一个数字量，如 SUM+1 指的是 SUM 单元下一单元的地址；指令

```
MOV  AX,ES: [BX + SI + 1000H]
```

其中，BX+SI+1000H 为地址表达式，结果是一个存储单元的地址。

3. 表达式中的常用运算符

MASM 宏汇编程序的运算符包括 6 类：算术运算符、逻辑运算符、关系运算符、分析运算符、综合运算符、其他运算符。MASM 宏汇编程序支持的运算符归纳为表 6.2。

表 6.2　MASM 宏汇编程序支持的运算符

运算符			运算结果	例子
类型	符号	名称		
算术运算符	+	加	和	4+5=9
	−	减	差	9−4=5
	*	乘	乘积	4*5=20
	/	除	商	28/7=4
	MOD	取模	余数	16 MOD 5=1
逻辑运算符	NOT	非	逻辑“非”结果	NOT 1100B = 0011B
	AND	与	逻辑“与”结果	1100B AND 1001B = 1000B
	OR	或	逻辑“或”结果	1100B OR 1001B = 1101B
	XOR	异或	逻辑“异或”结果	1100B XOR 1001B = 0101B
关系运算符	EQ	相等	结果为真时，输出为全1 结果为假时，输出为全0	5 EQ 11B = 全0
	NE	不相等		5 NE 11B = 全1
	LT	小于		5 LT 11B = 全0
	GT	大于		5 GT 11B = 全1
	GE	不小于(大于或等于)		5 GE 11B = 全1
	LE	不大于(小于或等于)		5 LE 11B = 全0
分析运算符	SEG	返回段基址	段基址	SEG N2 = N2 所在段段基址
	OFFSET	返回偏移地址	偏移地址	OFFSET N2 = N2 的偏移地址
	LENGTH	返回变量单元数	单元数	LENGH N2 = N2 单元数
	TYPE	返回元素字节数	字节数	TYPE N2 = N2 中元素字节数
	SIZE	返回变量总字节数	总字节数	SIZE N2 = N2 总字节数
综合运算符	PTR	规定类型属性	规定后的类型	BYTE PTR[1000]
	THIS	指定类型/距离属性	指定后的类型	ALP EQU THIS BYTE
	段操作码	段前缀	修改段	ES:[BX]
	HIGH	分离高字节	运算对象的高字节	HIGH 4060H = 40H
	LOW	分离低字节	运算对象的低字节	LOW 4060H = 60H

(1) 算术运算符

汇编语言中使用的算术运算符包括+(加)、-(减)、*(乘)、/(除)和 MOD(取模)五种。其中,用 MOD 运算符取得的是两个数相除的余数。例如,表达式 16 MOD 5 的值为 1。

所有的运算符都可对数据进行运算,得到的结果也是数据。算术运算符通常用于数字表达式或地址表达式中。在将它们用于地址表达式中时,一般在标号上加、减某一个数字量,如 ABCD+3,BOOT-1 等,都是用表达式来表示一个存储单元的地址。但注意不能对两个存储单元地址相乘,因为这种结果显然没有意义。

(2) 逻辑运算符

汇编语言中使用的逻辑运算符包括 NOT(非)、AND(与)、OR(或)和 XOR(异或)四种。逻辑运算符完成的是按位操作的运算,只能用于数字表达式中,不能用于存储单元的地址表达式中。

这里有一点需要说明,逻辑运算符只能对常数进行运算,得到的结果也是常数。虽然这些逻辑运算符与指令系统中的逻辑运算指令助记符在形式上是相同的,但两者有着显著的区别:表达式中的逻辑运算符是在汇编过程中进行计算用的;而逻辑运算指令助记符对应操作码,是在程序执行时起作用的。例如,源程序中的这样一个语句:

```
AND  DX, PORT AND FEH
```

其中,第 2 个 AND 是运算符,它是在汇编过程中执行运算的,若设 PORT 为 90H,则汇编时算出表达式 PORT AND FEH 的值也是 90H;而第 1 个 AND 是指令助记符,对应的操作码在程序运行时,把 DX 中的内容与表达式 PORT AND FEH 代表的值 90H 相"与",结果放在 DX 中。

(3) 关系运算符

关系运算符包括 EQ(相等)、NE(不等)、LT(小于)、GT(大于)、LE(不大于/小于或等于)、GE(不小于/大于或等于)6 种。

需要指出的是,参与关系运算的两个操作数必须都是数字或是同一段内的两个存储单元地址,而结果总是一个数值。关系运算符对两个运算对象进行比较操作,运算的结果是逻辑值,若关系式成立,则表示运算结果为真(TRUE),输出结果为全 1;若关系式不成立,则表示运算结果为假(FALSE),输出结果为全 0。例如,源程序中的这样一个语句:

```
MOV  BX,PORT LT 5
```

如果 PORT 的值的确小于 5,则汇编后得到的代码相当于如下指令,

```
MOV  BX,0FFFFH
```

如果 PORT 的值大于或等于 5,则汇编后得到的代码相当于如下指令,

```
MOV  BX,0
```

(4) 分析运算符

分析运算符又称数值返回运算符,包括 SEG、OFFSET、LENGTH、TYPE 和 SIZE 5 种。分析运算符总是加在运算对象之前,返回的结果是运算对象的某个参数或将存储单元地址分解为它的组成部分,如段基址、偏移地址和类型等。

① SEG 运算符

格式：

```
SEG 变量 或 标号
```

SEG 运算符加于某个变量或标号之前，返回的数值是该变量或标号的段基址。例如，源程序中的这样两个语句：

```
MOV   AX, SEG ABC
MOV   DS,AX
```

这两个语句使得 DX 中存放对应于标号 ABC 的段基址。

② OFFSET 运算符

格式：

```
OFFSET 变量 或 标号
```

OFFSET 运算符加于某个变量或标号之前，返回的数值是该变量或标号的偏移地址。它是程序设计中最常用的，例如，源程序中的这样一个语句：

```
MOV   DX, OFFSET DAI
```

此语句将标号 DAI 处的偏移地址取到 DX 中。

③ LENGTH 运算符

格式：

```
LENGTH 变量
```

LENGTH 运算符加于某个变量之前，返回的数值是该变量所包含的单元数，分配单元可以字节、字、双字为单位计算。对于变量中使用 DUP 的情况，汇编程序将返回分配给变量的单元数，而对于其他情况，则返回值“1”。

④ TYPE 运算符

格式：

```
TYPE 变量 或 标号
```

TYPE 运算符加于某个变量或标号之前，如果是变量，汇编程序将返回该变量的类型属性所表示的字节数；如果是标号，则汇编程序将返回代表该标号类型属性（又称距离属性）的数值。TYPE 运算符的返回值归纳为表 6.3。

表 6.3 TYPE 运算符的返回值

变量/标号的属性	返回的数值	变量/标号的属性	返回的数值
字节变量(DB)	1	十字变量(DT)	10
字变量(DW)	2	NEAR 标号	−1(0FFH)
双字变量(DD)	4	FAR 标号	−2(0FEH)
四字变量(DQ)	8		

⑤ SIZE 运算符

格式：

```
SIZE 变量
```

SIZE 运算符加于某个变量之前，返回的数值是该变量所包含的总字节数，此值是该变量 LENGTH 值和 TYPE 值的乘积，即 SIZE＝LENGTH×TYPE。

(5) 综合运算符

又称为修改属性运算符。在程序运行过程中，当需要修改变量或标号的属性(段属性、偏移地址属性和类型属性)时，可采用综合运算符来实现。

① PTR 运算符

格式：

```
类型 PTR 表达式
```

PTR 运算符可用来规定变量或标号的类型属性。类型可以是 BYTE、WORD、DWORD、NEAR 和 FAR，表达式可以是变量、标号或存储器操作数，其含义是将 PTR 左边的类型属性赋给其右边的表达式。例如，源程序中的这样一个语句：

```
MOV  BYTE PTR [1000],0
```

此语句用 BYTE 和 PTR 规定 1000 单元作为字节单元，所以，执行结果使 1000 单元清 0。

② THIS 运算符

格式：

```
THIS 类型
```

THIS 为指定类型属性运算符，可用来定义变量或标号的类型属性。THIS 运算符的对象是类型(BYTE,WORD,DWORD)或距离(NEAR,FAR)，用于规定所指变量或标号的类型属性或距离属性，使用时经常和 EQU 伪指令连用。

③ 段操作码

段操作码也称为段超越前缀。用来表示一个标号、变量或地址表达式的段属性。例如，用段超越前缀来说明地址是在附加段中，可用指令 MOV DX,ES:[BX][DI]，可见，它是用“段寄存器名：地址表达式”来表示的。

④ 分离运算符

分离运算符有 HIGH 和 LOW 两种。

HIGH 运算符用来从运算对象中分离出高字节，而 LOW 运算符用来从运算对象中分离出低字节。

6.5 伪指令

MASM 有丰富的伪指令，包括变量定义伪指令、符号定义伪指令、段定义伪指令、段分配伪指令等。

6.5.1　变量定义伪指令

变量定义伪指令用来定义变量的类型，并为变量中的数据项分配存储单元。变量定义伪指令有两种不同的格式。

1. 格式 1

```
[变量名] DB/DW/DD/DQ/DT 表达式
```

功能如下：

DB(Define Byte)　定义一个字节类型的变量，其后的每个操作数均占用 1 个字节。

DW(Define Word)　定义一个字类型的变量，其后的每个操作数均占用 1 个字(2 个字节)。

DD(Define Doubleword)　定义一个双字类型的变量，其后的每个操作数均占用 2 个字(4 个字节)。

DQ(Define Quadword)　定义一个四字类型的变量，其后的每个操作数均占用 4 个字(8 个字节)。

DT(Define Ten bytes)　定义一个十字节类型的变量，其后的每个操作数均占用 5 个字(10 个字节)。

其中，各变量定义伪指令都将高位字节数据存放在高地址中，低位字节数据存放在低地址中。格式 1 又可分为以下 4 种具体用法。

(1) 用数值表达式定义变量

例如：有指令如下

```
AB1  DB  10,6,40H
AB2  DW  100,200H,-5
AB3  DD  3×20,0FEADH
```

变量 AB1,AB2,AB3 经汇编后的结果如图 6.3 所示。

(2) 用地址表达式定义变量

例如：有指令如下

```
ABC1  DW   WEAR1
      DW   WEAR2
ABC2  DD   BOOT1
      DD   BOOT2
```

汇编程序在汇编时，在相应存储区域中存入有关变量或标号的地址值，其中偏移地址或段基址均占一个字，低位字节占用第一个字节地址，高位字节占用第二个字节地址。若用 DD 定义变量或标号，则偏移地址占用低位字，段基址占用高位字。变量 ABC1,ABC2 经汇编后的结果如图 6.4 所示。

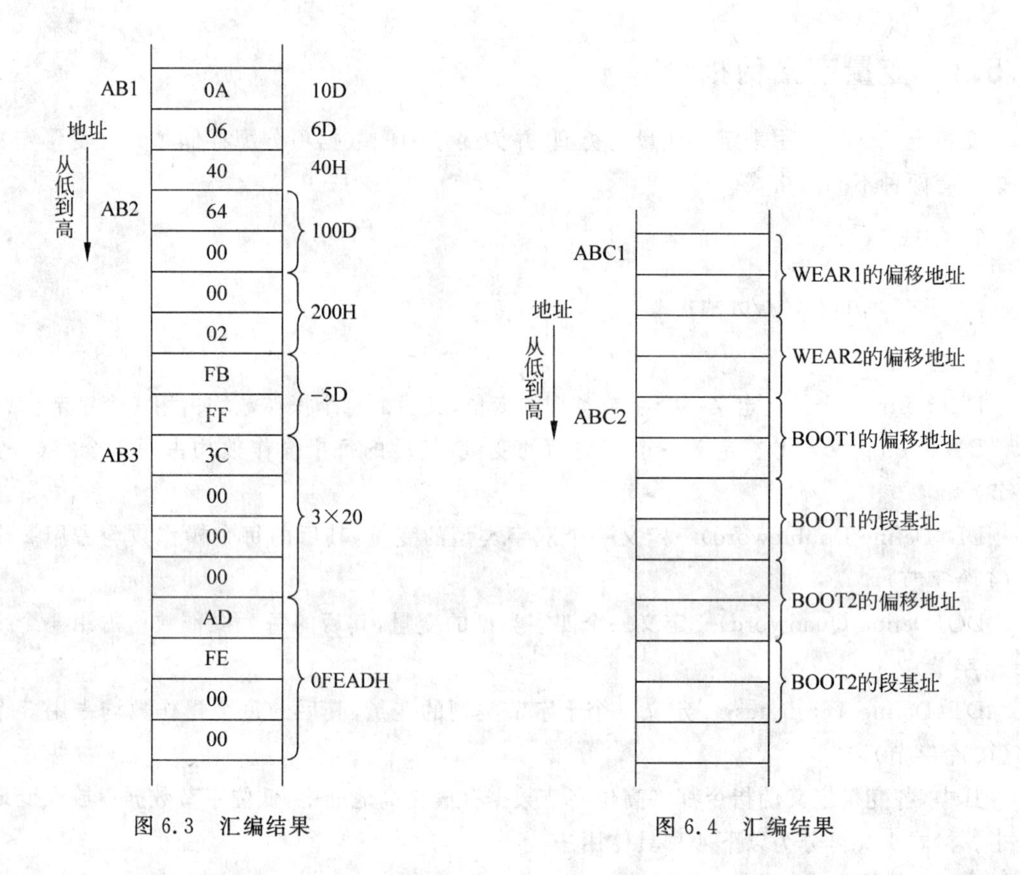

图 6.3　汇编结果

图 6.4　汇编结果

(3) 用字符串定义变量

此时，字符串必须用单引号引起来，其中字符的个数可以是一个，也可以是多个。注意空格也是字符(ASCII 码为 20H)。

例如：有指令如下

```
WEAR1    DB    '246'
WEAR2    DW    'F','AE'
```

变量 WEAR1，WEAR2 经汇编后的结果如图 6.5 所示。

说明：对字符串的定义可用 DB 伪指令，也可用 DW 伪指令。用 DW 和 DB 定义的变量在存储单元中存放的格式是不同的。用 DW 语句定义的字符串只允许包含一个或两个字符，如果字符多于两个时，必须用 DB 语句来定义。

(4) 用问号(?)定义不确定值的变量

可为变量保留空单元，常用来存放运算的结果。

例如：有指令如下

```
BOOT1  DB  46H,?,2BH
BOOT2  DW  062AH,?
BOOT3  DD  ?
```

变量 BOOT1，BOOT2，BOOT3 经汇编后的结果如图 6.6 所示。

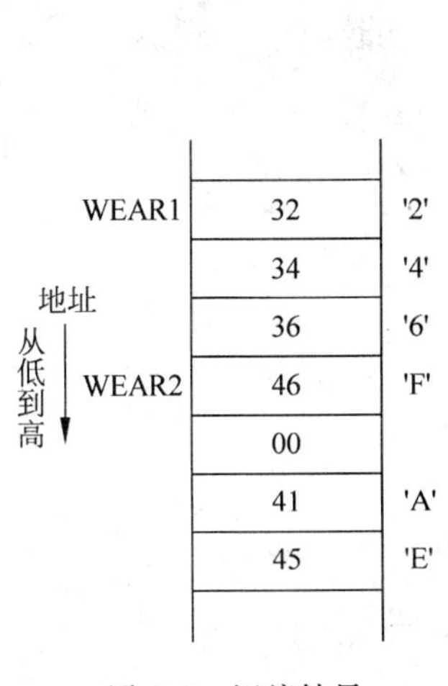

图 6.5　汇编结果

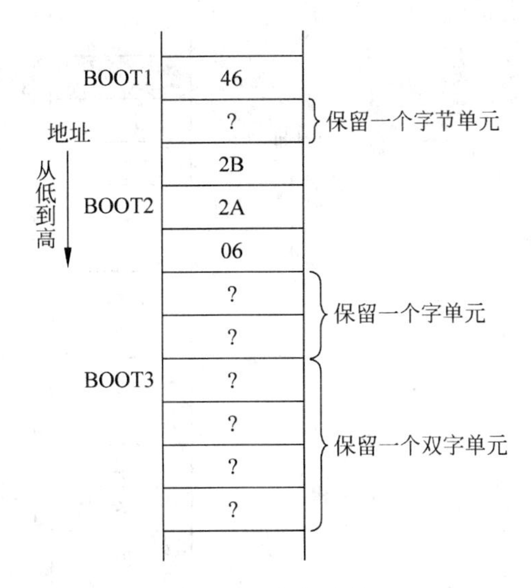

图 6.6　汇编结果

2. 格式 2

格式 2 用于定义重复变量，其格式为：

```
变量名  DB   n DUP (操作数)
变量名  DW   n DUP (操作数)
变量名  DD   n DUP (操作数)
变量名  DQ   n DUP (操作数)
变量名  DT   n DUP (操作数)
```

与格式 1 的不同之处在于格式 2 增加了 *n* DUP 用于表示重复次数，同时表达式需用圆括号括起。其中，重复次数 *n* 可以是常数，也可以是表达式，它的值应该是一个正整数，数值范围为 1～65 535，其作用是指定括号中操作数项的重复次数。括号中的操作数项可以有多项，但项与项之间也必须用逗号分隔开来。这种格式适用于定义许多相同的变量。

例如：有指令如下

```
T1  DB  3  DUP (1)
T2  DW  2  DUP (?)
T3  DB  2  DUP (6,2 DUP(42H))
```

变量 T1，T2，T3 经汇编后的结果如图 6.7 所示。

6.5.2　符号定义伪指令

汇编语言中所有的变量名、标号名、过程名、指令助记符、寄存器名等统称为“符号”。这些符号可以用符号定义伪指令来命名或重新命名。伪指令不占用内存，有等值语句和等号语句两种基本格式。

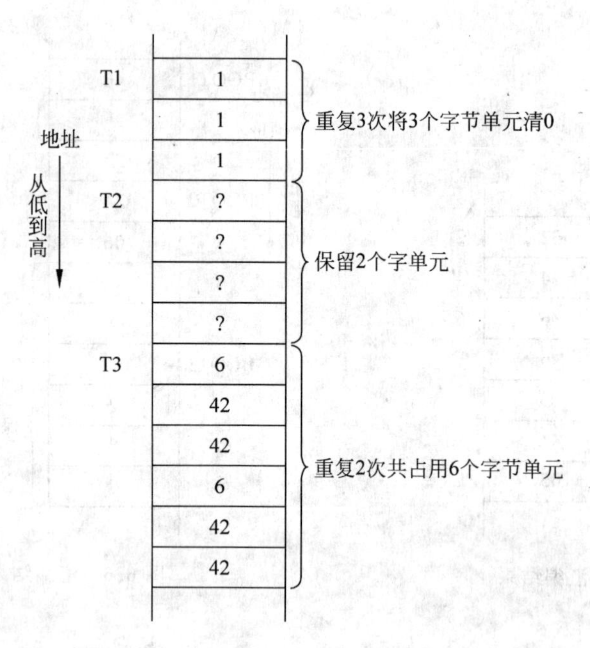

图 6.7　汇编结果

1. 等值语句(EQU)

格式：

```
符号 EQU 表达式
```

功能：将表达式的值赋给 EQU 左边的符号。

例如：有指令如下

```
COUNT   EQU    5                                        ; COUNT 等于 5
NUM     EQU    13/6                                     ; NUM 等于表达式的值
```

EQU 伪指令的使用可使汇编语言程序简单明了，便于程序调试和修改。但在同一个程序中，不能对经 EQU 语句定义的符号重新定义。

2. 等号语句(=)

格式：

```
符号 = 表达式
```

等号语句与 EQU 语句有同样的功能，区别在于等号语句定义的符号允许重新定义，使用更加方便灵活。

下面的两个等号语句是有效的。

```
COUNT = 5
COUNT = COUNT + 100
```

6.5.3　段定义伪指令

段定义伪指令用于指示汇编程序如何按段组织程序和使用存储器。段定义伪指令主要有 SEGMENT/ENDS,ASSUME 和 ORG。在 MASM 5.0 以上的汇编语言版本中,有两种段定义伪指令,它们是完整的段定义伪指令和简化段定义伪指令。

1. 完整的段定义伪指令

(1) 段定义伪指令(SEGMENT/ENDS)

格式:

```
段名 SEGMENT [定位类型][,组合类型][,字长类型][,类别]
   ⋮
( 段体 )
   ⋮
段名 ENDS
```

任何一个逻辑段从 SEGMENT 语句开始,以 ENDS 语句结束。伪指令名 SEGMENT 和 ENDS 是本语句的关键字,不可以默认,并且必须成对出现。语句中段名是必选的,用户自己选定,不能省略,其规定同变量或标号,一个段开始与结尾用的段名应一致。

(2) 段分配伪指令(ASSUME)

段分配伪指令用来完成段的分配,说明当前哪些逻辑段被分别定义为代码段、数据段、堆栈段和附加段。

代码段用来存放被执行的程序;数据段用来存放程序执行中需要的数据和运算结果;当用户程序中使用的数据量很大或使用了串操作指令时,可设置附加段来增加数据段的容量;堆栈段用来设置堆栈。

格式:

```
ASSUME 段寄存器: 段名[,段寄存器: 段名,…]
```

功能:说明源程序中定义的段由哪个段寄存器去寻址。段寄存器可以是 CS, SS, DS, ES, FS 或 GS。

在此格式中,ASSUME 是伪指令名,是语句中的关键字,不可省略。段寄存器名后面必须有冒号,如果分配的段名多于一个,则应用逗号分开。段名是指用 SEGMENT/ENDS 伪指令语句定义过的段名。ASSUME 伪指令只能设置在代码段内,放在段定义语句之后。

在使用 ASSUME 语句来完成段的分配时,要注意以下 4 点。

① 在一个代码段中,如果没有另外的 ASSUME 语句重新设置,则原有的 ASSUME 语句的设置一直有效。

② 每条 ASSUME 语句可设置 1~6 个段寄存器。

③ 可以使用 NOTHING 将以前的设置删除。例如,

```
ASSUME ES: NOTHING                    ; 删除对 ES 与某段的关联设置
ASSUME NOTHING                        ; 删除对全部 6 个段寄存器的设置
```

④ 段寄存器的装入。

任何访问寄存器的指令,都将使用 CS、DS、ES、SS、FS 和 GS 段寄存器的值才能形成真正的物理地址。因此,在这些指令之前需首先设置这些段寄存器的值。ASSUME 语句只建立当前段和段寄存器之间的联系,但并不能将各段的段基址装入各个段寄存器。段基址的装入是用程序指令来完成的,且 6 个段寄存器的装入也不相同。因为 CS 的值是在系统

初始化时自动设置的(即在模块被装入时由 DOS 设定),所以,除 CS 和 SS(在组合类型中选择了"STACK"参数)外,DS、ES、FS 和 GS 应由用户在代码段起始处用指令进行段基址的装入。另外,对于堆栈段而言,还必须将堆栈栈顶的偏移地址置入堆栈指针 SP 中。

因为在段定义格式中,每个段的段名即为该段的段基址,它表示一个 16 位的立即数,而段寄存器又不能使用立即寻址方式直接装入,所以,段基址需先送入通用寄存器,然后再传送给段寄存器,即必须用两条 MOV 指令才能完成其传送过程。

例如:有指令如下

```
MOV  AX,DATA
MOV  DS,AX
```

【例 6-1】 使用 SEGMENT/ENDS 和 ASSUME 伪指令来定义代码段、数据段、堆栈段和附加段。

```
        DATA     SEGMENT                                  ;定义数据段
        XX       DB   ?
        YY       DB   ?
        ZZ       DB
        DATA     ENDS
        EXTRA    SEGMENT                                  ;定义附加段
        RSS1     DW   ?
        RSS2     DW   ?
        RSS3     DD   ?
        EXTRA    ENDS
        STACK    SEGMENT                                  ;定义堆栈段
        DW  80  DUP()
        TOP   EQU THIS WORD
        STACK    ENDS
        CODE  SEGMENT                                     ;定义代码段
        ASSUME CS:CODE,DS:DATA
        ASSUME ES:EXTRA,SS:STACK
START:  MOV  AX,DATA
        MOV  DS,AX
        MOV  AX,EXTRA
        MOV  ES,AX
        MOV  AX,STACK
        MOV  SS,AX
        MOV  SP,OFFSET TOP
          ⋮
CODE ENDS
END START
```

在本例中,用 SEGMENT 和 ENDS 分别定义了 4 个段,即数据段、附加段、堆栈段和代码段。在数据段和附加段中分别定义了一些数据,在堆栈段中定义了 80 个字单元的堆栈空间。段分配伪指令 ASSUME 指明 CS 寄存器指向代码(CODE)段,DS 指向数据(DATA)段,ES 指向附加(EXTRA)段,SS 指向堆栈(STACK)段。如果一行写不下的话,可以用两个 ASSUME 语句来说明。

2. 简化段定义语句

MASM 提供简化的段定义语句,使用指定的内存模式编程。下面是一个使用 SMALL

内存模式程序结构的例子。

```
.MODEL SMALL
.DATA
 ⋮
.STACK 20H DUP(0)
.CODE
.STARTUP
 ⋮
.EXIT
END
```

对于上面例子中的伪指令,说明如下。

① MODEL：内存模式,常用的内存模式有以下五种。

- TINY——程序和数据在 64KB 段内。
- SMALL——独立的代码段(≤64KB),独立的数据段(≤64KB)。
- MEDIUM——多个代码段,一个数据段(≤64KB)。
- COMPACK——一个代码段(≤64KB),多个数据段。
- LARGE——多个代码段,多个数据段。

② DATA：定义数据段。

③ STACK：定义堆栈段。

④ CODE：定义代码段。

⑤ STARTUP：程序开始。

⑥ EXIT：程序返回操作系统。

6.5.4 程序开始和结束语句

在程序开始处,可用 NAME 和 TITLE 为程序取名字。在程序结束处,可用伪指令 END。

NAME 的格式为

```
NAME  模块名
```

用于给程序取名,若没有程序名,则汇编程序用源文件名作为程序名。

TITLE 的格式为

```
TITLE  标题
```

指定每一页的打印标题。

END 的格式为

```
END  [标号]
```

其中,标号是指程序开始执行的起始地址,一般只有在主程序的结束语句中才使用。

6.5.5 宏指令语句

在汇编语言源程序中,经常会有某程序段要被多次使用的情况。为避免在源程序中重复书写这个程序段,可以用一条宏指令来代替,并由汇编程序在汇编时产生所需代码。

宏指令是汇编语言源程序中具有独立功能的一段程序代码。用户可根据需要,在源程序中进行宏定义;经过宏定义后的宏指令便可在源程序中多次被调用;汇编程序在汇编时用相应的代码段代替宏指令的过程称为宏展开。宏指令的应用分为宏定义、宏调用和宏展开3个阶段。

1. 宏定义(MACRO/ENDM)

宏定义是对宏指令进行定义的过程,由MASM宏汇编程序提供的伪指令MACRO/ENDM实现。其定义格式为

```
宏指令名  MACRO [形式参数列表] ┐
          ……                  ├宏定义体
          ENDM                ┘
```

其中,宏指令名是为宏指令起的名字,以便在源程序中调用该宏指令时使用,宏指令名的选择和规定与段名的相同。MACRO和ENDM为宏定义的伪指令,它们必须成对地出现在源程序中,且必须以MACRO作为宏定义的开头,而以ENDM作为宏定义的结尾。MACRO和ENDM之间的语句称为宏定义体(简称为宏体),是实现宏指令功能的实体。形式参数列表给出宏定义中所用到的参数,形式参数的设置可根据需要而定,可有一个或多个(最多不能超过132个),也可以没有。当有多个形式参数时,参数之间必须以逗号隔开。

2. 宏调用

宏调用是对宏指令的调用。宏调用的格式为

```
宏指令名  [实际参数列表]
```

宏调用的宏指令名就是宏定义中的宏指令名,这是一一对应的。实际参数列表中的每一项均为实际参数,相互之间用逗号隔开。

由宏调用格式可以看出,只需在源程序中写上已定义的宏指令名就算是调用该宏指令了。若宏定义时该宏指令有形式参数,还必须在宏调用时,在宏指令名后面写上实际参数以便和形式参数一一对应。

3. 宏展开

汇编具有宏调用的源程序时,汇编程序将对每个宏调用进行宏展开。实际上,宏展开是用宏定义时设计的宏体去代替宏指令名,并且用实际参数一一取代形式参数,即第n个实际参数取代第n个形式参数,以形成符合设计功能且能够执行的程序代码。

一般来说,实际参数的个数应与形式参数的个数相等,且一一对应。若两者个数不等,汇编程序在完成它们一一对应的关系后,便将多余的形式参数做"空"处理,而将多余的实际参数不予考虑。

【例 6-2】 用宏指令定义两个字操作数相乘,得到一个16位的第三个操作数。

宏定义:

```
MULTIPLY   MACRO   OPR1,OPR2,RESULT
PUSH   DX
PUSH   AX
```

```
MOV    AX,OPR1
IMUL    OPR2
MOV    RESULT,AX
POP    AX
POP    DX
ENDM
```

宏调用：

```
MULTIPLY    CX,VAR,XYZ[BX]
    ......
MULTIPLY    240,BX,SAVE
    ......
```

宏展开：

```
+    PUSH    DX
+    PUSH    AX
+    MOV     AX,CX
+    IMUL    VAR
+    MOV     XYZ[BX],AX
+    POP     AX
+    POP     DX
     ......
+    PUSH    DX
+    PUSH    AX
+    MOV     AX,240
+    IMUL    BX
+    MOV     SAVE,AX
+    POP     AX
+    POP     DX
     ......
```

汇编程序在所展开的指令前加上“+”号以示区别。由上例可知，由于宏指令可以带形式参数，调用时可以用实际参数取代，因而避免了子程序由于变量传送带来的麻烦，从而增加了宏汇编使用的灵活性。而且实际参数可以是常数、寄存器、存储单元地址及其他表达式，还可以是指令的操作码或操作码的一部分。

6.6　汇编语言程序的基本结构

6.6.1　汇编语言程序设计的基本步骤

对于用汇编语言进行程序设计，与用高级语言进行程序设计一样，一般也按以下 5 个步骤进行：

① 分析问题，建立数学模型；

② 确定算法；

③ 编制程序流程图；

④ 编写程序；

⑤ 上机调试。

6.6.2 汇编语言源程序的基本格式

为了说明汇编语言源程序的基本格式,先来举个简单的例子。

【例 6-3】 汇编语言源程序基本格式。

```
DATA   SEGMENT
       ⋮                                          ; 存放数据项的数据段
DATA   ENDS
EXTRA   SEGMENT
        ⋮                                         ; 存放数据项的附加段
EXTRA   ENDS
STACK1   SEGMENT PARA STACK
         ⋮                                        ; 堆栈段
STACK1   ENDS
CODE   SEGMENT
ASSUME CS: CODE,DS: DATA,SS:STACK1,ES: EXTRA
START: MOV   AX,DATA
       MOV   DS,AX                                ; 段基址装入 DS
       MOV   AX,EXTRA
       MOV   ES, AX                               ; 段基址装入 ES
       MOV   AX,STACK1
       MOV   SS,AX                                ; 段基址装入 SS
        ⋮                                         ; 核心程序段
       MOV   AH,4CH                               ; 系统功能调用
       INT   21H                                  ; 返回操作系统
       CODE   ENDS
       END   START
```

对于源程序基本结构,有如下 3 点说明。

(1) 一个汇编语言源程序一般具有代码段、数据段、堆栈段和附加段。80486 汇编源程序除了以上 4 个段外,还增加了 FS 和 GS 两个附加数据段。在程序中,只有代码段是必需的,其他段都是可选的。在实地址模式下,每个段的大小为小于等于 64KB;在保护模式下,每段最大长度允许为 4GB。

(2) ASSUME 伪指令只说明各段寄存器和逻辑段的关系,并没有为段寄存器赋值。因此,在源程序中,除代码段 CS 和堆栈段 SS(在组合类型中选择了 STACK 参数)外,其他定义的段寄存器由用户在代码段起始处用指令进行段基址的装入。

(3) 每个源程序在代码段中都必须含有返回 DOS 操作系统的指令语句,以保证程序执行结束后能自动返回 DOS 状态。

6.6.3 顺序结构程序设计

1. 顺序程序的结构形式

顺序结构的特点是,其中的语句或结构被连续执行,程序流程如图 6.8 所示。

顺序结构的程序有 1 个起始框,1～n 个执行框和 1 个结束框。每个执行框(又称处理框)可以由单条指令或一个程序段组成。CPU 执行顺序程序时,将程序中的指令一条条地

顺序执行，无分支、循环和转移。这种结构最简单，只要遵照算法步骤依次写出相应的指令即可。

在进行顺序结构程序设计时，应主要考虑如何选择简单、有效的算法，如何选择存储单元和寄存器。

2. 顺序程序设计

【例 6-4】 在内存 BUFFER 开始的两个字单元中，存放着两个字数据，编写程序实现这两个字数据的相加，并将相加的和存放于内存 SUM 开始的存储单元中。

思路：先从第一个字单元中将第 1 个字数据取出来送入累加器，然后将累加器中的内容与第 2 个字单元中的数据相加，最后将相加结果再从累加器中存入内存中 SUM 开始的存储单元中，其程序流程如图 6.9 所示。

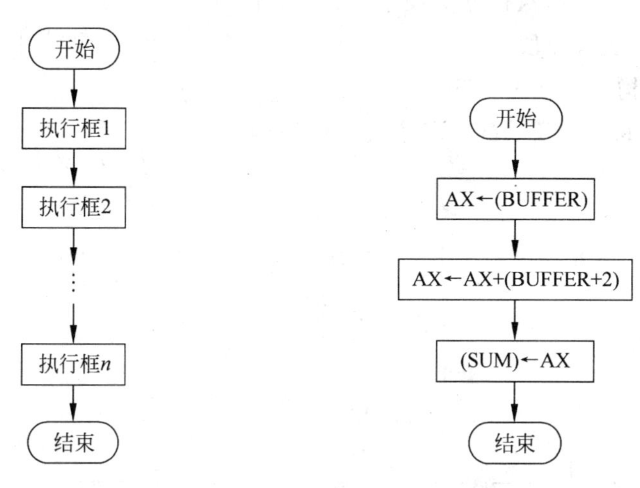

图 6.8　顺序结构的程序流程　　　图 6.9　加法例子程序流程

程序如下：

```
        DATA   SEGMENT
        BUFFER  DW   X1,X2
        SUM   DW
        DATA   ENDS
        CODE   SEGMENT
        ASSUME CS: CODE,DS: DATA
START:  MOV   AX,DATA
        MOV   DS,AX
        MOV   AX,BUFFER
        ADD   AX,BUFFER + 2
        MOV   SUM,AX
        MOV   AH,4CH
        INT   21H
        CODE   ENDS
        END   START
```

6.6.4　分支结构程序设计

计算机可以根据不同条件进行逻辑判断，从而选择不同的程序流向。程序的流向是由

CS 和 IP/EIP 值决定的，当程序的转移仅在同一段内进行时，只需修改偏移地址 IP/EIP 的值；如果程序的转移是在不同段之间进行的，则段基址 CS 和偏移地址 IP/EIP 值均需要修改。

1. 分支程序的结构形式

分支程序结构有双分支结构和多分支结构两种形式。

(1) 双分支结构

双分支结构又称 IF-THEN-ELSE 结构，双分支结构的程序流程如图 6.10 所示。

这种结构根据是否满足条件执行两种不同的分支程序段。即满足条件时，执行分支程序段 2；条件不满足时，则执行分支程序段 1。

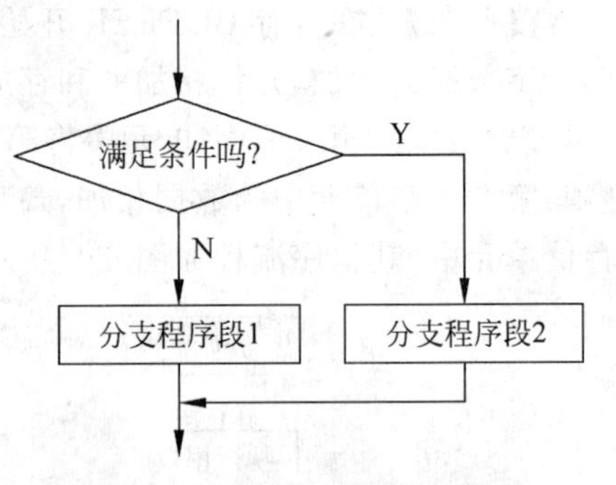

图 6.10　双分支结构程序流程

(2) 多分支结构

多分支结构又称 CASE 结构，多分支结构的程序流程如图 6.11 所示。

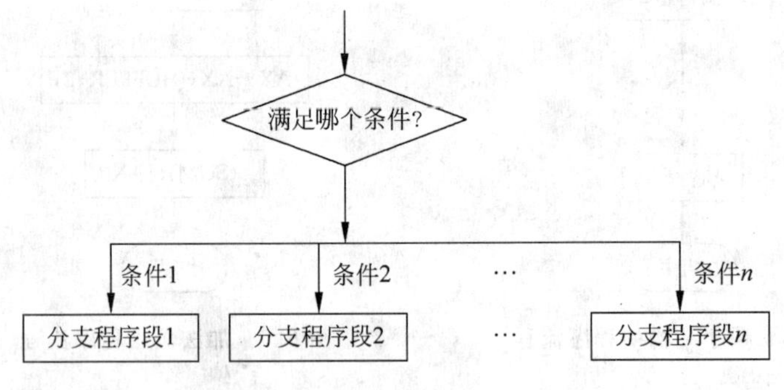

图 6.11　多分支结构程序流程

多分支结构可以有多个分支，适用于有多种条件的情况，可根据匹配的条件不同而执行不同的分支程序段。

双分支结构和多分支结构的共同特点是：在某一确定的条件下，只能执行一个分支程序段，而且程序的分支要靠条件转移指令来实现。

2. 分支程序设计

在进行分支程序设计时，要特别关注以下问题。

① 根据所处理的问题，用比较、测试、算术运算、逻辑运算等方式得到处理结果，使标志寄存器产生相应的标志位。例如，比较两个单元地址的高低、两个数的大小，测试某个数据的正负，测试数据的某位是“0”还是“1”等，将处理的结果反映在标志寄存器的 CF、ZF、SF、DF 和 OF 位上。

② 根据转移条件，选择适当的转移指令。通常一个条件转移指令只能产生两个分支，若要产生 n 个分支则需 ($n-1$) 个条件转移指令。

③ 各分支之间不能产生干扰，为避免产生干扰，可用无条件转移语句进行隔离。

【例 6-5】 在以 BUFFER 为首地址的内存单元中，存放着两个数 A 和 B，它们都是字节类型的无符号数。比较这两个数的大小，并将大数存放在内存的 SUM 单元中。

思路：比较两个无符号数的大小，可使用 CMP 指令，并利用借位标志 CF 来判断大小，程序流程如图 6.12 所示。

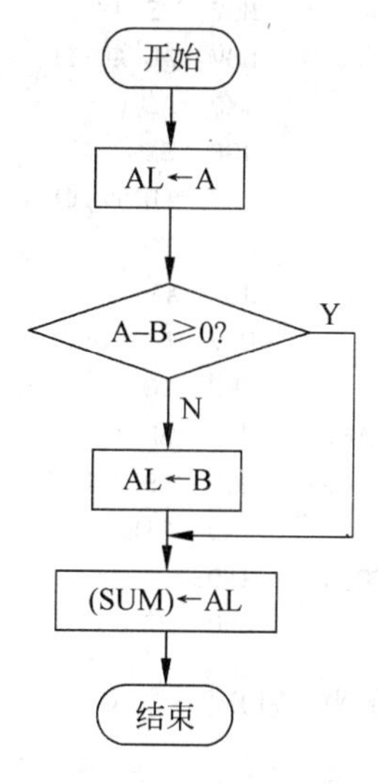

图 6.12　比较两个无符号数 A 和 B 大小的程序流程

相应的程序段如下：

```
DATA     SEGMENT
BUFFER  DB   A,B
SUM   DB
DATA   ENDS
CODE   SEGMENT
       ASSUME CS: CODE,DS: DATA
BEDIN: MOV   AX,DATA
       MOV   DS,AX
       MOV   AL,BUFFER           ; AX← A
       CMP   AL,BUFFER + 1       ; A - B
       JNC   KKKK                ; 若 A> = B 转到 KKKK 标号处
       MOV   AL,BUFFER + 1       ; 若 A<B,AL← B
KKKK:  MOV   SUM,AL              ; 将大数存入 SUM 单元中
       MOV    AH,4CH
       INT    21H
CODE   ENDS
       END   BEGIN
```

若 A=0EAH，B=4AH，则运行结果 SUM 中的内容是 EAH。

显然，若要找出两数中的较小的一个，则可修改指令“JNC KKKK”为指令“JC KKKK”。

【例 6-6】 假设任意给定 k 值（$-128\leqslant k\leqslant 127$），存放在内存 ADIT1 单元中，求出符号函数 ϕ 的值，存放在内存 ADIT2 单元中。

$$\phi=\begin{cases}1, & k>0\\ 0, & k=0\\ -1, & k<0\end{cases}$$

相应的程序流程如图 6.13 所示。

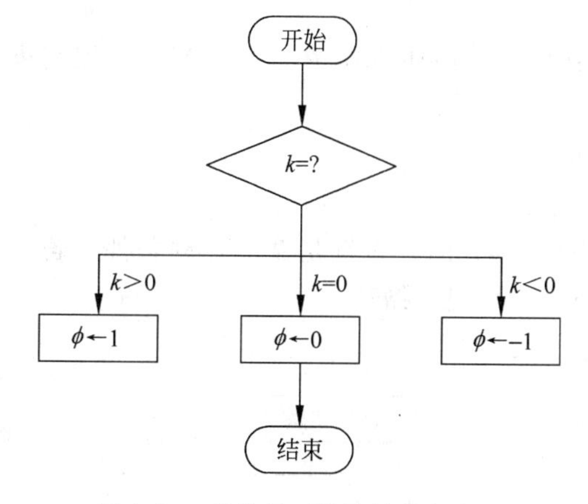

图 6.13　求符号函数值的程序流程

相应的程序段如下：

```
DATA     SEGMENT
ADIT1    DB  K                  ; 存放自变量 K
ADIT2    DB                     ; 函数 ϕ 值的存储单元
DATA     ENDS
CODE     SEGMENT
         ASSUME CS: CODE,DS: DATA
```

```
BEGIN:  MOV   AX,DATA
        MOV   DS,AX
        MOV   AL,ADIT1          ; AL←K
        CMP   AL,0              ; 将 K 与 0 比较
        JGE   BIG               ; 若 K> = 0 转到 STAR 标号处
        MOV   ADIT2,0FFH        ; 若 K<0, (ADIT2)← [ - 1]补 = 0FFH
        JMP   TOP
STAR:   JE    AAA               ; 若 K = 0 转到 AAA 处
        MOV   ADIT2,1           ; 若 K>0,(ADIT2)←1
        JMP   TOP
AAA:    MOV   ADIT2,0           ; 若 K = 0,(ADIT2)←0
TOP:    MOV   AH,4CH
        INT   21H
CODE    ENDS
        END  BEGIN
```

若将 ADIT1 定义为 82H,则运行结果 ADIT2 的内容是 FFH。

这是一个三分支结构的程序,根据 k 的不同取值,程序分为 3 个分支,分别处理 $k<0$、$k=0$、$k>0$ 的情况,3 个分支使用了(3－1)个条件转移指令。

6.6.5 循环结构程序设计

在程序中重复执行的程序段可用循环程序实现。

1. 循环程序的结构形式

常见的循环程序结构有 DO-WHILE 结构和 DO-UNTIL 结构两种形式。

(1) DO-WHILE 结构

该结构的设计思想是：当循环控制条件满足时,执行循环体程序；否则,当循环控制条件不满足时,退出循环。

DO-WHILE 结构的程序流程如图 6.14 所示。

(2) DO-UNTIL 结构

该结构的设计思想是：先执行一次循环体程序,再判断是否满足循环控制条件。若不满足,再次执行循环体程序,直到满足循环控制条件时才退出循环。

DO-UNTIL 结构的程序流程如图 6.15 所示。

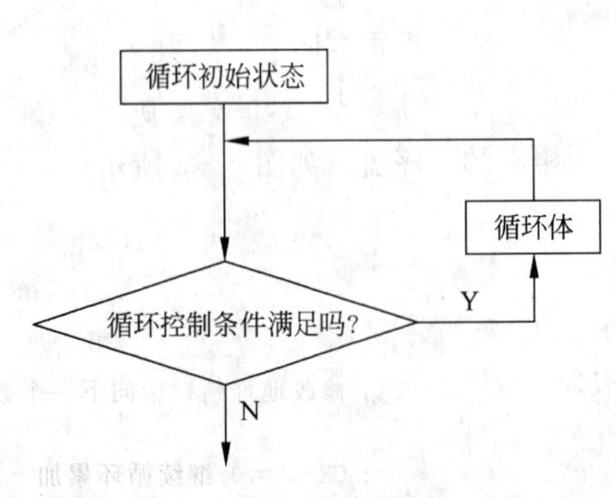

图 6.14　DO-WHILE 循环结构程序流程

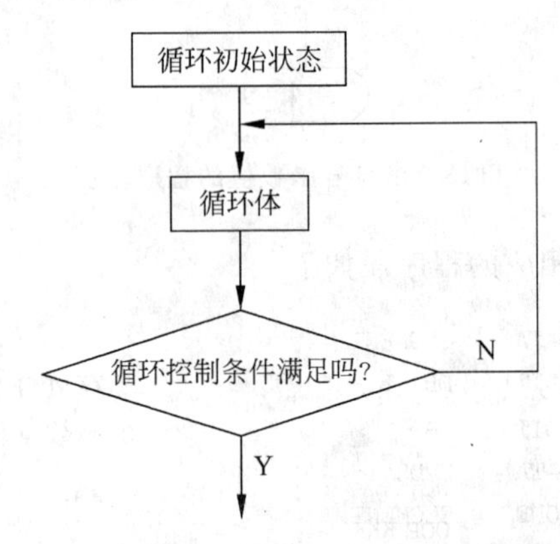

图 6.15　DO-UNTIL 循环结构程序流程

这两种循环结构的基本结构通常都是由四部分组成：

① 初始化部分：为循环做准备。包括建立指针，设置循环次数的计数初始值，设置其他变量的初始值等。

② 循环体：循环程序的核心部分。每次循环都要重复执行，用于完成各种具体操作。

③ 修改部分：为执行循环而修改某些参数。如修改地址指针、计数器或某些变量，为下一次循环做好准备。

④ 控制部分：判断循环是否结束。这是循环程序设计的关键，每个循环程序必须选择一个控制循环程序运行和结束的条件。通常判断循环是否结束主要有以下两种方法：

- 计数器控制循环：用于循环次数已知的情况。
- 条件控制循环：用于循环次数未知的情况，根据条件决定是否结束。

2. 循环程序设计

【例 6-7】 计算 $\xi=\sum_{i=1}^{10}\alpha_i$。

假设 10 个已知数都为字类型，连续存放在内存中以 BUFFER 为首址的存储区域中，其相加的和仍为字数据存放在 SUM 字单元。

解题思路：分析题意可知，为完成累加需用 10 条加法指令来完成，考虑到数据是有规律存放的，并且每加一项所用的指令都是相同的，所不同的只是数据的地址，所以可采用循环程序设计，即用间接寻址的方法，将数据地址放在寄存器中，用寄存器加 1 指令修改地址来取得每个待相加的数据。相加的程序段作为一个公共执行的程序段，重复执行 10 次即可实现累加的过程。此程序的流程如图 6.16 所示。

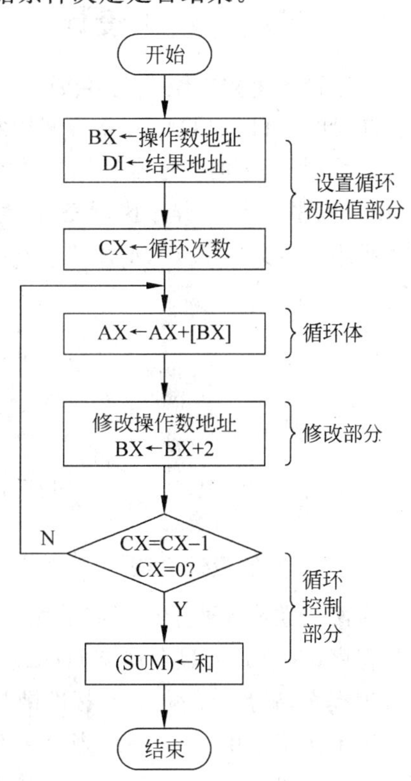

图 6.16　计算求和程序流程

相应的程序段如下：

```
DATA   SEGMENT
BUFFER   DW α1, α2, …, α10
SUM      DW
DATA     ENDS
CODE     SEGMENT
         ASSUME CS: CODE, DS: DATA
BEGIN: MOV  AX, DATA
       MOV  DS, AX
       MOV  AX, 0                      ; 累加器 AX 清 0
       MOV  CX, 10                     ; 设置计数器初始值
       MOV  BX, OFFSET BUFFER          ; BX← 数据首地址
       MOV  DI, OFFSET SUM             ; DI← 存放结果地址
KKK:   ADD  AX, [BX]                   ; 累加一个数据
       INC  BX                         ; 修改地址指针指向下一个数据
       INC  BX
       LOOP KKK                        ; CX-1≠0, 继续循环累加
       MOV  [DI], AX                   ; CX=0, 循环结束, 存结果
```

```
        MOV  AH,4CH
        INT  21H
CODE    ENDS
        END BEGIN
```

若将 BUFFER 定义为：

```
BUFFER DW 100H,200H,300H,400H,500H,600H,700H,800H,900H,1000H
```

则运行结果 SUM 的内容是 3D00H。

说明：在本例中，假定了 10 个数据相加的和仍为一个字类型数据，即表明累加结果不产生溢出。若 10 个字数据的数值比较大，则应该用双字数据来表示相加的和。

6.6.6 子程序结构设计

程序设计过程中经常把多次引用的相同程序段编成一个独立的程序段，当需要执行这个程序段时，可以用 CALL 指令调用它。具有这种独立功能的程序段称为“过程”或“子程序”。调用子程序的程序常被称为“主程序”或“调用程序”。主程序调用子程序的过程称为“调用子程序”；而子程序执行完后，返回主程序现场的过程称为“返回主程序”。主程序调用子程序示意如图 6.17 所示。

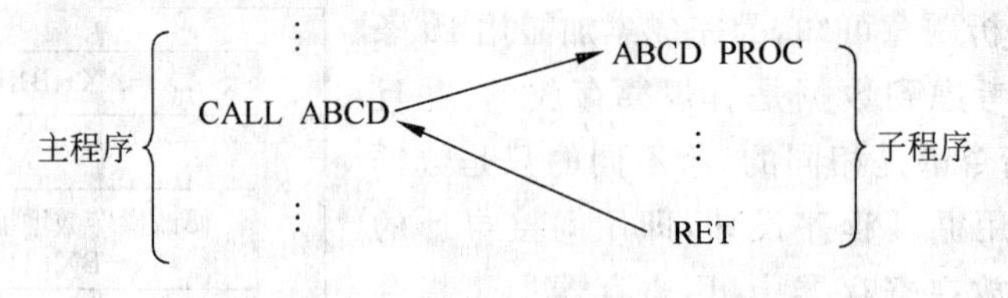

图 6.17　主程序调用子程序示意

1. 子程序的设计方法

有两大类情况适于编写成子程序：一是程序需要反复使用，编写成子程序可避免重复编写程序，并节省大量存储空间；二是程序具有通用性，由于这类程序大家都要用到，如键盘管理程序、磁盘读/写程序、标准函数程序等，所以编写成子程序后便于用户共享。

为了便于使用，子程序应当以文件形式编写。子程序文件由子程序说明和子程序本身两个部分组成。

(1) 子程序说明部分

子程序说明部分应提供足够的信息，使不同的用户看了之后便知道该段子程序的功能。该部分要求语言简洁、确切，一般由以下 6 部分组成。

① 子程序名：给所编写的子程序取一个能代表其功能的名字。

② 子程序的功能描述：对子程序的功能、性能指标等作简单描述。

③ 子程序的入口参数：说明子程序运行所需要的参数及存放位置。

④ 子程序的出口参数：说明子程序运行完毕的结果及存放位置。

⑤ 子程序所占用的寄存器和存储区域。

⑥ 本子程序是否又调用其他子程序。

下面给出一个子程序说明部分的例子。

```
; 子程序名: DTOBCD
; 功能描述: 完成将两位十进制数(BCD码)转换成二进制数
; 入口参数: AL寄存器中存放待转换的十进制数
; 出口参数: CL寄存器中存放转换后的二进制数
; 所用寄存器: BX
; 执行时间 0.06ms
```

(2) 子程序本身

子程序使用过程定义语句(PROC/ENDP)定义,子程序的编写格式如下:

```
子程序名   PROC   (NEAR/FAR)
   ⋮
RET
子程序名   ENDP
```

子程序的编写是从 PROC 语句开始,以 ENDP 语句结束,程序中至少应当包含一条 RET 语句用以返回主程序。

在定义子程序时,应当注意其距离属性:当子程序和调用程序在同一代码段时,用 NEAR 属性;而当子程序及其调用程序不在同一个代码段时,则应当定义为 FAR 属性。

【例 6-8】 编写子程序文件。

```
; 子程序名: CLEAR
; 功能描述: 将内存名 BUFFER 为首址的缓冲区清 0
; 入口及出口参数: BUFFER 为首的 80H 个存储单元
; 所用寄存器: 寄存器 BX 用做缓冲区的地址指针
DATA   SEGMENT
BUF    DB 80H DUP()
DATA   ENDS
CODE   SEGMENT
       ASSUME CS: CODE, DS: DATA
         ⋮
       CLEAR PROC FAR
       PUSH DS
       MOV AX,0                                   ; 返回操作系统
       PUSH AX
       MOV AX,DATA
       MOV DS,AX
       MOV BX,OFFSET BUFFER
TTT:   MOV BYTE PTR[BX],0
       INC BX
       CMP BX,OFFSET BUFFER + 80H
       JNZ TTT
       RET
CLEAR  ENDP
         ⋮
CODE   ENDS
       END
```

说明:当由 DOS 系统进入子程序时,子程序应当定义 FAR 属性。为了使子程序执行后返回操作系统,应在子程序的前几条指令中设置返回信息。

2. 子程序使用中的问题

(1) 子程序的调用和返回

主程序调用子程序是通过CALL指令来实现的。在子程序执行后,通过RET指令,返回到主程序中CALL指令的下一条指令继续执行。一个子程序可以由主程序在不同时间进行多次调用。

(2) 调用子程序时一些信息的保护

在子程序中,有可能要用到某些寄存器或存储单元,为了不破坏它们原有的内容,应将寄存器或存储单元的原有内容压栈保护,也可以通过把它们存入子程序不用的寄存器或存储单元中进行信息保护。

保护部分既可以放在主程序中,也可以放在子程序中,但放在子程序中较好。

【例 6-9】 调用子程序时的信息保护。

```
TTRO  PROC NEAR
PUSH  AX
PUSH  BX
PUSH  CX
 ⋮
POP   CX
POP   BX
POP   AX
RET
TTRO  ENDP
```

说明:对于中断服务的子程序,一定是把保护指令放在子程序中。这是因为中断是随机出现的,因此无法在主程序中安排保护指令。

3. 子程序调用时参数的传递方法

主程序在调用子程序时,需要传递一些参数给子程序,这些参数是子程序运算中所需要的原始数据。子程序运行后,要将处理结果返回给主程序。这中间传递的原始数据和处理结果既可以是数据,也可以是地址,统称为参数传递。

参数传递必须事先做好约定,然后,子程序根据约定从寄存器或存储单元取出原始数据(原始数据也称入口参数),进行处理后返回到主程序,将处理结果(处理结果也称出口参数)送到约定的寄存器或存储单元。

参数传递一般有以下3种方法。

① 用寄存器传递:适用于参数传递较少的情况,传递速度快。

② 用堆栈传递:适用于参数传递较多,且存在嵌套或递归的情况。

③ 用存储单元传递:适用于参数传递较多的情况,但传递速度较慢。

4. 子程序的嵌套和递归调用

(1) 子程序的嵌套

子程序嵌套是指,子程序作为调用程序又去调用其他子程序的过程。一般来说,只要堆栈空间允许,嵌套的层数是不限的。但嵌套层数较多时,应特别注意寄存器内容的保护及恢复,以免发生数据冲突。

子程序嵌套示意如图 6.18 所示。

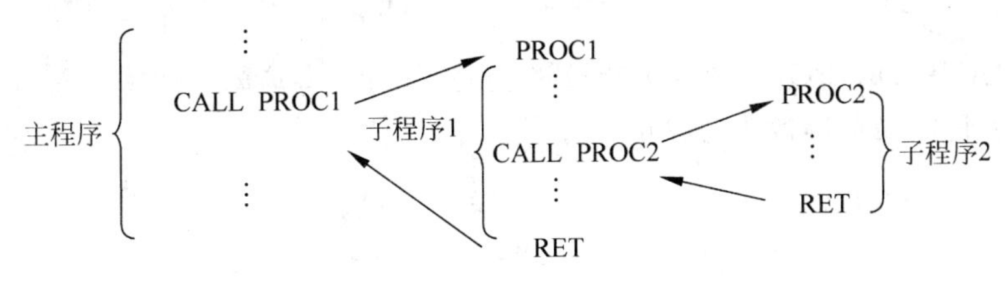

图 6.18　子程序嵌套示意

(2) 子程序递归调用

子程序递归调用是指，在子程序嵌套的情况下，一个子程序调用的子程序就是它本身。由于递归子程序对应于数学上对函数的递归定义，所以往往能设计出效率较高的程序，可完成相当复杂的计算。在递归调用时，要特别注意应保证不破坏前面调用所用到的参数及结果，否则，将不能求出最后的结果。此外，被递归调用的子程序还必须具有递归结束的条件，以便在递归调用一定次数之后能够退出。

5. 子程序举例

对于一些常用的程序段，通常用过程定义伪指令将其定义为子程序，并给出子程序说明文件，以利于其他程序的调用。

【例 6-10】 软件延时。

子程序说明如下：

```
; 子程序名: DEFER
; 功能描述: 实现软件延时
; 入口参数: BX 中为外循环延时的时间常数
; 出口参数: 无
; 所用寄存器: CX
子程序如下:
DEFER  PROC  FAR
PUSH    CX
WAIT1:   MOV   CX,2801                              ; CX← 内循环次数
WAIT2:   LOOP  WAIT2                                ; 内循环延时 10ms
         DEC   BX
         JNZ   WAIT1
         RET
DEFER    ENDP
```

说明：在主程序设计中，只要适当选择外循环次数的数值，并将其作为子程序的入口参数预置在 BX 中，调用软件延时子程序便可实现 10～655 360ms 的软件延时。

6.7　小结与习题

6.7.1　小结

本章在介绍了汇编语言概述、宏汇编程序及上机过程、MASM 宏汇编语句结构、MASM 宏汇编语言的操作数之后，对伪指令和汇编语言程序的基本结构做了介绍。

6.7.2 习题

1. 指出“AND DX,PORT AND 0FH”指令中,两个 AND 的不同含义?

2. 下面的程序段可等效为怎样的程序段?

```
A1   EQU  1020H + 3300H
MOV  BX, A1 - 1000H
MOV  AX,35 * 5
MOV  DX,A1/100H
MOV  CX,A1 MOD 100H
```

3. 下面的程序段可等效为怎样的程序段?

```
MOV  AX,5 EQ 101B
MOV  BH,10H GT 16
ADD  BL,FFH EQ 255
```

4. “MOV DI,OFFSET NN”指令与哪一指令等价?

5. 分析下面的程序段:

```
F1    DB    15H
F2    DW    3132H
    ⋮
ALPHA: MOV   AX,WORD PTR F1
    ⋮
BETA: MOV   BL,BYTE PTR F2
    ⋮
```

6. 分析下面的程序段:

```
K1    EQU    1234H
K2    EQU    5678H
    ⋮
MOV    AL,LOW K1
MOV    BL,HIGH K2
```

7. 按要求编制程序。内存中自 RSSA 开始的 11 个单元中,连续存放着 0～10 的平方值(称为平方表)。任给一个数 x(0≤x≤10)存放在 RS1 单元中,查表求 x 的平方值,并将结果存放于 RS2 单元中。

8. 编制将 0～0FFFFH 之间的任意十六进制数转换成十进制数的子程序。

CHAPTER 7

第7章 微机与外设间的数据传送

主要内容：

- 接口电路的作用。
- 微处理器与外设之间传送的信息。
- 接口电路的一般结构及特性。
- 微处理器与外设间的数据传送机制。
- 小结与习题。

从微机的基本结构上看，微机由微处理器、存储器、接口电路和系统总线等4大模块组成，本书的第2～4章分别介绍了微处理器、存储器和总线，从本章开始将全面介绍接口电路。接口电路简称接口，是位于微机与外设之间，用来协助完成传送数据和控制任务的电路，每个外设都需要通过接口电路与总线相连。按照功能，可将接口分为两类：一类是输入/输出接口，微处理器正是利用这类接口接收外设送来的信息或将信息发送给外设，例如，键盘、显示器、打印机等这些最常用的外设都是通过输入/输出接口与总线相连的；另一类是使微处理器正常工作所需的辅助接口，例如，主板上的中断控制器、计数/定时器及DMA控制器等都属于这类辅助接口。

7.1 接口电路的作用

接口电路的基本功能是在系统总线与外设之间传送信息，起缓冲的作用，以满足接口电路两侧的时序要求。可从以下几个方面来理解接口电路在微机中存在的意义及其作用。

1. 外设功能多样

内存是存储信息的重要部件，而外设不像内存那样只具有存储信息的单一功能，它们的功能多种多样，有的外设是检测设备，有的外设是控制设备，有的外设是输入设备，有的外设是输出设备，而有的外设既是输入设备又是输出设备。因此，它们就不能像内存那样直接挂在系统总线上，而需要通过接口电路把它们连到统一标准的总线上。

2. 每类外设可能存在多种具有不同工作原理的具体设备

即便是一类外设只完成一种功能,也可能存在多种具有不同工作原理的具体设备。例如,打印设备只完成打印输出这一种功能,但却包含了多种具有不同工作原理的打印设备,如针式打印机、喷墨打印机、激光打印机和热升华打印机等。因此,就需要通过接口电路把它们连到统一标准的总线上。

3. 外设所使用的信号形式可能不同

外设所使用的信号形式有的是数字的,有的是模拟的。若外设使用的信号形式是模拟的,则来自外设的模拟信号必须转换为数字信号才能送到总线上;反过来,微机产生的数字信号也需要转换为模拟外设可接受的模拟信号。因此,就需要一种接口电路来完成从模拟信号到数字信号,从数字信号到模拟信号的转换,完成这种功能的接口便是模/数转换接口(A/D 接口)和数/模转换接口(D/A 接口)。

4. 外设所使用的信息形式可能不同

即便外设所使用的信号是数字的,但外设所使用的信息形式有的是并行的,有的却是串行的。因为串行设备只能发送和接收串行信息,而微处理器只能发送和接收并行信息,因此,就需要一种接口电路来完成串行信息与并行信息之间的转换,完成这种双向转换功能的接口便是串行接口。

5. 在同一时刻微处理器通常只与一个外设交换信息

即便外设为数字式的并行设备也是需要接口电路的。因为微处理器通过总线要与多个外设打交道,而微处理器在同一时刻通常只能与一个外设交换信息,即只有被微处理器选中的外设才能与微处理器交换信息,所以,就需要一种接口电路来完成微处理器对多个外设的选择,完成这种功能的接口便是并行接口。

6. 各外设的工作速度有差异

通常情况下,外设的工作速度要比微处理器的工作速度慢得多,且各种外设的工作速度又各不相同,因此,就需要接口电路在输入/输出的过程中起到缓冲、锁存和联络的作用。

总之,输入/输出接口电路是为完成微处理器与外设之间的信息变换而设置的模块,每个外设都要通过接口电路与微处理器相连。接口技术研究的主要内容就是微处理器与外设之间的数据传送方式、接口电路的工作原理和使用方法等。

7.2 微处理器与外设之间传送的信息

一般地,微处理器与外设之间传送的信息有 3 种类型。

1. 数据信息

数据信息是微处理器与外设之间传送的基本信息,可为 8、16、32、64 位等。数据信息又包含 3 种类型,即数字量、模拟量和开关量。数据信息可以是串行的,也可以是并行的,相应地使用串行接口和并行接口。

2. 状态信息

状态信息是由外设通过接口传送给微处理器的，可以反映当前外设所处的工作状态。对于输入设备而言，通常以 READY 信号表明要输入的数据是否准备就绪；对于输出设备而言，通常以 BUSY 信号表明输出设备是否处于空闲状态。

3. 控制信息

控制信息是微处理器通过接口传送给外设的，用于控制外设的工作，即微处理器正是通过发送控制信息来控制外设工作的。例如，在控制外设的启动和停止时，外设的启动信号和停止信号就是控制信息。在实际应用中，不同的外设有着不同含义的控制信息，也就是说，控制信息往往随外设的不同而含义有所不同。

从概念上看，以上 3 种类型的信息有着不同的含义，本应分别传送，但独立编制的微机系统在通过接口与外设交换信息时，只有通过执行输入指令或输出指令来实现，因此，可以将状态信息和控制信息广义地看做是数据信息。具体说来，就是将状态信息作为一种输入数据信息，将控制信息作为一种输出数据信息，这样一来，状态信息和控制信息就都是通过数据总线来传送的了。但是，这三种类型的信息仍然会分别进入接口电路的不同端口中，即分别进入数据端口、状态端口和控制端口。

7.3　接口电路的一般结构及特性

7.3.1　接口电路的内部结构

在图 7.1 所示的接口电路典型内部结构中包括一组寄存器，微处理器与外设之间传送的各类信息会进入接口电路中不同的寄存器，这些寄存器被称为 I/O 端口（简称端口）。为此也就有了对应 3 种类型信息的 3 类端口，即数据端口、状态端口、控制/命令端口。其中，数据端口又包括数据输入端口和数据输出端口。

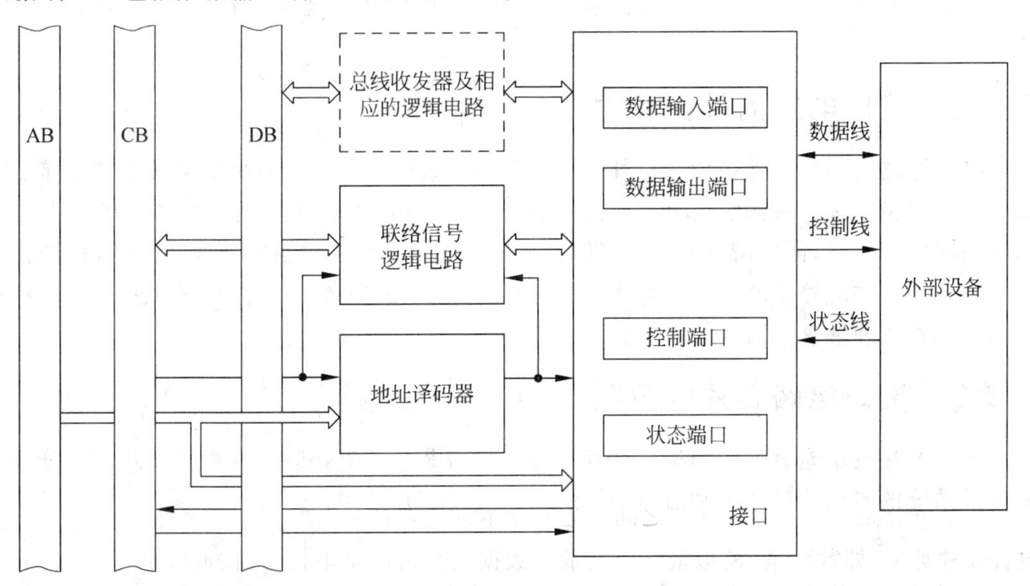

图 7.1　接口电路典型结构及其在系统中的位置

微处理器与外设间传送的 3 类信息在输入/输出传送过程中会分别进入数据端口、状态端口和控制端口中。为区分不同端口,每个端口有一个端口地址,又称端口号。四个端口的作用如下。

1. 数据输入端口

用于对送往微处理器或内存的数据起转换和缓冲的作用。其中,转换包括模拟量到数字量、串行信息到并行信息,以及电平的转换等。

2. 数据输出端口

用于对来自微处理器或内存的数据起缓冲/锁存和转换的作用。其中,转换包括数字量到模拟量、并行信息到串行信息,以及电平的转换等。

3. 状态端口

用于存放外设或接口本身的状态,其中的内容也被称为状态字。微处理器可通过读取状态字检测外设和接口当前的状态。

4. 控制端口

用于存放微处理器发出的命令,其中的内容也被称为控制字。微处理器可通过写控制字来控制外设和接口的动作。

从结构上看,一个接口电路可分为两个部分:一部分用来与外部设备相连;另一部分用来与系统总线相连。由于与外设相连部分的结构与具体外设的传输要求及数据格式相关,所以,各接口电路的这一部分互不相同;而各接口电路的另一部分都非常类似,因为它们都要连在同一系统总线上。

为支持接口电路的工作,通常系统中有总线收发器、逻辑电路和地址译码器。其中,总线收发器对于较小的系统来说是可以省去的;逻辑电路接收 CPU 发来的读/写等控制信号,并将它们翻译成接口电路所需的联络信号;地址译码器将地址总线提供的地址翻译成对接口电路的片选信号。如果地址译码器确定了某个接口电路要被访问,那么,就会使此接口电路得到有效的片选信号,再通过较低位地址的寻址,实现对接口电路中某端口的读或写。

7.3.2 接口电路的外部特性

接口电路的外部特性是由其对外的引脚信号体现的。接口的引脚信号根据其连接的对象分为面向微处理器一侧的信号和面向外设一侧的信号,如图 7.1 所示。在了解面向微处理器一侧的信号时,需搞清楚面向的是哪种微处理器;而在了解面向外设一侧的信号时,由于控制信号往往随外设的不同而有所不同,所以要在了解所连外设的工作原理与工作特点的基础上真正理解这些信号的含义。

7.3.3 接口电路芯片的分类

接口芯片按功能分为通用接口芯片和专用接口芯片两类,其中,专用接口芯片又分为面向微机系统的专用接口芯片和面向外设的专用接口芯片两种。

1. 通用接口芯片

这类接口芯片是支持通用的输入/输出及控制的接口芯片。它适用于大部分设备,也用于某些专用的接口电路中，如并行接口芯片 I8255A、串行接口芯片 I8251A 等。

2. 面向微机系统的专用接口芯片

这类接口芯片是与微处理器和系统配套使用，以增强其总体性能的。例如，扩展系统中断能力的中断控制器 I8259A、支持 DMA 数据高速传送的 DMA 控制器 I8237/8257、用来为系统提供时间信号的定时/计数器 I8253/8254 等。

3. 面向外设的专用接口芯片

这类接口芯片一般是针对某种外设而设计的，仅用于某些特定的外设接口电路，如 CRT 控制器 I8257、键盘/显示器接口芯片 I8279 等。

7.3.4 接口电路的可编程性

接口电路的可编程性是指接口芯片的功能和工作方式可以通过程序来设定。为设定芯片工作方式而编写的程序段称为该接口芯片的初始化程序段。

由于可编程的接口芯片具有多种工作方式和内部资源，不仅可以通过编程设置和选用，而且可以在系统运行过程中随时改变，因而大大简化了接口的设计，同时也为灵活运用接口开辟了很大的空间。在应用这类可编程接口芯片时，除了要考虑物理连接以外，还要考虑接口软件的编写工作。接口软件是指管理、控制、驱动外设的程序，它用于负责在外设与系统之间进行信息交换。用户在编写这类程序时，可利用系统提供的软件资源处理接口与系统的关系，使之与监控程序或操作系统相协调。

7.4 微处理器与外设间的数据传送机制

一般地，微处理器与外设之间进行数据传送的机制有三种，它们是程序控制下的数据传送、直接存储器存取(DMA)、采用 I/O 处理器的数据传送。

7.4.1 程序控制下的数据传送

在程序控制下的数据传送机制中，包括程序传送方式和中断传送方式。

1. 程序传送方式

程序传送方式又分为无条件传送方式和条件传送方式。

(1) 无条件传送方式

无条件传送方式是指，传送数据前微处理器无需了解接口的状态便直接传送数据的方式。虽然此方式称为无条件传送方式，但从本质上看，由于不对接口状态进行查询就贸然传送数据，这本身就承担着一定的风险，即如果外设并未就绪就传送数据，必然会造成数据传送的失败，因而，此种传送方式对外设要求的条件很严格，只适合那种与微处理器不频繁进行数据传送的外设场合，这样才有可能保证每次传送数据时外设都是就绪的。换种方式讲，无条件传送就是微处理器在与这些外设交换数据时，可以认为它们总是处于就绪状态的，可以随时进行数据传送。用于无条件传送的接口电路十分简单，接口中只需考虑数据缓冲，而无需考虑信号联络等。

(2) 条件传送方式

条件传送方式又称查询传送方式，它是指传送数据前微处理器需先查询接口的状态，在查询到接口状态为就绪之后才进行传送数据的方式。条件传送方式的数据传送过程为：

① 微处理器从接口中读取状态字。

② 微处理器检测状态字中表明外设就绪与否的对应位，即测试是否满足“就绪”条件，若不满足，则返回到前一步再读取状态字等待；若满足，则进入到下一步。

③ 传送数据。

对于数据输入，图 7.2 为查询式输入的接口电路。

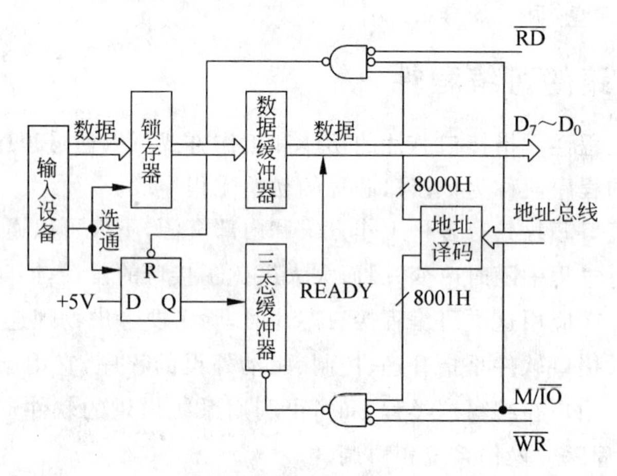

图 7.2　查询式输入的接口电路

例如，设数据端口地址为 8001H，状态端口地址为 8000H，其中状态端口的 D_0 位表示 READY 状态：D_0 位为 1，表示输入设备准备就绪；D_0 位为 0，表示输入设备未准备就绪。则，配合该输入接口电路工作的相应程序段为：

```
        MOV  DX,8000H                        ; DX 指向状态端口
CHECK:  IN   AL,DX                           ; 读状态端口
        TEST AL,01H                          ; 测试 READY 状态标志位 D0
        JZ   CHECK                           ; 未就绪,继续查询状态端口
        INC  DX                              ; 就绪,DX 改指数据端口
        IN   AL,DX                           ; 数据输入
```

对于数据输出，图 7.3 为查询式输出的接口电路。

例如，设数据端口地址仍为 8001H，状态端口地址仍为 8000H，其中状态端口的 D_7 位表示 BUSY 状态，D_7 位为 1，表示输出设备空闲；D_7 位为 0，表示输出设备忙。要输出的数据存放在以标号 BUFFER 表示的存储单元中。则，配合该接口电路工作的相应程序段为：

```
        MOV  DX,8000H                        ; DX 指向状态端口
CHECK:  IN   AL,DX                           ; 读状态端口
        TEST AL,80H                          ; 测试 BUSY 状态标志位 D7
        JZ   CHECK                           ; 外设忙,继续查询
        INC  DX                              ; 外设空闲,DX 改指数据端口
        MOV  AL,BUFFER                       ; 将标号为 BUFFER 的存储单元内容送 AL
        OUT  DX,AL                           ; 数据输出
```

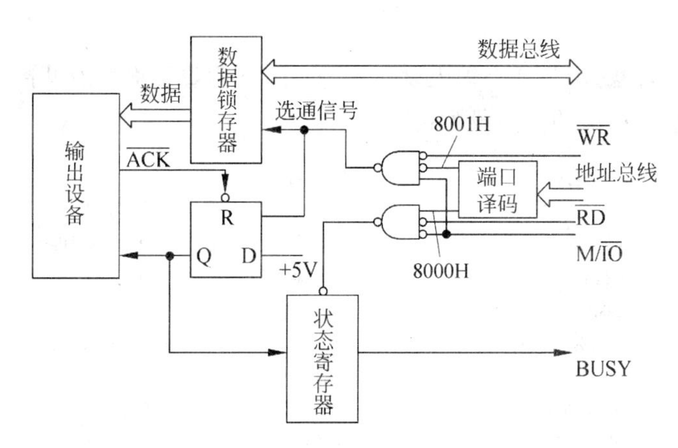

图 7.3　查询式输出的接口电路

采用查询传送方式进行数据传送时有一个问题需要解决，那就是，如果系统中有多个利用查询传送方式实现输入/输出的外设，那么微处理器该如何处理？通常有两种办法：一是循环查询法，二是轮流查询法，它们都通过检测接口状态位来解决。为了用例子解释这两种办法，现做如下假设：

① 一个系统中有 3 个采用查询方式的外设，3 个都是输入设备。

② 对应 3 个接口的状态端口分别用标号 STATE1，STATE2，STATE3 来表示。

③ 3 个执行输入操作的子程序分别用标号 PROC1，PROC2，PROC3 来表示。

④ 均用状态端口的 D_5 位作为 READY 状态标志位，D_5 位为 1 表示准备就绪，为 0 表示未准备就绪。

⑤ 程序中利用一个标号 FLAG，它指代一个任选的存储单元，将它作为标志单元来使用。

若采用循环查询法，则将 3 个输入设备视为等同地位的设备。相应的程序段为：

```
START:   MOV     FLAG,0          ；清 FLAG 标志
BEGIN:   IN      AL,STATE1       ；读入第 1 个设备的状态字
         TEST    AL,20H          ；测试第 1 个设备是否准备就绪
         JZ      DEVIC2          ；否，则转到 DEVIC2 标号处
         CALL    PROC1           ；准备就绪，调用 PROC1
DEVIC2:  IN      AL,STATE2       ；读入第 2 个设备的状态字
         TEST    AL,20H          ；测试第 2 个设备是否准备就绪
         JZ      DEVIC3          ；否，则转到 DEVIC3 标号处
         CALL    PROC2           ；准备就绪，调用 PROC2
DEVIC3:  IN      AL,STATE3       ；读入第 3 个设备的状态字
         TEST    AL,20H          ；测试第 3 个设备是否准备就绪
         JZ      NINPUT          ；否，则转到 NINPUT 标号处
         CALL    PROC3           ；准备就绪，调用 PROC3
NINPUT:  CMP     FLAG,1          ；若 FLAG 标志仍为 0，则返回测试第一个设备
         JNZ     BEGIN           ；继续进行输入
         ⋮
```

分析：在此程序段中，FLAG 标志只在循环底部受到检测，若检测到 FLAG 为 1，便退出循环。由此可见，FLAG 标志在循环查询法中是被作为 3 个设备输入过程都结束的退出

标志来用了。

若采用轮流查询法，则将 3 个输入设备视为有着不同重要程度的设备，即将它们排成由高到低不同的等级。相应的程序段为：

```
START:   MOV    FLAG,0         ；清 FLAG 标志
BEGIN:   IN     AL,STATE1      ；读入第 1 个设备的状态字
         TEST   AL,20H         ；检测第 1 个设备是否准备就绪
         JZ     DEVIC2         ；否，则转到 DEVIC2 标号处
         CALL   PROC1          ；准备就绪，调用 PROC1
         CMP    FLAG,1         ；检测 FLAG 标志
         JNZ    BEGIN          ；若 FLAG 标志被清零，则返回为第 1 个设备服务
DEVIC2:  IN     AL,STATE2      ；读入第 2 个设备的状态字
         TEST   AL,20H         ；检测第 2 个设备是否准备就绪
         JZ     DEVIC3         ；否，则转到 DEVIC3 标号处
         CALL   PROC2          ；准备就绪，调用 PROC2
         CMP    FLAG,1         ；检测 FLAG 标志
         JNZ    BEGIN          ；若 FLAG 标志被清零，则重新返回为第 1 个设备服务
DEVIC3:  IN     AL,STATE3      ；读入第 3 个设备的状态字
         TEST   AL,20H         ；检测第 3 个设备是否准备就绪
         JZ     NINPUT         ；否，则转到 NINPUT 标号处
         CALL   PROC3          ；准备就绪，调用 PROC3
NINPUT:  CMP    FLAG,1         ；检测 FLAG 标志
         JNZ    BEGIN          ；若 FLAG 标志被清零，则重新返回为第 1 个设备服务
         ⋮
```

分析：在此程序段中，FLAG 标志收到多次检测。FLAG 开始时被设为 0，只有当第 1 个设备的输入过程结束时才使 FLAG 标志置 1，于是进入 DEVIC2。虽然在开始时若第 1 个设备未准备就绪会转到 DEVIC2 标号处从第 2 个设备输入一个数据，但会立刻又回到 BEGIN 标号处为第一个设备服务。所以，只有在第 1 个设备未准备就绪，且第 2 个设备也未准备就绪时，才会转到 DEVIC3 标号处对第 3 个设备做状态检测。由此可见，在轮流查询法中，使用 FLAG 标志可按设备的重要程度安排出一个设备优先级链。

2. 中断传送方式

中断传送请求由外设提出，微处理器视情况响应后，会调用预先安排好的中断处理子程序来完成数据传送。

(1) 中断方式的提出

在采用查询传送方式进行数据传送时，一方面，由于需要不断查询接口的状态以及读取状态字，使得非数据传送占用了微处理器大量的工作时间，因而降低了微处理器的工作效率；另一方面，采用循环查询法或轮流查询法解决系统中有多个外设实现输入/输出问题时，也使得查询传送方式的应用不具备实时性，为此提出中断方式。

(2) 中断方式的优点

按照中断的定义，采用中断方式无需微处理器参与对接口的查询和读取工作，即不必花时间去查询外设的工作状态了。而且只有当某外设就绪，主动向微处理器提出中断请求时，微处理器才转去执行中断源所需要的中断处理子程序，这样不仅提高了微处理器的工作效率，而且使系统具有实时性。

(3) 中断方式下基本接口电路的工作原理

现以利用中断方式进行数据输入为例，说明基本接口电路的工作原理。

图7.4为利用中断方式进行数据输入的基本接口电路图。当输入设备有一个数据准备就绪时，便发出一个选通信号，这个选通信号一方面将准备就绪的数据送到输入锁存器中；另一方面使中断请求触发器置1。若此时中断屏蔽触发器处于未屏蔽状态，即$\overline{Q}$值为1，则会产生一个向CPU发出的中断请求信号$\overline{INT}$，若此时CPU标志寄存器中的中断允许标志位IF也为1，则在当前指令执行完之后，CPU会响应中断。

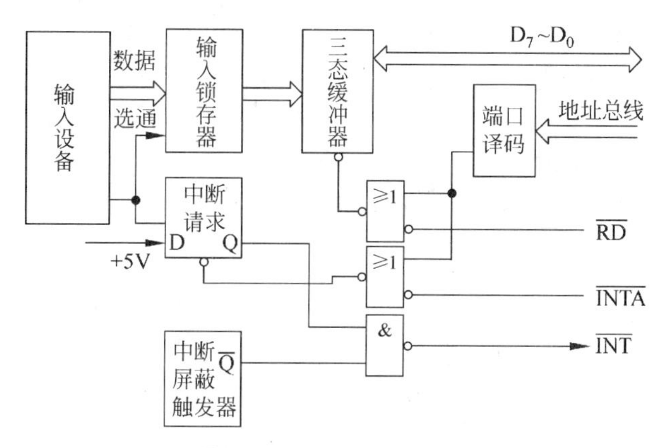

图7.4 中断方式进行数据输入的基本接口电路

(4) 中断处理过程

图7.5表示了以8086系统为例的中断处理过程，具体如下。

① 请求中断(对应图中的①)

当某一中断源需要CPU为其进行中断服务时，就通过接口发出中断请求信号，使中断请求触发器置位，产生向CPU发出的中断请求信号。此中断请求信号一直保持到CPU对其进行中断响应为止。

② 中断响应(对应图中的②和③)

对于内部中断，CPU必须响应，而且自动获得中断处理子程序的入口地址，执行中断处理子程序；对于外部中断，CPU每在执行当前指令的最后一个时钟周期都会去查询INTR引脚，若查询到中断请求信号有效，且IF=1，则CPU往发出中断请求的外设回送中断应答信号$\overline{INTA}$。作为对中断请求信号的应答，系统自动进入中断响应周期，同时CPU从DB上接收外设接口送来的中断类型码N，将其存入内部暂存器中。

③ 保护现场(对应图中的④)

保护现场就是将标志寄存器、CS和IP的当前内容压入堆栈保存，以便中断处理完毕后能返回被中断的原程序断点处继续执行。这一过程也是由CPU自动完成的。

④ 关闭中断(对应图中的⑤)

CPU响应中断，输出中断响应信号$\overline{INTA}$后，自动将标志寄存器FR的内容压入堆栈保护起来，然后将FR中的中断标志位IF与陷阱标志位TF清零。其中，将IF清零是为了关闭外部硬件中断，因为CPU刚进入中断时要进一步保护现场，主要涉及堆栈操作，此时不能再响应其他中断，以免造成系统混乱；将TF清零是为了避免CPU以单步方式执行中断处理子程序。

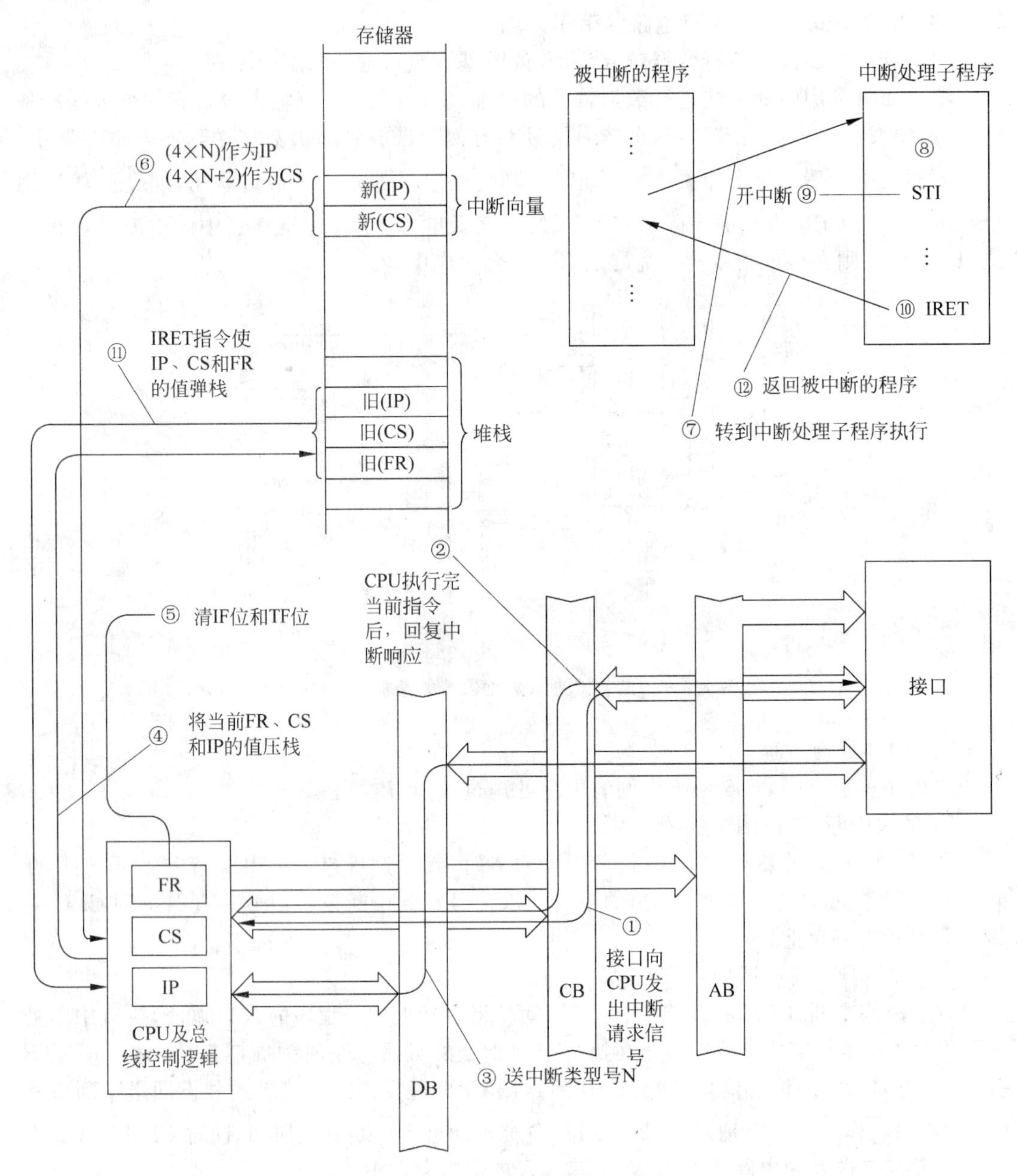

图 7.5　8086 系统的中断过程示意

⑤ 中断源识别(对应图中⑥和⑦)

当系统中有多个中断源时，一旦有中断请求，CPU 必须确定是哪一个中断源提出的中断请求。由中断控制器给出中断类型号，即可得到存放中断向量的首地址，进而得到中断向量，即中断处理子程序的入口地址，把它们装入 CS 与 IP 两个寄存器中，然后 CPU 便转入相应的中断处理子程序开始执行。

⑥ 进一步保护现场(对应图中的⑧)

主程序和中断处理子程序都要使用 CPU 内部寄存器等资源，为使中断处理程序不破坏主程序中寄存器的内容，应先将断点处各寄存器的内容压入堆栈保护起来，再进行中断处理。这个现场保护是由用户使用PUSH指令来实现的。

⑦ 中断服务/处理(对应图中的⑨)

中断服务是执行中断的主体部分,不同的中断请求有各自不同的中断服务内容,需要根据中断源所要完成的功能,事先编写相应的中断处理子程序存入内存,等中断请求响应后调用执行。为实现中断嵌套过程,可在中断处理子程序中插入开中断指令。

⑧ 进一步恢复现场(对应图中的⑩)

此过程是进一步保护现场⑧的逆过程。当完成中断处理以后,用户应通过POP指令将保存在堆栈中的各寄存器的内容弹出,以恢复主程序断点处寄存器的原值。

⑨ 中断返回(对应图中的⑪和⑫)

在中断处理子程序的最后要安排一条中断返回指令IRET。执行该指令,系统自动将堆栈内保存的IP和CS值弹出,从而恢复主程序断点处的地址值,同时还自动恢复标志寄存器FR的内容,使CPU转到被中断的程序中继续执行。

(5) 中断优先级判优

在微机系统中,中断源种类繁多、功能各异,它们在系统中的重要性不同,要求CPU为其服务的响应速度也不同,所以需给中断源以编号,并按任务的轻重缓急为中断源排队,以确定每个中断源在接受CPU服务时的优先等级,即称之为中断优先级。当有多个中断源同时向CPU提出中断请求时,中断控制逻辑应能够自动地按照中断优先级进行排队,即称之为中断优先级判优,然后选出当前优先级最高的中断对其进行处理。一般情况下,系统的内部中断优先于外部中断,而外部中断中的不可屏蔽中断优先于可屏蔽中断。

一般地,解决中断优先级问题的方法有3种:软件方法、硬件方法、软硬件结合的方法。3种方法对应的具体名称分别是软件查询方式、菊花链法、专用硬件方式。

① 软件查询方式

软件查询方式的基本原理是:当CPU接收到中断请求信号后,便执行优先级判优的查询程序,逐个检测外设中断请求标志位的状态,检测顺序按优先级的高低顺序来进行,即最先检测到的中断源具有最高的优先级,最后检测到的中断源具有最低的优先级。CPU首先响应优先级最高的中断请求,在处理完优先级最高的中断请求后,再转去响应并处理优先级次高的中断源请求,以此类推。

由此可见,软件查询方式是用程序的优先级来确定设备的优先级。虽然此方式可以节省硬件,但当中断源的数量较多时,从设备发出中断请求到CPU转入相应的中断处理子程序入口的时间较长,因此,只适合在中断源的数量不多的情况下使用。

② 菊花链法

菊花链法是一种简单的硬件方式,它从硬件上根据接口的位置决定自身的优先级,即越靠近CPU的接口优先级越高。

如图7.6(a)所示,一方面,若某接口有中断请求(高电平信号),则本级的菊花链逻辑电路就会对$\overline{\text{INTA}}$信号进行拦截,使$\overline{\text{INTA}}$信号不再传到它右边的下一接口;另一方面,若某接口没有中断请求(低电平信号),则本级的菊花链逻辑电路就会放行$\overline{\text{INTA}}$信号,从而使$\overline{\text{INTA}}$信号原封不动地向右传递,这样$\overline{\text{INTA}}$信号就可抵达发出中断请求的接口。

如图7.6(b)中可见,当多个设备同时发出中断请求时,最靠近CPU的接口将先得到中断响应信号,从而先得到响应;而当此中断处理子程序运行结束时,CPU会响应此靠近

CPU 接口的中断请求，也直到这时，第二个请求服务的接口才因得到了 CPU 的响应而撤销中断请求。

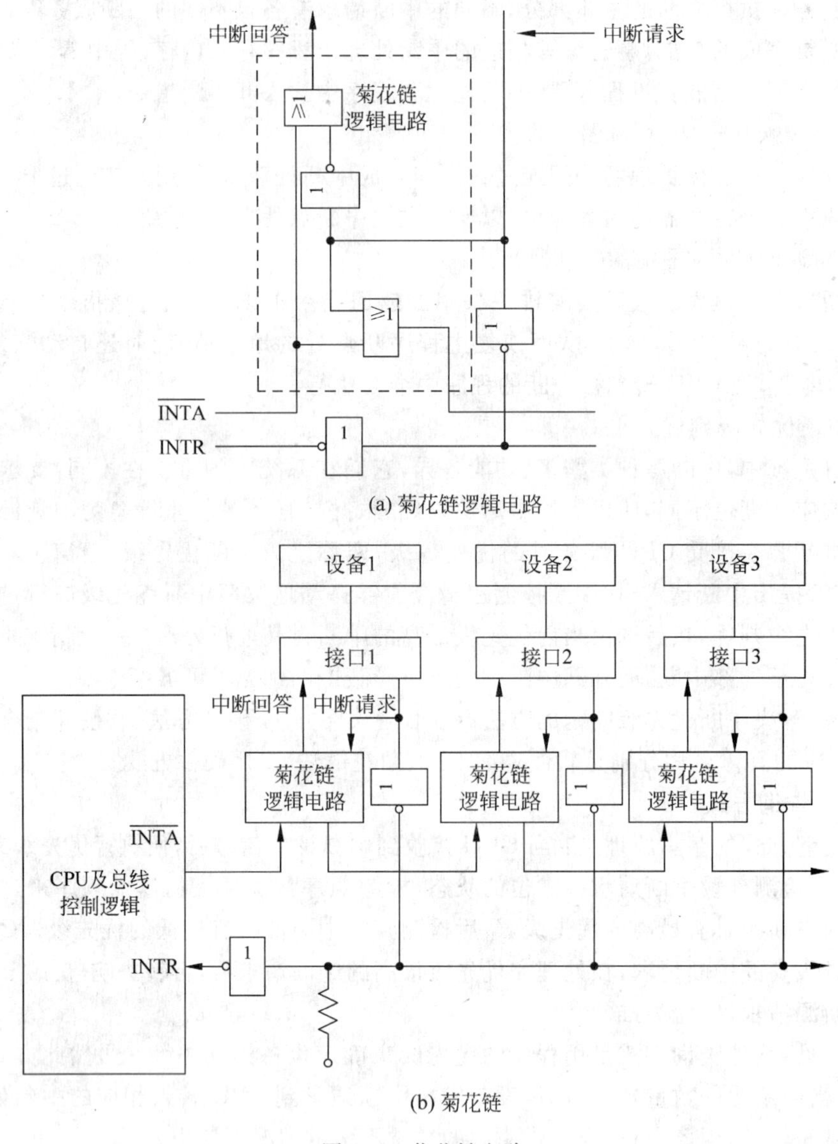

图 7.6　菊花链电路

由此可见，硬件优先级判优是采用简单的硬件逻辑电路来实现的。此方式虽然可节省 CPU 的时间，且执行速度较快，但灵活性较差，即若要改变设备优先级的顺序需改变硬件逻辑电路才行。

③ 专用硬件方式

专用硬件方式是目前微机系统中最常用的中断优先级管理方法，它是采用可编程的中断控制器进行中断优先级的管理的。从图 7.7 典型的可编程中断控制器可以看出，一方面，中断控制器与 CPU 的 INTR 和$\overline{\text{INTA}}$引脚相连；另一方面，来自外设接口的中断请求信号并行地送到中断控制器的中断请求锁存器(IRR)中。当某个外部中断请求被优先级管理逻辑(PR)判为当前级别最高时,对应中断请求的序号就会送到当前服务寄存器(ISR)中,以作为今后判决是否进行中断嵌套的依据。然后,中断控制器向 CPU 发出一个中断请求信号,如果 CPU 的 IF 位为 1,CPU 便会发出中断响应信号。当中断控制器收到中断响应信号的第 2 个负脉冲后,便将中断类型码 N 发给 CPU。

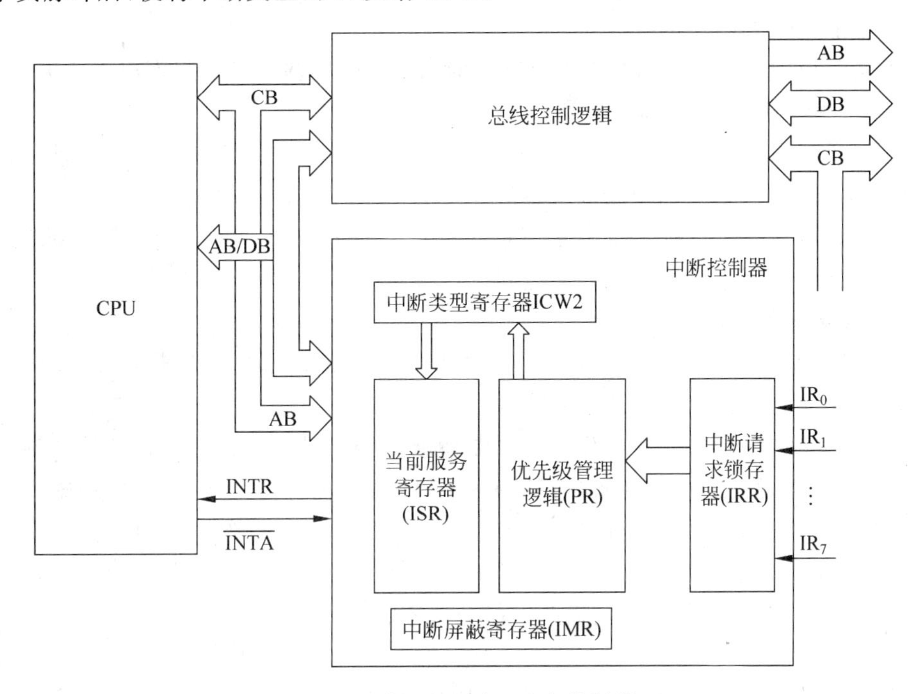

图 7.7 典型的可编程中断控制器

由此可见,此方式中优先级较低的中断请求会受到阻塞,直到高优先级的中断处理子程序执行完毕,或利用程序中的指令引起"当前服务寄存器"的对应位清零时,才有可能使优先级较低的中断请求得到响应。正是由于中断控制器中的"中断屏蔽寄存器"、"中断类型寄存器"是可编程的,"当前服务寄存器"及优先级排列方式也是用软件控制和设置的,所以该方式使用起来非常灵活、方便,进而得到了广泛应用。

(6) 中断系统的作用

中断系统是现代微机重要的组成部分,它可使微机完成系统故障检测和自动处理、实时信息处理、并行操作和分时处理等操作。

① 系统故障检测和自动处理。微机系统出现电源掉电、运算溢出等故障和程序执行错误都是事先无法预料的随机事件,采用中断技术可有效地进行系统的故障检测和自动处理。

② 实时信息处理。在实时信息处理系统中,为避免信息的丢失需对采集的信息立即做出响应,采用中断技术可以完成信息的实时处理。

③ 并行操作。当外部设备与 CPU 以中断方式传送数据时,可以实现 CPU 与外部设备之间的并行操作,从而使系统更加有效地发挥效能,最大程度地提高效率。

④ 分时处理。现代操作系统具有多任务处理功能,使一个微处理器同时运行多道程序,通过定时和中断方式,可将 CPU 按时间分配给每个程序,从而实现多任务之间的定时切换与处理。

(7) 中断系统的功能

中断技术是微机中一种重要而复杂的技术,中断系统由硬件和软件共同构成。一般地,中断系统应具备设置中断源、中断源识别、中断源判优和中断处理与返回等功能。

① 设置中断源。所谓中断源是指系统中允许请求中断的事件,而设置中断源就是确定中断源的中断请求方式。

② 中断源识别。当某中断源有中断请求时,CPU 应能够正确地判别出该中断源,进而能够转去执行相应的中断处理子程序。

③ 中断源判优。当有多个中断源同时发出中断请求时,中断系统仍能够自动地进行中断优先级判断,优先级最高的中断请求将优先得到 CPU 的响应和处理。

④ 中断处理与返回。在响应中断请求执行中的处理子程序前,应能够对断点进行保护,自动地在中断处理子程序与主程序之间进行跳转。

(8) 中断请求触发器

当外部中断源希望 CPU 为它服务时,便产生一个中断请求信号加载到 CPU 的中断请求输入端,这就形成了外部中断源对 CPU 的中断请求。

由于每个外部中断源向 CPU 发出的中断请求信号都是随机的,而 CPU 是在现行指令执行结束后才检测是否有中断请求的,所以在 CPU 执行现行指令期间,需要把随机产生的中断请求信号锁存起来,并保持到 CPU 响应这个中断请求后才撤除。为此,需为每个中断源设置一个中断请求触发器,以记录中断源的请求标志。当有中断请求产生时,该触发器被置位;当 CPU 响应该中断请求后,该触发器被清零。

(9) 中断源识别

在微机系统中,不同的中断源对应着不同的中断处理子程序,且中断处理子程序被存放在不同的存储区域中。当系统中有多个中断源时,一旦发生中断,CPU 必须确定是哪一中断源提出了中断请求,以便获取相应的中断处理子程序的入口地址,进而转入中断处理,这就需要识别中断源。

一般地,微机系统采用中断向量方式来识别中断源。所谓中断向量是指中断处理子程序的入口地址。系统为每一个外设都预先指定一个中断向量,当 CPU 识别出某一设备请求中断并予以响应时,中断控制逻辑就将该设备的中断向量送给 CPU,进而转去执行相应的中断处理子程序。

(10) 中断嵌套

在中断优先级已确定的情况下,设某中断源向 CPU 发出中断请求,且得到了 CPU 的响应。之后,当 CPU 正在为其服务时,若有优先级比它高的中断源向 CPU 发出中断请求,则中断控制逻辑能够控制 CPU 暂时搁置现正在执行的中断处理子程序,转而响应新到达的高优先级的中断请求,执行其中断处理子程序。待高优先级的中断处理完毕后,再返回先前被搁置的中断处理子程序继续执行;若有优先级比它低或同级中断源向 CPU 发出中断请求,则 CPU 均不予以响应。这种高优先级中断源会中断低优先级中断源的服务,使中断处理子程序嵌套进行的过程即为中断嵌套。

(11) 中断允许与屏蔽

在微机系统中,中断的允许与屏蔽通常分为两级来考虑,一级是针对 CPU 的可屏蔽中断请求(INTR)是否被允许进入系统。处理的方法是在 CPU 内部设置一个中断允许标志

IF，用来开放或关闭可屏蔽中断，该中断允许标志可以用指令置位或清零。当中断允许标志置位时，称为开中断，即允许 CPU 响应 INTR 请求；当中断允许标志清零时，称为关中断，即禁止 CPU 响应 INTR 请求。另一级是在中断控制器中，为每一个中断源设置一个中断允许触发位，用它们来控制开放或屏蔽中断源的请求。这样一来，只有在对应某一中断源的中断允许触发位是开放的，且 CPU 内部的 IF 位置 1 时，此中断源发出的中断请求才可能得到响应。

7.4.2　DMA 方式

在直接存储器存取(Direct Memory Access，DMA)方式下，由外设向 DMA 控制器发出传送请求，DMA 控制器转而向微处理器发出总线保持请求，DMA 控制器在获得总线控制权后，便可利用系统总线完成外设与存储器之间的高速直接数据传送。

1. DMA 方式的提出

在程序控制下的数据传送机制中，无论是程序传送方式还是中断传送方式都是通过 CPU 完成的，而 CPU 的指令系统只支持 CPU 与存储器或 CPU 与外设的数据传送，那么如果存储器要与外设进行数据交换，就需要经过 CPU 的累加器中转，而且若传送是以数据块方式进行的，还需加上检查是否传送完毕及修改内存地址等操作，这就不可避免地要花费一些时间。这样一来，如果外设的数据传送率较高，即使尽可能地压缩非数据传送时间，也仍然无法满足要求，为此，需要改变程序控制下的数据传送方式，以提高存储器与外设间的传送速度，DMA 方式就是在这种背景之下产生的。

DMA 方式是让存储器与高速外设直接交换数据，而无需 CPU 的干预。但是 DMA 方式的传送虽然绕开了 CPU，并不意味着 DMA 传送不需要任何硬件来进行控制与管理。通常在 DMA 传送方式中，由 DMA 控制器(DMAC)这一硬件负责控制 DMA 传送的全过程，这种由专门硬件装置 DMAC 控制下的传送方式是应外设请求在硬件控制下完成的数据传送，具有极高的数据传送速率。

使用 DMA 方式不仅可以支持外设与存储器的高速直接传送，而且在变通后，还可支持存储器与存储器、外设与外设的高速直接传送。为能进行数据块的传送，DMAC 应具有修改地址指针、统计传送次数，及判断传送是否结束等多项功能。

2. DMAC 的功能

概括起来，DMAC 包括如下功能：

① 能接收外设发来的 DMA 请求，并转而向 CPU 发出总线保持请求信号。

② 在 CPU 响应总线保持请求且发出总线保持允许响应信号后，能接管对总线的控制。

③ 得到总线控制权后，能发出地址信号，以确定数据传送的存储单元，并能自动修改地址指针。为此，DMAC 内部设有地址寄存器。一开始，由软件向此地址寄存器中设置 DMA 的首地址，在 DMA 传送过程中，每传送一个字节，其值便自动增/减 1，以指向下/上一个要传送的字节。

④ 在 DMA 传送期间，能发出读/写控制信号。

⑤ 能确定传送数据的字或字节数，判断传送任务是否完成。为此，DMAC 内部设有一个字节计数器，用来存放所传送的字节数。一开始，由软件向此字节计数器设置计数初值。

在DMA传送过程中,每传送一个字节,其值便自动减1,减到0时DMA传送过程结束。

⑥ 传送任务完成时,能向CPU发出DMA操作的结束信号,将总线控制权交还给CPU。

3. DMA方式的传送过程

DMA方式的一般传送过程如下:

① 对CPU而言,DMAC是一个接口,在DMAC控制总线之前,CPU必须针对某输入/输出设备将有关参数预先写入DMAC的内部寄存器中,包括设置DMA首地址和计数初值。

② 一旦输入/输出设备有传送要求,便将向DMAC发送“DMA请求”,该信号维持到DMAC响应为止。

③ DMAC接收到外设发来的DMA请求后,转而向CPU发出总线保持请求信号;在CPU响应总线保持请求且发出总线保持允许响应信号后,DMAC接管对总线的控制。

④ DMAC向输入/输出设备发送读/写控制信号,同时向存储器发送存储单元地址和写/读控制信号,完成一个字节的传送。

⑤ DMAC具有自动增减内部地址和字节计数功能,据此判断DMA传送任务是否完成。

⑥ 如果传送任务尚未完成,返回到④继续传送;如果传送任务已完成,则使发向CPU的总线保持请求信号无效,在CPU收回总线控制权后重新接管对总线的控制。

4. 两种DMA方式

DMA有单个数据传送和数据块传送两种方式。

图7.8为DMA方式输出单个数据的原理图。其中的①~⑨即表达了DMA方式输出单个数据的完整过程。

当用DMA方式向外设输出一个数据块时,传送过程如下:

① 接口准备就绪后往DMAC发一个DMA请求;

② DMAC向CPU发总线保持请求;

③ DMAC得到CPU送来的总线允许响应信号,从而得到总线控制权;

④ DMAC把地址寄存器的内容送到地址总线上;

⑤ DMAC往接口发一个响应DMA传送的信号;

⑥ 地址总线所指出的内存单元的数据送到数据总线;

⑦ 接口锁存数据总线上的数据;

⑧ DMAC中地址寄存器的值加1或减1,DMAC中字节计数器的值减1;

⑨ 若字节计数器的值不为0,则回到④;

⑩ 否则,撤销总线请求,交还总线控制权,CPU收回总线控制权,结束DMA传送。

5. DMA控制器的内部最小配置和接口要求

DMA控制器的内部最小配置和接口要求如图7.9所示。

为给出一个典型的启动数据块输入的程序段,现设定一些标号:用INTSTAT代表接

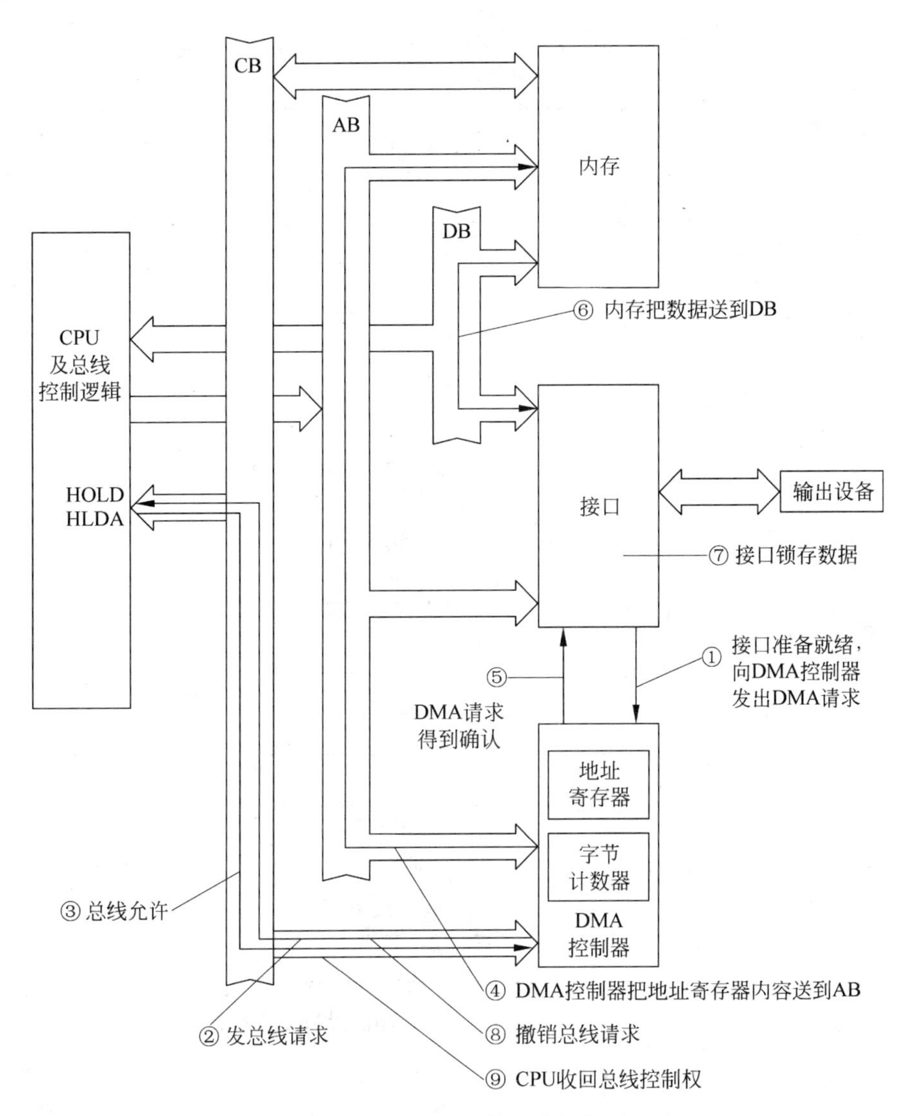

图 7.8 DMA 方式输出单个数据的原理图

口的状态寄存器，用 INTCON 代表接口的控制寄存器；用 DMACON 代表 DMAC 中的控制寄存器；用 BREG 代表 DMAC 中的字节计数器，用 AREG 代表 DMAC 中的地址寄存器。更具体的位所表示的含义如下。

例如，设 INTSTAT 的 D_2 位为 I/O 设备的忙位：1——忙；0——闲。

INTCON 的 D_0 位为数据传输方向：1——输入；0——输出。

INTCON 的 D_2 位为接口允许位：1——启动 I/O 操作；0——不启动 I/O 操作。

DMACON 的 D_0 位为传输方向控制：1——输入；0——输出。

DMACON 的 D_3 位为 DMAC 允许位：1——可接收 DMA 请求；0——不接收 DMA 请求。

DMACON 的 D_6 位为传送方式选择位：1——数据块传送方式；0——单个数据传送方式。

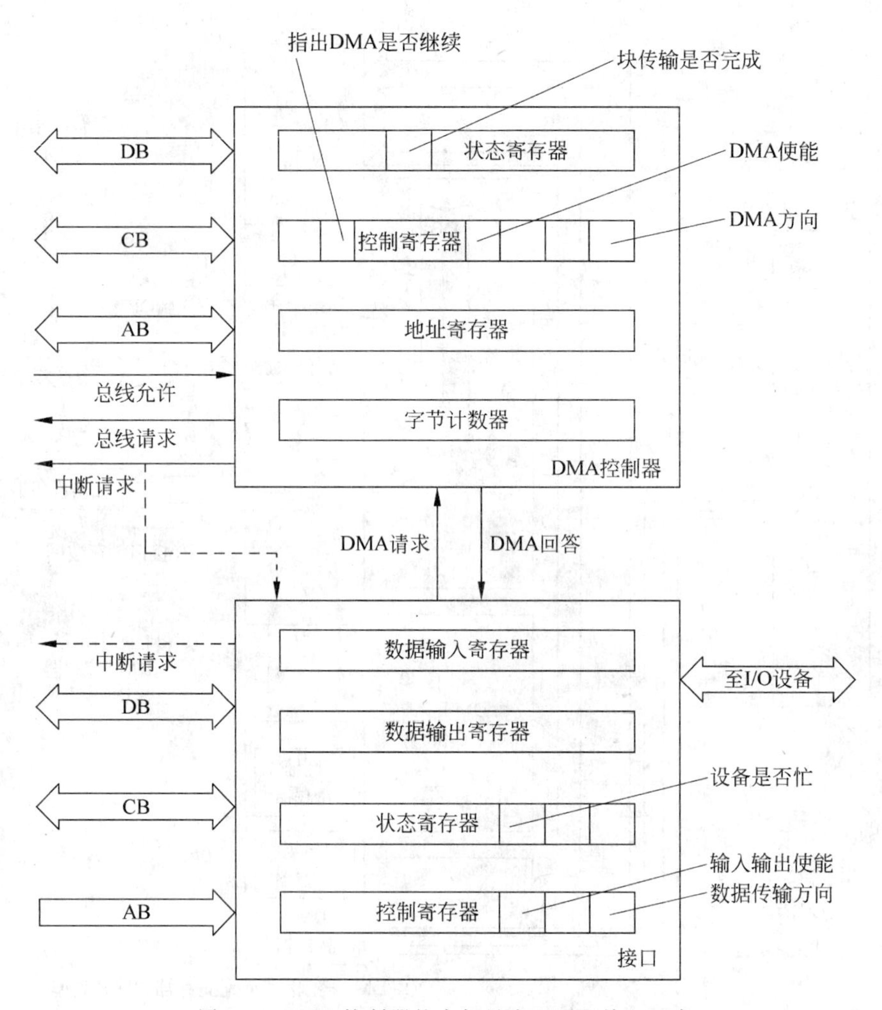

图 7.9　DMA 控制器的内部最小配置和接口要求

则，启动数据块输入的程序段为：

```
IDLE:  IN    AL,INTSTAT
       TEST  AL,04H        ; 检测外设是否处于忙状态
       JNZ   IDLE
       MOV   AX,COUNT
       OUT   BREG,AX       ; 设置计数初值
       LEA   AX,BUFFER
       OUT   AREG,AX       ; 设置地址初值
       MOV   AL,DMACON
       OR    AL,49H        ; 设置 DMA 控制字
       OUT   DMACON,AL
       MOV   AL,INTCON
       OR    AL,05H        ; 设置接口控制字
       OUT   INTCON,AL
```

6. DMAC 的工作特点

DMAC 的主要工作特点包括两个方面：

(1) DMAC是一个特殊的接口

一方面,DMAC本身是一个接口电路,也有I/O端口地址,CPU可以通过端口地址对DMAC进行读/写操作,此时,DMAC为总线从模块;另一方面,DMAC在获得总线控制权后成为总线主模块,可以控制系统总线,操纵外设与存储器之间的直接数据传送,而这一功能是一般接口电路所不具有的,所以DMAC又不同于一般的接口电路。也正因为DMAC在系统中充当着总线主模块和总线从模块的双重角色,才造成了DMAC的地址引脚是双向的。

(2) DMAC在传送数据时不用指令

DMAC在传送数据时不用指令,而是通过硬件逻辑电路用固定顺序发地址及发读/写信号来实现高速数据传送的。在此过程中,不用指令,数据不经过CPU,而是直接在外设和存储器之间进行高速传送的。

7.4.3 输入/输出过程中涉及几个共性问题

以上介绍了微处理器与外设间进行数据传送的两种机制。事实上,在输入/输出过程中涉及几个共性问题,即系统与接口的联系方式、优先级和缓冲区等问题。

1. 系统和接口的联系方式问题

系统和接口的联系方式问题即是指系统如何知道接口部件已经准备就绪,数据等待CPU提取或准备接收CPU送来数据的问题。

(1) 对查询方式,由程序来检测接口中状态寄存器中的"READY"位,确定当前是否可以进行数据传送。

(2) 对中断方式,由接口主动向CPU发出中断请求,若CPU响应此中断便通过运行中断处理子程序进行数据传送。

(3) 对DMA方式,由接口向DMAC发出DMA请求,DMAC转而往CPU发总线保持请求,得到总线控制权后,就可在没有CPU干预的情况下进行高速数据传送。

2. 优先级问题

优先级问题即指当系统中有多个外设采用同一种传送方式,且同时发传送请求时,系统到底先响应哪个请求的问题。在实际系统中,一般有三种方法设计同类接口的优先级。

(1) 以软件为基础的软件方法。该方法较为简便、灵活,但速度慢。

(2) 以硬件为基础的硬件方法。该方法速度快,但灵活性差。

(3) 软硬件结合的方法。例如,中断控制器内部有中断优先级管理部件,可灵活地通过软件对优先级管理方式进行设置,兼具了前两种方法优点,是一种有效解决优先级问题的方法。

3. 缓冲区问题

缓冲区问题即是指在系统与外设间传送一系列数据时,需用到内存缓冲区(简称缓冲区)存放从外设输入的数据或待输出到外设的数据,以便传送完后再被使用的问题。

(1) 单缓冲区方式。以命令行缓冲区为例:微机从键盘接收用户的命令,但需等到整个命令行输入完毕后才能对该命令做出解释,所以,由键盘输入的字符先要存入命令行缓冲区,直到遇见回车符后才作处理。

(2) 双缓冲区方式。当一个缓冲区装满时,便将操作转向另一个缓冲区输入。

(3) 多缓冲区方式。以计算机网络上一台主机与四个主机用户同时进行通信为例:在这种情况下,该主机上就要开辟四个专用缓冲区,分别对应与其通信的四个主机用户。

7.4.4 I/O处理器的数据传送

随着微机系统中外设的增多以及性能的提高,CPU对外设的服务任务不断加重。为了提高整个系统的效率,CPU需要摆脱对I/O设备的直接管理和频繁的输入/输出业务,于是专门用来处理输入/输出的I/O处理器(IOP)应运而生。例如,Intel 8089就是一种专门配合8086/8088使用的I/O处理器芯片。以8089为例,IOP在完成任务时拥有以下手段。

(1) 有自己的指令系统。有些指令专门为输入/输出操作而设计,可以完成外设监控、数据拆卸装配、码制转换、校验检索、出错处理等任务。也就是说,它可以独立执行自己的程序。

(2) 支持DMA传送。例如,8089内就有两条DMA通道。

在系统中,IOP与CPU的关系如下:在宏观上主CPU指导IOP,在微观上,IOP负责输入/输出及数据的有关处理,两者通过系统存储区交换各种信息,包括数据、命令、状态,及主CPU要IOP执行的程序的首地址等。

图7.10表示了两者的联络情况。当主CPU将各种数据放入系统存储区后,用"通道注意"信号CA通知IOP从系统存储区中获取参数并执行有关操作。一旦操作完成,IOP既可在系统存储区中设立状态标志,等待主CPU查询,也可向主CPU发送中断请求信号,通知它采取下一步行动。

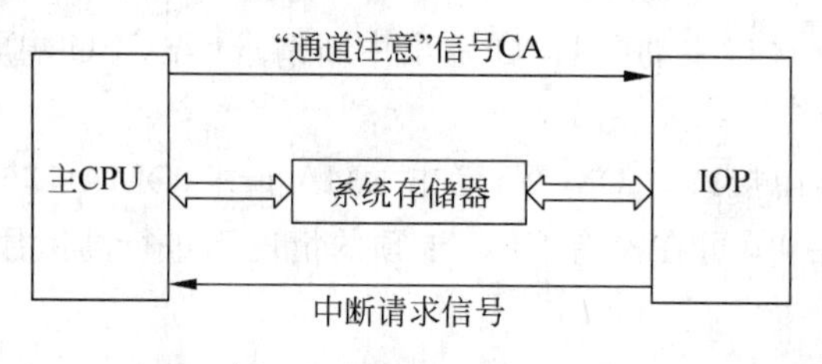

图7.10 IOP与CPU的联络

由此可知,IOP与主CPU基本上是并行工作的,它们都要对系统存储器进行读/写操作,因而其并行程序要受到系统总线的限制。

7.5 小结与习题

7.5.1 小结

本章是从微机原理介绍到接口技术的过渡章,分4节重点阐述了微机与外设的数据传送问题。首先概括了接口电路在系统中所起的作用;然后,对微处理器与外设之间传送的三类信息进行了说明;之后,给出了接口电路的一般结构及接口电路芯片的分类;最后介绍了微处理器与外设间数据传送的3种机制,其中重点阐述了程序控制下的数据传送和DMA传送两种机制,并对两种机制中涉及的共性问题及解决方法做了归纳。

7.5.2　习题

1. 存储器需要通过接口电路与总线相连吗？为什么？

2. 为什么外设一定要通过接口电路与总线相连？

3. 是否只有串行和模拟外设才需要接口电路与总线相连，为什么？

4. 接口电路芯片按功能被划分成几类？它们的作用分别是什么？

5. CPU 与外设之间传送的信息有哪几类？并分别加以说明。

6. CPU 与外设之间传送的数据信息有哪几种类型？

7. 一个双向工作的接口芯片通常含有哪几个寄存器？

8. CPU 与外设之间的数据传送方式有哪几种？

9. 什么是端口？通常意义下有哪几类端口？对 I/O 端口的编址可采用什么方案？在 8086 系统中采用的是哪种方案？

10. 无条件传送方式可应用在什么场合？

11. 条件传送方式的数据传送过程是什么？在具有多个外设的系统中，利用条件传送方式进行数据传送适合吗？为什么？

12. 设某接口的数据输入端口地址为 0100H，状态端口地址为 0104H，状态端口中的 D_5 位为 1 时表示输入缓冲器中有一个字节已准备好，可以输入。设计出具体程序段，以实现查询式输入。

13. 查询传送方式有什么优缺点？中断方式为什么能弥补其缺点？

14. 叙述可屏蔽中断的响应过程。

15. 通常解决中断优先级的方法有哪几种？它们各自的特点是什么？

16. 与 DMA 方式相比，中断传输方式有什么不足？

17. 叙述 DMA 方式输入单个数据的全过程。

18. 为什么 DMA 控制器有双向地址引脚？各用于什么时候？

19. 在设计一个启动 DMA 传输的程序段时，需包括哪些必要的程序子模块？

20. 查询、中断、DMA 三种数据传送方式分别采用什么方法启动数据传输过程？

21. 状态信息和控制信息都是通过数据总线来传送的吗？为什么？

22. DMA 方式与中断方式以及查询方式在本质上有什么不同？

P A R T 3

第三篇

接口篇：接口技术

CHAPTER 8

第8章 中断控制器8259A

主要内容：

- 8259A功能概述。
- 8259A内部结构。
- 8259A引脚信号。
- 8259A工作方式。
- 8259A命令字。
- 8259A级联系统。
- 小结与习题。

8.1 8259A功能概述

由于CPU上只有一个接收可屏蔽中断请求的INTR端，所以在有多个中断源的系统中，就需要有用于解决中断管理问题的一个部件。中断控制器8259A就是Intel公司为此目的而设计开发的接口芯片，它将中断源优先级判优、中断源识别和中断屏蔽等电路集于一体，无需附加其他电路便可对外部中断进行有效管理。一方面，8259A可接收多个外部中断源的中断请求，进行优先级判断，并选中当前优先级最高的中断请求，再将此请求送到CPU的INTR端；另一方面，当CPU响应中断并进入中断处理子程序后，8259A仍负责对外部中断请求的管理，即当某个外部中断请求的优先级高于当前正处理的中断优先级时，8259A会让此中断请求到达CPU的INTR端，并予以优先服务，从而实现中断的嵌套；而当某个外部中断请求的优先级低于当前正处理的中断优先级时，8259A不会让该中断请求到达CPU的INTR端。

单片8259A可以管理8级外部中断，在多片级联方式下，可管理多达64级的外部中断。概括起来，8259A具有如下四个主要功能：

① 一片8259A可接收8级外部中断，并对其进行优先级管理；

② 用9片8259A组成的级联系统，可接收64级外部中断，并对其进行优先级管理；

③ 可对外部中断源进行屏蔽或允许；

④ 能自动送出相应的中断类型码，从而使 CPU 迅速找到中断处理子程序的入口地址。

8.2 8259A 内部结构

8259A 的内部结构如图 8.1 所示，它由 8 个部分组成，下面分别介绍各部分的作用。

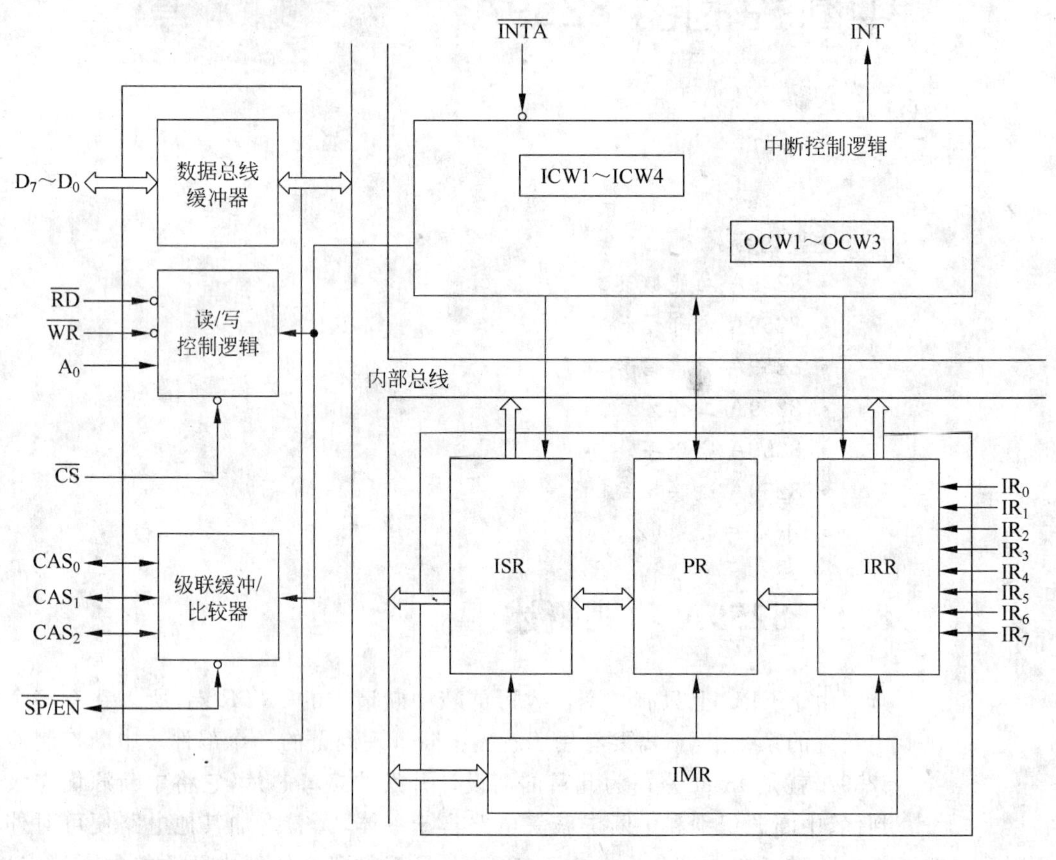

图 8.1 8259A 的内部结构

1. 数据总线缓冲器

数据总线缓冲器为三态、双向、8 位的寄存器，通常与数据总线的低 8 位相连接，构成了 8259A 与 CPU 之间传送信息的通道 $D_7 \sim D_0$。传送的信息包括 8259A 向 CPU 输入的数据和状态信息，以及 CPU 向 8259A 发送的数据和控制信息等。

2. 读/写控制逻辑

读/写控制逻辑用来接收 CPU 发送的读/写控制信号$\overline{RD}$/$\overline{WR}$、片选信号$\overline{CS}$和端口地址 A_0 选择信号，以实现 CPU 对 8259A 内部寄存器的读/写操作。

3. 级联缓冲/比较器

8259A 既可以工作于单片方式，也可以工作于多片级联方式。在工作于级联方式时，其硬件连接如图 8.2 所示。级联缓冲/比较器用于提供多片 8259A 的管理和选择功能，其中一片为主片，其余片为从片，最多可有 8 个从片，共管理 64 级外部中断。当任一从片有中断请求时，需经主片向 CPU 发出中断请求，当 CPU 响应中断时，在第 1 个 $\overline{INTA}$ 响应负脉冲周期，由主片输出被选中从片的标识，各从片在收到此标识后，与自身的标志号进行比对，如果匹配，则在第 2 个 $\overline{INTA}$ 响应负脉冲周期到来时，由该匹配的从片将中断类型码送到数据总线上，进而使 CPU 迅速找到中断处理子程序的入口地址。

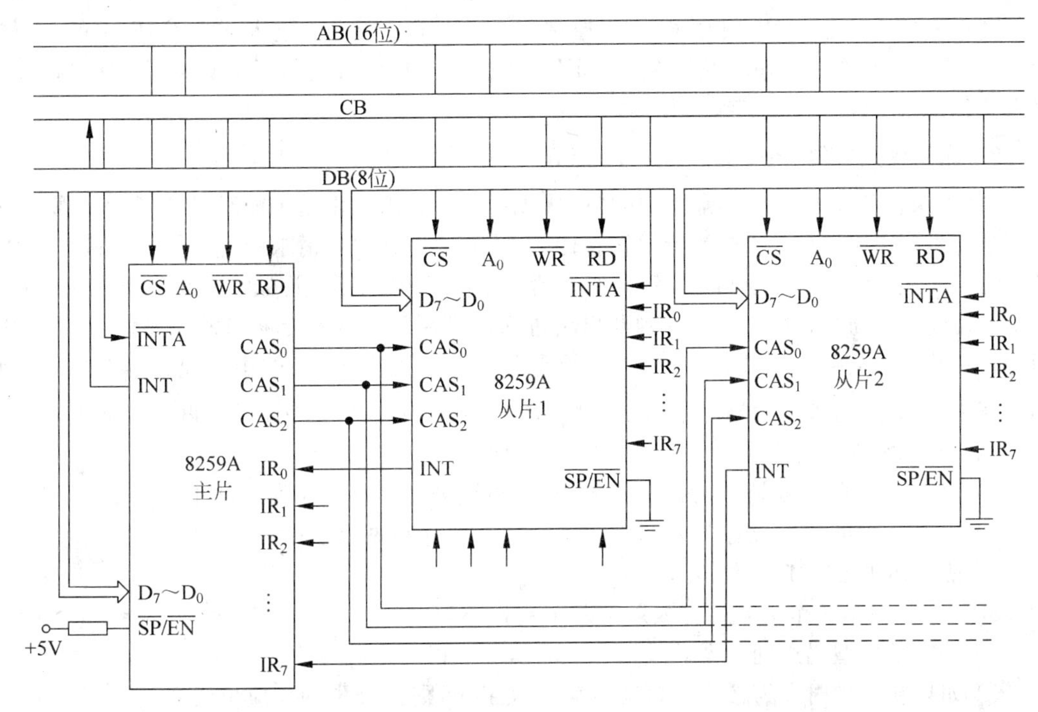

图 8.2 8259A 多片级联方式的硬件连接

4. 中断控制逻辑

中断控制逻辑可以说是 8259A 内部的控制器，整个 8259A 芯片正是在中断控制逻辑的控制下构成了一个各部件协同工作的有机整体。它按照编程所设定的工作方式管理中断，负责向片内各部件发出控制信号，并经 INT 端向 CPU 发出中断请求信号，经 $\overline{INTA}$ 端接收 CPU 的中断响应信号，进而控制 8259A 进入中断处理状态。

5. 中断请求寄存器(Interrupt Request Register，IRR)

IRR 是一个 8 位寄存器，用于存放外部输入的中断请求信号。其中的 D_7～D_0 位分别与外部中断请求信号 IR_7～IR_0 相对应。若 IR_i(i＝0～7)端有中断请求(电平或边沿触发)时，则 IRR 中的相应位 D_i 置 1；若中断请求被响应，则 IRR 的相应位 D_i 复位。IRR 的内容可用操作命令来读出。

6. 当前服务寄存器(In Service Register，ISR)

ISR 是一个 8 位寄存器，用于记录 CPU 当前正在处理的中断请求。当外部中断 IR_i(i＝0～7)的请求得到 CPU 响应而进入中断处理时，由 CPU 发来的第一个中断响应负脉冲将 ISR 中的相应位 D_i(i＝0～7)置 1。ISR 的复位则由 8259A 的中断结束方式所决定，即若

8259A 初始化时被定义为自动结束方式，则由 CPU 发来的第二个中断响应负脉冲的后沿将 D_i 位清 0；若定义为非自动结束方式，则由 CPU 发来的中断结束命令将 D_i 位清 0。当有中断嵌套时，ISR 中会有多位同时被置 1。另外，ISR 的内容也可用操作命令来读出。

7. 中断屏蔽寄存器(Interrupt Mask Register，IMR)

IMR 是一个 8 位寄存器，用来存放对各中断请求的屏蔽信息。它的 8 个屏蔽位 $D_7 \sim D_0$ 与外部中断请求 $IR_7 \sim IR_0$ 相对应，用于控制 IR_i 的请求是否允许进入。当 IMR 中的 D_i 位为 1 时，表示对应的 IR_i 请求被屏蔽；当 IMR 中的 D_i 位为 0 时，表示允许对应的中断请求进入。IMR 的值称为屏蔽字，可通过编程来设定。

8. 优先权判决器(Priority Resolver，PR)

PR 用来管理和识别各中断请求信号的优先级别。当出现多重中断时，PR 把新出现的中断请求与当前正在处理的中断进行优先级比较，从而确定新中断请求的优先级是否高于正在处理的中断优先级。一般原则是允许高级中断中止低级中断，不允许低级中断中止高级中断，也不允许同级中断互相打断。如果判断出新进入的中断请求具有足够高的优先级，则 PR 会通过相应的逻辑电路向 CPU 发出一个中断请求。之后，如果 CPU 的中断允许是开放的，则 CPU 会执行完当前指令后响应中断，此时，CPU 从 $\overline{INTA}$ 端向 8259A 发出两个负脉冲。

8259A 收到第 1 个负脉冲完成以下 3 个动作：

① 使 IRR 接收中断请求的锁存功能失效，指导第 2 个负脉冲到达时才恢复锁存功能；

② 使 ISR 中的相应位置 1，以作为 PR 以后判决的判决依据；

③ 使 IRR 中的相应位清 0。

8259A 收到第 2 个负脉冲完成以下两个动作：

① 将中断类型码送到数据总线上；

② 如果初始化时设为按中断自动结束方式工作，则将 ISR 的相应位清 0。

8.3 8259A 引脚信号

可编程中断控制器 8259A 是 28 引脚双列直插式芯片，单一的 +5V 电源供电。8259A 的引脚信号如图 8.3 所示。

各引脚信号功能说明如下：

(1) $D_7 \sim D_0$：双向、三态数据线。在系统中，它们与数据总线相连。

(2) $\overline{RD}$：读信号，输入，低电平有效。有效时，CPU 对 8259A 进行读操作，即将 8259A 某个内部寄存器的内容送到数据总线上。

(3) $\overline{WR}$：写信号，输入，低电平有效。有效时，CPU 对 8259A 进行写操作，即使 8259A 从数据总线上接收 CPU 发出的命令字。

(4) A_0：端口地址选择信号，输入。用于指出 8259A 对应的两个端口地址，即由 8259A 完成片内译码，指出 8259A 对应的端口地址，其中一

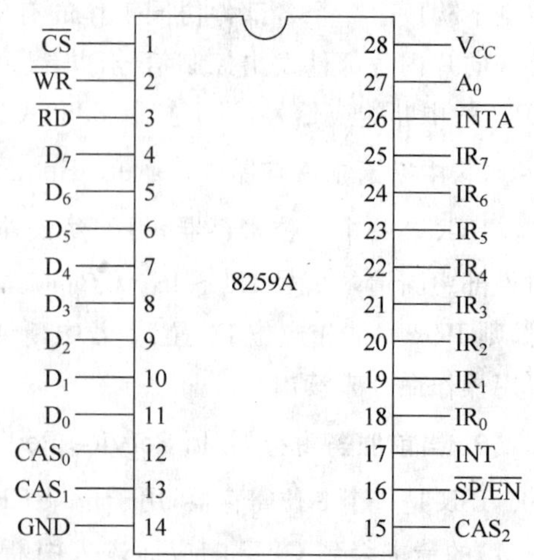

图 8.3 8259A 的引脚信号

个为偶地址，一个为奇地址，且要求偶地址较低，奇地址较高。

(5) $\overline{CS}$：片选信号，输入，低电平有效。当$\overline{CS}$有效时，本片 8259A 被选中。有关寄存器的端口地址分配及读/写操作功能见表 8.1。

表 8.1　8259A 端口分配及读/写操作功能

$\overline{CS}$	$\overline{WR}$	$\overline{RD}$	A_0	D_4	D_3	功　能
0	0	1	0	1	×	写 ICW1
0	0	1	1	×	×	写 ICW2
0	0	1	1	×	×	写 ICW3
0	0	1	1	×	×	写 ICW4
0	0	1	1	×	×	写 OCW1
0	0	1	0	0	0	写 OCW2
0	0	1	0	0	1	写 OCW3
0	1	0	0	×	×	读 IRR
0	1	0	0	×	×	读 ISR
0	1	0	1	×	×	读 IMR
0	1	0	1	×	×	读状态端口

(6) $\overline{SP}/\overline{EN}$：双向信号线，用于主片或从片的选择或驱动信号。具体地说，它有两个用处：①当 8259A 工作于非缓冲方式时，$\overline{SP}/\overline{EN}$作为输入信号线，用于决定本片是主片还是从片，级联中从片的$\overline{SP}/\overline{EN}$端接低电平，而主片的$\overline{SP}/\overline{EN}$端接高电平；②当 8259A 工作于缓冲方式时，$\overline{SP}/\overline{EN}$作为输出信号线，由$\overline{SP}/\overline{EN}$端输出的信号启动数据总线驱动器。

(7) INT：中断请求信号。它与 CPU 的 INTR 端相连，用来向 CPU 发中断请求。

(8) $\overline{INTA}$：中断响应信号。它与 CPU 的中断响应信号$\overline{INTA}$相连，用于接收来自 CPU 的中断应答。如果 CPU 接收到中断请求信号，而此时 IF 位为 1，且正好执行完一条指令，那么，在当前总线周期和下一个总线周期中，CPU 将在$\overline{INTA}$引脚上分别发出两个负脉冲，第 1 个负脉冲作为中断响应信号，当第 2 个负脉冲结束时，CPU 读取 8259A 送来的中断类型码。

(9) $CAS_2 \sim CAS_0$：级联信号线。作为主片与从片的连接线，主片为输出，从片为输入，主片通过 $CAS_2 \sim CAS_0$ 指出具体的从片。

(10) $IR_7 \sim IR_0$：中断请求输入信号，由外设输入。一片 8259A 可以通过 $IR_7 \sim IR_0$ 连接 8 个外设，在含有多片 8259A 的级联系统中，主片的 $IR_7 \sim IR_0$ 分别与从片的 INT 端相连，以接收来自从片的中断请求。

(11) V_{CC}：+5V 电源输入信号。

(12) GND：电源地。

8.4　8259A 工作方式

8259A 的中断管理功能很强，并且具有中断优先级、中断嵌套、中断屏蔽、中断结束、中断触发，及总线连接等多种中断管理方式。这些工作方式可通过编程的方式来设置，因而使用十分灵活。

1. 中断优先级方式

8259A 中断优先级的设置方式有两种，即固定优先级方式和自动循环优先级方式。

(1) 固定优先级方式

在固定优先级的方式中，IR_7～IR_0 的中断优先级是由系统确定的。它们由高到低的优先级顺序是：IR_0，IR_1，IR_2，…，IR_7，IR_0 的优先级最高，IR_7 的优先级最低。当多个 IR_i 有请求时，优先权判决器 PR 将它们与当前 CPU 正在处理的中断源的优先级进行比较，选出当前优先级最高的 IR_i，向 CPU 发出中断请求。

(2) 自动循环优先级方式

在自动循环优先级方式中，IR_7～IR_0 的中断优先级是可以改变的。其变化规律是：当某中断请求 IR_i 的服务结束后，该中断的优先级自动降为最低，而紧跟其后的中断请求 $IR_{(i+1)}$ 的优先级自动升为最高。假设在初始状态，IR_0 有请求，CPU 为其服务完毕后，IR_0 优先权自动降为最低，排在 IR_7 之后，而其后的 IR_1 的优先级升为最高，以此类推。这种优先级管理方式可以使 8 个中断请求拥有同等优先服务的权利。

在自动循环优先权方式中，按照确定循环初始时优先级的方式，又分为自动循环方式和特殊循环方式两种。

自动循环方式的特点是：由系统指定 IR_7～IR_0 中的初始最高优先级，即指定 IR_0 的优先级最高，以后依次进行循环排队。

特殊循环方式的特点是：由用户通过置位优先级命令指定 IR_7～IR_0 中的初始最低优先级。

2. 中断嵌套方式

8259A 的中断嵌套方式有两种：全嵌套方式和特殊全嵌套方式。

(1) 全嵌套方式

全嵌套方式是 8259A 在初始化时自动进入的一种最基本的优先级管理方式。其特点是：中断优先级的管理采用固定方式(即 IR_0 优先级最高，IR_7 优先级最低)，在 CPU 执行中断处理子程序过程中，若有新的中断请求到来，只允许比当前服务的中断优先级高的中断请求进入，而对于同级或低级的中断请求则禁止。

(2) 特殊全嵌套方式

特殊全嵌套方式是 8259A 在多片级联方式下使用的一种最基本的优先级管理方式。其特点与全嵌套基本相同，只有一点差别：在 CPU 执行中断处理子程序期间，除了允许高级中断请求进入外，还允许同级中断请求进入，从而实现了对同级中断请求的特殊嵌套。

在级联方式下，主片通常设置为特殊全嵌套方式，从片设置为全嵌套方式。当主片为某一个从片的中断请求服务时，从片中的 IR_7～IR_0 的请求都是通过主片中的某个 IR_i 请求引入的。因此，从片的 IR_7～IR_0 对于主片 IR_i 来说，虽然它们属于同级，但只要主片工作于特殊全嵌套方式，由从片选出的更高优先级的中断就能实现中断嵌套。

3. 中断屏蔽方式

中断屏蔽方式是对外部中断源 IR_7～IR_0 实现屏蔽的一种中断管理方式。中断屏蔽方式有两种：普通屏蔽方式和特殊屏蔽方式。

(1) 普通屏蔽方式

普通屏蔽方式是通过中断屏蔽寄存器IMR来实现对中断请求IR_i的屏蔽的。由编程写入操作命令字OCW1将IMR中的D_i位置1,即可达到对IR_i中断请求屏蔽的目的。

(2) 特殊屏蔽方式

特殊屏蔽方式的特殊就在于允许低优先级中断请求中断正在服务的高优先级中断。这种屏蔽方式通常用于级联方式中的主片,对于同一IR_i上连接有多个中断源的场合,可以通过编程写入操作命令字OCW3来设置或取消该方式。

在特殊屏蔽方式中,先在中断处理子程序中用中断屏蔽命令来屏蔽当前正在处理的中断,同时可使ISR中对应当前中断的相应位清0,这样一来,不仅屏蔽了当前正在处理的中断,而且也真正开放了较低级别的中断请求。在这种情况下,虽然CPU仍然在继续执行较高级别的中断处理子程序,但由于ISR中对应当前中断的相应位已经清0,如同没有响应该中断一样。所以此时,对于较低级别的中断请求,8259A仍然能产生中断请求,即CPU也会响应较低级别的中断请求。

4. 中断结束方式

中断结束方式是指CPU在为某个中断请求服务结束之后,应及时清除ISR中的中断服务标志位,否则就意味着中断服务还在继续,会导致比它优先级低的中断请求无法得到响应。不管用哪种优先级方式工作,当一个中断请求得到响应时,8259A就会在ISR中设置相应位,这样是为了给PR以后判决提供判决依据。但当中断处理子程序结束时,必须使ISR中的这个相应位清0,否则就会给PR以后的判决提供错误的判决依据,致使8259A的中断控制不正常。使ISR相应位清0的动作称为中断结束处理,对应的命令称为中断结束(End Of Interrupt,EOI)命令。8259A提供了两种中断结束方式,即自动结束方式和非自动结束中断方式,而非自动结束中断又分为是普通结束方式和特殊结束方式两种。

(1) 自动结束方式

自动结束方式是利用中断响应信号$\overline{\text{INTA}}$的第2个负脉冲的后沿,自动将ISR中的对应位IS_n清零。这种最简单的中断结束方式是为缺少经验的程序员而设计的,主要是为了避免在中断处理子程序中忘记给出中断结束命令而造成的错误发生。

这种自动结束方式是由硬件自动完成的,需要注意的是:在这种方式下,对ISR中某位清零是在中断响应过程中完成的,而并非中断处理子程序的真正结束,所以,若在中断处理子程序的执行过程中有另外一个比当前中断优先级低的中断请求到来,那么由于此时8259A"失去"了用于表明当前服务尚未结束的标志,因而会导致低优先级中断请求的进入,从而扰乱了正在处理的程序。正因为如此,这种自动结束方式只适合用在系统中只有一片8259A且没有中断嵌套的场合。

(2) 普通结束方式

因为在全嵌套方式下,中断优先级是固定的,8259A总是响应优先级最高的中断,所以,保存在ISR中的最高优先级的对应位一定对应于正在执行的中断处理程序。普通结束方式就是清除ISR中优先级最高的那一位,是一种适合用在全嵌套方式下的中断结束方式。

普通结束方式是通过在中断处理子程序中编程写入操作命令字OCW2,向8259A传送一个普通EOI命令(不指定清被复位的中断的级号)来清除ISR中当前优先级最高的位。

【例 8-1】 说明中断全嵌套方式及普通结束方式的使用，它的示意如图 8.4 所示。

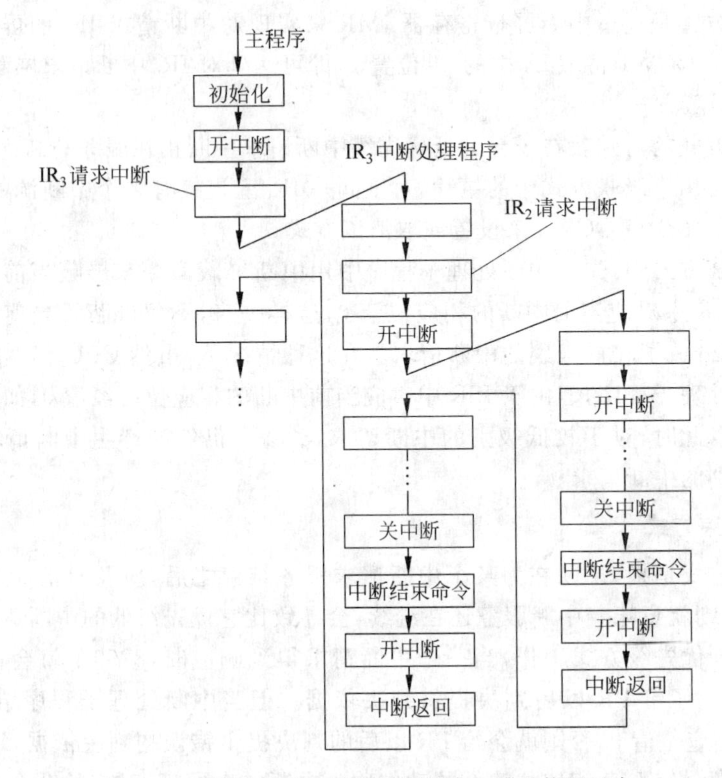

图 8.4　中断全嵌套方式及普通结束方式的使用示意

设某系统中只有一片中断控制器 8259A，主程序对 8259A 完成初始化以后，执行了开中断指令 STI 后，IR_3 端上出现一个有效的中断请求信号；CPU 响应 IR_3 中断，进入相应的中断处理程序，此时 IS_3 会置位，且自动关闭中断，使 IF＝0。事实上，每当 CPU 响应一个中断时，都会依次做 5 件事，其中一件事就是关闭中断，以避免在进入到相应的中断处理程序之前被其他的中断请求所打扰；在进入到中断处理程序之后，可适时地开放中断，以实现中断嵌套。

假设在执行 IR_3 中断处理程序不长时间，IR_2 端上又出现了一个有效的中断请求信号，但由于此时系统没有开放中断，所以该中断请求未能得到响应，直到 IR_3 中断处理程序执行了 STI 指令后，CPU 才响应 IR_2 的中断请求，将 IR_3 中断处理程序暂时挂起，转而进入 IR_2 的中断处理程序。此时，IS_2 置位，ISR 中有包括 IS_3 在内的两个位为 1。当 IR_2 中断处理程序结束时，必须先执行 EOI 命令使 IS_2 复位，然后再执行中断返回指令返回 IR_3 中断处理程序。同理，当 IR_3 中断处理程序结束时，也必须先执行 EOI 命令使 IS_3 复位，然后再执行中断返回指令返回主程序，继续执行主程序断点下面的指令。

由此可见，系统真正按照全嵌套方式工作是有条件的：①主程序必须执行 STI 指令使 IF＝1，才有可能响应中断；②由于每当进入中断处理程序时，系统都会自动关闭中断，所以，只有中断处理程序再次开放中断，才有可能嵌套较高级的中断；③每个中断处理程序结束时，必须执行 EOI 命令，使 ISR 中的对应位复位，才可返回断点。

(3) 特殊结束方式

特殊结束方式是在 EOI 命令中明确指出清 ISR 中的哪一位。由于使用该方式不会因嵌套结构出现错误,因此,它既可用于全嵌套方式下的中断结束,也可用于嵌套结构有可能遭到破坏下的中断结束。

特殊结束方式是通过在中断处理子程序中编程写入操作命令字 OCW2,向 8259A 传送一个特殊 EOI 命令(指定被复位的中断的级号)来清除 ISR 中的指定位的。

【例 8-2】 说明 EOI 命令对中断嵌套次序的影响,了解 EOI 命令的使用。中断结束命令的使用示意如图 8.5 所示。

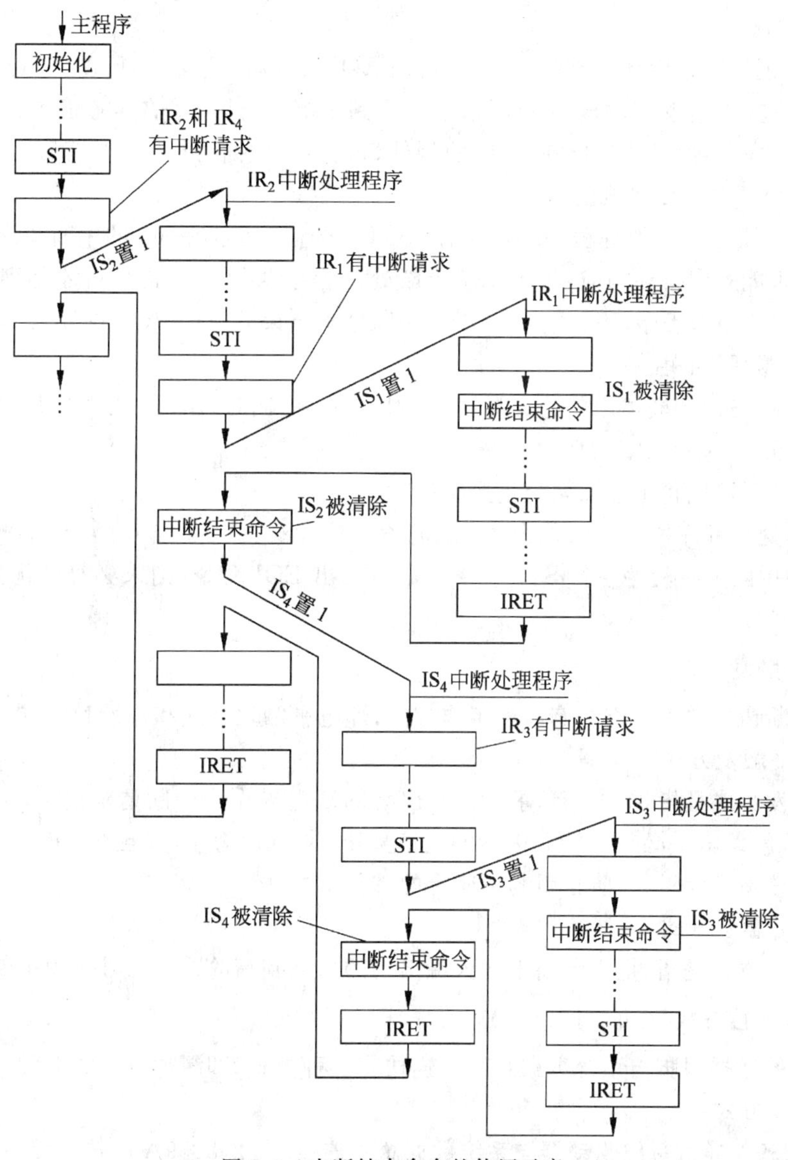

图 8.5　中断结束命令的使用示意

设某系统中只有一片 8259A,主程序对 8259A 完成初始化时,设置它不用自动结束方式工作,并设 ISR 和 IMR 当前所有的位都为 0。系统执行主程序时,假设先是 IR_2 和 IR_4 端上同时出现了中断请求，之后，IR_1 端和 IR_3 端上又依次出现了中断请求。

由于初始化之后，没有设置其他工作方式，所以，8259A 按默认的全嵌套工作方式判断优先级次序，于是，系统响应优先级高的 IR_2 的中断请求，IS_2 置 1；CPU 开始执行对应 IR_2 的中断处理程序；在 IR_2 的中断处理程序执行 STI 指令后遇到 IR_1 的中断请求，于是将 IR_2 中断处理程序挂起，IS_1 置 1；CPU 开始执行 IR_1 的中断处理程序，此时，IF 位自动清 0，IR_1 中断处理程序在返回 IR_2 中断处理程序之前，用 EOI 命令使 IS_1 清 0，用 STI 命令使系统开放中断。在这里，EOI 命令使用得较早，尽管 CPU 还要为 IR_1 服务一段时间，但对于 8259A 来说，IR_1 中断处理过程已经结束，即，中断结束命令的“结束”含义是对 8259A 而言的。

待 CPU 返回 IR_2 中断处理程序时，又使用 EOI 命令将 IS_2 清 0，所以，尽管此时 IS_2 的中断处理程序并未结束，但 IS_4 的中断请求却得到了响应，造成了在全嵌套方式下，较低优先级中断 IR_4 嵌入较高优先级中断 IR_2 的例外情况，而这种例外情况正是 IR_2 中断处理程序提前发出 EOI 命令而造成的。

CPU 进入 IR_4 中断处理程序后，在执行 STI 指令前，又遇到 IR_3 的中断请求，这时，IR_3 的中断请求未能立即得到响应，等到 IR_4 中断处理程序执行 STI 指令后才得到响应，CPU 进入 IR_3 的中断处理程序，IS_3 置位；在 IR_3 中断处理结束后返回 IR_4；在 IR_4 中断处理结束后返回 IR_2；最后返回主程序。

由此可见，虽然中断请求的达到顺序是：IR_2 与 IR_4 同时，IR_1 次之，IR_3 最后，但被服务的顺序是：$IR_1 \rightarrow IR_3 \rightarrow IR_4 \rightarrow IR_2$。

从这个例子可以得出下面两个重要结论：

① 中断处理程序执行 STI 指令才允许嵌套；

② 如果中断处理程序执行 STI 指令后提前发出 EOI 命令，则未必符合优先级规则进行嵌套。

5. 中断触发方式

按照中断请求的引入方法有两种工作方式，即电平触发方式和边沿触发方式。

(1) 电平触发方式

电平触发方式是指，把中断请求输入端出现的高电平作为中断请求信号。在这种触发方式中，要求触发电平必须保持到中断响应信号$\overline{INTA}$有效为止，并且在 CPU 响应中断后，应及时撤销该请求信号，以防止引起不应有的重复中断。

(2) 边沿触发方式

边沿触发方式是指，把中断请求输入端出现的由低到高的跳变信号作为中断请求信号。

6. 总线连接方式

8259A 的数据引脚与系统数据总线的连接有两种方式，即缓冲方式和非缓冲方式。

(1) 缓冲方式

如果 8259A 通过总线驱动器与系统数据总线连接，那么 8259A 应选择缓冲方式。当设为缓冲方式后，$\overline{SP}/\overline{EN}$即为输出引脚。在 8259A 输出状态字或中断类型码时，$\overline{SP}/\overline{EN}$输出一个低电平，用此信号作为总线驱动器的启动信号。在多片 8259A 级联的系统中，多采用缓冲方式。

(2) 非缓冲方式

如果 8259A 数据线与系统数据总线直接相连，那么 8259A 工作在非缓冲方式。当系统中只有一片 8259A，或不多的几片 8259A 工作在级联方式时，可采用非缓冲方式。在非缓冲方式下，8259A 的 $\overline{SP}/\overline{EN}$端为输入引脚，单片和主片的 $\overline{SP}/\overline{EN}$端接高电平，从片的 $\overline{SP}/\overline{EN}$端接低电平。

8.5　8259A 命令字

在 8259A 内部的中断控制逻辑中有两组寄存器，一组为初始化命令寄存器，用于存放 CPU 写入的初始化命令字 ICW1～ICW4；另一组为操作命令寄存器，用于存放 CPU 写入的操作命令字 OCW1～OCW3。

1. 初始化命令字(Initialization Command Word，ICW)

8259A 提供了 4 个初始化命令字(ICW1～ICW4)，通常是在系统开机时，由初始化程序填写的，而且必须按系统规定的顺序填写。

8259A 是中断系统的核心部件，对它的初始化编程会涉及中断系统软硬件的诸多问题，而且一旦完成初始化，所有硬件中断源和中断处理子程序都须受到其制约。

8259A 有两个连续的一奇一偶端口地址，规定 ICW1 写到偶地址端口，其余 3 个初始化命令字写到奇地址端口。

(1) ICW1 的格式

ICW1 的格式如图 8.6 所示。

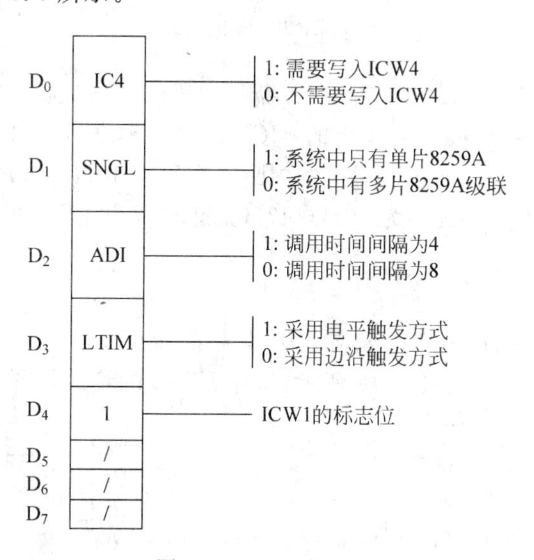

图 8.6　ICW1 的格式

D_0/IC_4 位：指示在初始化时是否需要写入命令字 ICW4。若初始化程序中使用 ICW4，则该位必须为 1，否则 8259A 不辨认 ICW4。由于在 80x86 系统中需要定义 ICW4，所以需设 $D_0/IC_4=1$。

D_1/SNGL位：指示8259A在系统中使用单片还是多片级联。当系统中只有一片8259A时，D_1/SNGL=1；当系统中有多片8259A级联时，D_1/SNGL=0(主片和从片的该位均为0)。

D_2/ADI位：设置调用时间间隔。在16位和32位微机系统中，该位不起作用，可为0，也可为1。

D_3/LTIM位：设定IR_i的中断请求触发方式。若为电平触发方式，LTIM=1；若为边沿触发方式，LTIM=0。

D_4位：ICW_1的标志位，恒为1。用于与OCW2和OCW3相区分，因为OCW2和OCW3也要求写到偶地址端口中。

D_5～D_7位：在16位和32位微机系统中未用，可为0，也可为1，通常设置为0。

(2) ICW2的格式

ICW2用于设置中断类型码，其格式如图8.7所示。

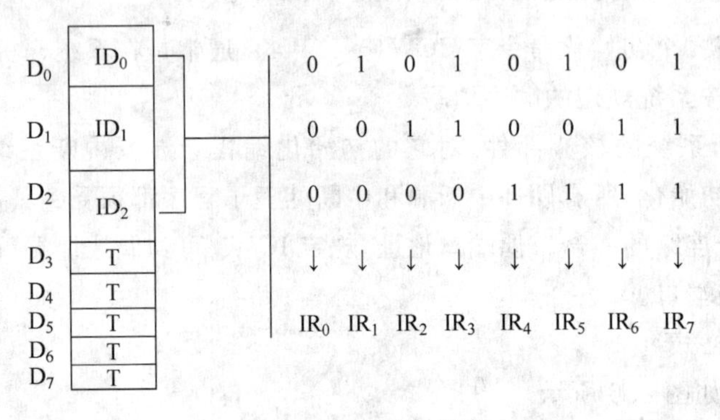

图8.7　ICW2的格式

ICW2中的低3位ID_2～ID_0并不影响中断类型码的具体数值，中断类型码的低3位是由中断请求输入端IR_i的编码自动决定的；ICW2的高5位T_7～T_3由用户编程写入。例如，若ICW2写入40H，则IR_0～IR_7对应的中断类型码为40H～47H；若ICW2写入45H，则IR_0～IR_7对应的中断类型码仍为40H～47H。这时因为40H和45H的高5位相同，所以，中断类型码相同。

(3) ICW3的格式

ICW3是级联命令字，即只在级联方式下才需要写入。主片和从片所对应的ICW3的格式不同，主片ICW3的格式如图8.8所示，从片ICW3的格式如图8.9所示。

D_0	S_0
D_1	S_1
D_2	S_2
D_3	S_3
D_4	S_4
D_5	S_5
D_6	S_6
D_7	S_7

图8.8　主片ICW3的格式

D_0	ID_0
D_1	ID_1
D_2	ID_2
D_3	0
D_4	0
D_5	0
D_6	0
D_7	0

图8.9　从片ICW3的格式

S_7～S_0 位：与 IR_7～IR_0 相对应。若主片 IR_i 引脚上连接从片，则 $S_i=1$；否则，若 IR_i 引脚上未连接从片，则 $S_i=0$。

ID_2～ID_0 位：是从片接到主片 IR_i 上的标识码。从片 ICW3 的 D_7～D_3 未用，通常设置为 0。例如，当某从片的中断请求信号端 INT 与主片的 IR_2 连接时，ID_2～ID_0 应设置为 010，从片的 ICW3 为 02H。

在 CPU 中断响应发出第 1 个中断负脉冲时，作为主片的 8259A 除完成例行动作外，还通过级联信号线 CAS_2～CAS_0 送出一个编码 ID_2～ID_0，各从片用自己的 ICW3 与此编码进行比对，如果匹配，则在中断响应的第 2 个负脉冲到来时，由该从片将中断类型码送到数据总线上。

(4) ICW4 的格式

ICW4 用于设定 8259A 的工作方式，其格式如图 8.10 所示。

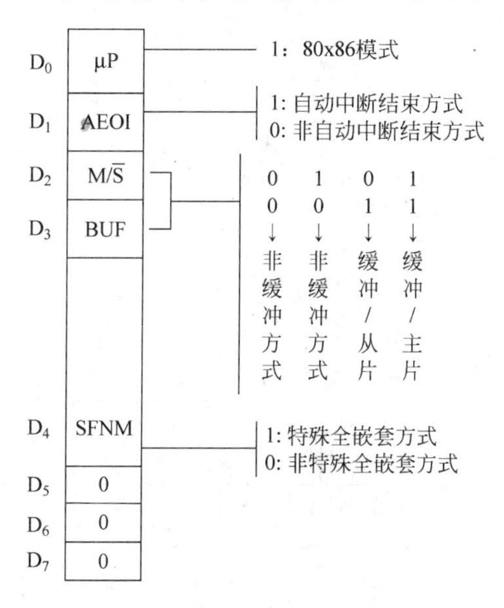

图 8.10　ICW4 的格式

$D_0/\mu P$ 位：设置 CPU 模式。若 $\mu P=1$，则为 80x86 模式，表示 8259A 当前所在系统为非 8 位系统；若 $\mu P=0$，则为 8080/8085 模式。

D_1/AEOI 位：设置 8259A 的中断结束方式。若 AEOI=1，则为自动结束方式，即当中断响应第 2 个负脉冲结束时，ISR 中的相应位会自动清零，所以，在 8259A 看来，一进入中断，中断处理似乎就已结束，从而允许其他任何级别的中断请求进入；若 AEOI=0，则为非自动结束方式。

$D_2/M/\overline{S}$ 位：选择缓冲级联方式下的主片与从片。若 $M/\overline{S}=1$，则表示本片为主片；若 $M/\overline{S}=0$，则表示本片为从片。当 BUF=0 时，$M/\overline{S}$ 位不起作用。

D_3/BUF 位：设置缓冲方式。若 BUF=1，则为缓冲方式；若 BUF=0，则为非缓冲方式。

D_4/SFNM 位：设置特殊全嵌套方式。若 SFNM=1，则为特殊全嵌套方式；若 SFNM=0，则为非特殊全嵌套方式。

$D_7 \sim D_5$ 位：恒为0,用作ICW4的标识码。

注意：当多片8259A级联时,若在8259A的数据线与系统总线之间加入总线驱动器,则$\overline{SP}/\overline{EN}$输出引脚作为总线驱动器的启动信号,BUF位应设置为1,此时主片和从片的区分不能依靠$\overline{SP}/\overline{EN}$引脚,而是由$M/\overline{S}$来选择,当$M/\overline{S}=0$时为从片；当$M/\overline{S}=1$时为主片。如果BUF=0,则$M/\overline{S}$无意义。

2. 8259A的初始化编程

在进入工作状态之前,必须对系统中的每片8259A进行初始化。通过对8259A进行初始化编程,对它的连接方式、中断触发方式和中断结束方式等进行设置。

由于ICW2～ICW4都使用奇端口,因此,初始化程序应严格按照系统规定的顺序写入,即先写入ICW1,接着写ICW2,ICW3,ICW4。8259A的初始化流程如图8.11所示。

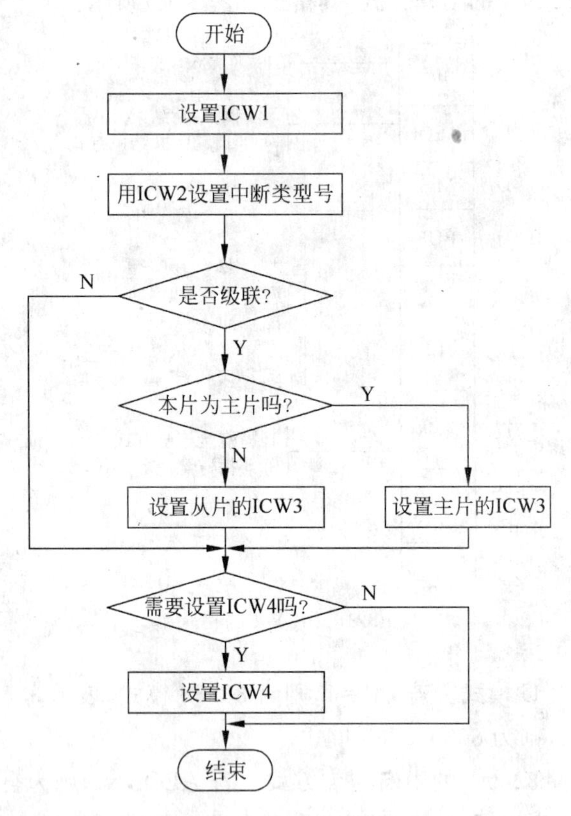

图8.11　8259A初始化流程

关于8259A的初始化,现归纳出4点说明：

① 设置初始化命令字时,端口地址是有规定的,即ICW1必须写入偶地址端口,ICW2,ICW3,ICW4必须写入奇地址端口。

② ICW1～ICW4的设置顺序是固定的,即必须先写ICW1,然后写ICW2,视具体情况决定是否写ICW3,最后写ICW4。

③ 每片8259A都必须设置ICW1和ICW2；只有在级联方式下,主片和从片才需设置ICW3；在16位和32位系统中,必须设置ICW4。

④ 在级联情况下，主片和从片的 ICW3 格式不相同。主片 ICW3 的各位对应本主片 IR_0～IR_7 引脚连接从片的情况；从片 ICW3 的高 5 位恒为 0，低 3 位对应该从片连到主片哪个 IR_i 引脚上的情况。

【例 8-3】 初始化编程。设某微机系统使用主、从两片 8259A 管理中断，从片中断请求 INT 端与主片的 IR_2 连接。设主片工作于特殊全嵌套、非缓冲和非自动结束方式，中断类型码为 40H～47H，端口地址为 20H 和 21H。从片工作于全嵌套、非缓冲和非自动结束方式，中断类型码为 70H～77H，端口地址为 80H 和 81H。试编写主片和从片的初始化程序段。

根据题意，编写初始化程序段如下。

主片 8259A 的初始化程序段为：

```
MOV     AL,00010001B            ; 级联，边沿触发，需要写 ICW4
OUT     20H,AL                  ; 写 ICW1
MOV     AL,01000000B            ; 中断类型码 40H～47H
OUT     21H,AL                  ; 写 ICW2
MOV     AL,00000100B            ; 主片的 IR2 引脚接从片
OUT     21H,AL                  ; 写 ICW3
MOV     AL,00010001B            ; 特殊全嵌套、非缓冲、自动结束
OUT     21H,AL                  ; 写 ICW4
```

从片 8259A 的初始化程序段为：

```
MOV     AL,00010001B            ; 级联，边沿触发，需要写 ICW4
OUT     80H,AL                  ; 写 ICW1
MOV     AL,01110000B            ; 中断类型码 70H～77H
OUT     81H,AL                  ; 写 ICW2
MOV     AL,00000010B            ; 接主片的 IR2 引脚
OUT     81H,AL                  ; 写 ICW3
MOV     AL,00000001B            ; 全嵌套、非缓冲、非自动结束
OUT     81H,AL                  ; 写 ICW4
```

3. 操作命令字(Operation Command Word，OCW)

操作命令字有 OCW1、OCW2 和 OCW3。操作命令字的写入比较灵活，对设置顺序没有要求，可根据需要在主程序或中断处理子程序中写入。

与初始化命令字类似，对端口地址也有严格的规定，即 OCW1 必须写入奇地址端口，OCW2 和 OCW3 必须写入偶地址端口。

(1) OCW1 的格式

OWC1 又称中断屏蔽字，是写入中断屏蔽寄存器 IMR 中的，对外部中断请求信号 IR_i 实行屏蔽，其格式如图 8.12 所示。

D_0	M_0
D_1	M_1
D_2	M_2
D_3	M_3
D_4	M_4
D_5	M_5
D_6	M_6
D_7	M_7

图 8.12　OCW1 的格式

D_i/M_i 位：当 M_i 位为 1 时，对应的 IR_i 请求被禁止；当 M_i 位为 0 时，对应的 IR_i 请求被允许。在 8259A 工作期间，中断屏蔽字可根据需要随时写入或读出。

(2) OCW2 的格式

OWC2 有两个功能，分别用于设置中断优先级循环方式和中

断结束方式，其格式如图 8.13 所示。

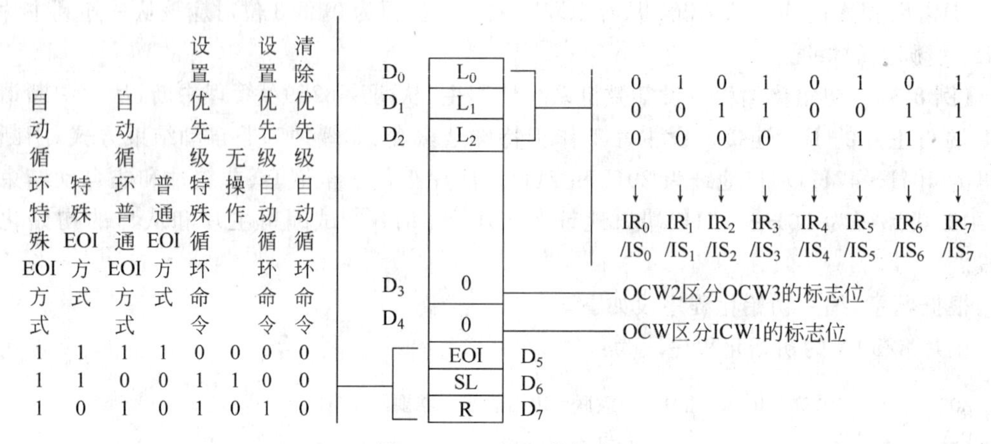

图 8.13 OCW2 的格式

D_4，D_3 位：为 OCW2 标志位，D_4 用于区分 ICW1，D_3 用于区分 OCW3。

D_2～D_0/L_2～L_0 位：用处有两个，一是当 OCW2 给出特殊中断结束命令时，指出具体要清除 ISR 中的哪一位；二是当 OCW2 给出特殊优先级循环方式命令时，指出循环开始时哪个中断的优先级最低。而 L_2～L_0 是否有效，由 D_6/SL 位控制，当 SL=1 时，L_2～L_0 定义有效；当 SL=0 时，L_2～L_0 定义无效。

D_5/EOI 位：中断结束命令位。若 EOI=1 时，在中断处理子程序结束时向 8259A 回送中断结束命令 EOI，以便使 ISR 中当前最高优先级位复位（普通 EOI 方式），或使 ISR 中由 L_2～L_0 表示的优先级位复位（特殊 EOI 方式）。

D_7/R 位：设置优先权循环方式位。它决定了系统的中断优先级是否按循环方式设置，即 R=1 为优先级循环方式；R=0 为优先级固定方式。

（3）OCW3 的格式

OCW3 有 3 个功能，分别用于设置或撤销特殊屏蔽方式、设置中断查询方式，以及读取 8259A 内部寄存器 ISR 或 IRR 的状态，其格式如图 8.14 所示。

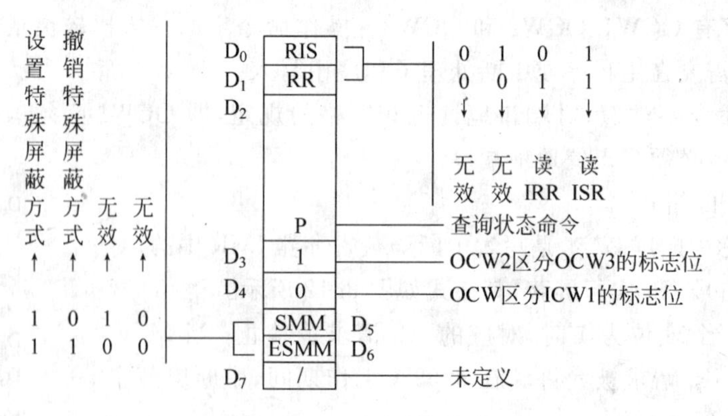

图 8.14 OCW3 的格式

D_1/RR 位：读 ISR 和 IRR 命令位。D_0/RIS 位为读寄存器选择位，当 RR=1，RIS=0 时，为读取 IRR 的命令；当 RR=1，RIS=1 时，为读取 ISR 的命令。在进行读 ISR 或 IRR

操作时，需先将读 ISR 或 IRR 命令写入 OCW3，紧接着用输入指令读出 ISR 或 IRR 的值。

例如，设 8259A 的两个端口地址为 20H 和 21H，这时，OCW3、ISR 和 IRR 共用一个偶地址 20H，则读取 ISR 内容的程序段如下：

```
MOV    AL,00001011B
OUT    20H,AL              ; 读 ISR 命令写入 OCW3
IN     AL,20H              ; 读 ISR 内容至 AL 中
```

读取 IRR 内容的程序段如下：

```
MOV    AL,00001010B
OUT    20H,AL              ; 读 IRR 命令写入 OCW3
IN     AL,20H              ; 读 IRR 内容至 AL 中
```

D_2/P 位：中断状态查询位。当 P＝1 时，可通过读入状态寄存器的内容，查询是否有中断请求正在被处理，如果有，则给出当前处理中断的最高优先级。中断状态寄存器格式如图 8.15 所示。

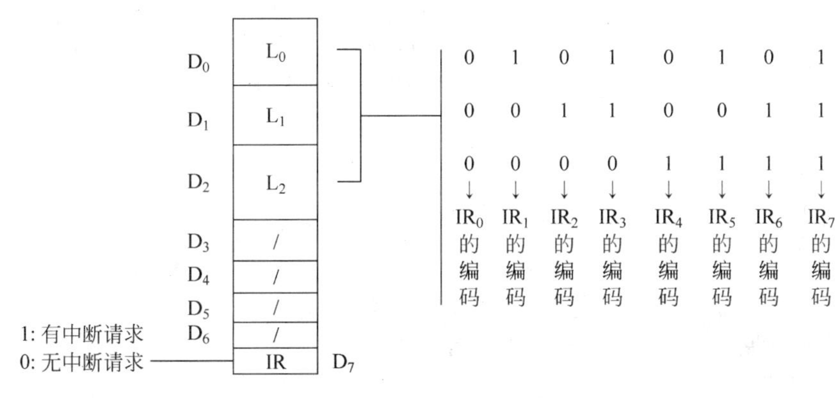

图 8.15　中断状态寄存器格式

在查询中断状态字时，需先写入查询中断状态寄存器的命令，然后读取中断状态字，中断状态寄存器对应偶地址，相应的程序段如下：

```
MOV    AL,00001100B
OUT    20H,AL              ; 将查询中断状态寄存器命令写入 OCW3
IN     AL,20H              ; 读中断状态字
```

D_6/ESMM 与 D_5/SMM 位：可用来设置或取消特殊屏蔽方式。当 ESMM＝1，SMM＝1 时，设置特殊屏蔽方式；当 ESMM＝1，SMM＝0 时，取消特殊屏蔽方式。

【例 8-4】　特殊屏蔽方式的使用方法。在特殊屏蔽方式下，不但开放了优先级比本级中断高的中断，而且开放了优先级比本级中断还低的中断。

设 8259A 的偶端口地址为 70H，奇端口地址为 71H，并设系统当前正在为 IR_2 进行中断服务。下面的程序段先用 OCW3 对 8259A 设置了特殊屏蔽方式，并紧接着读取系统原有的屏蔽字，用“或”的方法使 IR_2 对应的屏蔽位置 1，即屏蔽了 IR_2，同时保持其他屏蔽位不变，然后将新的屏蔽字送 8259A。对 IR_2 屏蔽后，系统仍为 IR_2 做中断处理，如果这时遇到 IR_6 有了中断请求，且此时 IR_6 在 IMR 中的对应位为 0(即未被屏蔽)，那么，由于当前

8259A 工作在特殊屏蔽方式，所以可以响应 IR_6 的中断请求。于是，造成了 IR_2 中断处理程序被 IR_6 中断处理程序嵌套的情况，即开放了优先级比本级中断还低的中断。在 CPU 完成对 IR_6 的中断处理后，会返回继续对 IR_2 进行中断处理；之后，若要恢复原来的工作方式，则可以先用 OCW1 撤销对 IR_2 的屏蔽，紧接着用 OCW3 撤销特殊屏蔽方式。于是，8259A 就又按原来的优先级方式工作了。

具体程序段如下：

```
⋮
CLI                             ; 为设置下面的命令,先关闭中断
MOV     AL, 68H                 ; 用 OCW3 设置特殊屏蔽方式
OUT     70H,AL
IN      AL, 71H                 ; 读系统原有的屏蔽字
OR      AL, 04H                 ; 将 IR2 对应的屏蔽位置 1
OUT     71H,AL                  ; 将新屏蔽字送 8259A
STI                             ; 开放中断
⋮                               ; 继续对 IR2 的中断进行处理
⋮                               ; 遇有 IR6 中断请求,CPU 给予响应并作处理后返回
⋮                               ; 继续对 IR2 中断进行处理
CLI                             ; 为设置下面的命令,关闭中断
IN      AL, 71H                 ; 读屏蔽字
AND     AL, 0FBH                ; 清除 IR2 对应的屏蔽位
OUT     71H,AL                  ; 恢复系统原有的屏蔽字
MOV     AL, 48H                 ; 用 OCW3 撤销特殊屏蔽方式
OUT     70H,AL
STI                             ; 开放中断
⋮                               ; 继续对 IR2 中断进行处理
MOV     AL, 20H                 ; 发中断结束命令
OUT     70H,AL
IRET                            ; 返回主程序
```

8.6 8259A 级联系统

多片 8259A 组成的级联系统的简化原理图如图 8.16 所示。此图中只画了 1 个从片，而实际上，1 个 8259A 主片上可连接 8 个 8259A 从片，这样便可允许 64 个中断请求线与外界相连。如果从片数目较少，则可省去主片 CAS_0～CAS_2 和从片 CAS_0～CAS_2 之间连接的驱动器。

在级联系统中，主片和从片都要通过设置初始化命令字进行初始化。

在对主片初始化时，注意与单片情况下初始化的 3 点不同：

① 必须设置 ICW1 中的 SNGL 位为 0；而在单片情况下，ICW1 中的 SNGL 位为 1；

② 必须设置 ICW3。对主片设置 ICW3 时，若某 IR_i 引脚上连有从片，则 ICW3 的对应位置为 1，否则，若未连从片，则 ICW3 的对应位设为 0；而在单片情况下，无需设置 ICW3；

③ 若将主片 ICW4 中的 SFNM 位设为 1，则将主片设置为特殊全嵌套工作方式，这是专门用于级联系统的方式。当然，级联系统中主片也可不用特殊全嵌套工作方式；而在单片情况下，一般不设置为特殊全嵌套工作方式。

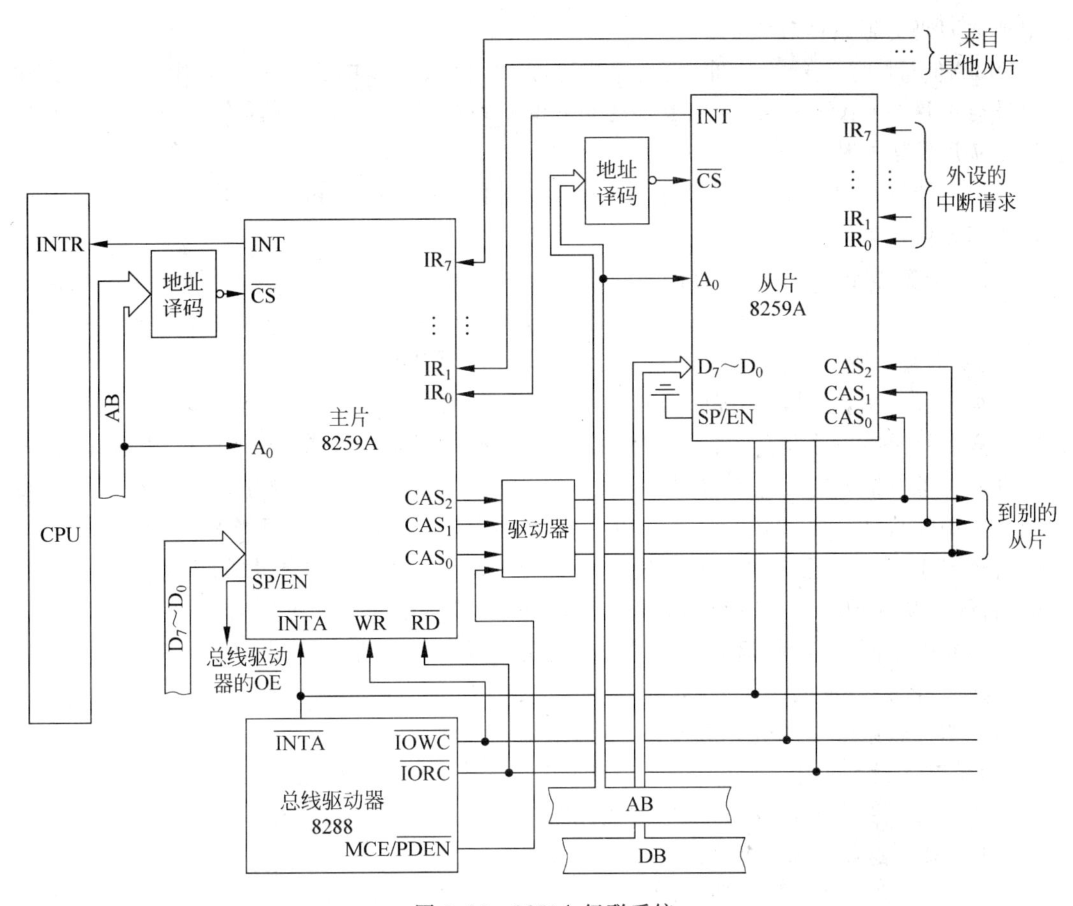

图 8.16　8259A 级联系统

在对从片 8259A 进行初始化时，也要注意下面两点：

① 从片的 ICW1 中，SNGL 位也要设置为 0。

② 从片也必须设置 ICW3，只是从片的 ICW3 的意义与主片的不同。从片 ICW3 的最低三位作为从片的标号。所谓从片的标号就是从片联系主片的中断请求引脚的序号。例如，某从片的 INT 端接到主片的 IR_6 引脚上，则这个从片的标号就是 6，即 ICW3 的 ID_2～ID_0 位为 110。

级联系统的中断响应过程描述如下。

当从片在 INT 引脚上设置高电平时，即向主片的 IR_i 引脚发送一个中断请求信号。设此时在主片的中断屏蔽寄存器中，此从片的对应位为 0 而未受屏蔽，且经过主片的 PR 裁决之后，允许此中断请求信号通过。那么，从片的中断请求信号就通过主片的 INT 端送到了 CPU。如果这时中断允许标志 IF 为 1，则 CPU 会响应此中断请求，回送 $\overline{INTA}$ 信号。

主片收到 $\overline{INTA}$ 第 1 个负脉冲后，将 ISR 中的相应位 IS_i 置 1，同时清除 IRR 中的相应位 IR_i，接着对 ICW3 进行检测，以判断中断请求是否来自从片。如果是来自从片，主片便根据 IS_n 位来确定从片的标号，并将从片的标号送到 CAS_2～CAS_0 线上。例如，一个从片通过主片的 IR_2 引脚发出中断请求，则此时，CAS_2～CAS_0 线上为 010；如果中断请求并非来自从片，则 CAS_2～CAS_0 上没有信号，而在 $\overline{INTA}$ 第 2 个负脉冲到来时，主片将 ICW2 的内容即中断类型码送到数据总线上。

$\overline{INTA}$信号除了送给主片外，也送给多个从片，但只对其中一个从片起作用，而该从片的标号与主片在 $CAS_2 \sim CAS_0$ 线上发送的数值正好相同。因此，可将 $CAS_2 \sim CAS_0$ 看成是主片往从片发送的片选信号。

被选中的从片收到$\overline{INTA}$第 1 个负脉冲后，将本片 ISR 中的相应位 IS_n 置 1，同时，清除 IRR 中的相应位 IR_i。

当$\overline{INTA}$第 2 个负脉冲到来后，主片没有动作，从片将 ICW2 即中断类型码送到数据总线。由此可知，这时是由从片提供中断类型码，而且在级联系统中进行主片和从片初始化时，一定要保持 ICW2 值的唯一性，否则会引起系统工作的混乱。

在级联系统中，主片和从片 8259A 的工作方式、检测方法和寄存器读取方法与单片的情况一样。只是有一个例外，那就是如果主片初始化时，ICW4 中的 SFNM 位置 1，那么，主片将进入特殊全嵌套方式。在特殊全嵌套方式下，应将主片的 ICW4 中的 AEOI 位设置为 0，即不用中断自动结束方式。这是因为主片处在特殊全嵌套方式下工作时，即使 ISR 中某一位已经置 1，主片也会允许相同级别的中断请求通过。即当一个从片的中断请求正在处理时，若同一从片的引脚上有级别更高的中断请求，则尽管对主片来说，此中断请求与正在处理的中断处于同一级别，但对于从片来说是更高级别的中断，所以仍应允许这个中断请求通过，这种情况是合理的。

为说明级联系统中的优先级排列，下面给出一个例子。

【例 8-5】 设系统中有一个主片，两个从片，并设从片 1 连在主片的 IR_2 引脚上，从片 2 连在主片的 IR_7 引脚上，那么系统中的优先级排列为：

主片：IR_0（这是系统中的最高优先级）、IR_1

从片 1：IR_0、IR_1、IR_2、IR_3、IR_4、IR_5、IR_6、IR_7

主片：IR_3、IR_4、IR_5、IR_6

从片 2：IR_0、IR_1、IR_2、IR_3、IR_4、IR_5、IR_6、IR_7

（从片 2 的 IR_7 为系统中的最低优先级）

若要禁止某个或某些中断，则可通过在 IMR 中设置屏蔽位（既可在主片中也可在从片中设置屏蔽位）来实现。

8.7 小结与习题

8.7.1 小结

本章从 4 个方面介绍了可编程中断控制器 8259A。首先对 8259A 的内部结构及外部特性做了介绍；然后分别按中断优先级、中断嵌套、中断屏蔽、中断结束、中断触发和总线连接等 6 个方面对 8259A 的工作方式进行了阐述；之后，将 8259A 的命令字格式分初始化命令字和操作命令字做了解释，并描述了 8259A 的初始化编程的流程；最后，对多片 8259A 组成的级联系统进行了分析和阐述。

8.7.2 习题

1. 8259A 的初始化命令字和操作命令字在设置上有什么不同？

2. 8259A 中的中断屏蔽寄存器(IMR)与 8086 的中断允许标志 IF 有何差别？在中断响应过程中，它们是怎样配合工作的？

3. 8259A 的全嵌套工作方式与特殊全嵌套工作方式有何不同？

4. 8259A 的自动中断结束方式适于应用在什么场合？

5. 使用 8259A 时，为什么一定要进行中断结束处理？

6. 按照中断请求的引入方法来分，8259A 有哪几种工作方式？

7. 8259A 的特殊屏蔽方式用于什么场合？

8. 8259A 的初始化命令字和操作命令字都有哪些？在设置时分别写入哪一个端口地址？

9. 中断类型码的具体值与什么有关？对 8259A 的 ICW2 分别设置为 30H、38H、36H，八个中断源对应的中断类型码分别是多少？

10. 8259A 通过 ICW4 可给出哪些重要信息？什么情况下不需要设置 ICW4？什么情况下要设置 ICW3？

11. 非八位系统中有一片 8259A，端口地址为 90H 和 91H。按如下要求对它设置初始化命令字：采用电平触发方式，中断类型码为 60H～67H，用特殊全嵌套方式，用自动中断结束方式，用非缓冲方式。

12. 某系统中有一主片 8259A，一从片 8259A 接至主片 8259A 的 IR_1 上。主片和从片的偶地址分别是 04B0H 和 04C0H，主片 8259A 的 IR_0 对应的中断类型码是 50H，从片 8259A 的 IR_0 对应的中断类型码是 58H，中断请求信号都为边沿触发，都用 EOI 命令来清 ISR 中的对应位，$\overline{SP}/\overline{EN}$端用做输入端。试编写该中断系统的初始化程序段。

13. 某系统使用一片 8259A 管理中断，中断请求由 IR_2 引入，采用边沿触发、全嵌套、非缓冲、普通 EOI 结束方式，中断类型号为 42H，端口地址为 80H 和 81H，试编写初始化程序段。

14. 某 80486 系统使用两片 8259A 管理中断，从片的 INT 连接到主片的 IR_2 请求输入端。设主片工作于边沿触发、特殊全嵌套、非自动结束和非缓冲方式，中断类型号为 70H，端口地址为 80H 和 81H；从片工作于边沿触发、全嵌套、非自动结束和非缓冲方式，中断类型号为 40H，端口地址为 20H 和 21H。画出主、从片级联图，并编写主、从片初始化程序段。

CHAPTER 9

第9章　定时计数控制器8254

主要内容：

- 定时计数功能概述。
- 8254内部结构。
- 8254引脚信号。
- 8254工作方式。
- 8254初始化编程。
- 8254应用举例。
- 小结与习题。

9.1　定时计数功能概述

微机可用于对外部事件进行定时控制，也可用于对外部事件发生的次数进行记录，这便是指定时和计数控制。一般地，实现定时或计数功能可采用纯硬件、纯软件和软硬件结合等3种方法。

1. 纯硬件方法

此方法是由专门设计的数字逻辑硬件电路来实现定时或计数功能的。这种方法的优点是不占用CPU的工作时间，可与CPU并行工作，因而保证了CPU的工作效率；这种方法的缺点是通用性和灵活性较差，当定时或计数要求改变时，就必须为满足要求而改变电路参数。

2. 纯软件方法

此方法是通过编程设计出一个延迟子程序。由于延迟子程序包含一定的指令，所以，统计出执行每条指令所需的时钟状态个数之和，再乘以一个时钟周期的时间，便可得到这个子程序的延迟时间。这里，设计者需对这些指令的执行时间进行严密的计算或精确的测试，进而符合延迟时间的要求。当定时常数较大时，还往往将延迟子程序设计成一个循环程序，通过循环次数及循环体内的指令执行时间来调整延迟时间。这种方法的优点是节省硬件，通用性和灵活性较好；这种方法的缺点是，由于要占用 CPU 的工作时间，因而降低了 CPU 的工作效率，而且这种用指令的执行时间来拼凑延迟时间的方法较为麻烦。在实际中，该方法适于在已有系统上做软件开发或延迟时间较小的时候使用。

3. 软硬件结合方法

此方法要用到可编程定时计数控制器。根据所需的定时或计数要求，用指令对可编程定时计数控制器设置定时常数，并用指令启动定时计数控制器，当定时计数控制器计到确定值时，便自动产生一个定时计数输出。这种方法的特点是不占用 CPU 的时间，灵活性好，具有多种工作方式，可输出多种控制信号，具有较强的功能。加之，可编程定时计数控制器本身开销并不大，所以该方法在微机系统中得到了广泛的应用。

定时计数控制器有两大功能：当作为计数器时，在设置好计数初值以后，定时计数控制器便开始减 1 计数，当减到 0 时，定时计数控制器输出一个信号便完成计数；当作为定时器时，在设置好定时常数之后，定时计数控制器便开始减 1 计数，并按定时常数不断地输出为时钟周期整数倍的定时间隔。

从定时计数控制器内部来说，计数器和定时器的工作过程都是基于计数器的减 1 操作，这是它们两者的共性。两者的差别在于：作为计数器，在减到 0 以后，输出一个信号便结束工作；而作为定时器在减到 0 以后，则自动恢复初值重新计数，并会不断地产生输出信号。

典型的定时计数控制器原理图如图 9.1 所示，其中包含了 4 个可被 CPU 访问的寄存器：初值寄存器(Count Register，CR)、计数输出寄存器/输出锁存寄存器(Output Latch，OL)、控制寄存器和状态寄存器。有些定时计数控制器没有状态寄存器(如 Intel 8253)。典型的定时计数控制器中还有计数执行部件(Counting Execution，CE)，它总是从 CR 中获得计数初值，且只有把 CE 中的内容送到 OL 中，才能读出某个时刻的计数值来。CE 计数时会从计数初值开始进行减 1 操作，直至减到 0。计数值达 0 时，一方面，会在 OUT 引脚上输

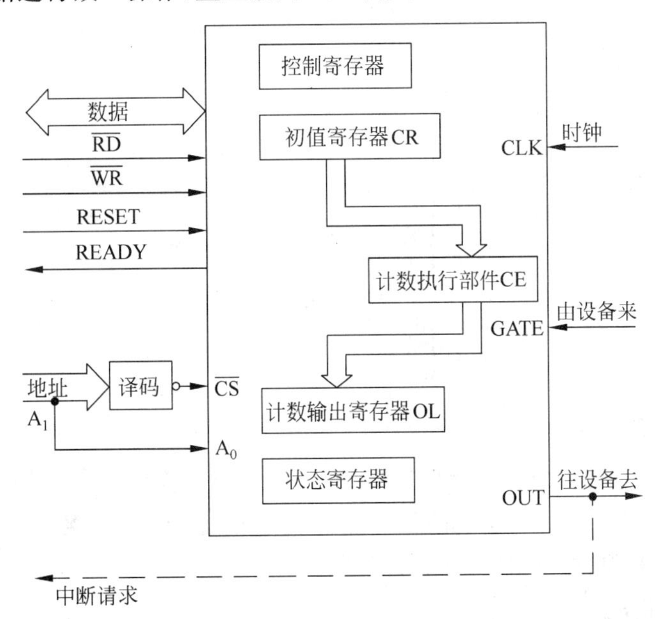

图 9.1　典型的计数定时控制器的基本原理图

出一个信号；另一方面，会在状态寄存器中的对应位上反映出来。这样一来，OUT 引脚上输出的信号可以作为中断请求信号，进而为中断工作方式提供了条件；而状态寄存器中的指示位可以通过软件测试得到，进而为查询工作方式提供了条件。

CLK 引脚上的时钟信号决定了定时计数控制器的计数速率，而 GATE 引脚上的门控信号可对时钟信号加以控制，而且门脉冲对时钟信息的控制方法有多种。

9.2 8254 内部结构

8254 和 8253 都是 Intel 公司生产的可编程定时计数控制器，片内部有 3 个独立的 16 位计数器，每个计数器可编程设定为 6 种不同的工作方式，可作为频率发生器、实时时钟、外部事件计数器和单脉冲发生器等。8253 的最高计数速率为 2.6MHz，8254 的最高计数速率可达 10MHz。8254 是 24 个引脚的双列直插式芯片，其内部结构如图 9.2 所示，包括 4 个主要部分：与 CPU 相连的数据总线缓冲器、读/写控制逻辑、控制寄存器，及 3 个计数器（分别称为计数器 0、计数器 1、计数器 2）。

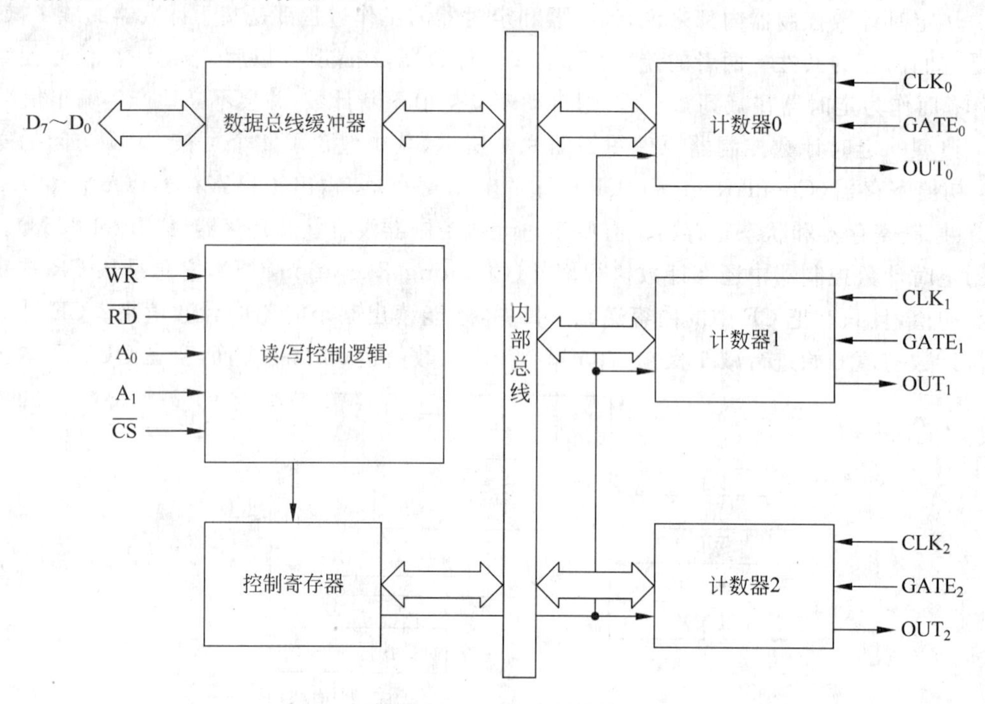

图 9.2 8254 的内部结构

1. 数据总线缓冲器

数据总线缓冲器是一个三态、双向的 8 位寄存器，8 位数据线 $D_7 \sim D_0$ 与 CPU 的系统数据总线连接，构成 CPU 与 8254 之间信息传送的通道。CPU 通过数据总线缓冲器向 8254 写入控制字、计数初值，或从 8254 中读取计数值。

2. 读/写控制逻辑

读/写控制逻辑用来接收 CPU 系统总线的读、写控制信号和端口选择信号，用于控制

8254 内部寄存器的读/写操作。

3. 控制寄存器

控制寄存器是一个只写的 8 位寄存器，系统通过指令将控制字写入控制寄存器，从而设定 8254 的工作方式。

4. 3 个计数器

8254 内部有 3 个结构完全相同且又相互独立的计数器，每个计数器有 6 种工作方式可选用，可各自按照编程设定的方式工作。

计数器的逻辑结构如图 9.3 所示，其中包括 3 个主要部件：一个 16 位的初值寄存器 CR、一个计数执行部件 CE 和一个 16 位的输出锁存寄存器 OL。除此之外，还配有控制寄存器、状态寄存器和控制逻辑电路。

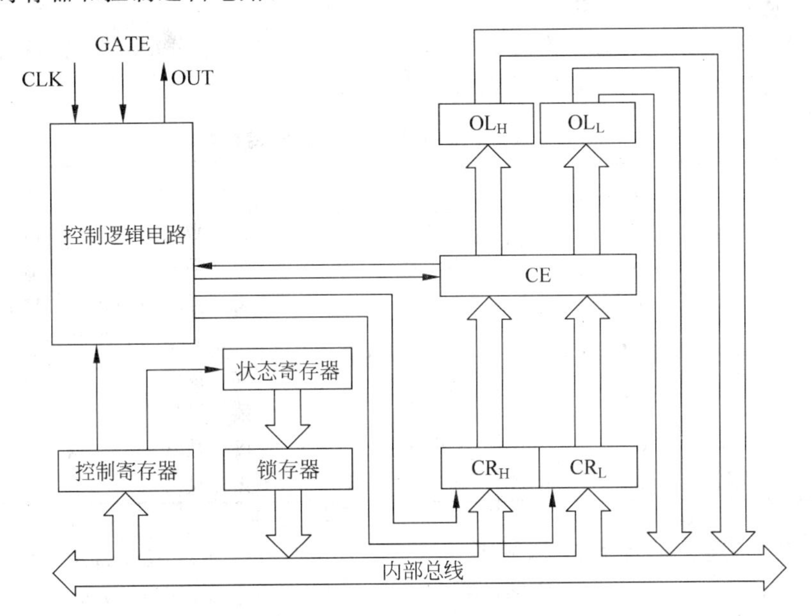

图 9.3　8254 计数器的逻辑结构

在 CPU 访问 8254 时，3 个计数器共用一个控制寄存器和一个状态寄存器。当计数器工作时，既可以作为 8 位的来用，也可以作为 16 位的来用。作为 16 位来用时，计数初值需要分两次写入，这是因为 8254 只有 8 位数据线 $D_7 \sim D_0$ 的缘故。计数初值一旦写入 CR，则自动送入 CE。当门控信号 GATE 有效时，CE 便按时钟信号 CLK 开始减 1 计数，当减到 0 时，由 OUT 引脚输出计数回零信号。在整个计数过程中，OL 会跟随 CE 的值而变化。当 CPU 向某一计数器写入锁存命令时，OL 便锁住当前计数值，直至 CPU 读取该计数值之后，OL 便会继续跟随 CE 的值而变化。

9.3　8254 的引脚信号

8254 引脚信号如图 9.4 所示。

(1) $D_7 \sim D_0$：8 位双向数据线，与 CPU 的系统数据总线连接。

(2) $\overline{WR}$：写信号，输入，低电平有效。有效时，CPU 可在 8254 的计数器写入计数初值，或往控制寄存器写入控制字。

(3) $\overline{RD}$：读信号，输入，低电平有效。有效时，CPU 可对 8254 的输出锁存器或状态寄存器执行读操作。

(4) $\overline{CS}$：片选信号，输入，低电平有效。有效时，8254 芯片被选中，此时，$\overline{RD}$和$\overline{WR}$才起作用。

(5) A_1A_0：端口选择地址线，输入。由 8254 片内译码，从而选择内部 3 个计数器和控制寄存器。

8254 共有 4 个端口地址，分别分配给计数器 0、计数器 1、计数器 2 和控制寄存器。用这些地址可以写入计数初值或控制字，以及读出计数值或状态端口的值。

8254 的端口地址分配及读/写功能归纳为表 9.1。

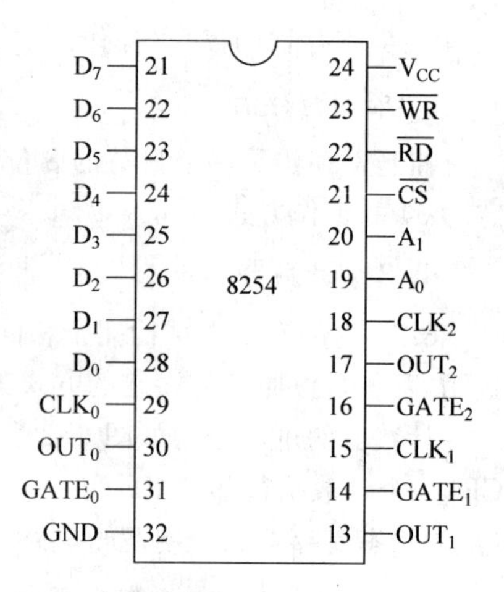

图 9.4　8254 引脚信号

表 9.1　8254 端口地址分配及读/写功能

$\overline{CS}$	$\overline{WR}$	$\overline{RD}$	A_1	A_0	操作功能
0	0	1	0	0	将计数初值写入计数器 0
0	0	1	0	1	将计数初值写入计数器 1
0	0	1	1	0	将计数初值写入计数器 2
0	0	1	1	1	将控制字写入控制寄存器
0	1	0	0	0	读计数器 0
0	1	0	0	1	读计数器 1
0	1	0	1	0	读计数器 2
0	1	0	1	1	无操作

(6) $CLK_0 \sim CLK_2$：时钟信号，输入。用来输入定时基准脉冲或计数脉冲。

(7) $GATE_0 \sim GATE_2$：门控信号，输入。用来控制计数器的启动或停止。

(8) $OUT_0 \sim OUT_2$：输出信号，输出。对于不同的工作方式，OUT 端的输出波形有所不同。

(9) V_{CC}：+5V 供电电源。

(10) GND：电源地线。

9.4　8254 工作方式

8254 的每个计数器有 6 种工作方式可选用，可通过初始化编程将芯片中的 3 个计数器分别设定为不同的工作方式，但无论用哪种工作方式工作，都应遵循以下 4 条基本规则：

① 在控制字(Control Word，CW)写入控制寄存器以后，所有控制逻辑电路立即复位，OUT 进入初始状态(高电平或低电平)；

② 计数初值 N 写入 CR 后，要经过一个时钟周期将 N 装入 CE 后，CE 才开始计数；

③ 在 CLK 的下降沿，计数器作减 1 计数；

④ 通常情况下，在 CLK 的上升沿对 GATE 进行采样。在不同工作方式下，对 GATE

的触发方式有不同的规定，有的用电平触发，有的用边沿触发，有的既可用电平触发也可用边沿触发。在电平触发的情况下，GATE 必须保持一定时间的高电平；在边沿触发的情况下，GATE 可以是很窄的脉冲，且既可为正脉冲，也可为负脉冲。

1. 工作方式 0：计数结束产生中断

8254 用作计数器时常常工作在工作方式 0，工作方式 0 时序如图 9.5 所示。

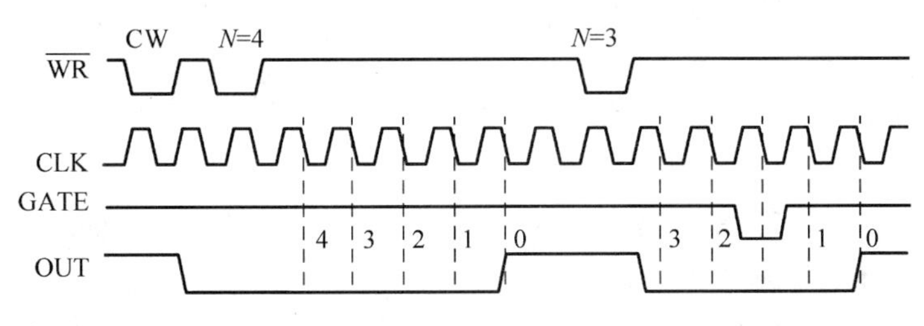

图 9.5　工作方式 0 时序

在写入 CW 后，以低电平作为 OUT 引脚的初始电平。写入计数初值 N 之后的第一个 CLK 的下降沿将 N 装入 CE，待下一个 CLK 的下降沿到来且 GATE 为高电平时，开始启动减 1 计数，随后每一个 CLK 的下降沿，计数器减 1。在计数过程中，OUT 引脚一直保持低电平，直到计数到 0 时，OUT 引脚的输出由低电平跳变为高电平，并且一直保持高电平。

工作方式 0 的特点如下：

(1) 电平触发；

(2) 计数初值无自动装入功能，即若要继续计数，则需要重新写入计数初值；

(3) GATE 用来控制 CE，即当 GATE 为高电平时，计数进行；当 GATE 为低电平时，计数停止。如果计数过程中有一段时间 GATE 变为低电平，则 OUT 的低电平将会因此而延长相应的长度，当 GATE 重新为高电平时，计数器接着当前的计数值继续计数；

(4) 计数期间若给计数器装入新值，则会在写入计数初值后重新开始计数过程。

由于工作方式 0 在计数结束后，OUT 引脚输出一个由低电平到高电平的跳变信号，因此，这个上升沿跳变常常作为计数结束的中断请求信号。

2. 工作方式 1：可重复触发的单稳态触发器

工作方式 1 时序如图 9.6 所示。

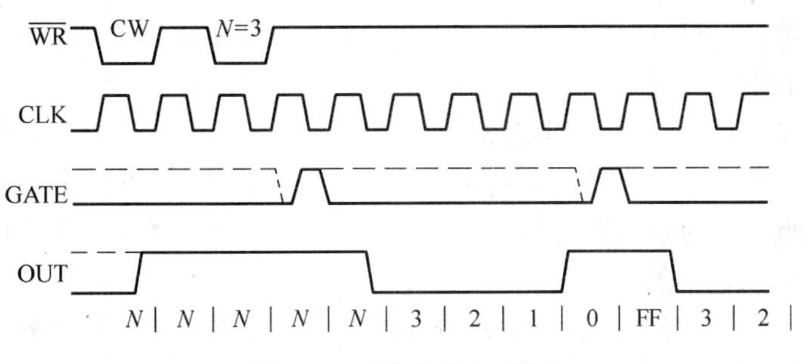

图 9.6　工作方式 1 时序

在写入 CW 后，以高电平作为 OUT 引脚的初始电平，写入计数初值 N 后，计数器并不开始计数，直到 GATE 上升沿触发之后的第一个 CLK 的下降沿，将 N 装入 CE，待下一个

CLK 的下降沿才开始计数,OUT 引脚由高电平变为低电平。在整个计数过程中,OUT 引脚都保持低电平,直到计数到 0 时才变为高电平。一个计数过程结束后,OUT 引脚输出一个宽度为 N 个时钟宽度的负脉冲,可作为单稳态触发器的输入信号。

工作方式 1 的特点如下:

(1) 上升沿触发;

(2) 触发以后,GATE 成为低电平,且不影响计数;

(3) 硬件启动计数,即由 GATE 的上升沿触发计数。在计数过程中,CPU 可写入新的计数值,且对当前输出没有影响;但如果又来一个触发信号,则会按新的计数值作减 1 计数;

(4) 触发可重复进行。即计数到 0 时,OUT 引脚输出高电平,若再次触发,则计数器会重复计数过程,而不必重新写入计数初值。

由于在工作方式 1 下,GATE 的上升沿作为触发信号,使 OUT 端变为低电平,当计数变为 0 时,又使 OUT 端自动回到高电平,所以,这是一种单稳态工作方式。单稳态输出脉冲的宽度主要决定于计数初值,但也受 GATE 的影响。

3. 工作方式 2:分频器

工作方式 2 时序如图 9.7 所示。

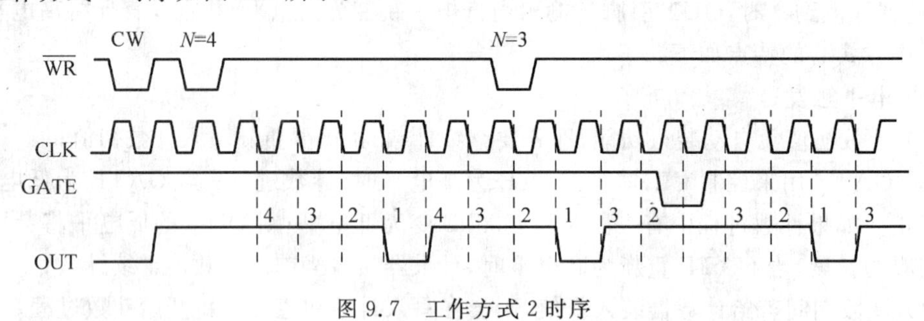

图 9.7 工作方式 2 时序

在写入 CW 后,以高电平作为 OUT 引脚的初始电平,在写入计数初值 N 之后,第一个 CLK 的下降沿将 N 装入 CE,待下一个 CLK 的下降沿到来且 GATE 为高电平时,开始计数。在计数过程中,OUT 引脚始终保持高电平,直到 CE 减到 1(注意不是减到 0)时,OUT 引脚变为低电平,在维持一个时钟周期后,又恢复为高电平,同时自动将计数初值 N 加载到 CE,重新启动计数,形成循环计数过程,因此 OUT 引脚连续输出负脉冲。

工作方式 2 的特点如下:

(1) 既可用电平触发,也可用上升沿触发,重复输出 1 个时钟宽度的负脉冲;

(2) 计数初值有自动装入功能,即不用重新写入计数值,计数过程可由 GATE 信号控制,当 GATE 为低电平时,暂停计数;在 GATE 变为高电平后的下一个 CLK 脉冲会使计数器恢复计数初值,重新开始计数;

(3) 在计数期间,如写入新的计数初值,OUT 端将不受影响。计数器到 1 后,则会按新的计数值作减 1 计数。

由于 GATE 为持续高电平时,工作方式 2 如同一个 N 分频的计数器,正脉冲为 $N-1$ 个时钟脉冲宽度,负脉冲为 1 个时钟脉冲宽度,所以,这种工作方式也称分频器。

4. 工作方式 3：方波发生器

工作方式 3 时序如图 9.8 所示。

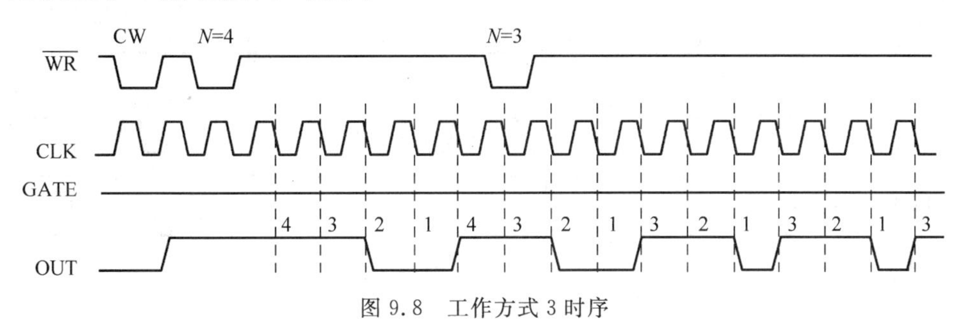

图 9.8　工作方式 3 时序

工作方式 3 的工作原理与工作方式 2 的类似，也有自动重复计数功能，但 OUT 引脚输出的波形有些不同。

当计数值 N 为偶数时，OUT 输出对称的方波信号，正负脉冲均为 $N/2$ 个时钟宽度；当计数值 N 为奇数时，OUT 输出不对称的方波信号，正脉冲为 $(N+1)/2$ 个时钟宽度，负脉冲为 $(N-1)/2$ 个时钟宽度。

工作方式 3 既可用电平触发，也可用上升沿触发，常用来产生一定频率的方波。

5. 工作方式 4：软件触发计数

工作方式 4 时序如图 9.9 所示。

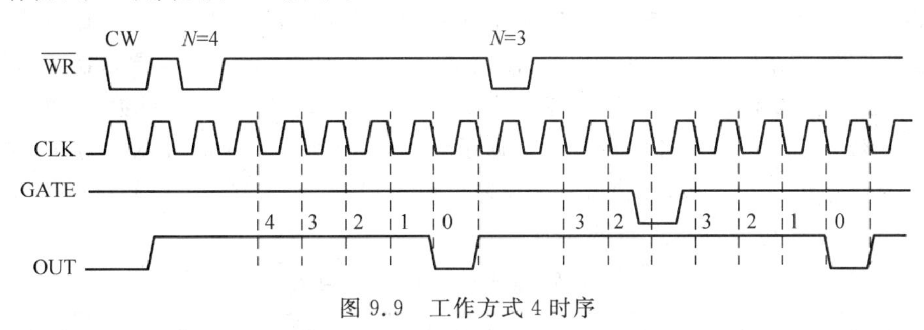

图 9.9　工作方式 4 时序

在写入 CW 后，以高电平作为 OUT 引脚的初始电平，在写入计数初值 N 之后的第一个 CLK 的下降沿，将 N 装入 CE，待下一个 CLK 到来且 GATE 为高电平时（即软件启动）才开始计数。当计数到 0 时，OUT 引脚由高电平变为低电平，维持一个时钟周期，OUT 引脚由低电平变为高电平。一次计数过程结束后，OUT 引脚输出一个时钟宽度的负脉冲信号。

工作方式 4 的特点如下：

(1) 电平触发。

(2) 无自动重复计数功能，只有在写入新的计数初值后，才能开始新的计数。

(3) 若设置的计数初值为 N，则在写入计数初值的 N 个时钟脉冲之后，才使 OUT 引脚产生一个负脉冲信号。

(4) 当 GATE 为高电平时，进行计数；当 GATE 为低电平时，计数停止。

由于在计数过程中若写入新的计数初值，计数器将立即按新的计数初值作减 1 计数，这种通过写入初值使计数器从头工作的方法称为软件再触发，所以，工作方式 4 也称软件触发计数。

6. 工作方式 5：硬件触发计数

工作方式 5 时序如图 9.10 所示。

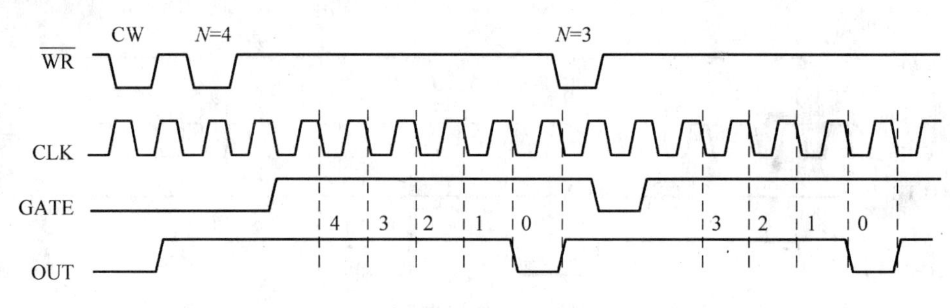

图 9.10 工作方式 5 时序

在写入 CW 后，以高电平作为 OUT 引脚的初始电平，在写入计数值 N 后，计数器并不开始计数，只有 GATE 信号出现由低到高的上升沿（即硬件启动）之后的第一个 CLK 的下降沿，将 N 装入 CE，待下一个 CLK 的下降沿时才开始计数。当计到 0 后，OUT 引脚由高电平变为低电平，维持一个时钟周期，OUT 引脚由低电平变为高电平。一次计数过程结束后，OUT 引脚输出一个时钟宽度的负脉冲信号。

工作方式 5 的输出波形与工作方式 4 的输出波形相同。两种工作方式的区别在于：工作方式 4 为软件启动计数，即 GATE＝1，写入计数初值时启动计数；而工作方式 5 为硬件启动计数，即先写入计数初值，由 GATE 的上升沿触发，启动计数。

在设置 8254 的工作方式时，需要注意上述 6 种工作方式的一些特点：工作方式 0、1、4、5 的计数初值无自动加载功能，即在一次计数结束后，若要继续计数，需要再次编程写入计数值；而工作方式 2 和 3 的计数初值有自动加载功能，即只要写入一次计数值，就可以连续进行重复计数。工作方式 2、4、5 的输出波形虽然相同，即都是一个时钟宽度的负脉冲，但工作方式 2 可以连续自动工作，工作方式 4 由软件触发启动，工作方式 5 由硬件触发启动。

8254 工作方式功能及特点归纳为表 9.2。

表 9.2 8254 工作方式功能及特点

工作方式序号	功　　能	触发计数方式	终止计数方式	初值自动装载
0	计数/定时中断	高电平	低电平	无
1	单脉冲发生器	上升沿	无影响	无
2	频率发生器或分频器	高电平或上升沿	低电平	有
3	方波发生器或分频器	高电平或上升沿	低电平	有
4	单脉冲发生器	高电平	低电平	无
5	单脉冲发生器	上升沿	无影响	无

9.5 8254 初始化编程

为使定时计数控制器正常工作，必须先在控制寄存器中设定控制字。8254 内部的 3 个计数器共用一个控制寄存器，通过往控制寄存器写入控制字可使 3 个计数器工作于不同的工作方式，控制寄存器是只写的；8254 有一个状态寄存器，状态寄存器是只读的。为此，可使控制寄存器和状态寄存器共用一个端口地址，都对应于 $A_1A_0=11$。

8254 有两种控制字：一是方式设置控制字，用来设置 3 个计数器的工作方式；二是读回命令，用来读取计数器的当前计数值。对于 8254 来说，还可以读取 3 个计数器的当前状态。

由于 8254 的控制寄存器和 3 个计数器具有独立的编程地址，而控制字本身的内容又含有所编写的寄存器序号，所以对 8254 的编程没有顺序规定，尽管如此，在对 8254 编程时，必须严格遵守以下 3 条原则：

① 对计数器设置初值之前必须先写控制字；

② 初值设置时要符合控制字中的规定，即控制字中一旦规定只写低位字节，或只写高位字节，或高低位字节都写，则在具体初值设定时就要与其相一致；

③ 若要读取计数器的当前值和状态字，则必须用控制字先锁定才能读取。

正因为 8254 的每个计数器都必须在写入控制字和计数初值后才能启动工作，因此，在初始化编程时，必须通过写入控制字来设定计数器的工作方式，并写入计数初值。

1. 方式设置控制字

8254 的方式设置控制字格式如图 9.11 所示。

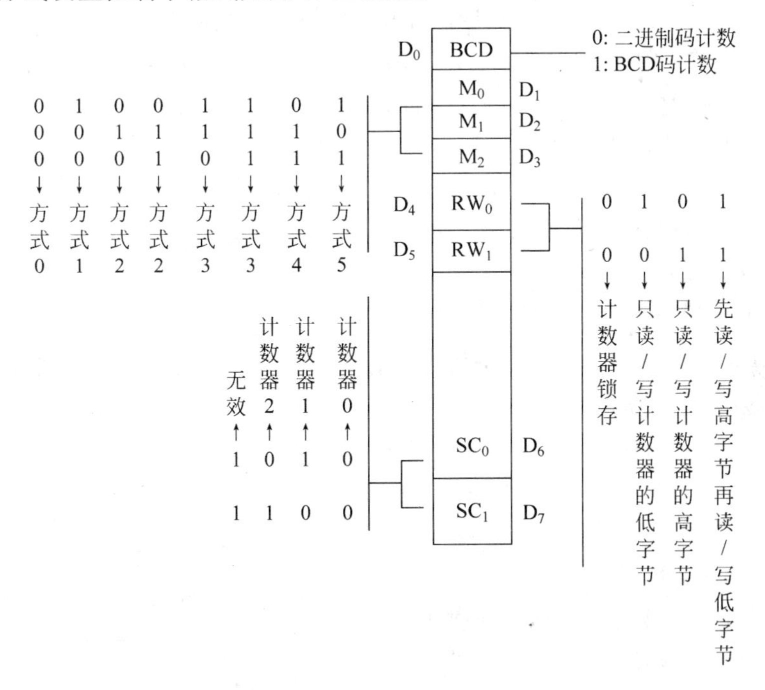

图 9.11　8254 方式设置控制字的格式

D_0 位：计数初值计数方式选择位。若 $D_0=1$，则表示 BCD 码计数；若 $D_0=0$，则表示二进制数计数。

8254 有 BCD 码和二进制数两种计数方式。若采用二进制数计数(16 位)，计数值的范围为 0000H～FFFFH，最大值为十进制数的 65536，表示为 0000H；若采用 BCD 码计数(4 位十进制数)，计数值的范围为 0000～9999，最大值为十进制数的 10000，表示为 0000。0 是计数器所能容纳的最大初值，因为用 16 位二进制时，0 相当于 2^{16}，用 BCD 码时，0 相当于 10^4。

$D_3D_2D_1$ 位：工作方式选择位。由于 $M_2M_1M_0$ 的二进制编码有 8 种组合形式，而 8254

只有 6 种工作方式，所以，方式 2 和方式 3 的 M_2 位可任意设为 0 或 1。

D_5D_4 位：读/写计数器控制位。计数值的读出或写入可按字节或字两种方式进行操作，用 RW_1 和 RW_0 的编码组合来控制读出或写入计数值的顺序和字节数。若按字节读/写时，可选择低 8 位或高 8 位；若按字读/写时，则分两步完成，即先读/写低 8 位，后读/写高 8 位。RW_1 和 RW_0 的组合功能归纳为表 9.3。

表 9.3 RW_1 和 RW_0 的组合功能

RW_1	RW_0	功　能
0	0	对计数器进行锁存操作，使当前计数值在 OL 中锁定，以便读出
0	1	只读/写计数器的低字节
1	0	只读/写计数器的高字节
1	1	先读/写计数器的低字节，再读/写计数器的高字节

D_7D_6 位：计数器选择位。D_7D_6 的 4 个状态分别对应选择计数器 0、计数器 1 和计数器 2，3 个计数器的控制寄存器使用相同的端口地址，即 3 个计数器共用一个控制寄存器。

CPU 对 8254 的某个计数器进行读出操作时，有如下两种方法。

① 先由控制字的 RW_1 和 RW_0 设定读出顺序与格式，然后由 IN 指令对所选计数器进行读出操作。为了确保稳定地读出当前的计数值，可利用门控信号 GATE 或采用阻止时钟输入的方法，暂时禁止计数器操作。

② 先给 8254 发一个锁存命令(即设定 RW_1 和 RW_0 为 00)，然后按照先读取低字节、后读取高字节的顺序将当前计数值读出。当 8254 接收到锁存命令后，将当前的计数值锁存到 OL 中，以供 CPU 读取。

2. 8254 的读回命令

8254 的读回命令可以将 3 个计数器的计数值和状态锁存，并向 CPU 返回一个状态字。8254 的读回命令格式如图 9.12 所示。

D_7 D_6 位：$D_7=1$，$D_6=1$ 时，为读回命令。

D_5 位：$D_5=0$ 为锁存计数值，以便 CPU 读取当前计数值。

D_4 位：$D_4=0$ 为锁存状态信息。

$D_3\sim D_1$ 位：是计数器选择位，一次可以锁存一个计数器、两个计数器或者三个计数器中的计数值或状态信息。当某一计数器的计数值或状态信息被 CPU 读取后，锁存失效。

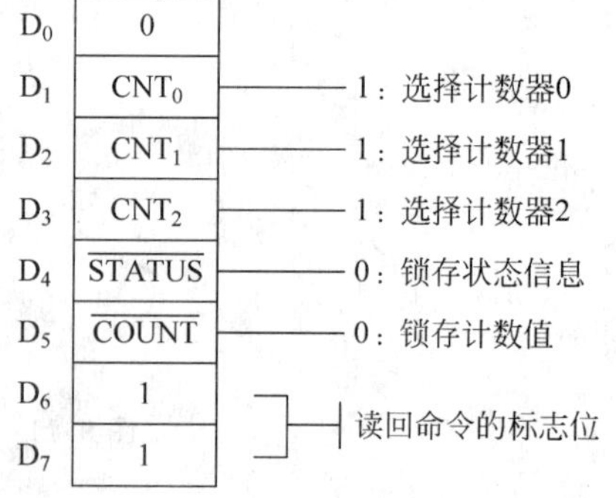

图 9.12　8254 的读回命令格式

读回命令写入控制端口，状态信息和计数值都通过计数器端口读取。如果使读回命令的 D_5 和 D_4 位都为 0，即状态信息和计数值都要读回，读取的顺序是：先读取状态信息，后读取计数值。

3. 8254 的状态寄存器和状态字

8254 含有一个状态寄存器，它和控制寄存器共用一个端口地址。8254 状态寄存器的格式如图 9.13 所示。

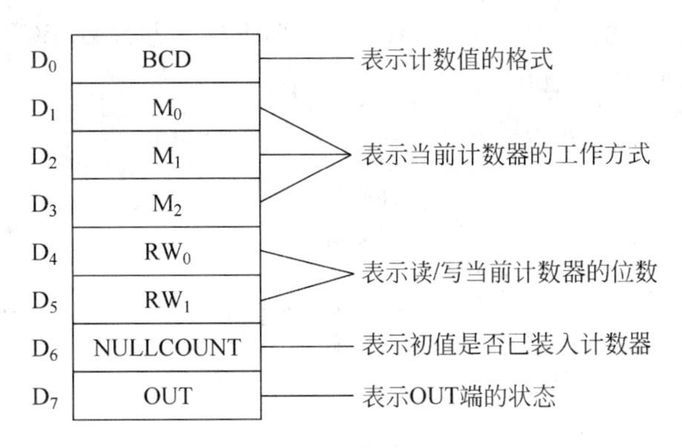

图 9.13　8254 状态寄存器的格式

D_7 位：表示 OUT 端的状态。为 1 表示当前 OUT 端为高电平；为 0 表示当前 OUT 端为低电平。

D_6 位：表示初值是否已经装入计数器。为 0 表示初值已经装入计数器；为 1 表示没有装入计数器。

$D_5 \sim D_0$ 位：与方式设置控制字中的对应位含义相同。即 M_2，M_1，M_0 表示当前计数器的工作方式。RW_1 和 RW_0 表示读/写当前计数器的位数（但如为 00 则无意义）。D_0 位表示计数值的格式。

4. 计数初值的设定

计数初值可根据 8254 的实际应用和工作方式来设定，一般有如下 3 种情况。

① 作为发生器，应选择方式 2 或方式 3。它实际上是一个分频器，因此，计数初值就是分频系数，即：分频系数$=f_{in}/f_{out}$（f_{in}为输入 CLK 频率，f_{out}为 OUT 输出频率）。

② 作为定时器，计数脉冲 CLK 通常来自系统内部时钟，计数初值就是定时系数，即：定时系数$=T/t_{clk}=T\times f_{clk}$（T 为定时时间，$t_{clk}$为时钟周期，$f_{clk}$为时钟频率）。

③ 作为计数器，时钟 CLK 通常来自系统外部，因此，计数初值为外部事件的脉冲个数。

5. 8254 初始化编程

在编写初始化程序时，由于 8254 的 3 个计数器的控制字都是独立的，而它们的计数常数都有各自的地址单元，因此初始化编程顺序比较灵活，可以写入一个计数器的控制字和计数常数之后，再写入另一个计数器的控制字和计数常数，也可以把所有计数器的控制字都写入之后，再写入计数常数。

【例 9-1】 设某系统使用一片 8254，要求完成如下功能：

① 计数器 0 对外部事件计数，记满 100 次向 CPU 发出中断请求。

② 计数器 1 产生频率为 1kHz 的方波信号，设输入时钟 CLK_1 为 2.5MHz。

③ 计数器 2 作为标准时钟，每秒向 CPU 发一次中断请求，输入时钟 CLK_2 由 OUT_1 提供。

根据题意，可确定相应计数器（计数器有时也称通道）的方式设置控制字及计数常数如下。

计数器 0 的控制字为 00010000B，即 10H（方式 0、二进制计数），计数常数为 100；计数器 1 的控制字为 01110110B，即 76H（方式 3、二进制计数），计数常数为 $f_{in}/f_{out}=2.5\text{MHz}/$

1kHz=2500；计数器 2 的控制字为 10110001B，即 B1H（方式 0、BCD 计数），计数常数为 $T/t_{clk}=T\times f_{clk}=1s\times 1kHz=1000$。

若设 8254 的端口地址为 90H～93H，则初始化程序如下：

```
MOV   AL,10H                   ; 计数器 0 控制字
OUT   93H,AL                   ; 写入控制端口
MOV   AL,100                   ; 计数常数 100
OUT   90,AL                    ; 写入计数器 0 的低字节
MOV   AL,76H                   ; 计数器 1 控制字
OUT   93H,AL                   ; 写入控制端口
MOV   AX,2500                  ; 计数常数 2500
OUT   91H,AL                   ; 写入计数器 1 低字节
MOV   AL,AH
OUT   91H,AL                   ; 写入计数器 1 高字节
MOV   AL,0B1H                  ; 计数器 2 控制字
OUT   93H,AL                   ; 写入控制端口
MOV   AX,1000H                 ; 计数常数 1000(BCD 码为 1000H)
OUT   92H,AL                   ; 写入计数器 2 低字节
MOV   AL,AH
OUT   92H,AL                   ; 写入计数器 2 高字节
```

9.6 8254 应用举例

【例 9-2】 用 8254 为 A/D 子系统提供采样信号，硬件电路如图 9.14 所示。

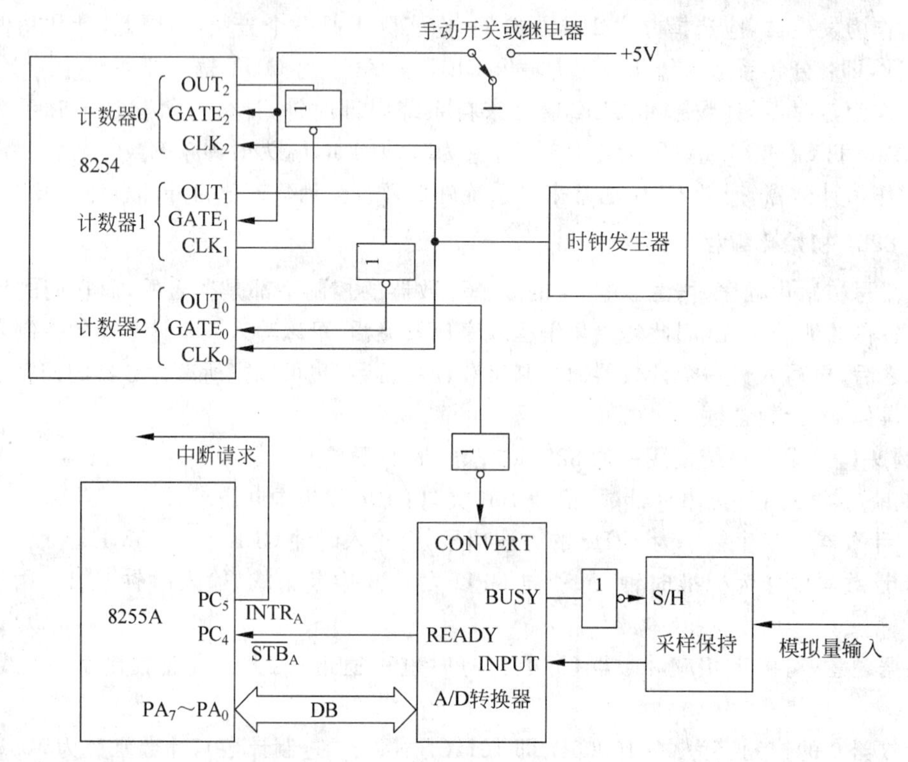

图 9.14　8254 作为定时器的例子

由图 9.14 可见，将 8254 的 3 个计数器全部用上之后，不但可以设置采样率，而且可决定采用信号的持续宽度。设计数器 0 工作在方式 2，计数器 1 工作在方式 1，计数器 2 工作在方式 3，这 3 个计数器的初值分别为 L、M、N。设时钟频率为 F。

由于将计数器 2 的输出作为计数器 1 的时钟，所以 CLK_1 的频率为 F/N，计数器 1 工作在方式 1(即可重复触发的单稳态触发器)，它的输出端 OUT_1 的负脉冲宽度为 MN/F。而计数器 0 工作在方式 2(即分频器方式)，它的输出端 OUT_0 的脉冲频率为 F/L，此外，计数器 0 的门控输入又受到 OUT_1 的控制。

将 OUT_0 和 A/D 转换器的 CONVERT 端相连。当用软件对 3 个计数器设置好计数初值后，将手动开关或者继电器合上，A/D 转换器便按 F/L 的采样率工作，每次采样的持续时间为 MN/F。

用 PC_5 作为中断请求信号，由此可引起中断，从而进入中断处理子程序。若设 8254 的地址为 0070H～0076H，即控制寄存器端口地址为 76H，3 个计数器的端口地址分别为 0070H、0072H、0074H。为便于阅读，将计数初值 L、M、N 分别用标号 LCNT、MCNT 和 NCNT 表示，其中 L、N 为二进制数，并且都小于 256，M 为 BCD 码。

系统初始化的具体程序段如下：

```
MOV   AL,14H     }  ；将计数器 0 设置为方式 2
OUT   76H,AL     }
MOV   AL,LCNT    }  ；设置计数器 0 的计数初值 L(二进制数)
OUT   70H,AL     }
MOV   AL,73H     }  ；将计数器 1 设置为方式 1
OUT   76H,AL     }
MOV   AX,MCNT    }
OUT   72H,AL     }  ；设置计数器 1 的计数初值 M(BCD 码)
MOV   AL,AH      }
OUT   72H,AL     }
MOV   AL,96H     }  ；将计数器 2 设置为方式 3
OUT   76H,AL     }
MOV   AL,NCNT    }  ；设置计数器 2 的计数初值 N(二进制数)
OUT   74H,AL     }
```

在微机系统中，经常需要采用可编程定时计数控制器来进行定时或计数控制。8254 定时计数控制器的应用非常广泛，不仅可以为微机系统提供定时信号，而且在实际工程中可以用 8254 对外部事件进行计数，还可以通过 8254 驱动扬声器，编写简单的音乐程序等。

【例 9-3】 在 PC/XT 系统中，8254 的计数器 0 用于系统时钟定时，计数器 1 用于 DRAM 刷新定时，计数器 2 用于驱动扬声器工作。8254 的接口电路如图 9.15 所示。

3 个计数器的时钟信号 CLK_2～CLK_0 由系统时钟 4.77MHz 经四分频后的 1.19MHz 提供。

计数器 0 工作在方式 3，$GATE_0$ 接高电平，OUT_0 接到 8259A 的 IR_0(总线的 IRQ_0)引脚，要求每隔 55ms 产生一次定时中断，用于系统实时时钟和磁盘驱动器的电机定时。

计数器 1 工作在方式 2，$GATE_1$ 接高电平，OUT_1 的输出经 D 触发器后作为对 DMA 控制器 8237A 通道 0 的 $DREQ_0$ 信号，每隔 15ms 定时启动刷新 DRAM。

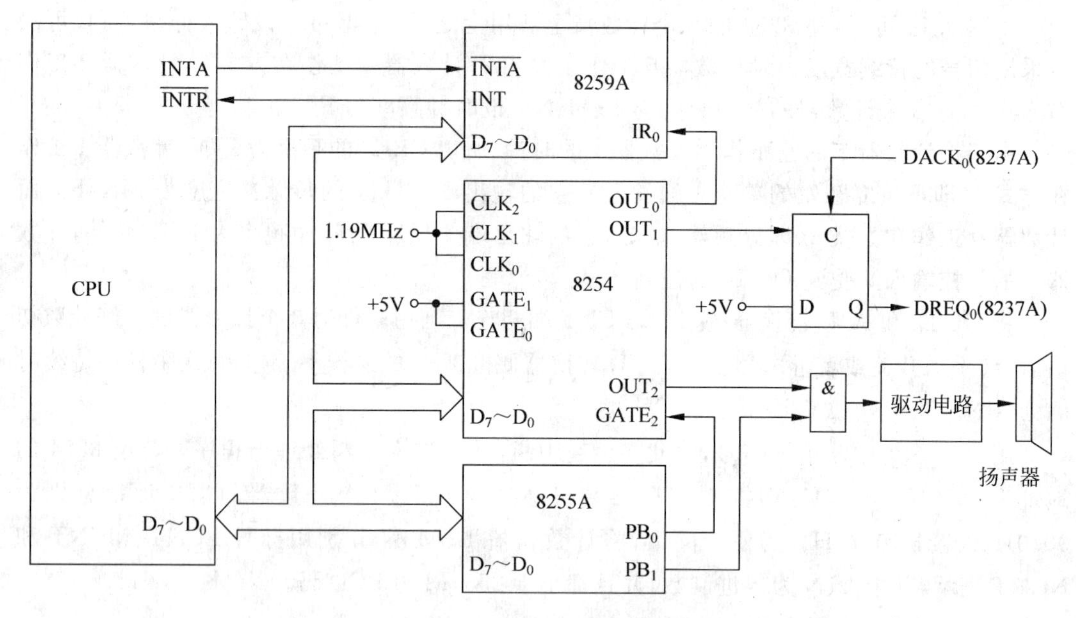

图 9.15　8254 的接口电路

计数器 2 工作在方式 3，$GATE_2$ 由 8255A 芯片的 PB_0 控制，OUT_2 输出的方波和 8255A 芯片的 PB_1 信号进行"与"操作，再经过驱动和低通滤波，产生驱动扬声器发声的音频信号。

计数初值的计算如下。

计数器 0：55ms(54.925 493ms)产生一次中断，即每秒产生 18.206 次中断请求，所以，计数初值＝1.193 18MHz÷18.206Hz＝65 536(即 0000H)。

计数器 1：在 PC/XT 计算机中，要求在 2ms 内进行 128 次刷新操作，由此可计算出每隔 2ms÷128＝15.625μs 必须进行一次刷新操作。所以计数初值＝15.625μs×1.193 18MHz＝18.643≈18。

计数器 2：假设扬声器的发声频率为 1kHz，则计数初值＝1.193 18MHz÷1kHz＝1190。

若设 8254 的端口地址为 40H～43H，8255A 的端口地址为 60H～63H，那么下面给出计数器 0 和计数器 1 的初始化程序及计数器 2 的扬声器驱动程序。

计数器 0 初始化程序如下：

```
MOV     AL,36H      ；计数器 0 工作在方式 3,二进制计数,先低字节后高字节写入计数初值
OUT     43H,AL      ；写入控制端口
MOV     AL,0        ；计数初值 0000H
OUT     40H,AL      ；写计数初值低字节
OUT     40H,AL      ；写计数初值高字节
```

计数器 1 初始化程序如下：

```
MOV     AL,54H      ；计数器 1 工作在方式 2,采用二进制数计数,只写低字节
OUT     43H,AL      ；写入控制端口
MOV     AL,18       ；计数初值为 18
OUT     41H,AL      ；写计数初值
```

计数器 2 的发声驱动程序如下：

```
    BEEP PROC   FAR
    MOV  AL,0B6H  ; 计数器 2 工作方式 3,二进制计数,先低字节后高字节写入计数初值
    OUT  43H,AL   ; 写入控制端口
    MOV  AX,1190  ; 计数初值为 1190
    OUT  42H,AL   ; 写计数初值低字节
    MOV  AL,AH
    OUT  42H,AL   ; 写计数初值高字节
    IN   AL,61H   ; 读 8255A 的 B 口
    MOV  AH,AL    ; 将 B 口数据暂存于 AH 中
    OR   AL,03H   ; 使 PB1 和 PB0 均为 1
    OUT  61H,AL   ; 开 GATE2, OUT2 输出方波,驱动扬声器
    MOV  CX,0     ; 循环计数,最大值为 2^16
LP: LOOP LP       ; 循环延时
    DEC  BL       ; BL 为子程序入口条件
    JNZ  LP       ; BL = 6,发长声(约 3s); BL = 1,发短声(约 0.5s)
    MOV  AL,AH    ; 恢复 8255A 的 B 口的值,停止发声
    OUT  61H,AL
    RET           ; 子程序返回
    BEEP ENDP
```

9.7　小结与习题

9.7.1　小结

本章对定时计数控制器做了系统的介绍。首先，对定时计数功能进行了概述，然后，以 Intel 8254 为例，对其内部结构、引脚信号进行了详细阐述，之后，介绍了 8254 工作方式及其初始化编程方法，最后，用两个应用实例来说明 8254 的具体使用。

9.7.2　习题

1. 怎样用软件方法和软硬件结合的方法来进行定时？
2. 在定时计数控制器上的 CLK 和 GATE 信号分别起什么作用？
3. 定时计数控制器的工作方式是指什么？
4. 8254 芯片有几个可以让 CPU 访问的端口？它们都是什么？
5. 对 8254 编程时必须遵守的原则是什么？
6. 从定时计数控制器内部来说，两种功能工作过程的相同点是什么？
7. 对计数值的读出过程是否会干扰计数的进行？为什么？
8. 设 8254 芯片占用的地址为 0070H～0076H，试按如下要求编写 8254 的初始化程序段：

使计数器 0 工作在方式 1，计数初值为 3000H，用二进制计数；

使计数器 1 工作在方式 2，计数初值为 2010H，用二进制计数；

使计数器 2 工作在方式 4,计数初值为 4030H,用二进制计数。

9. 设 8254 芯片占用地址 04C0H～04C6H,按要求编写它的初始化程序段:

使计数器 0 工作在方式 5,按二进制计数,计数初值为 46H;

使计数器 1 工作在方式 1,按 BCD 码计数,计数初值为 4000H;

使计数器 2 工作在方式 2,按二进制计数,计数器初值为 0304H。

CHAPTER 10

DMA 控制器 8237A 第 10 章

主要内容：

- DMA 控制器功能概述。
- 8237A 内部结构。
- 8237A 引脚信号。
- 8237A 工作方式。
- 8237A 寄存器。
- 8237A 初始化。
- 8237A 应用举例。
- 小结与习题。

10.1 DMA 控制器功能概述

在本书的第 7 章中曾介绍过直接存储器存取（DMA）方式，作为一种在外设与存储器之间直接传送数据的方法，DMA 方式适用于有高速传送大量数据需求的场合。由于在用 DMA 方式进行数据传送之前，需要 CPU 让出总线控制权，因而 DMA 方式不再采用 IN 指令或 OUT 指令进行数据传送，而是采用硬件的方法实现数据传送，即在 DMA 控制器（DMAC）获得总线控制权以后，由 DMAC 控制总线，实现高速外设（如磁盘）与存储器之间的高速数据传送。

通常情况下，一个 DMAC 可以连接一个或几个 I/O 接口，每个 I/O 接口通过一组连线与 DMAC 相连，即一个 DMAC 一般由几个通道组成，通道即指 DMAC 与某个 I/O 接口有联系的部分。

为使 DMAC 能够控制在外设与存储器之间进行高速数据传送，一般地，DMAC 内部需包含控制寄存器、状态寄存器、地址寄存器和字节计数器，DMAC 的典型编程结构及外部连线如图 10.1 所示。当 DMAC 包含多个通道时，多个通道共用一个控制寄存器和一个状态寄存器，而地址寄存器和字节计数器则需为每个通道独立配备。此外，还需用软件对 DMAC 进行两个方面的初始化：一是将数据传送区的起始地址或结束地址送到地址寄存器中；二是将传送的字节数、字数或双字数送到字节计数器中。

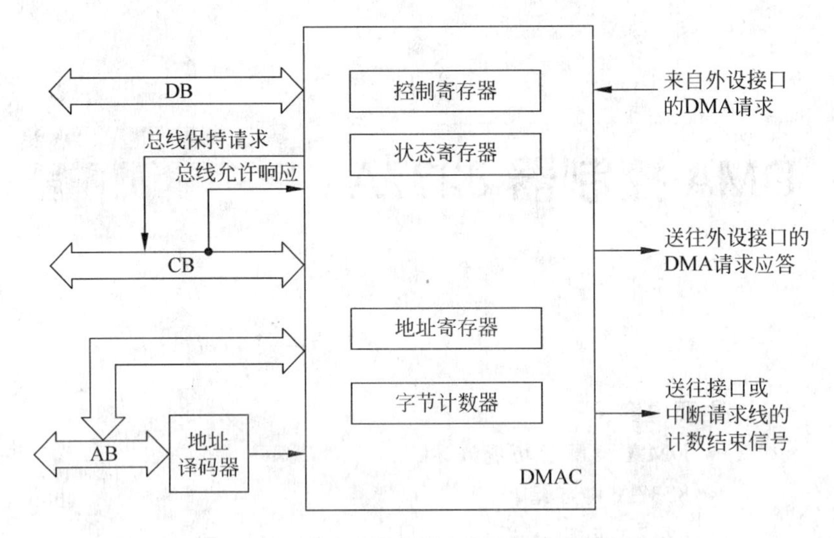

图 10.1 DMAC 的典型编程结构及外部连线

用 DMA 方式进行数据输出和输入的过程是类似的，为帮助回忆，下面再描述一下从内存向外设传送一个字节数据的全过程。

当一个接口准备就绪时，便往 DMAC 发一个 DMA 请求，DMAC 接到该 DMA 请求后，会通过控制总线向 CPU 发一个总线保持请求信号。如果 CPU 允许让出总线，则发回一个总线允许响应信号，DMAC 接到此响应信号后，就将其地址寄存器的内容送到地址总线上，同时往接口发回一个 DMA 响应信号，并发出一个内存读信号和一个 I/O 写信号，内存将由地址信息所指内存单元的数据送到数据总线上。接口撤除 DMA 请求信号，并将数据总线上的数据接收下来，DMAC 的地址寄存器内容加 1 或减 1，字节计数器内容减 1，DMAC 撤除总线保持请求信号，这样，便完成了对一个字节数据的 DMA 输出。下一次当接口又准备就绪时，便可进行新一次的字节数据传送。当字节计数器的值减为 0 时，DMA 传送过程即告结束。

10.2 8237A 内部结构

8237A 是 Intel 公司生产的高性能可编程 DMAC，内部有 4 个独立的 DMA 通道。每个通道有 4 种工作方式可以选择，都有 64KB 的寻址和计数能力。另外，多片 8237A 芯片可以级联，以扩展通道数。Intel 8237A-5 的数据传送速率最高可达 1.6MB/s。

1. 8237A 的编程结构

在 8237A 的编程结构的每个通道中，包含两个 16 位的地址寄存器（一个基地址寄存器，一个当前地址寄存器）、两个 16 位的字节计数器（一个基字节计数器，一个当前字节计数器），及一个 8 位的模式寄存器。8237A 的 4 个通道共用一个控制寄存器和一个状态寄存器。8237A 的编程结构如图 10.2 所示。

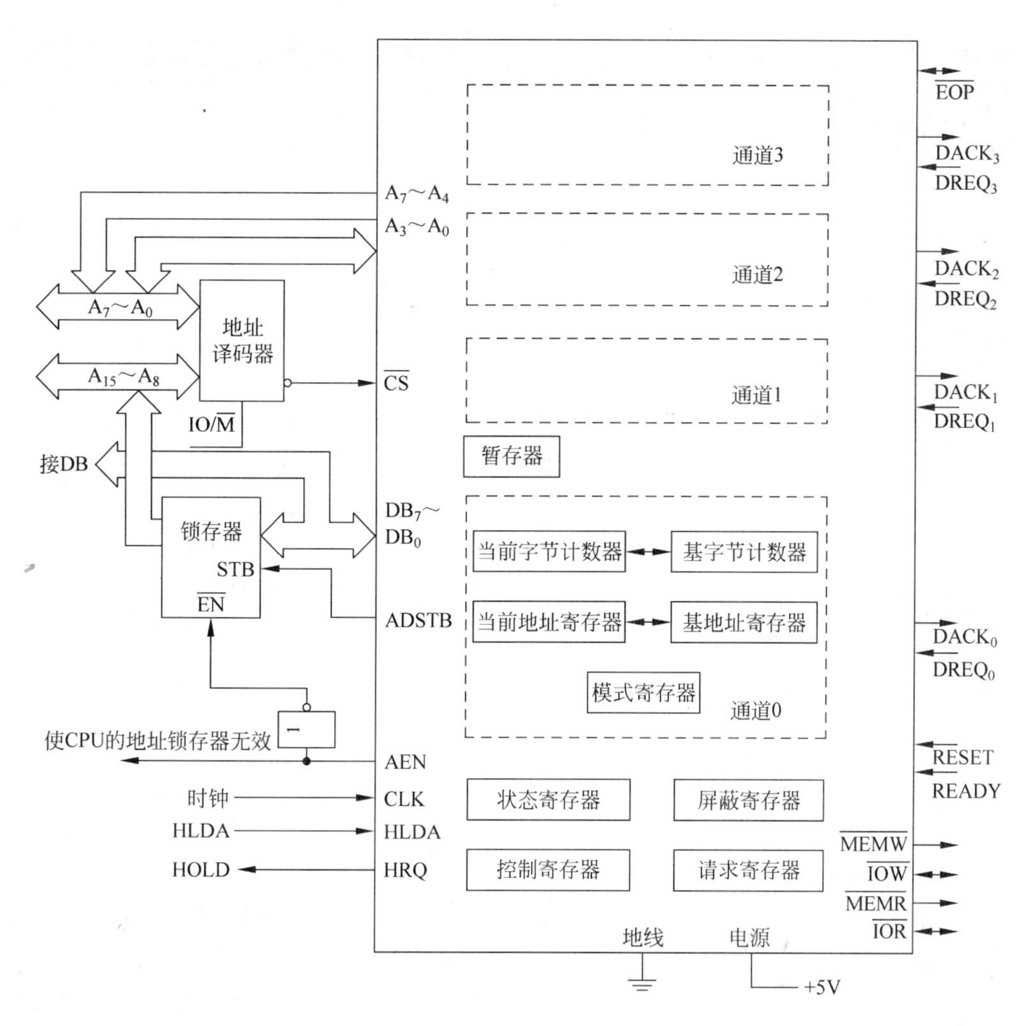

图 10.2　8237A 的编程结构

基地址寄存器用来存放本通道 DMA 传送时的地址初值，该初值是在 DMA 初始化编程时写入的，同时该初值也被写入当前地址寄存器中。当前地址寄存器的值会在每次 DMA 数据传送后自动加 1 或减 1。CPU 可用 IN 指令分两次读当前地址寄存器中的值(每次读 8 位)，但基址寄存器中的值不能被读出；基字节计数器用来存放 DMA 传送时字节数的初值，初值比实际传送的字节数少 1，它也是在 DMA 初始化编程时写入的，而且同时也被写入当前字节计数器中。在 DMA 传送时，每传送一个字节，当前字节计数器的值自动减 1，当该值由 0 减到 FFFFH 时，便产生计数结束信号$\overline{EOP}$。同样，当前字节计数器的值也可由 CPU 用 IN 指令分两次读出。

2. 8237A 的内部结构

8237A 的内部结构如图 10.3 所示。

从图 10.3 来看，8237A 内部结构较为复杂，其内部结构主要由控制逻辑单元、地址/数据缓冲器单元及内部寄存器 3 大部分组成。

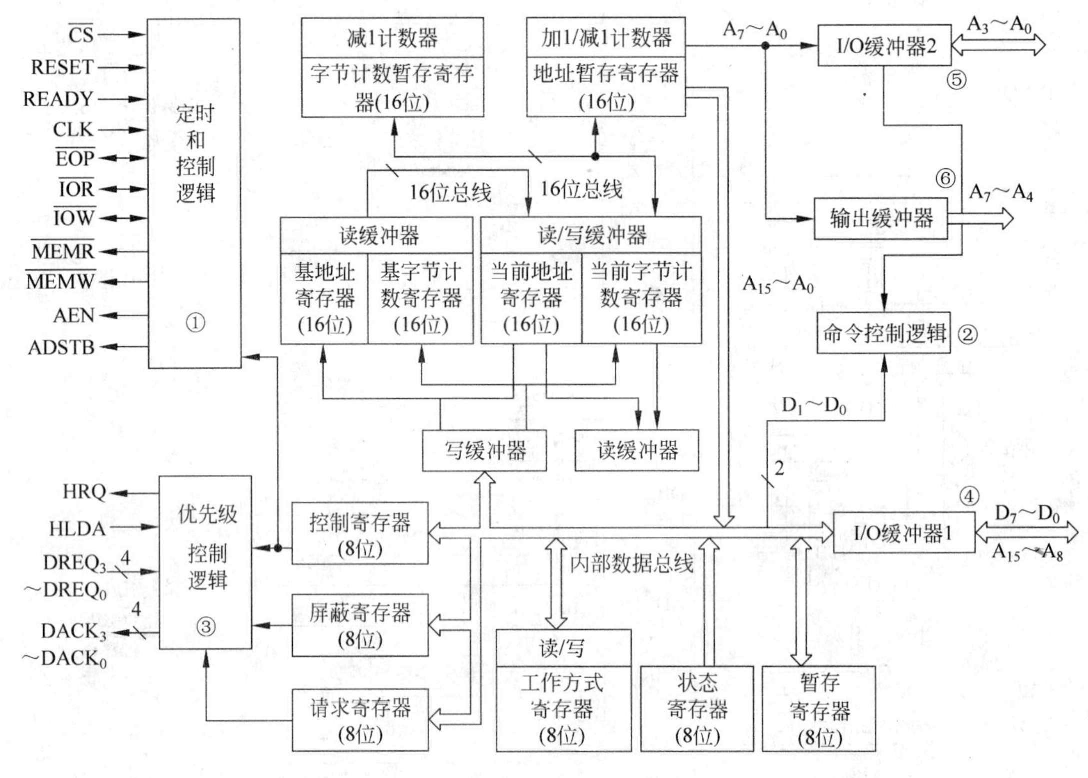

图 10.3 8237A 的内部结构

(1) 控制逻辑单元

控制逻辑单元又包括 3 个子部分：定时和控制逻辑、命令控制逻辑和优先级控制逻辑。各子部分的功能如下。

① 定时和控制逻辑根据初始化编程所设置的模式寄存器的内容和命令，在输入时钟信号的控制下，产生 8237A 的内部定时信号和外部控制信号。

② 命令控制逻辑主要是在 CPU 控制总线时，将 CPU 在初始化编程送来的命令字进行译码；当 8237A 进入 DMA 服务时，对 DMA 的模式字进行译码。

③ 优先级控制逻辑用来裁决各通道的优先级顺序，以解决多个通道同时发出 DMA 请求时可能出现的竞争问题。

(2) 地址/数据缓冲器单元

地址/数据缓冲器单元又包括 3 个子部分：I/O 缓冲器 1、I/O 缓冲器 2 和输出缓冲器。各子部分的功能如下。

① I/O 缓冲器 1 是一个 8 位、双向、三态地址/数据缓冲器，作为 8 位数据 $DB_7 \sim DB_0$ 的输入或输出，以及高 8 位地址 $A_{15} \sim A_8$ 的输出缓冲。

② I/O 缓冲器 2 是一个 4 位地址缓冲器，作为地址 $A_3 \sim A_0$ 的输出缓冲。

③ 输出缓冲器是一个 4 位地址缓冲器，作为地址 $A_7 \sim A_4$ 的输出缓冲。

(3) 内部寄存器

8237A 的内部包括了一组寄存器，它们的名称、位数、数量及 CPU 访问方式如表 10.1 所示。

表 10.1 8237A 的内部寄存器

名称	位数	数量	CPU 访问方式
基地址寄存器	16	4	只写
基字节计数器	16	4	只写
当前地址寄存器	16	4	可读可写
当前字节计数器	16	4	可读可写
地址暂存寄存器	16	1	不能访问
字节计数暂存器	16	1	不能访问
控制寄存器	8	1	只写
模式寄存器	8	4	只写
屏蔽寄存器	8	1	只写
请求寄存器	8	1	只写
暂存器	8	1	只读

10.3 8237A 引脚信号

8237A 有两种工作状态，即主控状态和从属状态。当 8237A 未获得总线控制权时，处在从属状态下，被 CPU 控制。在初始化操作时，8237A 就是从模块，一旦 8237A 获得总线控制权，就由从属状态变为主控状态，由从模块变为主模块，它控制 DMA 数据传送；数据传送完毕后，8237A 将总线控制权交还给 CPU，便又从主模块变回到从模块。

8237A 是 40 引脚双列直插式芯片，引脚信号如图 10.4 所示。各引脚信号功能如下。

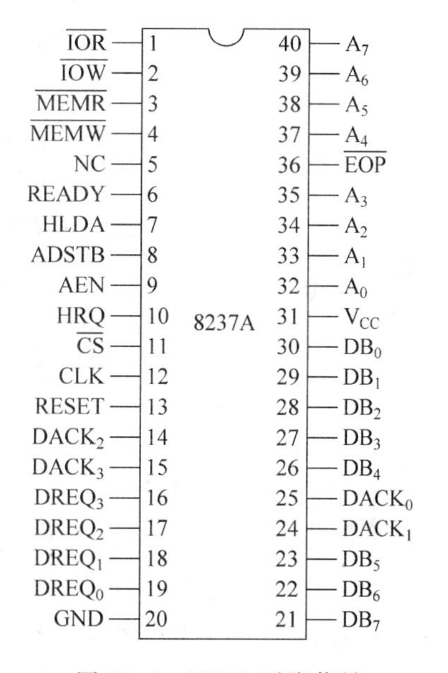

图 10.4 8237A 引脚信号

(1) $DB_7 \sim DB_0$：8 位地址/数据线。当 CPU 控制总线时，8237A 作为从模块，$DB_7 \sim DB_0$ 作为双向数据线，由 CPU 读/写 8237A 内部寄存器；当 8237A 控制总线时，8237A 作为主模块，$DB_7 \sim DB_0$ 输出当前地址寄存器中的高 8 位地址信号 $A_{15} \sim A_8$，并通过 ADSTB 信号送入锁存器，这样，与 $A_7 \sim A_0$ 输出的低 8 位地址一起构成 16 位地址。

(2) $A_3 \sim A_0$：最低 4 位地址线，双向。当 CPU 控制总线时，$A_3 \sim A_0$ 为输入信号，作为 CPU 访问 8237A 时内部寄存器的端口地址选择线。当 8237A 控制总线时，$A_3 \sim A_0$ 为输出信号，作为被访问存储器单元的低 4 位地址信号 $A_3 \sim A_0$。

(3) $A_7 \sim A_4$：地址线，单向。这 4 位地址线始终工作于输出状态或浮空状态。当 8237A 控制总线时，$A_7 \sim A_4$ 为输出，作为被访问存储器单元的 4 位地址信号 $A_7 \sim A_4$。

(4) $\overline{CS}$：片选信号，低电平有效。当 CPU 控制总线时，$\overline{CS}$为低电平，选中指定的 8237A。

(5) $\overline{IOR}$：I/O 读信号，双向，低电平有效。当 CPU 控制总线时，$\overline{IOR}$为输入信号，CPU 读 8237A 内部寄存器的状态信息；当 8237A 控制总线时，$\overline{IOR}$为输出信号，与$\overline{MEMW}$配合，控制数据由外设传至存储器。

(6) $\overline{IOW}$：I/O 写信号，双向，低电平有效。当 CPU 控制总线时，$\overline{IOW}$为输入信号，CPU 写 8237A 内部寄存器；当 8237A 控制总线时，$\overline{IOW}$为输出信号，与$\overline{MEMR}$配合，控制数据由存储器传至外设。

(7) $\overline{MEMR}$：存储器读信号，输出，低电平有效。与$\overline{IOW}$配合，控制数据由存储器传至外设。

(8) $\overline{MEMW}$：存储器写信号，输出，低电平有效。与$\overline{IOR}$配合，控制数据由外设传至存储器。

(9) $DREQ_3$～$DREQ_0$：4 个通道的 DMA 请求输入信号。由请求 DMA 传送的外设输入，其有效极性和优先级可通过编程设定。

(10) $DACK_3$～$DACK_0$：4 个通道的 DMA 响应信号。作为对请求 DMA 传送外设的应答信号，其有效极性可通过编程设定。

(11) HRQ：总线请求信号，输出，高电平有效。与 CPU 的总线保持请求信号 HOLD 相连。当 8237A 接收到 DREQ 请求后，使 HRQ 变为有效电平。

(12) HLDA：总线应答信号，输入，高电平有效。与 CPU 的总线保持响应信号 HLDA 相连。当 HLDA 有效后，表明 8237A 获得了总线控制权。

(13) CLK：时钟信号。作为芯片内部操作的定时，并控制数据传送的速率。8237A 的时钟频率为 3MHz，8237A-4 的时钟频率为 4MHz，8237A-5 的时钟频率为 5MHz。

(14) RESET：复位信号，高电平有效。芯片复位后，屏蔽寄存器被置 1，其他寄存器均被清 0，8237A 处于空闲周期，可接受 CPU 的初始化操作。

(15) READY：外设准备就绪信号，输入，高电平有效。READY＝1，表示外设已经准备就绪，可以进行读/写操作；READY＝0，表示外设均未准备就绪，需要在总线周期中插入等待周期。

(16) AEN：地址允许信号，输出，高电平有效。当 AEN 有效时，将 8237A 输出的存储器单元地址送到地址总线上，禁止其他总线控制设备使用总线。在 DMA 传送过程中，AEN 信号一直有效。

(17) ADSTB：地址选通信号，输出，高电平有效。作为外部地址锁存器选通信号，当 ADSTB 信号有效时，DB_7～DB_0 传送的存储器高 8 位地址信号（A_{15}～A_8）被锁存到外部地址锁存器中。

(18) $\overline{EOP}$：DMA 传送结束信号，双向，低电平有效。当 8237A 的任一通道数据传送计数停止时，产生$\overline{EOP}$输出信号，表示 DMA 传送结束；也可以由外设输入$\overline{EOP}$信号，强迫当前正在工作的 DMA 通道停止计数，数据传送停止。无论是内部停止还是外部停止，当$\overline{EOP}$有效时，都立即停止 DMA 服务，并复位 8237A 的内部寄存器。

10.4 8237A 工作和管理方式

10.4.1 8237A 工作方式

8237A 有 4 种工作方式，即单字节传送、块传送、请求传送和级联传送方式。

1. 单字节传送方式

单字节传送方式是每次 DMA 传送时仅传送一个字节。完成一个字节传送之后，当前字节计数器减 1，当前地址寄存器加 1 或减 1，接着，HRQ 变为无效，释放总线控制权，将总线控制权交还给 CPU，这样，CPU 至少可得到一个总线周期。如果传送使得字节计数器由 0 减为 FFFFH 或由外设产生 $\overline{EOP}$ 信号，则终止 DMA 传送。

单字节传送方式的特点：因为一次只传送一个字节，所以效率较低；但它会保证在两次 DMA 传送之间，CPU 有机会获得总线控制权，执行一次 CPU 总线操作。

2. 块传送方式

在块传送方式下，8237A 一旦获得总线控制权，就会连续进行多个字节的数据块传送，直到当前字节计数器由 0 减到 FFFFH，或由外设产生 $\overline{EOP}$ 信号时，才释放总线控制权，终止 DMA 传送。

块传送方式的特点：因为一次请求传送一个数据块，所以效率高；但在整个 DMA 传送期间，由于总线被长时间占用，因而 CPU 无法处理其他 DMA 请求。

3. 请求传送方式

请求传送方式与数据块传送方式类似，也是一种连续传送数据的方式。区别在于：8237A 在请求传送方式下，每传送一个字节后，都要检测一次 DREQ 信号，检测其是否有效，若有效，则继续传送下一个字节，否则便停止数据传送，结束 DMA 过程。但 DMA 的传送现场全部保持（当前地址寄存器和当前字节计数器的值），待请求信号 DREQ 再次有效时，8237A 接着原来的计数值和地址值继续进行数据传送，直到当前字节计数器由 0 减到 FFFFH 或由外设产生 $\overline{EOP}$ 信号时，才释放总线控制权，终止 DMA 传送。

请求传送方式的特点：可由外设利用 DREQ 信号控制 DMA 数据传送的过程。

4. 级联传送方式

当一片 8237A 提供的 4 个通道不够用时，可通过级联方式增加 DMA 通道的数目，即构成主从式两级 DMA 系统。如图 10.5 所示，从片 8237A 的 HRQ 和 HLDA 引脚分别与主片 8237A 的 DREQ 和 DACK 引脚连接，一个主片最多可连接 4 个从片。在级联传送方式下，从片进行 DMA 传送，主片在从片与 CPU 之间传递联络信号，并对从片各通道的优先级进行管理。

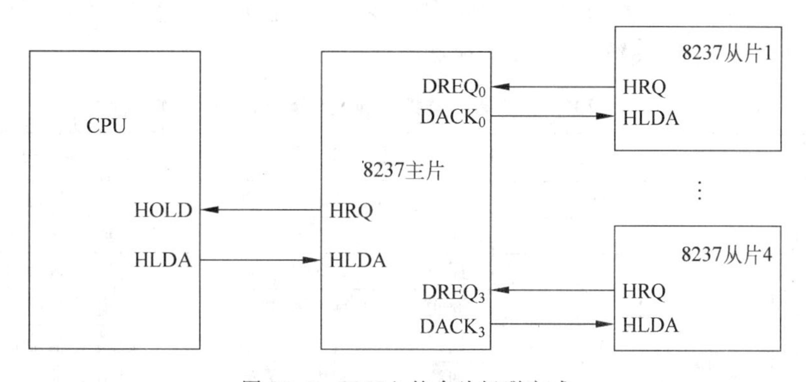

图 10.5 8237A 的多片级联方式

级联传送方式的特点：可扩展更多的 DMA 通道。

10.4.2 8237A优选权管理方式

由于一片8237A有4个DMA通道,可分别连接4个外设,因而就要解决优先权管理的问题。8237A有两种优先权管理方式,即固定优先权方式和循环优先权方式。无论采用哪种优先权方式,经判决某个通道获得服务后,其他通道无论其优先权高与低,均会被禁止,直到已服务的通道结束数据传送为止,即DMA传送不存在嵌套。

1. 固定优先权方式

在固定优先权方式下,4个通道的优先权是固定的,即通道0的优先权最高,通道1的其次,通道3的最低。

2. 循环优先权方式

在循环优先权方式下,4个通道的优先权是循环变化的,即在每次DMA服务之后,各个通道的优先权都发生变化。刚刚服务过的通道的优先权自动降为最低,它后面通道的优先权自动变为最高。通过这种优先权的循环,可以防止某个通道垄断总线的情况发生。例如,某次DMA传送前的优先权次序为"通道2→通道3→通道0→通道1",在通道2进行一次传送后,优先权次序变为"通道3→通道0→通道1→通道2",若此时通道3和通道0没有DMA请求,而通道1有DMA请求,那么,在通道1完成DMA传送后,优先权次序变为"通道2→通道3→通道0→通道1"。

10.5 8237A寄存器

8237A的内部寄存器有两类。一类称为通道寄存器,每个通道包括:基地址寄存器、当前地址寄存器、基字节计数器、当前字节计数器和模式寄存器,这些寄存器的内容在初始化编程时写入。另一类为控制寄存器和状态寄存器,这类寄存器是4个通道共用的,控制寄存器用来设置8237A的传送类型和请求控制等,初始化编程时写入。状态寄存器存放8237A的工作状态信息,供CPU读取查询。

8237A对应16个端口地址,8237A寄存器的端口地址分配及读/写操作功能见表10.2。DMA地址的最高4位由8237A页面寄存器提供。

表10.2 8237A内部寄存器端口地址分配及读/写操作功能

地 址	A_3	A_2	A_1	A_0	读 操 作	写 操 作
DMA+00H	0	0	0	0	通道0当前地址寄存器	通道0基地址寄存器
DMA+01H	0	0	0	1	通道0当前字节计数器	通道0基字节计数器
DMA+02H	0	0	1	0	通道1当前地址寄存器	通道1基地址寄存器
DMA+03H	0	0	1	1	通道1当前字节计数器	通道1基字节计数器
DMA+04H	0	1	0	0	通道2当前地址寄存器	通道2基地址寄存器
DMA+05H	0	1	0	1	通道2当前字节计数器	通道2基字节计数器
DMA+06H	0	1	1	0	通道3当前地址寄存器	通道3基地址寄存器
DMA+07H	0	1	1	1	通道3当前字节计数器	通道3基字节计数器
DMA+08H	1	0	0	0	读状态寄存器	
						写控制寄存器

续表

地　址	A_3	A_2	A_1	A_0	读　操　作	写　操　作
DMA+09H	1	0	0	1		写请求寄存器
DMA+0AH	1	0	1	0		写单屏蔽寄存器
DMA+0BH	1	0	1	1		写模式寄存器
DMA+0CH	1	1	0	0		清除字节指针
DMA+0DH	1	1	0	1	读暂存器	
						发主清命令
DMA+0EH	1	1	1	0		清除屏蔽寄存器
DMA+0FH	1	1	1	1		写全屏蔽寄存器

1. 当前地址寄存器

用来保存 DMA 传送的当前地址，每次传送后，该寄存器的值自动加 1 或减 1。当前地址寄存器可由 CPU 写入或读出。

2. 当前字节计数器

用来保存 DMA 传送的剩余字节数，每次传送后自动减 1。该计数器的值可由 CPU 写入和读出。当前字节计数器的值从 0 减到 FFFFH 时，终止计数。

3. 基地址寄存器

存放着与当前地址寄存器相同的初始值，即在初始化时，CPU 将起始地址同时写入该寄存器和当前地址寄存器，但是该寄存器不会自动修改，且不能被读出。

4. 基字节计数器

存放着与当前字节计数器相同的初始值。即在初始化时，CPU 将传送数据的字节数，同时写入该计数器和当前字节计数器，但是该计数器不会自动修改，且不能被读出。

注意：由于当前字节计数器从 0 减 1 到 FFFFH 时，才终止计数，所以，实际传送的字节数要比写入字节计数器的值多 1，因此，如果需要传送 N 个字节的数据，初始化编程时写入字节计数器的值应为 $N-1$。

5. 模式寄存器

存放相应通道的方式控制字，对应 $A_3 \sim A_0 = 1011$ 端口。8237A 模式寄存器格式如图 10.6 所示。

其中地址修改方式是指每传送一个字节的数据后，当前地址寄存器的值(即存储器单元地址)加 1 或减 1；所谓自动预置，是指当字节计数器从 0 减 1 到 FFFFH，产生 $\overline{EOP}$ 信号时，当前字节计数器和当前地址寄存器会自动从基字节计数器和基地址寄存器中获取初始值，从头开始重复操作；写传送是指由 I/O 接口往存储器写入数据，读传送是指从存储器读出数据送到 I/O 接口，校验传送用来对读传送或写传送进行检验，是对器件测试时才用到的一种虚拟传送，此时，8237A 也会产生地址信号和 $\overline{EOP}$ 信号，但并不产生对存储器和 I/O 接口的读/写信号。

6. 控制寄存器

存放 8237A 的控制字，对应 $A_3 \sim A_0 = 1000$ 端口。8237A 控制寄存器格式如图 10.7 所示。控制字用来设置 8237A 的操作方式，会影响每个通道。复位时，控制寄存器被清零。

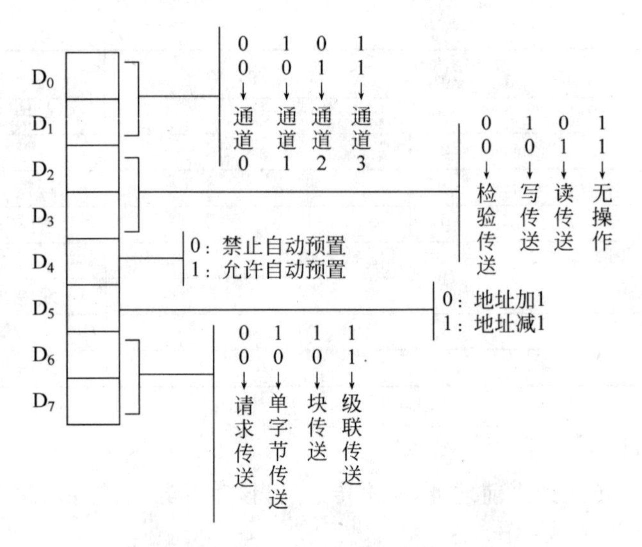

图 10.6　8237A 模式寄存器格式

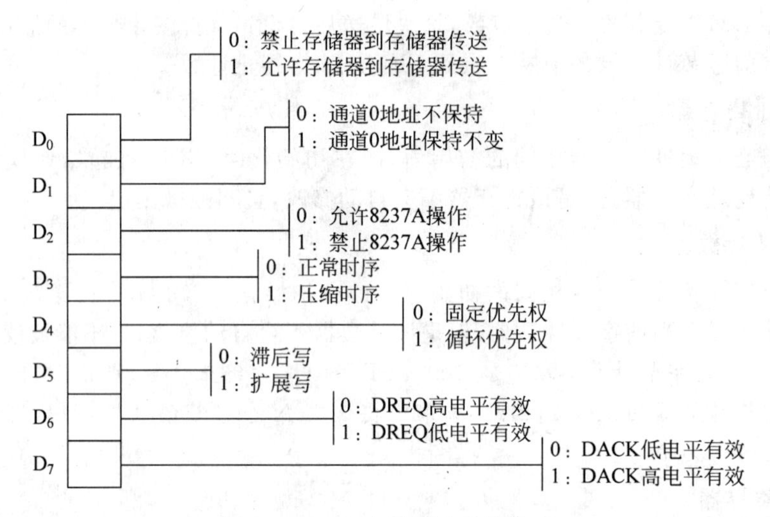

图 10.7　8237A 控制寄存器格式

控制字可允许或禁止 8237A 的操作，可设置优先权管理方式，可根据外设接口对 DACK 信号和 DREQ 信号的电平要求来决定它们的有效电平，还可允许或禁止存储器到存储器之间的传送。

在传送时，目的地址寄存器的内容像通常一样进行加 1 或减 1 操作，但源地址寄存器的内容可以通过对控制寄存器的设置而保持不变，这样，便可使同一个数据传送到整个目的区域。为获得较高的传输效率，在系统性能允许的范围内，8237A 能将每次传送时间从正常时序的 3 个时钟周期变成压缩时序的两个时钟周期，即如果系统各部分的速度比较快，8237A 可用压缩时序工作，以提高 DMA 传送时的数据吞吐量。如果外设的速度比较慢，8237A 就必须工作在正常时序，如果正常时序仍不能满足要求，就要在硬件上利用 READY 信号完成在指定时间内的传送；因为有些设备使用 8237A 送出的$\overline{IOW}$或$\overline{MEMW}$信号的下降沿产生 READY 信号，所以为了使 READY 信号早些到来，可将$\overline{IOW}$信号和$\overline{MEMW}$信号的负脉冲从下降沿处加宽，这就是扩展写方法，而这里的滞后写是指不扩展写信号。通过扩展写信号方法的使用，可提高传送速度，提高系统吞吐能力。

7. 请求寄存器

8237A 除了可以利用硬件的 DREQ 信号提出 DMA 请求外，当工作在数据块传送方式时，还可以通过软件发出 DMA 请求，对应 $A_3 \sim A_0 = 1001$ 端口。在执行存储器与存储器之间的数据传送时，规定由通道 0 从源数据区读取数据，由通道 1 将数据写入目标数据区。此时，启动 DMA 过程是由内部软件 DMA 请求来实现的，即对通道 0 的请求寄存器写入 04H，产生 DREQ 请求，使 8237A 产生总线请求信号 HRQ，启动 DMA 传送。8237A 请求寄存器格式如图 10.8 所示。

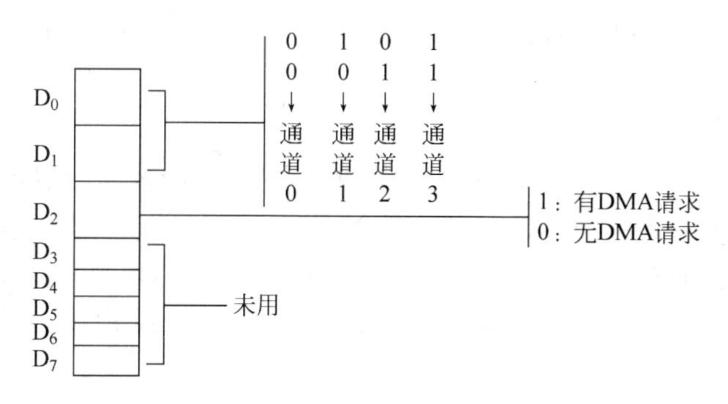

图 10.8　8237A 请求寄存器格式

8. 屏蔽寄存器

8237A 的每个通道都有一个屏蔽位，当该位为 1 时，屏蔽对应通道的 DMA 请求。屏蔽位可以用单屏蔽字和全屏蔽字两种命令字置位或复位。单屏蔽字格式和全屏蔽字格式分别如图 10.9 和图 10.10 所示，分别对应 $A_3 \sim A_0 = 1010$ 和 1111 端口。

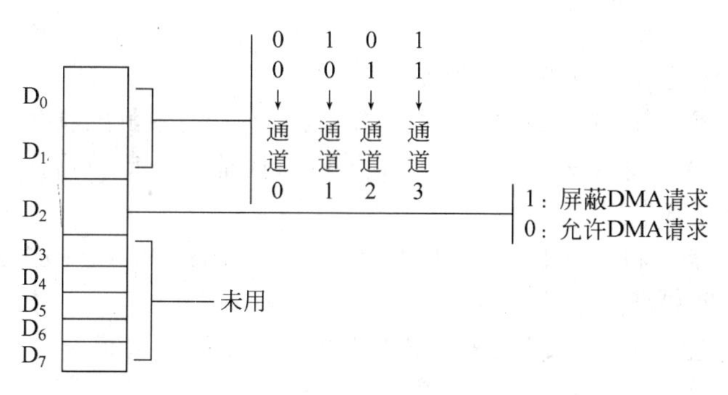

图 10.9　8237A 单屏蔽字格式

9. 状态寄存器

用来存放各通道的工作状态和请求标志。对应 $A_3 \sim A_0 = 1000$ 端口。状态寄存器格式如图 10.11 所示。低 4 位对应表示各通道的终止计数状态，当某通道终止计数或外部 $\overline{EOP}$ 信号有效时，则对应位置 1。高 4 位对应表示各通道的请求信号 DREQ 输入是否有效。这些状态位在复位或被读出后，均被清零。

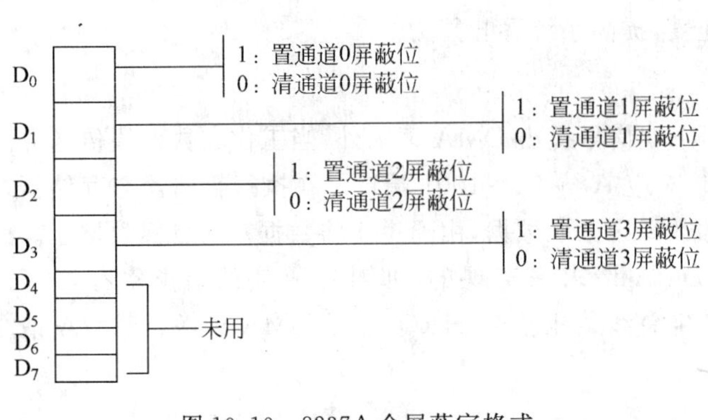

图 10.10　8237A 全屏蔽字格式

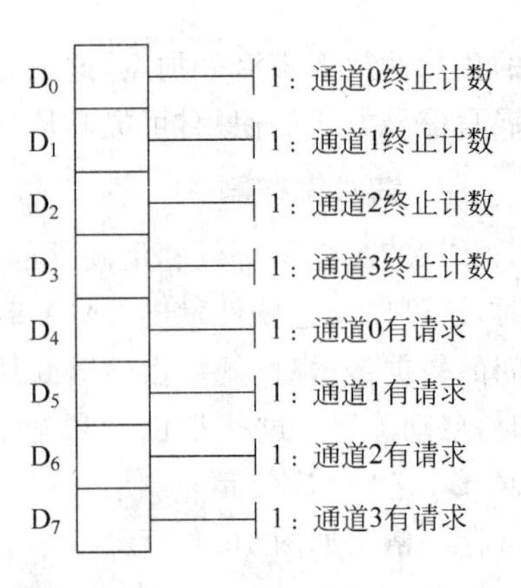

图 10.11　8237A 状态寄存器格式

10. 暂存寄存器

对应 $A_3 \sim A_0 = 1101$ 端口。当 8237A 进行存储器到存储器的数据传送时，通道 0 先把从源数据区读出的数据送入暂存寄存器中保存，然后由通道 1 从暂存寄存器中读出数据，传送至目标数据区中。这样，每个存储器到存储器的传送都要用两个总线周期。传送结束时，暂存寄存器只会保留最后一个字节数据，可通过读暂存器命令由 CPU 读出。复位时，暂存寄存器内容被清零。

11. 主清命令

主清命令不需要通过写入控制寄存器来执行，只需要对特定的 DMA 端口执行一次写操作即可完成。主清命令的功能与复位信号 RESET 类似。对 8237A 进行软件复位，只要对 $A_3 \sim A_0 = 1101$ 端口执行一次写操作，便可以使 8237A 处于复位状态。

10.6　8237A 初始化

8237A 初始化编程分为以下 7 个步骤：

① 发主清除命令　通过向 DMA＋0DH 端口执行一次写操作，便可复位内部寄存器。

② 写地址寄存器　将传送数据块的首地址或末地址按先低位后高位的顺序写入基地址寄存器和当前地址寄存器。

③ 写字节计数器　将传送数据块的字节数 N(写入的值为 $N-1$)按先低位后高位的顺序写入基字节计数器和当前字节计数器。

④ 写模式寄存器　通过写模式字设置工作方式和操作类型等。

⑤ 写屏蔽寄存器　开放指定 DMA 通道的请求。

⑥ 写控制寄存器　设置 DREQ 和 DACK 的有效极性，启动 8237A 工作等。

⑦ 写请求寄存器　此步为可选步骤，只有用软件请求 DMA 传送(存储器与存储器之间的数据块传送)时，才需要写请求寄存器。

下面举个例子来说明如何编写外设到内存采用 DMA 传送的初始化程序段。

【例 10-1】　要求利用 8237A 的通道 1，将长度为 100 字节的数据块从外设传送到内存，内存区为从 1000H 开始的连续存储单元。采用数据块传送方式，DREQ1 为高电平有效，DACK1 为低电平有效，允许请求。DMA 地址由 $\overline{CS}$ 信号和 DMA 页面寄存器提供。初始化程序段如下：

```
START: OUT  DMA + 0DH, AL      ; 发主清命令,执行一次写操作以实现软件复位
       MOV  AL, 00H            ; 目标数据区起始地址低位字节
       OUT  DMA + 02H, AL      ; 写入当前地址寄存器和基地址寄存器
       MOV  AL, 10H            ; 目标数据区起始地址高位字节
       OUT  DMA + 02H, AL      ; 将目标数据区起始地址写入当前地址寄存器和基地址寄存器
       MOV  AX, 100            ; 传输的字节数为 100
       DEC  AX                 ; 计数值调整为 99,即 100 - 1
       OUT  DMA + 03H, ALN     ; 计数值写入当前字节计数器和基字节计数器中
       MOV  AL, AH
       OUT  DMA + 03H, AL
       MOV  AL, 85H            ; 通道 1: 块传送,地址增 1,DMA 写操作
       OUT  DMA + 0BH, AL      ; 写入模式寄存器
       MOV  AL, 01H            ; 屏蔽字,允许通道 1 请求
       OUT  DMA + 0AH, AL      ; 写入单屏蔽寄存器
       MOV  AL, 00H            ; 控制字,DACK 低电平有效,DREQ 高电平有效,允许 8237A 工作
       OUT  DMA + 08H, AL      ; 写入控制寄存器
```

10.7 8237A 应用举例

在某 32 位微机系统中有一片 8237A。硬件连接分为 8237A 与 CPU 的接口电路和 8237A 与外设的接口电路。系统中通道 0 用于动态 RAM 刷新，通道 1 为用户保留，通道 2 用于软盘数据传送，通道 3 用于硬盘数据传送。

1. 8237A 与 CPU 的接口电路

在 CPU 看来，8237A 是作为外围从属设备进行工作的，它的操作必须通过软件进行初始化处理，通过读/写内部寄存器来实现，而数据的传送是通过它与 CPU 之间的接口电路来进行的。8237A 与 CPU 的接口电路如图 10.12 所示。

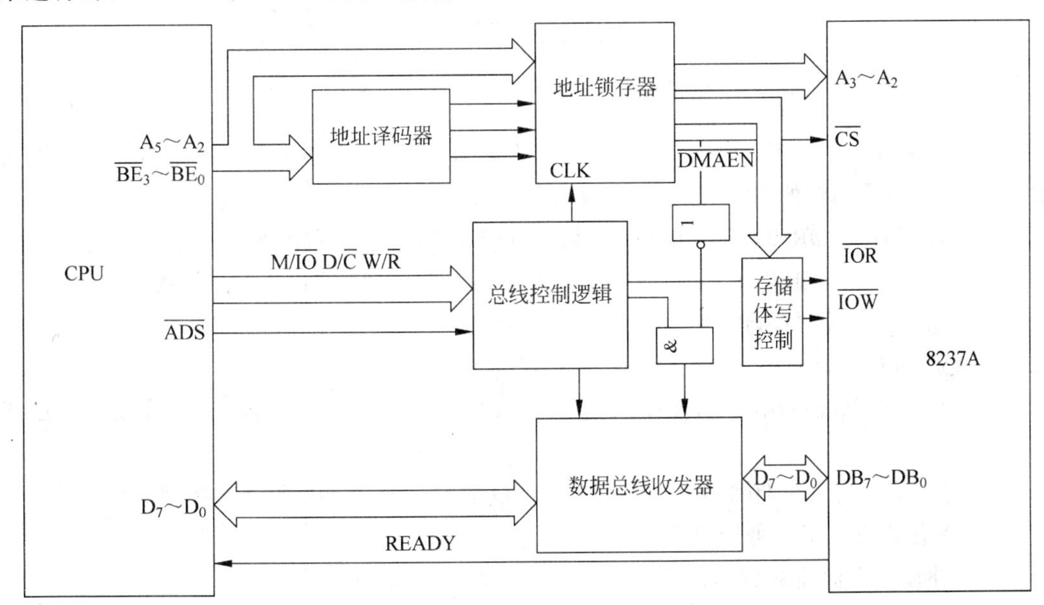

图 10.12　8237A 与 CPU 的接口电路

当 8237A 没有被外设用来进行 DMA 操作时，处于从属状态。在此状态下，CPU 可以向 8237A 输出命令以及读/写它的内部寄存器。所访问寄存器的端口地址 $A_3 \sim A_0$ 由 CPU 的地址信号线 $A_5 \sim A_2$ 来提供。

在数据传送总线周期，其他地址线经译码电路产生 8237A 的片选信号 $\overline{CS}$。在从属状态时，8237A 不断采样片选信号 $\overline{CS}$，当 $\overline{CS}$ 有效时，CPU 分别用 $\overline{IOR}$ 信号和 $\overline{IOW}$ 信号来控制 8237A，实现输入总线操作和输出总线操作。

2. 8237A 与外设的接口电路

8237A 有 4 个独立的 DMA 通道，通常情况下，总是把每一个通道指定给一个专门的外部设备。由图 10.13 可见，电路中的 4 个 DMA 请求输入信号 $DREQ_3 \sim DREQ_0$ 分别对应通道 3～通道 0。

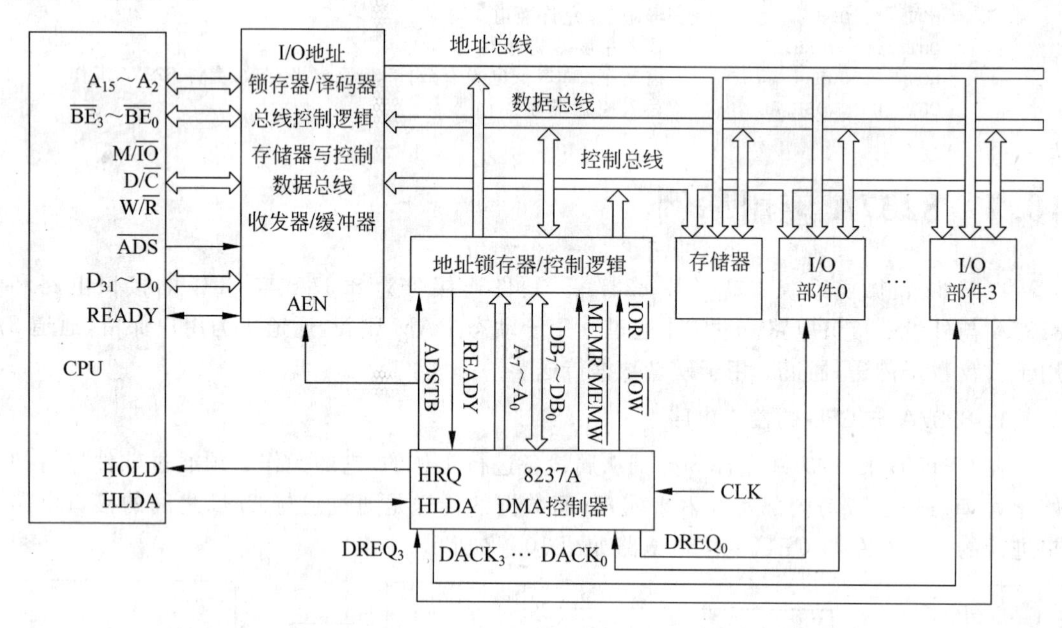

图 10.13 8237A 与外设的接口电路

在从属状态下，8237A 不断采样 DMA 请求输入信号 $DREQ_3 \sim DREQ_0$，当某个外设请求 DMA 操作时，相应的 DREQ 变为有效电平。

8237A 采样到 DREQ 有效电平后，便使 HRQ 信号变为高电平有效，并将其传送给 CPU 的 HOLD 输入端，请求 CPU 让出总线控制权。当 CPU 准备让出总线控制权时，会使总线信号进入高阻状态，同时使输出信号 HLDA 变为高电平有效，作为对 HOLD 的应答。8237A 接收到有效的 HLDA 应答信号后，就获得了总线控制权。

8237A 获得总线控制权后，使输出信号 DACK 变为高电平有效，以通知外设它已处于准备就绪状态。

在 8237A 控制总线期间，将产生存储器、I/O 数据传送所需要的全部控制信号。

DMA 传送有以下 3 种情况。

(1) 外设到存储器的数据传送

在这种情况下，8237A 利用 $\overline{IOR}$ 信号通知外设把数据送到数据总线 $DB_7 \sim DB_0$ 上。与此同时,8237A 利用$\overline{\text{MEMR}}$信号把总线上的有效数据写入存储器。

(2) 存储器到外设的数据传送

在这种情况下,8237A 先从存储器读出数据,然后再把数据传送到外设,在数据传送过程中,8237A 需要发出$\overline{\text{MEMR}}$和$\overline{\text{IOW}}$信号。

在以上两种情况,数据直接从外设传送到存储器或从存储器传送到外设,并没有通过 8237A 控制器。

8237A 形成存储器到外设或从外设到存储器的 DMA 总线周期,均需要 4 个时钟周期的时间。时钟周期的持续时间由加到 CLK 输入端的时钟信号的频率所决定,例如,频率为 5MHz 的时钟信号,周期为 200ns,那么,DMA 总线周期就为 800ns。

(3) 存储器到存储器的数据传送

在这种情况下,8237A 固定使用通道 0 和通道 1。

通道 0 的地址寄存器存放源数据区的地址,通道 1 的地址寄存器存放目标数据区的地址,通道 1 的字节计数器存放需要传送数据的字节数。

传送过程可通过设置通道 0 的软件请求来启动,8237A 按正常方式向 CPU 发出 HRQ 请求信号,待 HLDA 响应后开始传送。

在这种情况下,每传送一个字节需要 8 个时钟周期,前 4 个时钟周期用通道 0 地址寄存器的地址,从源数据区读数据送入 8237A 的暂存寄存器;后 4 个时钟周期用通道 1 地址寄存器的地址,把暂存寄存器中的数据写入目标数据区。每传送 1 个字节,源地址和目标地址都要做修改(加 1 或减 1),字节数减 1,直到通道 1 的计数终止,并在$\overline{\text{EOP}}$端输出一个脉冲。在存储器到存储器的数据传送中,8237A 将使用$\overline{\text{MEMR}}$和$\overline{\text{MEMW}}$信号。在 5MHz 时钟频率下,一个存储器到存储器的 DMA 周期需要 1.6ms 时间。

10.8　小结与习题

10.8.1　小结

本章一开始对 DMA 控制器的功能做了概述,紧接着以 8237A 为例,对 DMA 控制器做了详细阐述。首先对 8237A 的内部结构、8237A 的引脚功能,及 8237A 的工作方式进行了介绍,之后,对 8237A 的初始化编程进行了分析,并以一个简单的例子说明初始化在编程步骤上的规则;最后给出了 8237A 的一个应用实例。

10.8.2　习题

1. 试说明在 DMA 方式下传送单个数据的过程。

2. 为使 DMAC 正常工作,系统应该用软件对 DMAC 进行初始化,初始化过程分为哪两个主要方面?

3. 8237A 什么时候作为主模块工作?什么时候作为从模块工作?在这两种情况下,各控制信号处于什么状态?

4. 8237A 有哪几种工作方式?

5. 什么叫 DMA 控制器的自动预置功能?

6. 用 8237A 进行存储器到存储器传送时，有什么特点？

7. 8237A 是怎样进行优先权管理的？

8. 8237A 的单字节传送模式是怎样工作的？

9. 块传送模式与请求传送模式有什么相同和不同？

10. 按要求编写 8237A 的初始化程序段：设 8237A 的端口地址为 0000～000FH。将 4 个通道的地址寄存器值均设为 FFFFH。使通道 0 工作在单字节传输模式，写传输类型，地址加 1 变化，允许自动预置功能；使通道 1、2、3 都工作在单字节传输模式，读传输类型，地址减 1 变化，无自动预置功能。对 8237A 设置控制命令，使 DREQ 为低电平有效，DACK 为高电平有效，采用固定优先权管理方法，并启动 8237A 工作。

CHAPTER 11

第11章 串行接口8251A

主要内容:

- 串行通信的基本概念。
- 串行接口的典型结构。
- 8251A 结构。
- 8251A 引脚功能。
- 8251A 工作原理。
- 8251A 编程及举例。
- 小结与习题。

11.1 串行通信的基本概念

微机与外设之间的信息交换有两种形式:并行通信和串行通信。并行通信是以字长为传送单位,一次可以通过多条传输线传送1个或 n 个字节的数据。虽然这种信息交换形式的传送速度快,但由于所需传输线较多,成本相对较高,因此,适用于微机与外设距离较近,有快速交换大量信息要求的场合。串行通信是在一条传输线上,数据按照从低位到高位一位一位地依次传送。这种信息交换形式与并行通信形式相比,成本低但速度慢,所以适用于远距离信息交换的场合。本章内容介绍的是串行通信与串行接口技术。

由于在串行通信时,数据和联络信号使用同一条传输线来传送,所以,收发双方必须考虑一些问题,而为了解决这些问题,收发双方必须遵守一些共同的通信协议。需要解决的问题包括波特率、帧格式、帧同步、位同步、数据校验和差错处理等。

① 波特率问题　双方约定以何种速率进行数据的发送和接收。

② 帧格式问题　双方约定采用何种数据格式进行传送。

③ 帧同步问题　接收方如何得知一批数据的开始和结束。

④ 位同步问题　接收方如何从位流中正确地采样到位数据。

⑤ 数据校验问题　接收方如何判断收到数据的正确性。

⑥ 差错处理问题　收发出错时如何处理。

下面分 3 个部分介绍串行通信类型、串行通信方式和传送速率等概念。

1. 串行通信类型

当传送数字信号时，在接收端需要有一个与数据位脉冲相同频率的时钟脉冲，以用来逐位地将数据读入寄存器。这种在接收端使数据位与时钟脉冲在频率及相位上保持一致的机制称为同步。按照在接收端获取同步信号的方法不同，串行通信又分为两种通信类型，即同步传输和异步传输。通常所说的串行通信一般指的是异步传输类型的串行通信。

(1) 异步传输

异步传输是指每个字符的前后用一些数位作为分隔位（两个字符之间的传输间隔任意）。异步传输的标准数据格式如图 11.1 所示。

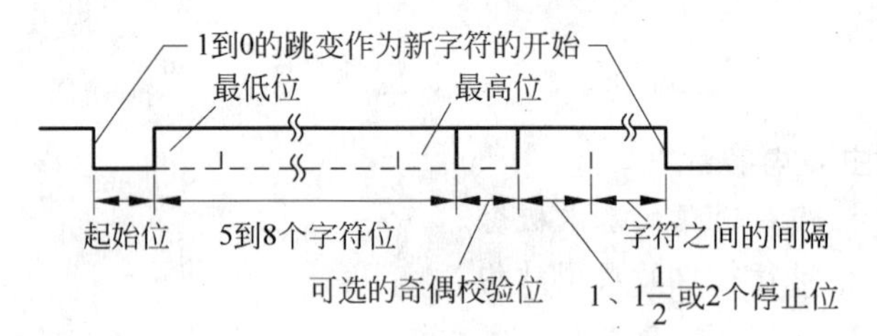

图 11.1 异步传输的标准数据格式

按照异步传输的标准数据格式，一个字符在传输时，除了要传输字符的实际数据信息外，还要传输若干个附加位，或者说，异步传输的一帧数据是由起始位、字符位、奇偶校验位（可选）及停止位组成。

① 起始位：是一帧数据开始的标志，占 1 位，低电平有效。

② 字符位：紧接着起始位，可以是 5 位、6 位、7 位或 8 位，到底是几个字符位由初始化编程设定。其排列的方式是低位在前、高位在后。

③ 奇偶校验位：可以有，也可以无，若有则占 1 位。到底有无奇偶校验位，由初始化编程设定，如果有奇偶校验位，那么，当采用奇校验时，发送设备自动检测发送数据中所包含的 1 的个数，若 1 的个数为奇数，则校验位自动写 0；若 1 的个数为偶数，则校验位自动写 1。当采用偶校验时，发送设备自动检测发送数据中所包含的 1 的个数，若发送数据中所包含 1 的个数为奇数，则校验位自动写 1，否则，校验位自动写 0。接收设备则按照约定的奇偶校验方式，校验接收到的数据是否正确。

④ 停止位：它可根据字符位的编码位数，选择 1 位、1.5 位或 2 位，到底选择几个停止位，由初始化编程设定。

由此可见，异步传输在开始传送一个字符前，传输线必须处于“1”状态，这也称为标识态。异步传输是以字符为单位传送的，每传送一个字符，以起始位作为开始标志，以停止位作为结束标志。如果传送完一个字符后，立即传送下一个字符，则后一个字符的起始位必须紧挨着前一个字符的停止位，否则，传输线又会进入标识态，即字符之间的间隔传送高电平。

归纳一下，异步传输的工作原理是：传送开始后，接收设备不断地检测传输线上是否有起始位到来，若接收到一系列“1”之后检测到一个“0”，则说明起始位出现，于是开始接收所规定的字符位、奇偶校验位及停止位。经接收器处理，将停止位去掉，把字符位拼装成为一个字节数据，经校验无误后便接收完毕。在一个字符接收完毕后，接收设备又继续检测传输线，监视“0”的到来，即下一字符的开始，直到全部数据接收完毕为止。

尽管在不同的传输系统中，字符位和停止位的数目可以不同，校验位的设置也可不同，但对于同一个传输系统，这些都是固定的，是可以通过编程对这些参数进行设置的。

(2) 同步传输

同步传输是指由许多字符组成一个信息帧，每个信息帧都以同步字符开始(不允许字符间有间隔)。同步传输的数据格式如图 11.2 所示。

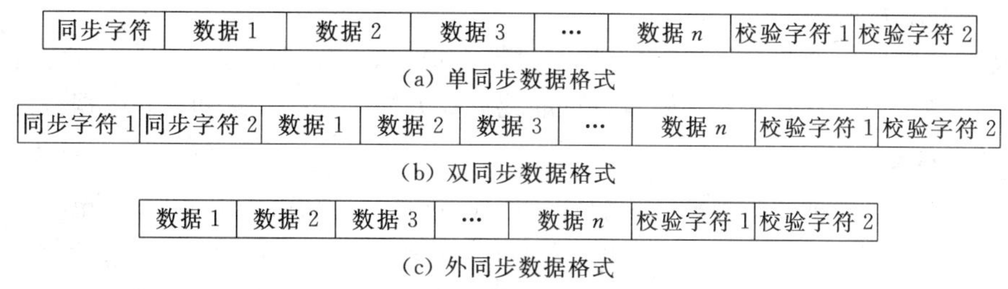

(a) 单同步数据格式

(b) 双同步数据格式

(c) 外同步数据格式

图 11.2　同步传输的数据格式

在传送前，先按照同步传输设定的数据格式，将多个字符(数据 $i, i=1,2,\cdots,n$)装配成一个数据帧，数据帧中包括一个或两个同步字符，其后是需要传送的 n 个字符(n 的大小由用户设定)，最后是两个校验字符，即校验字符 1 和校验字符 2。

其中的同步字符作为信息帧的起始标志，在通信双方起联络作用。当对方接收到同步字符后，便开始接收后面的数据字符。同步字符通常占用一个字节宽度，采用一个同步字符称为单同步，采用两个同步字符称为双同步。在通信协议中，通信双方需预先约定同步字符的编码格式和同步字符的个数。

归纳一下，同步传输的工作原理是：接收设备首先搜索同步字符，并与预先约定的同步字符进行比较，若结果匹配，则说明同步字符已经到达，接收方便开始接收后面的数据，并按预定的数据长度拼装成一个个数据字符，直至整个信息帧接收完毕，经校验无误后，便结束一帧信息的传输。

需要说明的是，在进行同步传输时，为保持发送设备和接收设备完全同步，要求接收设备和发送设备必须使用同一时钟。在近距离通信时，收发双方可以使用同一时钟发生器，在通信线路中增加一条时钟信号线；在远距离通信时，可采用锁相技术，通过调制解调器从数据流中提取同步信号，使接收方得到与发送方时钟频率完全相同的接收时钟信号。

作为同步传输与异步传输的比较，一方面，在传送速率相同的情况下，同步传输的实际字符传输率高于异步传输的，这是因为异步传输要在每一个字符的前后都附加起始位和停止位，有约 20%的附加数据；而同步传输所采用的数据格式中，一个或两个同步字符就可带 n 个数据字符，无需为每个字符设置起始位和停止位。另一方面，在同步传输时，要求收发双方必须用同一个时钟进行协调，以确定同步传输过程中每一个位的确切位置，而在异步传输时，接收方的时钟频率不必与发送方的时钟频率完全相同，只要比较接近，不超过一定的允许范围即可。

2. 串行通信方式

在串行通信中，按照在同一时刻数据传送的方向，分为 3 种基本通信方式：单工、半双工和全双工方式。

(1) 单工方式

仅支持在一个方向上的数据传送。其特点是，通信双方的一方为发送设备，另一方为接收设备，传输线只有一条，数据只能按一个固定的方向传送。

（2）半双工方式

支持两个方向上的数据传送，但不可同时进行发送和接收。其特点是，通信双方既有发送设备，也有接收设备，但传输线只有一条，所以，一方发送时另一方只能接收。可通过发送和接收开关控制通信线路上数据的传送方向。

（3）全双工方式

支持两个方向上的数据传送，且可同时进行发送和接收。其特点是，通信双方既有发送设备，也有接收设备，且有两条传输线，所以，允许双方同时进行发送和接收数据。

3．传送速率

传送速率是指每秒钟传送的二进制数的位数，也称为位传输率或波特率，单位用 bps 或波特表示。例如，在某串行通信异步传输系统中，定义一个字符信息为 10 位（7 个字符位、1 个停止位、1 个起始位、1 个奇偶校验位），波特率为 1800bps，则每秒钟可传送的字符个数为 1800/10＝180 个。

在微机通信中，常用的标准波特率有 300bps，600bps，1200bps，1800bps，2400bps，4800bps，9600bps，14.4Kbps，19.2Kbps，28.8Kbps，33.6Kbps 和 57.6Kbps 等，波特率越高，传送速度越快。

数据传送的波特率决定了一个字符当中每个二进制数的位时间，即每位数据占用的时间。例如，当波特率为 600bps 时，则其位时间为 1b/600bps≈1.67ms。

需要说明的是，在采用异步传输方式进行串行通信时，发送端需要用发送时钟来决定每一位对应的时间长度；接收端需要一个接收时钟来测定每一位的时间长度。发送时钟和接收时钟的频率都可以是波特率的 16、32 或 64 倍，这个倍数被称作波特率因子。例如，取波特率因子为 16，通信时，接收端在检测到电平由高到低变化之后，便开始计数，计数时钟就是接收时钟。当计数到 8 个时钟以后，就对输入信号进行采样，如仍为低电平，则确认这是起始位，而不是干扰信号。此后，接收端便每隔 16 个时钟脉冲对输入信号进行一次采样，直到各个字符位以及停止位都输入以后，才采样停止。当下一次出现由高到低的跳变时，接收端又重新开始采样。

可见，在采用异步传输方式进行串行通信时，要根据数据传送的波特率来确定发送时钟的频率和接收时钟的频率。例如，波特率因子为 16，要求发送数据的波特率为 600bps，接收数据的波特率 1200bps，则供给发送时钟的时钟频率为 9600Hz，而供给接收时钟的时钟频率为 19.2kHz。

11.2 串行接口的典型结构

11.2.1 一般接口与系统的连接

微机接口电路普遍采用大规模集成电路芯片，而且几乎所有大规模集成电路接口芯片的功能或工作方式都可用程序指令来设定，即都具有可编程性，这种具有可编程性的接口称为可编程接口。

从结构上，一般可把接口分为两个部分，即面向外设的部分和面向系统总线的部分。由于和外设相连部分的接口结构与具体外设的传输要求及数据格式相关，因此，各接口的该部分互不相同；而与系统总线相连部分的接口结构都类似，一般接口与系统的连接如图 11.3 所示。与系统总线相连一般都包括 3 个部分：总线收发器及相应的逻辑电路(可选，用虚线框表示)、联络信号逻辑电路、地址译码器。

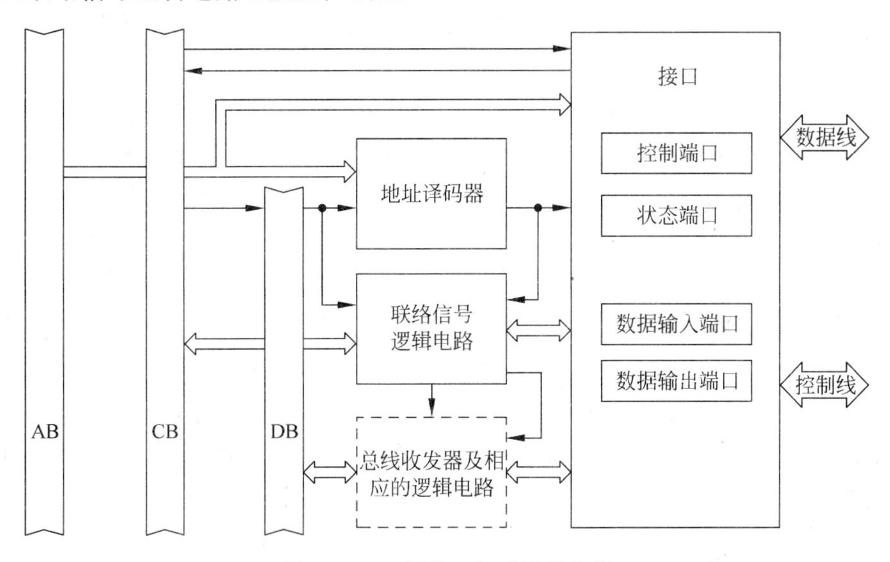

图 11.3　一般接口与系统的连接

11.2.2　串行接口的典型结构

可编程串行接口的典型结构如图 11.4 所示，其中包括如下 6 个部分：

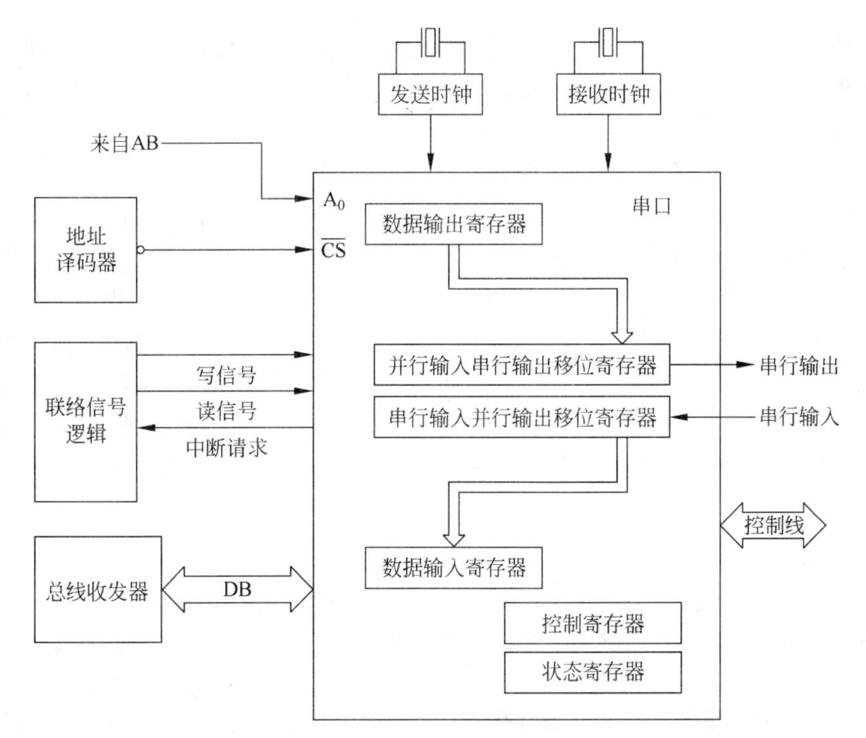

图 11.4　串行接口的典型结构

① 状态寄存器；

② 控制寄存器；

③ 数据输入寄存器；

④ 串行输入并行输出移位寄存器；

⑤ 数据输出寄存器；

⑥ 并行输入串行输出移位寄存器。

通常将数据输入寄存器与串行输入并行输出移位寄存器归在一起；将数据输出寄存器与并行输入串行输出移位寄存器归在一起。这样一来，也可以说，串行接口的典型结构只包括4个部分。

11.3 8251A结构

8251A是为Intel微处理器设计的可编程串行接口芯片，是一种通用的同/异步接收/发送器。它具有独立的发送器和接收器，因此能够以单工、半双工或全双工方式进行通信，并提供一些基本的控制信号，以方便与调制解调器(modem)相连接。

11.3.1 8251A的基本功能

8251A的基本功能包括以下四个方面。

(1) 通过编程可工作在同步或异步模式下。

(2) 在同步传输时，可用5、6、7或8位表示字符，并能自动插入同步字符，从而实现内同步。也允许增加校验字符进行校验。

(3) 在异步传输时，可用5、6、7或8位表示字符，用1位作为奇/偶校验位，能自动为每个字符增加1个起始位，并根据编程为每个字符增加1个、1.5个或2个停止位，可检查假起始位，自动检测和处理停止位。

(4) 具有检测传输错、溢出错和帧格式错的检测电路。

奇/偶检验用于检查因接口与外设之间的连线受各种干扰而引发的传输错误。溢出错也称为覆盖错或超越错，是指输入缓冲器或输出缓冲器中的数据在被CPU或外设取走之前，又被新到达的数据所覆盖而产生的错误。帧格式错是在异步传输时，因接收时钟与发送时钟的频率相差太大而引起的采样接收错误。因为异步传输时，接收端总是利用每个字符的起始位进行一次重新定位，因此一般可以保证每次采样到对应的一位。但如果接收时钟与发送时钟的频率相差太大，以至于引起在起始位之后刚采样几次就造成错位，进而可能出现停止位成了低电平的情况，于是引起了帧格式错误。

11.3.2 8251A的结构

8251A的编程结构如图11.5所示，其中包括如下4个部分：

(1) 一个数据输入缓冲器和一个数据输出缓冲器；

(2) 一个发送移位寄存器和一个接收移位寄存器；

(3) 一个控制寄存器和一个状态寄存器；

(4) 一个模式寄存器和两个同步字符寄存器。

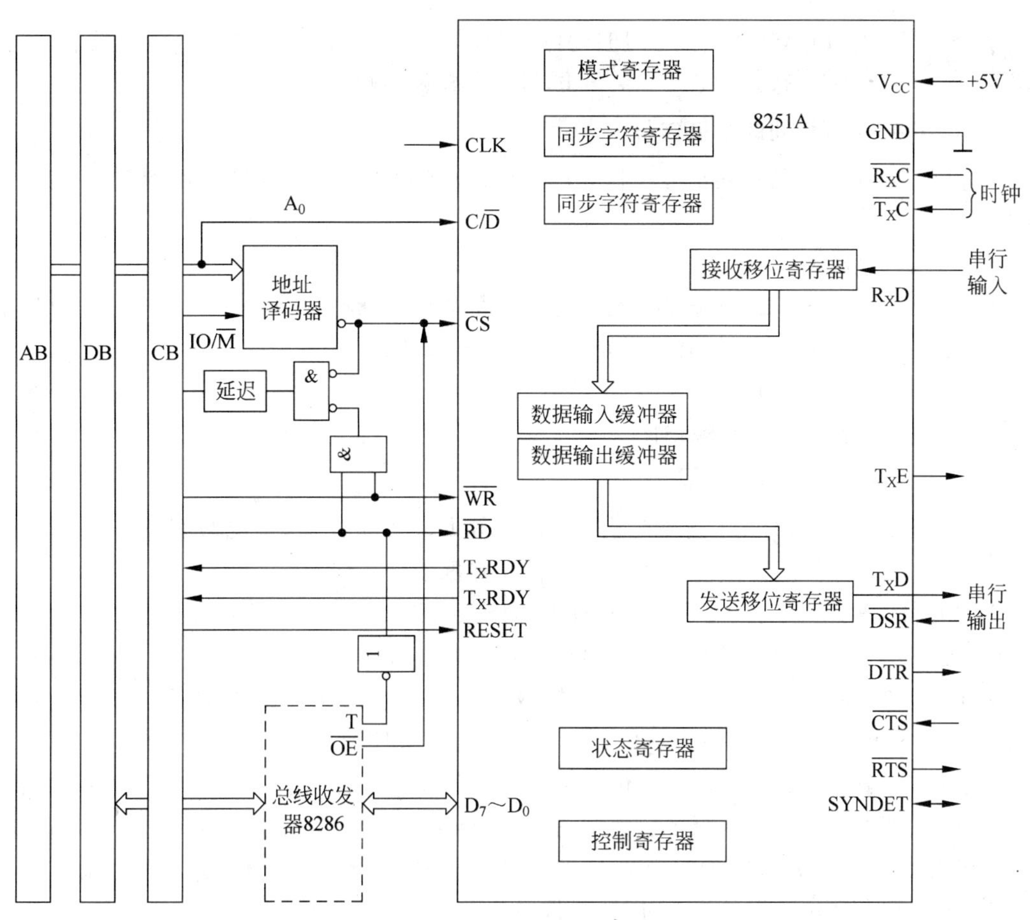

图 11.5　8251A 的结构

11.4　8251A 引脚功能

8251A 采用双列直插式封装，共有 28 个引脚，如图 11.6 所示。

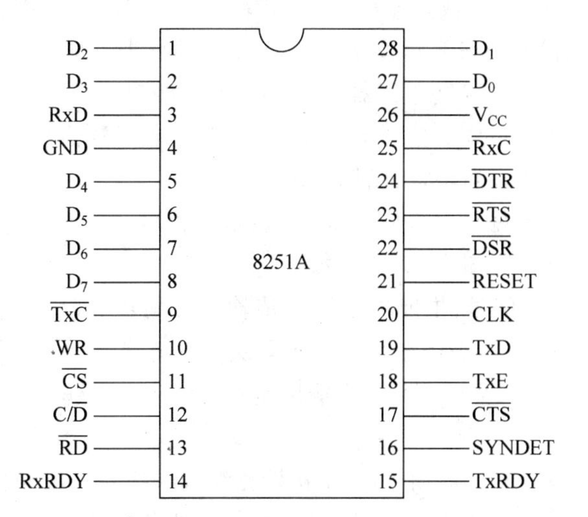

图 11.6　8251A 的对外引脚

作为 CPU 与外设(如 modem)间的接口,8251A 的对外引脚信号主要分为两类,一类是 8251A 和 CPU 间的连接信号;另一类是 8251A 与外设间的连接信号。

1. 8251A 和 CPU 间的连接信号

8251A 与 CPU 间的连接信号包括片选信号、数据信号、读/写控制信号、收发联络信号等 4 组。

(1) 片选信号$\overline{CS}$

$\overline{CS}$为低电平时,8251A 被选中;反之,$\overline{CS}$为高电平时,8251A 未被选中,8251A 的数据信号线处于高阻状态,读/写控制信号对 8251A 不起作用。

(2) 数据信号 $D_7 \sim D_0$

$D_7 \sim D_0$ 与系统的数据总线相连。

(3) 读/写控制信号$\overline{RD}$、$\overline{WR}$、$C/\overline{D}$

$\overline{RD}$为读信号,在执行 IN 指令时有效,启动数据输入缓冲器,系统数据总线上数据由 8251A 流向 CPU,即 CPU 当前正从 8251A 读取数据或状态信息。

$\overline{WR}$为写信号,在执行 OUT 指令时有效,启动数据输出缓冲器,系统数据总线上数据由 CPU 流向 8251A,即 CPU 当前正在往 8251A 写入数据或控制信息。

$C/\overline{D}$为控制/数据信号,用于区分当前数据总线上的信息是控制信息还是与外设交换的数据。当它为 1 时,表示 C 为有效,传送的是状态信息或控制命令;当它为 0 时,表示 D 为有效,传送的是真正的数据。对于 8 位的 CPU 系统,该端可直接连接到地址总线的 A_0 端;对于 16 位的 CPU 系统,由于低 8 位数据总线上的数据访问的是偶地址端口或存储单元,高 8 位数据总线上的数据访问的是奇地址端口或存储单元,所以,当 8251A 的数据信号端 $D_7 \sim D_0$ 连接到低 8 位数据总线上时,需要将该 $C/\overline{D}$端连接到地址总线的 A_1 端,而 A_0 端不连接到 8251A 上,这样,就保证了 CPU 发给 8251A 的地址总是连续的两个偶地址,从而使 CPU 与 8251A 交换的数据能够在低 8 位数据总线上。

(4) 收发联络信号 TxRDY、TxE、RxRDY、SYNDET

TxRDY 为发送器准备好信号,用来表示数据输出缓冲器的状况。它为 1 时,表示数据输出缓冲器空;它为 0 时,表示数据输出缓冲器满,通知外设取走数据。

TxE 为发送器空信号,用来表示发送移位寄存器的状况。它为 0 时,表示发送移位寄存器满;它为 1 时,表示发送移位寄存器空,CPU 可向 8251A 的发送缓冲器写入数据。在同步传输时,由于不允许字符间有空隙,所以如果 CPU 来不及输出新字符,则该端变为高电平,发送器在输出线上插入空字符,以填补传送空隙。

RxRDY 为接收器准备好信号。它为 0 时,表示数据输入缓冲器空;它为 1 时,表示数据输入缓冲器已装有数据,通知 CPU 取走数据。

SYNDET 为同步检测信号,主要用于同步传输。在同步传输中,它既可工作在输入状态,也可工作在输出状态,到底工作在哪种状态取决于 8251A 是工作在内同步还是外同步。当 8251A 工作在内同步时,SYNDET 端为输出端;当 8251A 工作在外同步时,SYNDET 端为输入端。

8251A 究竟工作在哪种同步,由 8251A 初始化编程来决定。所谓内同步是指由 8251A 内部电路检测从 RxD 端接收的数据,一旦检测到与初始化写入 8251A 的一个或两个相同的同步字符，SYNDET 端便输出高电平，表示 8251A 检测到了同步字符，即表明 8251A 当前已达到同步，于是，8251A 便开始接收数据字符。所谓外同步是指由外部电路检测同步字符，一旦检测到同步字符就从 SYNDET 端往 8251A 输入一个正跳变信号，用来通知 8251A 当前已经达到同步，于是，接收控制电路会立即脱离对同步字符的搜索过程，开始接收并装配数据字符。当然，若采用外同步，则对 8251A 初始化时不必写入同步字符。

实际上，在异步传输中，SYNDET 也有它的定义，不过，只能作为输出端使用，这个输出信号被称作空白检测信号，即每当 8251A 收到各数据位均为 0 的字符时，便从 SYNDET 端输出高电平。

2. 8251A 与外设间的连接信号

8251A 与外设间的连接信号包括收发联络信号和数据信号两组。

(1) 收发联络信号$\overline{DTR}$、$\overline{DSR}$、$\overline{RTS}$、$\overline{CTS}$

$\overline{DTR}$为数据终端准备好信号，输出，低电平有效。有效时，通知发送方，表示接收方准备好接收数据。该信号可用软件编程方法使控制字的$\overline{DTR}$位为 1，执行输出指令，使$\overline{DTR}$端输出低电平。

$\overline{DSR}$为数据设备准备好信号，输入，低电平有效。它是对$\overline{DTR}$的回答信号，表示发送方准备好发送。可通过执行输入指令，读入状态字，检测 DSR 位是否为 1。

$\overline{RTS}$为发送方请求发送信号，输出，低电平有效。可用软件编程方法使控制字的 TRS 位为 1，执行输出指令，使$\overline{RTS}$端输出低电平。

$\overline{CTS}$为清除请求发送信号，输入，低电平有效。它是对$\overline{RTS}$的回答信号，表示接收方做好接收数据的准备。当$\overline{CTS}$=0 且控制字 TxEN 位为 1 时，发送器可发送数据。

(2) 数据信号

TxD 发送器数据信号。用于输出数据，CPU 送往 8251A 的并行数据转换为串行数据后，通过 TxD 端送往外设。

RxD 接收器数据信号。用于接收由外设输入的串行数据，数据经 RxD 端进入 8251A 后转换为并行数据。

3. 8251A 的其他连接信号

除了以上两组主要的信号外，8251A 还有电源、地、时钟和复位信号。

(1) $\overline{TxC}$为发送时钟信号，外部输入。对于同步传输，它的时钟频率等于发送数据的波特率；对于异步传输，由软件定义的发送时钟频率可以是波特率的 16、32 或 64 倍。

(2) $\overline{RxD}$为接收时钟信号，外部输入。在同步传输时，它的时钟频率等于接收数据的波特率；对于异步传输，由软件定义的接收时钟频率可以是波特率的 16、32 或 64 倍。

(3) RESET 为复位信号。当它处于高电平时，8251A 内部各寄存器处于复位状态，收发线路均处于空闲状态。通常情况下，该信号与系统的复位线相连。

11.5　8251A 工作原理

8251A 内部结构如图 11.7 所示。从工作原理上看，8251A 由 5 个模块组成：发送器、接收器、数据总线缓冲器、读/写控制逻辑电路、调制/解调控制电路。其中，发送器和接收器是 8251A 与外设交换信息的通道。

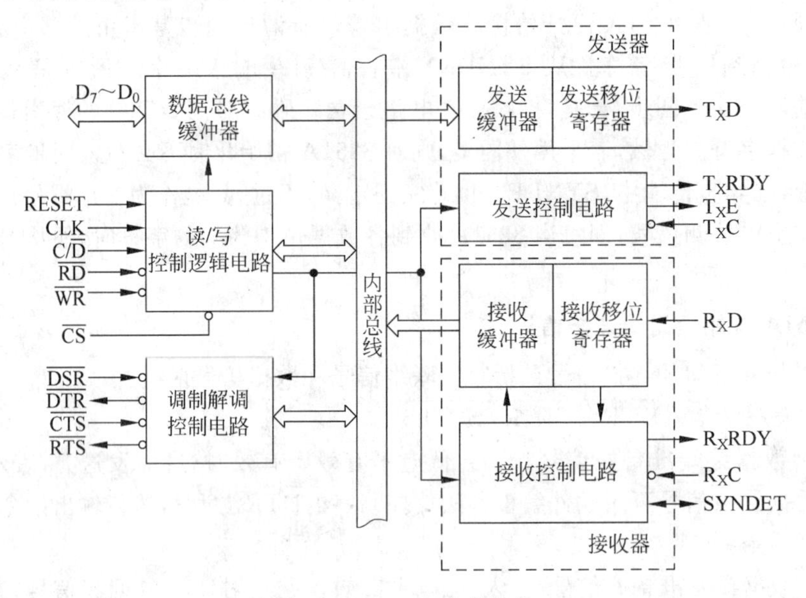

图 11.7　8251A 内部结构

1. 发送器

发送器包括发送缓冲器、并→串转换发送移位寄存器和发送控制电路。发送控制电路的功能包括：

(1) 在异步传输下，为数据加上起始位、检验位和停止位；

(2) 在同步传输下，插入同步字符和检验位。

发送器的工作过程为如下 7 个步骤：

① 将接收到的来自 CPU 的数据存入发送缓冲器。

② 发送缓冲器使 TxRDY 端变为低电平，以表示发送缓冲器满。

③ 在 modem 做好接收数据的准备后，向 8251A 输入一个低电平信号，使$\overline{CTS}$端有效。

④ 在编写 8251A 初始化命令过程中，使控制字的 TxEN 位为高，即处于允许发送的状态。

⑤ 满足以上②～④条件时，若采用同步传输，发送器将根据程序的设定自动送一个或两个同步字符，然后由移位寄存器从 TxD 端串行输出数据块；若采用异步传输，由发送控制电路在其首尾加上起始位及停止位，然后从起始位开始，经移位寄存器从 TxD 端串行输出。

⑥ 待数据发送完毕，使 TxE 端有效。

⑦ CPU 可向 8251A 发送缓冲器写入下一个数据。

2. 接收器

接收器包括接收缓冲器、串→并转换接收移位寄存器和接收控制电路。接收控制电路的功能包括：

(1) 复位后寻找启动位。

(2) 消除假启动干扰。

(3) 对接收到的信息进行奇偶校验。

(4) 检测停止位。

接收器的工作过程为如下 3 个步骤。

① 当控制字的 RxE 位为 1 允许接收，且$\overline{\text{DTR}}$端有效时，接收器开始监视 RxD 端。

② 外设数据从 RxD 端逐位进入接收移位寄存器，接收中对同步和异步两种通信类型采用不同的处理过程。

采用异步传输时，若发现 RxD 端的电平由高变低，则认为起始位到来，接收器开始接收一帧数据。接收到的数据经删除起始位及停止位，把已转换的并行数据移入接收数据缓冲器中。

采用同步传输时，每出现一个数据位就把它移入一位，把移位寄存器数据与程序设定的存于同步字符寄存器中的同步字符相比对。若不同，则重复上述过程，若相同，则使 SYNDET 为高电平，表示已到达同步。这时在接收时钟 RxC 的同步控制下开始接收数据。RxD 端的数据送入移位寄存器，按规定的位数将它组装成并行数据，再把它送至接收数据缓冲器。

③ 当接收数据缓冲器接收到由外设传送来的数据后，发出 RxRDY 信号，通知 CPU 取走数据。

3. 数据总线缓冲器

数据总线缓冲器用来把 8251A 与系统数据总线相连，因而成为与 CPU 交换数据信息的通道。其功能包括：

(1) 接收来自 CPU 的数据或控制字，传输数据或控制字给数据输出缓冲器。对于控制字，数据输出缓冲器不对其进行保存，接收到以后便发出相应的控制，对于数据，保存在输出缓冲器中，当条件满足时，才将数据传输到发送移位寄存器中。

(2) 从数据输入缓冲器中取出数据传给 CPU，或从状态寄存器中读取状态字，以确定 8251A 处于何种工作状态。

4. 读/写控制逻辑电路

读/写控制逻辑电路用来接收 CPU 送来的一系列控制信号，对数据在内部总线上的传送方向进行控制，并配合数据总线缓冲器工作。具体功能包括：

(1) 接收写信号$\overline{\text{WR}}$，将来自数据总线的数据或控制字写入 8251A。

(2) 接收读信号$\overline{\text{RD}}$，将数据或状态字从 8251A 送往系统数据总线。

(3) 接收控制/数据信号 C/$\overline{\text{D}}$，并与读/写信号组合起来，通知 8251A 当前读/写的到底是数据还是控制字或状态字。

(4) 接收时钟信号 CLK，完成 8251A 的内部定时。

(5) 接收复位信号 RESET，使 8251A 处于复位状态。

8251A 端口操作归纳起来如表 11.1 所示。

5. 调制/解调控制电路

在进行远距离通信时，常常要用调制器把串行接口送出的数字信号变为模拟信号后再发送出去；接收端则要用解调器把模拟信号变为数字信号，再由串行接口转换为并行数据后送往系统数据总线。在全双工方式下，每个收发站都要连接 modem。

表 11.1　8251A 端口操作

CS	C/$\overline{\text{D}}$	$\overline{\text{RD}}$	$\overline{\text{WR}}$	操　作	信息流向
0	0	0	1	读数据	CPU←8251A
0	0	1	0	写数据	CPU→8251A
0	1	0	1	读状态	CPU←8251A
0	1	1	0	写控制字	CPU→8251A
0	×	×	×	8251A 未被选中	数据总线浮空

调制/解调控制电路在近距离串行通信时，仅提供与外设联络的应答信号；在远距离通信时，则提供与 modem 联络的控制信号，即用来提供一组通用的控制信号，实现 8251A 与 modem 的直接连接。

11.6　8251A 编程及举例

11.6.1　8251A 编程

为清楚起见，下面将 8251A 的编程分为 4 个方面来介绍，即 8251A 的初始化流程、模式寄存器的格式、控制寄存器的格式、状态寄存器的格式。

1. 8251A 的初始化流程

8251A 有两个端口地址，当 C/$\overline{\text{D}}$为 0 时为偶地址，当 C/$\overline{\text{D}}$为 1 时为奇地址。偶地址对应两个寄存器，即数据输入缓冲器和数据输出缓冲器；而奇地址对应多个寄存器，它们是控制寄存器、状态寄存器、模式寄存器和同步字符寄存器。这样就有个问题：一个端口号被多个端口所共用，怎么区分？具体说来，当使用偶地址时，若写入，则对应数据输出缓冲器，若读出，则对应数据输入缓冲器；当使用奇地址时，若读出，则对应状态寄存器，若写入，则对应控制寄存器、模式寄存器或同步字符寄存器，那么到底对应哪个寄存器，这要取决于 8251A 初始化的有关约定。8251A 初始化的约定如下。

在芯片复位后，第一次用奇地址写入的值被作为模式字送到模式寄存器。模式字决定了 8251A 将工作在同步模式还是异步模式。若模式字中规定 8251A 工作在同步模式，则 CPU 接着往奇地址输出的下一个字节为同步字符，同步字符被写入同步字符寄存器。如果此前规定为双同步，则会按先后次序分别写入第一个和第二个同步字符寄存器中。此后，无论是同步还是异步模式，由 CPU 往奇地址写入的值都将被作为控制字送到控制寄存器。控制字就是各种控制命令，包括复位命令。当 CPU 往 8251A 发控制字后，8251A 会首先判断控制字是否为复位命令，如果是，则返回去执行复位操作，并重新输出模式字；如果不是复位命令，则开始执行数据传送。

8251A 的初始化流程如图 11.8 所示。

由此看来，在传送数据之前，需通过对 8251A 进行初始化来确定收发双方的通信格式及通信时序，进而保证准确无误地传送数据。需要强调的是，使用 8251A 的程序员必须遵守 8251A 初始化的有关约定，模式字必须跟在复位命令之后。复位命令既可以用硬件的方法从 RESET 端输入一个复位信号，也可通过软件编程的方法发送复位命令来实现。

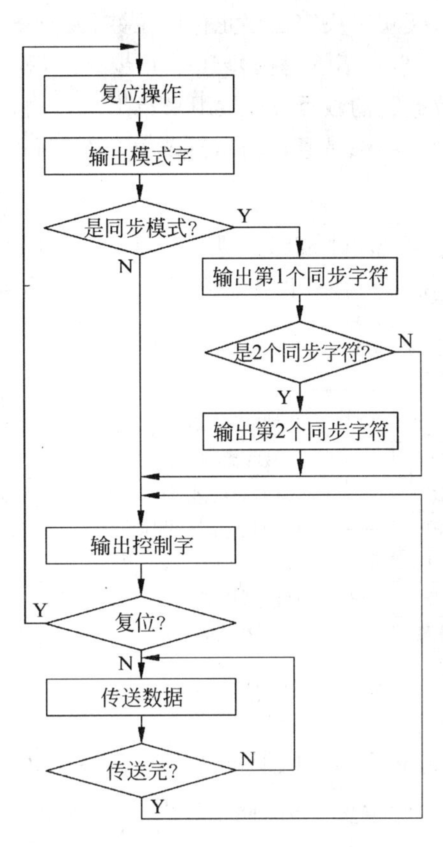

图 11.8　8251A 的初始化流程

2. 模式寄存器的格式

由 8251A 的初始化流程可知，对 8251A 进行初始化时，要按模式寄存器的格式设置模式字，从而决定 8251A 是工作在异步还是同步模式等。模式寄存器的格式如图 11.9 所示。

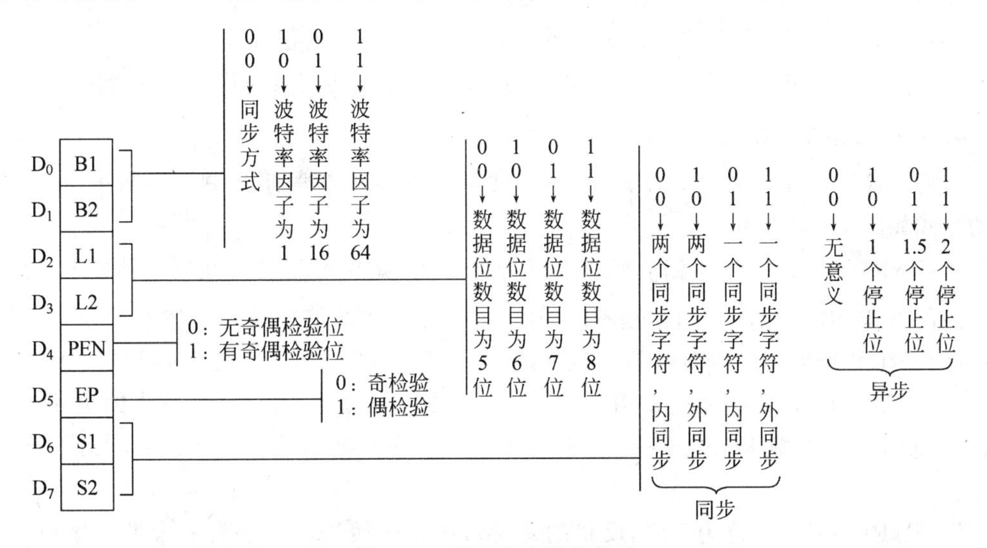

图 11.9　模式寄存器的格式

由此可见，异步模式时，模式字决定了停止位的位数、波特率因子；同步模式时，模式字决定了内或外同步、单或双同步。不管是同步还是异步模式，模式寄存器的 D_2 和 D_3 位用来指出每个字符所对应的数据位的数目，D_4 位用来指出是否用校验位，D_5 位用来指出校验类型是奇校验还是偶校验。这些都是通过输出指令由 CPU 写入一个模式字来完成的。

3. 控制寄存器的格式

由 8251A 的初始化流程可知，对 8251A 进行初始化时，还要按控制寄存器的格式设置控制字，从而决定数据是从 8251A 往外设传输还是 CPU 从 8251A 接收数据等。控制寄存器的格式如图 11.10 所示。

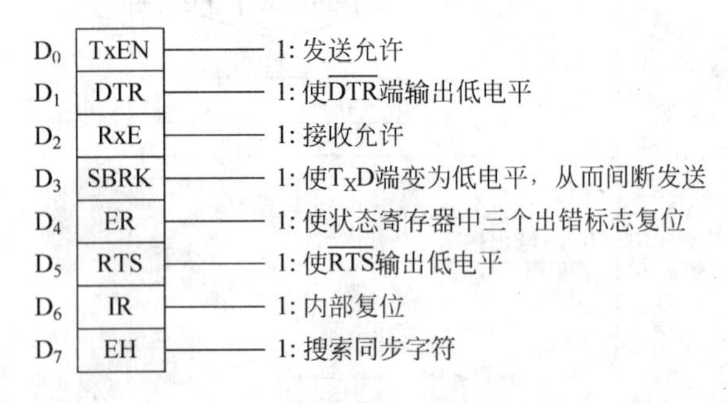

图 11.10 控制寄存器的格式

D_0/TxEN 位：只有将此位置 1，才能使数据从 8251 A 往外设传输。

D_1/DTR 位：当 CPU 将此位置 1 时，便使 $\overline{DTR}$ 端变为低电平，从而通知 modem 现在 CPU 已准备就绪。

D_2/RxE 位：在 CPU 从 8251A 接收数据之前，先要使此位为 1。

D_3/SBRK 位：此位为 1 会使 TxD 端变为低电平，于是输出一个空白字符。

D_4/ER 位：此位置 1 会使状态寄存器中 3 个出错指示位复位。

D_5/RTS 位：此位置 1 会使 $\overline{RTS}$ 端输出低电平，从而允许 modem 往远方发送数据。

D_6/IR 位：此位置 1 会使 8251A 复位，从而重新进入初始化流程。

D_7/EH 位：只用在内同步模式。此位为 1 时，8251A 便会对同步字符进行检索。

4. 状态寄存器的格式

当需要检测 8251A 的工作状态时，经常要用到放在状态寄存器中的状态字，状态寄存器的格式如图 11.11 所示。

D_0/TxRDY 位：此位为 1 时，反映的是当前发送缓冲器已空。这里需要注意的一点是，此状态位与 TxRDY 端上的信号是不同的，此位不受 $\overline{CTS}$ 端信号和控制字中 TxEN 位的影响；而 TxRDY 端为有效的高电平则必须满足 3 个条件，即 TxRDY 位为 1，控制字中 TxEN 位为 1，$\overline{CTS}$ 端为低电平。实际使用中，TxRDY 端的信号常作为向 CPU 发出的中断请求信号，申请发送下一个数据。当 CPU 向 8251A 输出一个数据字符后，TxRDY 状态位会自动清零。

D_1/RxRDY 位：此位为 1 时，反映的是接口中接收缓冲器已装有一个数据字符，CPU 可以取走该数据字符。RxRDY 位与 RxRDY 端电平相同。实际使用中，RxRDY 端的信号

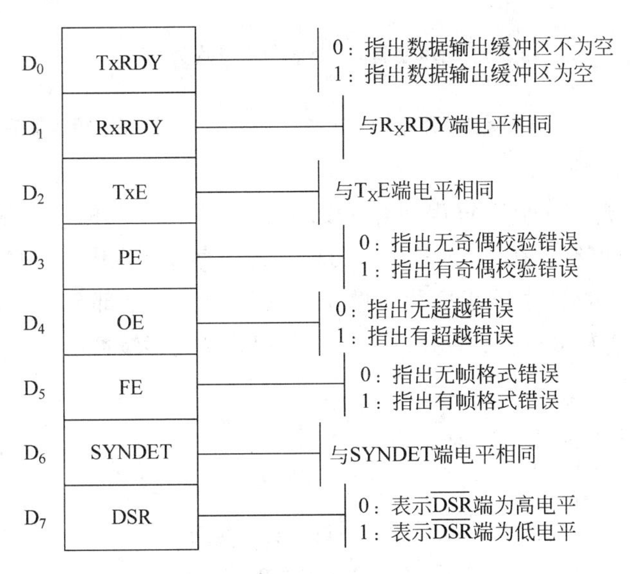

图 11.11　状态寄存器的格式

也常作为向 CPU 发出的中断请求信号，申请接收下一个数据。同样，当 CPU 从 8251A 输入一个数据字符后，RxRDY 状态位会自动清零。

D_2/TxE 位：此位为 1 时，反映的是当前发送移位寄存器正在等待发送缓冲器送数据字符过来。此位与 TxE 端的电平相同，可供 CPU 查询。

D_3、D_4、D_5/PE、OE、FE 位：分别作为奇/偶校验错、溢出错、帧格式错的指示位。当数据传送过程中产生某种类型的错误时，相应的出错指示位被置 1。

D_6/SYNDET 位：此位与 SYNDET 端的电平相同，可供 CPU 查询。

D_7/DSR 位：此位为 1 时，反映的是$\overline{DSR}$端为有效，所以此位可用来检测 modem 或外设发送方是否准备好发送数据。

11.6.2　8251A 编程举例

【例 11-1】 异步模式下的初始化编程。设 8251A 工作在异步模式下，奇地址为 52H，每个字符用 7 位二进制数表示，带 1 个偶检验位，2 个停止位，波特率因子为 16。下面是按初始化流程对 8251A 作异步模式设置的初始化程序段。

```
MOV   AL,0FAH  }     ；设置模式字为 11111010B（波特率因子为 16,7 个数据位,偶检验,
OUT   52H,AL   }     ；2 个停止位）
MOV   AL,37H   }     ；设置控制字为 00110111B（使发送启动、接收启动,并设置有关信号）
OUT   52H,AL   }
```

【例 11-2】 同步模式下的初始化编程。设 8251A 工作在同步模式下，奇地址为 52H，双同步，两个同步字符都为 16H，每个字符用 7 位二进制数表示，带 1 个偶检验位。下面是按初始化流程对 8251A 作同步模式设置的初始化程序段。

```
MOV   AL,38H   }     ；设置模式字为 00111000B(2 个同步字符,7 个数据位,偶校验)
OUT   52H,AL   }
```

```
MOV  AL,16H   }
OUT  52H,AL   }        ; 设置同步字符,两个同步字符均为16H
OUT  52H,AL   }
MOV  AL,97H   }        ; 设置控制字为10010111B(使发送器启动,接收器启动,并设置有关信号)
OUT  52H,AL   }
```

【例 11-3】 完成 100 个字符串行输入的编程。设 8251A 的两个端口地址为 50H 和 52H,输入的 100 个字符放在以 BUFFER 为标号的内存缓冲区中。下面是完成输入 100 个字符到所指的内存缓冲区中的程序段。整个程序段分为 3 个部分：先对 8251A 进行初始化；然后对状态字进行测试；最后是输入字符并存放到内存缓冲区中。

```
        MOV   AL,0FAH            ; 设置模式字
        OUT   52H,AL
        MOV   AL,37H             ; 设置控制字
        OUT   52H,AL
        MOV   DI,0               ; 变址寄存器初始化
        MOV   CX,100             ; 共接收 100 个字符
AGAIN:  IN    AL,52H
        TEST  AL,02H             ; 测试 RxRDY 位
        JZ    AGAIN
        IN    AL,50H             ; 读取字符
        MOV   DX,OFFSET BUFFER   ; 送字符到内存缓冲区
        MOV   [DX+DI],AL
        INC   DI                 ; 修改内存缓冲区指针
        IN    AL,52H             ; 读取状态字
        TEST  AL,38H             ; 测试错误
        JNZ   HAVERR
        LOOP  AGAIN              ; 若无错,则再接收下一个字符
        JMP   OTHER              ; 若输入满 100 个字符,则结束
HAVERR: CALL  DISPLAY            ; 调用出错处理子程序(这里没有具体给出)
OTHER:  …
```

【例 11-4】 8251A 作为 CRT 接口的实例。为进一步说明 8251A 的使用方法,现举一个用 8251A 作为 CRT 接口的实际例子,具体连接如图 11.12 所示。

图 11.12 中,8251A 的主时钟由 8MHz 的系统主频提供,发送和接收时钟由 8253 计数器 2 的输出提供,片选信号由译码器供给,读和写信号分别由控制总线上的 $\overline{IOR}$ 和 $\overline{IOW}$ 供给,8251A 的数据线与 8253 的数据线一起都与低 8 位系统总线 $D_0 \sim D_7$ 相连。之所以在 8251A 与 CRT 之间需要 1488 和 1489,是因为 8251A 的输入和输出信号都是 TTL 电平,而 CRT 的信号是 RS-232C 电平,所以,需要通过 1488 和 1489 分别完成从 TTL 电平到 RS-232C 电平,以及从 RS-232C 电平到 TTL 电平的转换。

8251A 的初始化程序段如下：

```
INIT:  XOR   AX,AX          ; AX 清零
       MOV   CX,0003   }
       MOV   DX,00DAH  }    ; 往 8251A 的控制端口送 3 个 00H
OUTP:  CALL  CAAA      }
```

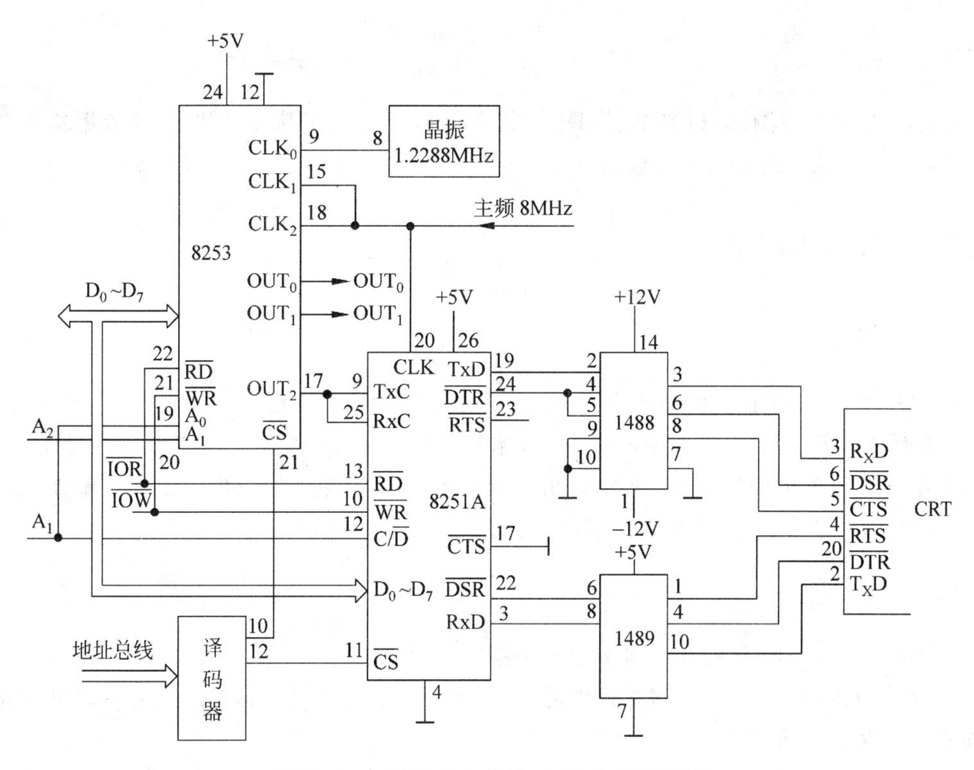

图 11.12　用 8251A 作为 CRT 接口的实例

```
        LOOP   OUTP
        MOV    AL,40H  }         ；往 8251A 的控制端口送一个 40H,使其复位
        CALL   CAAA    }
        MOV    AL,4EH  }         ；设置模式字(波特率因子 16,8 个数据位,1 个停止位)
        CALL   CAAA    }
        MOV    AL,27H  }         ；设置控制字(启动发送器和接收器)
        CALL   CAAA    }
        …
CAAA:   OUT    DX,AL
        PUSH   CX                ；输出子程序,将 AL 中数据输出到 DX 指定的端口
        MOV    CX,0002           ；等待输出动作完成
CBBB:   LOOP   CBBB
        POP    CX  }             ；恢复 CX 的内容,并返回
        RET        }
```

在 8251A 的实际应用中,通常在未设置模式字时,采用先送 3 个 00H,再送一个 40H 的方法使 8251A 复位,因为 40H 可以看成是使 8251A 执行复位操作的实际代码。此例中就是使用这种方法使 8251A 进行内部复位的。

设要输出的字符事先已放在堆栈中,则往 CRT 输出一个字符的程序段如下:

```
ZIFU:   MOV    DX,0DAH }         ；从状态端口输入状态字
TESTS:  IN     AL,DX   }
        TEST   AL,01   }         ；测试状态位 TxRDY 是否为 1,若不是,则再测试
        JZ     TESTS   }
        MOV    DX,0D8H           ；将数据端口号 D8H 送到 DX 寄存器中
```

```
        POP    AX                          ; AX 中为要输出的字符
        OUT    DX,AL                       ; 往数据端口输出一个字符
```

先对状态字进行测试，以判断 TxRDY 状态位是否为 1，若为 1，说明当前数据输出缓冲区为空，于是，CPU 便往 8251A 输出一个字符。

11.7 小结与习题

11.7.1 小结

本章开始对串行通信的基本概念进行了介绍，说明了串行接口的典型结构，接着对 8251A 进行了详细介绍。在介绍过程中，首先对 8251A 的基本特性和编程结构做了阐述，然后给出了 8251A 的引脚功能，之后对 8251A 的功能结构和工作原理做了详细阐述，最后，分 4 个方面描述了有关 8251A 的编程，并给出了 4 个编程举例。

11.7.2 习题

1. 串行通信时，收发双方必须考虑解决哪 6 个问题？

2. 设异步传输时，标准数据格式中的 8 个字符位为 10101110，若 8251A 采用偶检验设置，则奇偶检验位应是什么？

3. 什么是覆盖错误？接口部件如何反映这种错误？

4. 从结构上看，把一个接口分为两个部分各具有什么特点？

5. 在实际使用时，为什么一般对串口中的 4 个内部寄存器使用 1 位低位地址来寻址？

6. 异步传输的特点是什么？适合应用在什么场合？

7. 什么是波特率因子？

8. 设在异步传输时，每个字符对应 7 个数据位，1 个奇偶检验位，1 个停止位，波特率为 9600bps，则每秒钟能传输的最大字符数是多少？

9. 在 8251A 的编程结构中，有几个可读写的端口？给它们分配了几个端口地址？为什么？

10. 对 8251A 进行编程时，必须遵守什么约定？

11. 8251A 内部的功能模块有哪些？

12. 8251A 与外设之间的连接信号有哪些？

13. 按要求写出异步模式下的模式字：波特率因子为 16，2 个停止位，偶检验，7 个数据位。

14. 试按要求写出异步模式下的控制字：使发送允许，接收允许，$\overline{DTR}$端输出低电平，$\overline{RTS}$端输出低电平，使 TxD 成为低电平，不进行内部复位，使状态寄存器中 3 个出错标志复位。

15. 试按要求编写同步模式下的模式字：内同步，同步字符的数目为 2，奇检验，7 个数据位，奇地址为 66H。

16. 试按要求编写采用异步传输，利用状态位测试，将内存缓冲区 200 个字符输出的程序段。设波特率因子为 64，7 个数据位，1 个停止位，偶检验，8251A 的端口地址为 40H 和

42H,内存缓冲区首地址用标号 BUFFER 表示。

17. 试按要求编写使 8251A 可以发送数据的程序段。将 8251A 设为异步模式,波特率因子为 64,采用偶检验,7 个数据位,1 个停止位。8251A 与外设有握手信号,采用查询方式发送数据。设 8251A 数据口地址为 04A0H,控制口地址为 04A2H。

18. 试按要求编写初始化程序段。设 8251A 采用同步模式,有两个同步字符,且同步字符都为 16H,内同步,偶检验,有 7 个数据位。设 8251A 数据口地址为 04A0H,控制口地址为 04A2H。

CHAPTER 12

第12章 并行接口 8255A

主要内容：

- 并行接口概述。
- 8255A 内部结构。
- 8255A 引脚功能。
- 8255A 工作方式。
- 8255A 初始化编程。
- 8255A 应用举例。
- 小结与习题。

12.1 并行接口概述

并行通信的特点决定了它总是用于对数据传送速率有较高要求而传输距离又较短的场合。实现并行通信的接口就是并行接口，典型的并行接口与外设连接的示意如图 12.1 所示。

图 12.1 中的并行接口用一个通道与输入设备相连，用另一个通道与输出设备相连，每个通道都配有数据线、控制线和状态线。事实上，一个并行接口可设计为只用作输入接口，或只用作输出接口，或使用一个双向通道既作输入接口又作输出接口。

为实现输入和输出，并行接口中有输入缓冲寄存器、输出缓冲寄存器、控制寄存器和状态寄存器。

在输入过程中，输入设备将数据送给并行接口，并使“数据输入准备好”状态线成为高电平。并行接口在把数据接收到输入缓冲寄存器中的同时，使“数据输入响应”状态线变为高电平，输入设备接到这个响应信号后，便撤除数据和“数据输入准备好”信号。数据到达并行接口之后，并行接口会将状态寄存器中的“输入准备好”状态位置位，以供 CPU 对其进行查询。此时，并行接口也可以通过外部连线向 CPU 发出一个中断请求。如此看来，CPU 既可用软件查询的方式也可用中断的方式来读取并行接口中的一个数据。当

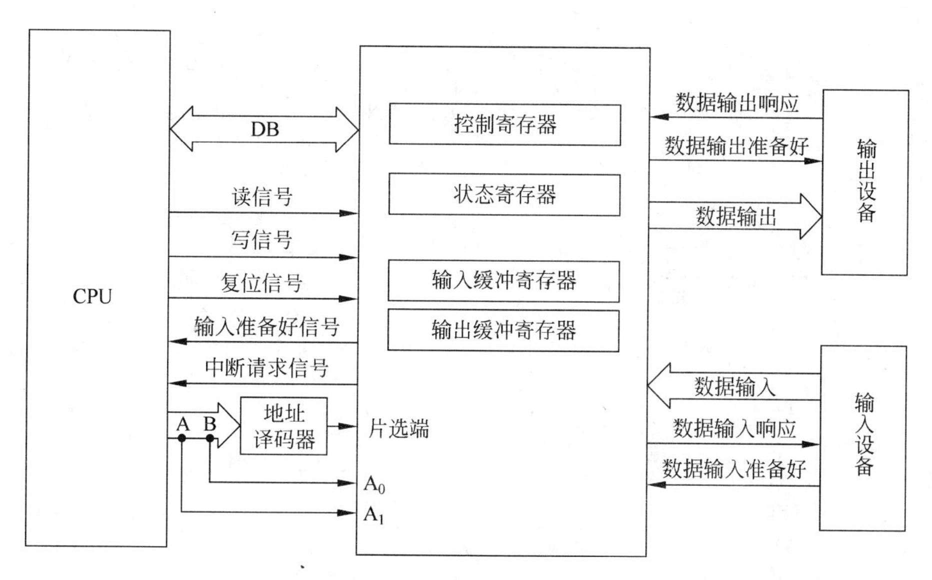

图 12.1　并行接口与外设连接的示意

CPU 从并行接口读取数据后，并行接口会自动清除状态寄存器中的"输入准备好"状态位，并使数据总线处于高阻状态，此后便可以开始下一个输入过程。

在输出过程中，当输出设备从并行接口取走一个数据后，并行接口会将状态寄存器中的"输出准备好"状态位置位，以供 CPU 进行查询，进而使 CPU 可以往并行接口输出数据。此时，并行接口也可以通过外部连线向 CPU 发出一个中断请求。如此看来，CPU 既可以用软件查询的方式也可用中断的方式往并行接口中输出一个数据。当 CPU 输出的数据到达并行接口的输出缓冲寄存器后，并行接口会自动清除状态寄存器中的"输出准备好"状态位，并将数据送往外设，与此同时，并行接口往外设发送一个"数据输出准备好"信号来启动外设接收数据。外设收到启动信号后便收取数据，并往并行接口发回一个"数据输出响应"信号。并行接口收到此响应信号后，便将状态寄存器中的"输出准备好"状态位重新置位，以便 CPU 输出下一个数据。

12.2　8255A 内部结构

8255A 是 Intel 系列的一种高性能、可编程并行接口芯片。用 8255A 连接外设时，通常不需要附加外部电路。8255A 的最大特点是通用性强，使用灵活。

8255A 为 40 个引脚的双列直插式芯片。片内有 A,B,C 3 个 8 位 I/O 端口，提供 24 条输入/输出端口线，即 $PA_0 \sim PA_7$，$PB_0 \sim PB_7$，$PC_0 \sim PC_3$，$PC_4 \sim PC_7$。

8255A 的内部结构由三部分组成，与 CPU 连接的接口电路，内部控制逻辑电路，与外设连接的输入/输出接口电路，如图 12.2 所示。

1. 与 CPU 连接的接口电路

与 CPU 的接口电路由数据总线缓冲器和读/写控制逻辑电路组成。

数据总线缓冲器是一个双向三态的 8 位寄存器。8255A 正是通过它的 8 条数据线

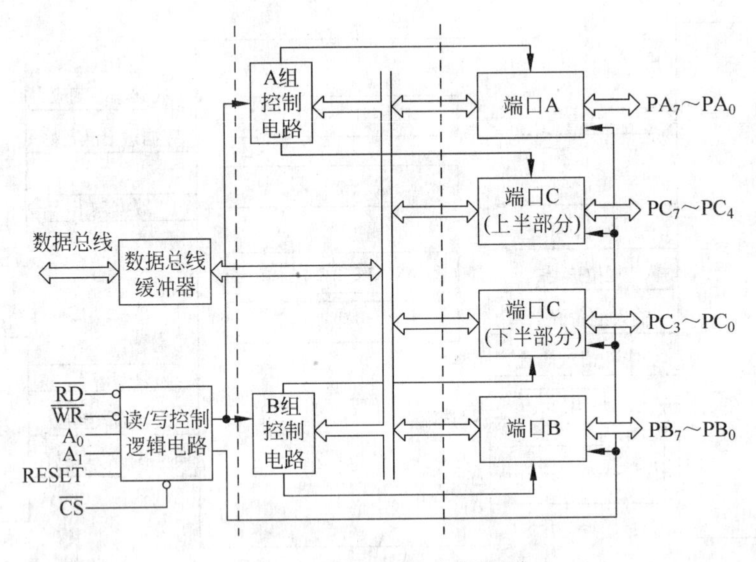

图 12.2　8255A 的内部结构

$D_7 \sim D_0$ 与系统数据总线相连，构成 CPU 与 8255A 之间信息传送的通道。CPU 通过执行输出指令向 8255A 写入控制命令或往外设传送数据；CPU 通过执行输入指令读取外设输入的数据。

读/写控制逻辑电路用来接收 CPU 系统总线的读信号 $\overline{RD}$、写信号 $\overline{WR}$、片选择信号 $\overline{CS}$、端口选择信号 A_1 和 A_0，及复位信号 RESET。将这些信号进行组合后，得到 A 组控制部分和 B 组控制部分的控制命令，并将命令发给这两个部分，以控制 8255A 内部寄存器的读/写操作和复位操作。

2. 内部控制逻辑电路

内部控制逻辑电路包括 A 组控制电路与 B 组控制电路两部分。这两组控制电路一方面接收芯片内部总线上的控制字；另一方面接收来自读/写控制逻辑电路的读/写命令，据此决定两组端口的工作方式，并实现读/写操作。

A 组控制电路用来控制 A 口 $PA_7 \sim PA_0$ 和 C 口高 4 位 $PC_7 \sim PC_4$ 的工作方式和读/写操作。

B 组控制电路用来控制 B 口 $PB_7 \sim PB_0$ 和 C 口低 4 位 $PC_3 \sim PC_0$ 的工作方式和读/写操作。

3. 与外设连接的输入输出接口电路

8255A 内有 A,B,C 3 个 8 位数据端口，用于存放 CPU 与外部设备交换的数据。A 口和 B 口分别有一个 8 位的数据输出锁存/缓冲器和一个 8 位数据输入锁存器，C 口有一个 8 位数据输出锁存/缓冲器和一个 8 位数据输入缓冲器。

8255A 的 3 个数据端口，既可以写入数据又可以读出数据，但控制端口只能写入不能读出。读/写控制信号（$\overline{RD}$，$\overline{WR}$）和端口选择信号（$\overline{CS}$，A_1 和 A_0）的状态组合可以实现 A，B，C 3 个端口和控制端口的读/写操作。8255A 的端口分配及读/写功能归纳为表 12.1 所示。

表 12.1　8255A 的端口分配及读/写功能

$\overline{CS}$	$\overline{WR}$	$\overline{RD}$	A_1	A_2	功　能
0	0	1	0	0	数据写入 A 口
0	0	1	0	1	数据写入 B 口
0	0	1	1	0	数据写入 C 口
0	0	1	1	1	将命令写入控制寄存器
0	1	0	0	0	数据从 A 口读出
0	1	0	0	1	数据从 B 口读出
0	1	0	1	0	数据从 C 口读出
0	1	0	1	1	非法操作

在使用中，A 口和 B 口常作为独立的输入或输出端口使用，C 口则配合 A 口和 B 口工作，即 C 口常常通过控制命令被分为两个 4 位端口，分别用来为 A 口和 B 口提供控制信号和状态信号。

12.3　8255A 引脚功能

8255A 的引脚如图 12.3 所示，包括与 CPU 相连的信号、与外设相连的信号及其他信号等。

1. 与 CPU 相连的信号

$D_7 \sim D_0$：双向、三态数据信号。与 CPU 数据总线相连，用来传送数据。

$\overline{CS}$：片选信号。只有当$\overline{CS}$有效、芯片被选中时，$\overline{RD}$和$\overline{WR}$才对 8255A 有效。

A_1，A_0：地址信号。用来选择 8255A 的内部端口，当 A_1A_0 为 00 时，选中 A 口；为 01 时，选中 B 口；为 10 时，选中 C 口；为 11 时，选中控制寄存器。

$\overline{RD}$：读出信号。当$\overline{RD}$有效时，CPU 可从 8255A 中读取数据。

$\overline{WR}$：写入信号。当$\overline{WR}$有效时，CPU 可往 8255A 写入数据或控制字。

RESET：复位信号。当 RESET 信号有效时，所有内部寄存器(包括控制寄存器)被清 0，同时，3 个数据端口被自动设为输入端口。

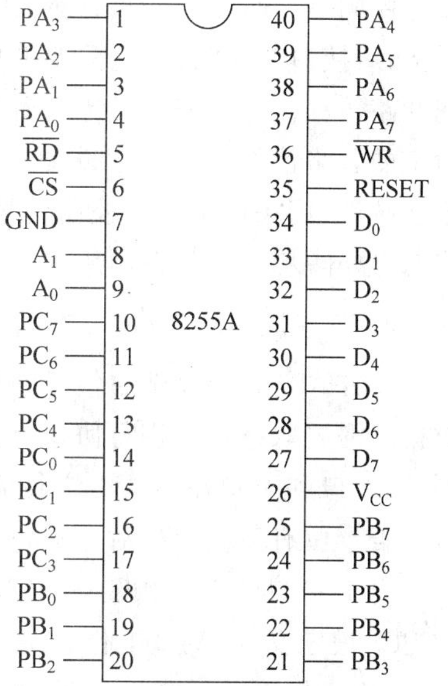

图 12.3　8255A 的引脚

2. 与外设相连的信号

$PA_7 \sim PA_0$：A 口输入/输出信号。

$PB_7 \sim PB_0$：B 口输入/输出信号。

$PC_7 \sim PC_0$：C 口输入/输出信号。

3. 其他信号

V_{CC}：+5V 电源。

GND：地线。

12.4 8255A 的工作方式

8255A 有 3 种工作方式：基本输入/输出方式、单向选通输入/输出方式和双向选通输入/输出方式。

1. 基本输入/输出方式(简称方式 0)

在这种方式下，A 口和 B 口可通过方式控制字规定为输入或输出端口，两个 4 位 C 口也可通过方式控制字规定为输入或输出端口。方式 0 的特点是，与外设传送数据时不需要设置专用的联络信号，可以无条件地直接进行输入输出传送。

A,B,C 三个端口都可以工作在方式 0。只是 A 口和 B 口工作在方式 0 时，只能设置为以 8 位数据格式进行输入或输出；而 C 口工作在方式 0 时，可以设置为以 4 位数据格式进行输入或输出，即将高 4 位和低 4 位分别设置为数据输入方式或数据输出方式。

方式 0 常用于同步传输或查询式传送的场合。具体说来，在同步传输时，因发送方和接收方由同一个时序信号来管理，所以双方互相知道对方的动作，不需要联络信号。在这种情况下，对接口要求很简单，只要能传送数据就行了。因此，在同步传输时，3 个数据端口可实现 3 路数据传送。查询式传输时则需要有联络信号，但是，在方式 0 情况下，由于没有规定固定的联络信号，所以，这时将 A 口和 B 口作为数据端口，将 C 口的高 4 位或低 4 位规定为输出端口，用来输出一些控制信号，而将 C 口的另外 4 位规定为输入端口，用来读入外设的状态，这样一来，就是在利用 C 口来配合 A 口和 B 口的输入输出操作。

2. 单向选通输入/输出方式(简称方式 1)

此方式是一种带选通信号的单方向输入/输出工作方式，方式 1 的特点是，与外设传送数据时需要联络信号进行协调，允许用查询或中断方式传送数据。它与方式 0 最主要的差别是，A 口和 B 口用方式 1 进行输入输出传送时，C 口自动提供联络信号，且这些信号与 C 口的若干位有着固定的对应关系，而这种对应关系不是程序可以改变的。

由于 C 口的 PC_0、PC_1 和 PC_2 被定义为 B 口工作在方式 1 时的联络信号线，PC_3、PC_4 和 PC_5 被定义为 A 口工作在方式 1 时的联络信号线，因此只允许 A 口和 B 口工作在方式 1，不允许 C 口工作在方式 1。

(1) A 口或 B 口作为输入端口

当 A 口或 B 口作为输入端口时，C 口的引脚信号定义如图 12.4 所示，即 PC_3、PC_4 和 PC_5 被定义为 A 口的联络信号线 $INTR_A$、$\overline{STB_A}$ 和 IBF_A；PC_0、PC_1 和 PC_2 被定义为 B 口的联络信号线 $INTR_B$、IBF_B 和$\overline{STB_B}$；剩余的 PC_6 和 PC_7 仍可以作为基本输入输出线，工作在方式 0。

方式 1 下各输入联络信号的功能如下。

$\overline{STB}$：选通信号，输入，低电平有效。此信号由外设产生，当$\overline{STB}$有效时，选通 A 口或 B 口的输入数据锁存器，锁存由外设输入的数据，供 CPU 读取。

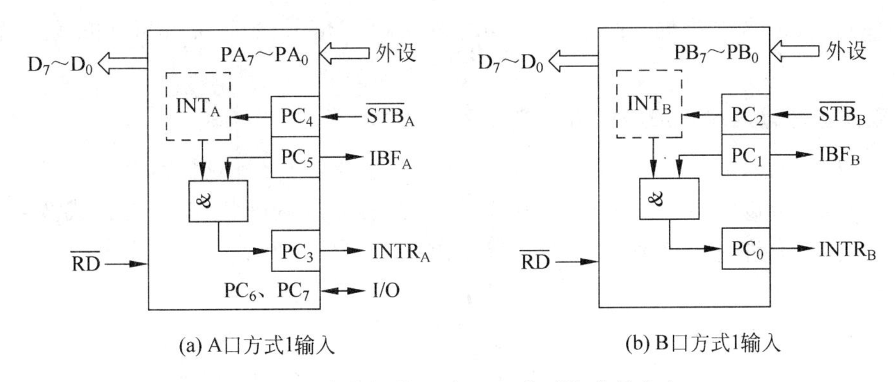

(a) A口方式1输入　　(b) B口方式1输入

图 12.4　当数据输入时，C 口的引脚信号定义

IBF：输入缓冲器满信号，输出，高电平有效。当 A 口或 B 口的输入数据锁存器接收到外设输入的数据时，IBF 信号变为高电平，作为对$\overline{STB}$信号的响应信号，CPU 读取数据后 IBF 信号被清除。

INTR：中断请求信号，输出，高电平有效，用于请求以中断方式传送数据。

为能实现用中断方式传送数据，在 8255A 内部设有一个中断允许触发器 INTE，当该触发器为 1 时允许中断，为 0 时则禁止中断。A 口的触发器由 PC_4 置位或复位，B 口的触发器由 PC_2 置位或复位。

(2) A 口或 B 口作为输出端口

当 A 口或 B 口作为输出端口时，C 口的引脚信号定义如图 12.5 所示。即 PC_3、PC_6 和 PC_7 被定义为 A 口的联络信号线 $INTR_A$、$\overline{ACK}_A$ 和$\overline{OBF}_A$；PC_0、PC_1 和 PC_2 被定义为 B 口的联络信号线 $INTR_B$、$\overline{OBF}_B$ 和$\overline{ACK}_B$；剩余的 PC_4 和 PC_5 仍可以作为基本输入输出线，工作在方式 0。

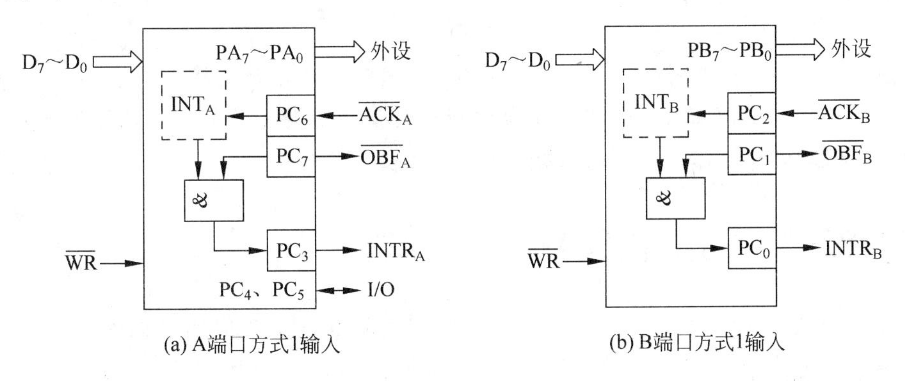

(a) A端口方式1输入　　(b) B端口方式1输入

图 12.5　当数据输出时，C 口的引脚信号定义

方式 1 下各输出联络信号的功能如下。

$\overline{OBF}$：输出缓冲器满指示信号，输出，低电平有效。$\overline{OBF}$信号由 8255A 发送给外设，当 CPU 将数据写入数据端口时，$\overline{OBF}$变为低电平，用于通知外设读取数据端口中的数据。

$\overline{ACK}$：应答信号，输入，低电平有效。$\overline{ACK}$信号由外设发送给 8255A，作为对$\overline{OBF}$信号的响应信号，表示输出的数据已经被外设接收，同时清除$\overline{OBF}$信号。

INTR：中断请求信号，输出，高电平有效。用于请求以中断方式传送数据。

用中断方式传送数据时，通常把8255A的INTR信号端连到8259A的请求输入端IR_i上。

3. 双向选通输入/输出方式(简称方式2)

这是一种双向选通的输入/输出方式，是方式1输入和输出的组合，即同一端口的信号线既可以输入又可以输出。由于C口的$PC_7 \sim PC_3$被定义为A口工作在方式2时的联络信号线，因此，只允许A口工作在方式2，其引脚信号定义如图12.6所示。

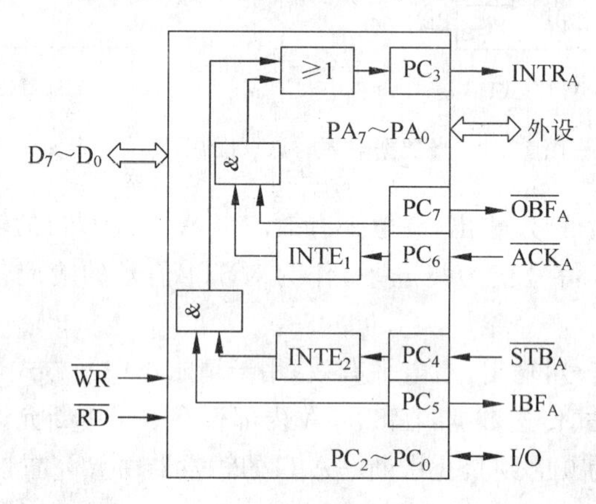

图12.6　A口工作在方式2时的引脚信号定义

由图12.6可以看出，$PA_7 \sim PA_0$为双向数据线，既可以输入数据又可以输出数据。C口的$PC_7 \sim PC_3$被定义为A口的联络信号线，其中，PC_4和PC_5作为数据输入时的联络信号线，即PC_4被定义为输入选通信号$\overline{STB_A}$，PC_5被定义为输入缓冲器满IBF_A；PC_6和PC_7作为数据输出时的联络信号线，即PC_6被定义为输出应答信号$\overline{ACK_A}$，PC_7被定义为输出缓冲器满$\overline{OBF_A}$；PC_3被定义为中断请求信号$INTR_A$。

注意：输入和输出共用一个中断请求线PC_3，但中断允许触发器有两个，输入中断允许触发器为$INTE_2$，由PC_4写入设置；输出中断允许触发器为$INTE_1$，由PC_6写入设置。剩余的$PC_2 \sim PC_0$仍可以作为基本输入输出线，工作在方式0。

12.5　8255A初始化编程

8255A的A,B,C 3个数据端口的工作方式是在初始化编程时通过向8255A的控制端口写入控制字来设定的。

8255A的控制字有两类：一是方式控制字，二是C口置位/复位控制字。

方式控制字用于对A,B,C 3个数据端口的工作方式和数据传送方式(即数据传送方向)进行设置，以使3个数据端口可以工作在不同的方式。而且方式控制字常将3个数据端口分为两组来设定它们的工作方式，具体地说是，将A口与C口的高4位作为一组；将B口与C口的低4位作为一组。

C口置位/复位控制字用于对C口的$PC_7 \sim PC_0$中某一位PC_i(i=0,…,7)进行置位或复位。

两类控制字共用一个端口地址，由控制字的最高位作为区分这两类控制字的标识位。具体地说，方式控制字的最高位总是 1，而 C 口置位/复位控制字的最高位总是 0，8255A 正是通过这一标识位来识别两个共用一个端口地址的控制字的，也正因为此，标识位的 1 和 0 分别称为方式控制字的标识符和 C 口置位/复位控制字的标识符。

1. 方式控制字的格式

8255A 工作方式控制字的格式如图 12.7 所示。

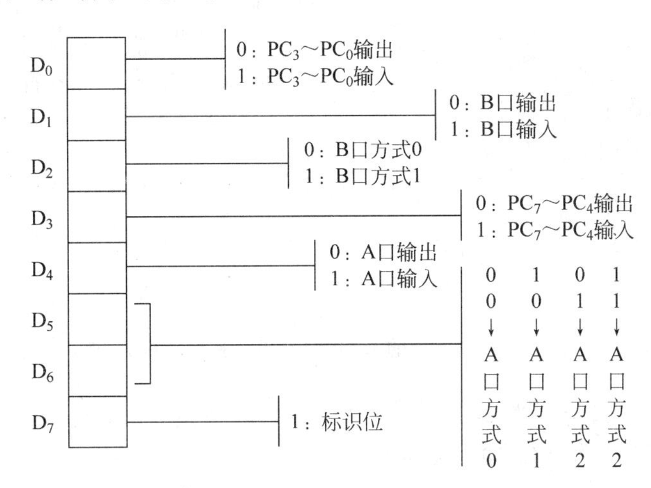

图 12.7　8255A 方式控制字的格式

D_0 位：设置 PC_3～PC_0 的数据传送方向。D_0＝1 时，为输入；D_0＝0 时，为输出。

D_1 位：设置 B 口的数据传送方向。D_1＝1 时，为输入；D_1＝0 时，为输出。

D_2 位：设置 B 口的工作方式。D_2＝1 时，为方式 1；D_2＝0 时，为方式 0。

D_3 位：设置 PC_7～PC_4 的数据传送方向。D_3＝1 时，为输入；D_3＝0 时，为输出。

D_4 位：设置 A 口的数据传送方向。D_4＝1 时，为输入；D_4＝0 时，为输出。

D_6D_5 位：设置 A 口的工作方式。D_6D_5＝00 时，为方式 0；D_6D_5＝01 时，为方式 1；D_6D_5＝10 或 11 时，为方式 2。

D_7 位：作为方式控制字的标识位，恒为 1。

对于 8255A 的方式控制字，作如下三点归纳。

(1) 8255A 有三种工作方式：方式 0、方式 1 和方式 2。

(2) 只有 A 口能工作在方式 2。A 口可工作在 3 种工作方式中的任何一种；B 口只能工作在方式 0 或方式 1，不能工作在方式 2；而 C 口常常配合 A 口和 B 口工作，为这两个数据端口的数据输入/输出提供所需的控制信号和状态信号。

(3) 归为同一组的两个端口的数据传送方向并不要求同为输入或同为输出，可分别进行数据的输入和数据输出。

例如，若要求将 8255A 的 A 口设定为工作方式 0，数据输入；将 B 口设定为工作方式 1，数据输出；C 口高 4 位用于数据输出，C 口低 4 位用于数据输入。则对应的方式控制字为 10010101B，即 95H。

2. C 口置位/复位控制字的格式

C 口置位/复位控制字只是用于设置 C 口某一位 PC_i（i＝0，…，7）输出为高电平（置位）

或低电平(复位),对各端口的工作方式没有影响。当8255A接收到控制字时,就对标识位进行测试,若此位为1,则将此字节作为方式控制字写入控制寄存器,否则,此字节便作为C口置位/复位控制字。C口置位/复位控制字的格式如图12.8所示。

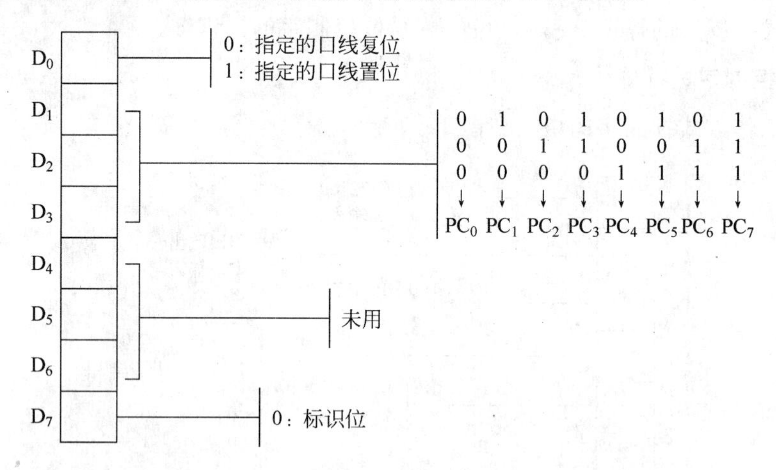

图12.8　8255A的C口置位/复位控制字的格式

D_0 位:用来设定指定口线 PC_i 为高电平还是低电平。D_0=1时,指定口线 PC_i 输出高电平;D_0=0时,指定口线 PC_i 输出低电平。

D_3～D_1 位:8种状态组合000～111对应表示 PC_0～PC_7。

D_6～D_4 位:未定义,状态可以任意,通常设置为0。

D_7 位:作为C口置位/复位控制字的标识位,恒为0。

对于C口置位/复位控制字,作如下3点归纳。

(1) C口置位/复位控制字必须写入控制端口

尽管C口置位/复位控制字是针对C口的某位进行操作,但却不要将该控制字写入C口,而必须写入控制端口。

(2) C口置位/复位控制字的 D_0 位决定对C口某位置位或复位

D_0 位为1,则对C口某位置1;否则,对C口某位复0。

(3) C口置位/复位控制字的 D_6～D_4 位决定了对C口中的哪一位进行操作

D_6～D_4 位决定了对C口中的哪一位进行置位或复位。

例如,若要求将 PC_2 口线输出状态设置为高电平,则对应的C口置位/复位控制字为00000101B,即05H。

3. 8255A初始化编程

8255A的初始化编程较为简单,只需将方式控制字写入控制端口即可。另外,C口置位/复位控制字的写入只是对C口指定位输出状态起作用,对A口和B口的工作方式没有影响,因此,只有需要在初始化时指定C口某一位的输出电平时,才写C口置位/复位控制字。下面举两个8255A初始化编程的例子。

【例12-1】 设8255A的端口地址为FF80H～FF83H,要求8255A的A口工作在方式0,数据输出;B口工作在方式1,数据输入,则相应的初始化程序段如下:

```
MOV  DX,0FF83H          ;控制寄存器端口地址为FF83H
MOV  AL,86H             ;方式控制字为10000110B
```

```
OUT   DX,AL                ;将方式控制字写入控制端口
```

【例 12-2】 设 8255A 的端口地址为 FF80H～FF83H，要求将 8255A 的 C 口中 PC_7 设置为高电平输出，将 PC_3 设置为低电平输出，则相应的初始化程序段如下：

```
MOV   DX,0FF83H           ;控制端口的地址为 FF83H
MOV   AL,00001111B        ;为使 PC7 为高电平输出
OUT   DX,AL               ;将 C 口置位/复位控制字写入控制端口
MOV   AL,00000110B        ;为使 PC3 为低电平输出
OUT   DX,AL               ;将 C 口置位/复位控制字写入控制端口
```

12.6 8255A 应用举例

作为通用的 8 位并行通信接口芯片，8255A 用途非常广泛，可与 8 位、16 位和 32 位 CPU 相连构成并行通信系统。下面通过 3 个例子来说明 8255A 在应用系统中的接口设计方法及编程技巧。

【例 12-3】 8255A 工作于方式 0，作为连接打印机的接口，连接电路示意如图 12.9 所示。

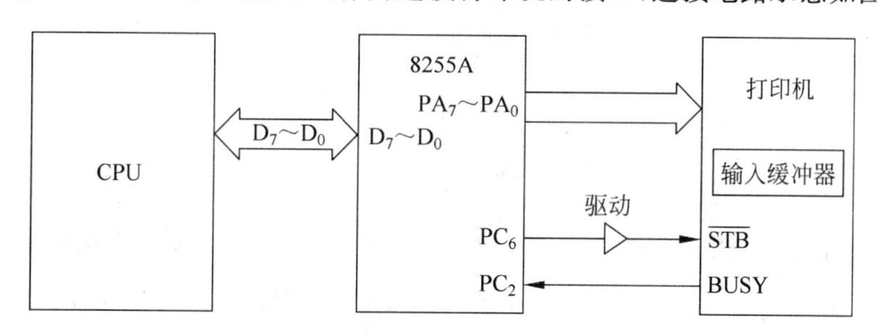

图 12.9 8255A 连接打印机的示意

当 CPU 要往打印机输出字符时，先查询打印机的 BUSY 信号，如果打印机正在处理或打印字符，则 BUSY 信号为 1；反之，则 BUSY 信号为 0。因此，当 CPU 查询到 BUSY 信号为 0 时，则可通过 8255A 往打印机输出一个字符。此时为产生选通脉冲，要将选通信号 $\overline{STB}$ 置成低电平，然后再使 $\overline{STB}$ 为高电平，这样，相当于在 $\overline{STB}$ 端输出一个负脉冲(在初始状态，$\overline{STB}$ 也是高电平)，此负脉冲作为选通脉冲将字符选通到打印机的输入缓冲器中。

设 8255A 的 A，B，C 口及控制口的地址分别为 00D0H，00D2H，00D4H 和 00D6H，并设 A 口工作于方式 0，并作为传送字符的通道(故 A 口为输出)；B 口未用；C 口也工作于方式 0，PC_2 作为 BUSY 信号输入端(故 PC_3～PC_0 为输入)，PC_6 作为 $\overline{STB}$ 信号输出端(故 PC_7～PC_4 为输出)。

具体程序段如下：

```
ABCD:  MOV   AL,81H      }   ;设置方式控制字,使 A,B,C 三个端口均工作在方式 0,
       OUT   0D6H,AL     }   ;A 口为输出,PC7～PC4 为输出,PC3～PC0 为输入
       MOV   AL,0DH      }   ;用 C 口置位/复位控制字使 PC6 为 1,即STB端为高电平
       OUT   0D6H,AL     }
TBUY:  IN    AL,0D4H     }   ;读 C 口的值
       AND   AL,04H      }   ;如 PC2 不为 0,说明 BUSY 信号为 1,即打印机处于
       JNZ   TBUY        }   ;忙状态,故等待
```

```
        MOV   AL,CL     ⎫        ; 如打印机不忙,则将 CL 中的字符送到 A 口
        OUT   0D0H,AL   ⎭
        MOV   AL,0CH    ⎫
        OUT   0D6H,AL   ⎭        ; 使STB端为低电平
        INC   AL        ⎫
        OUT   0D6H,AL   ⎭        ; 再使STB端为高电平
           ⋮                     ; 后续程序段
```

【例 12-4】 8255A 工作于方式 1 作为用中断方式工作的字符打印机的接口,如图 12.10 所示。

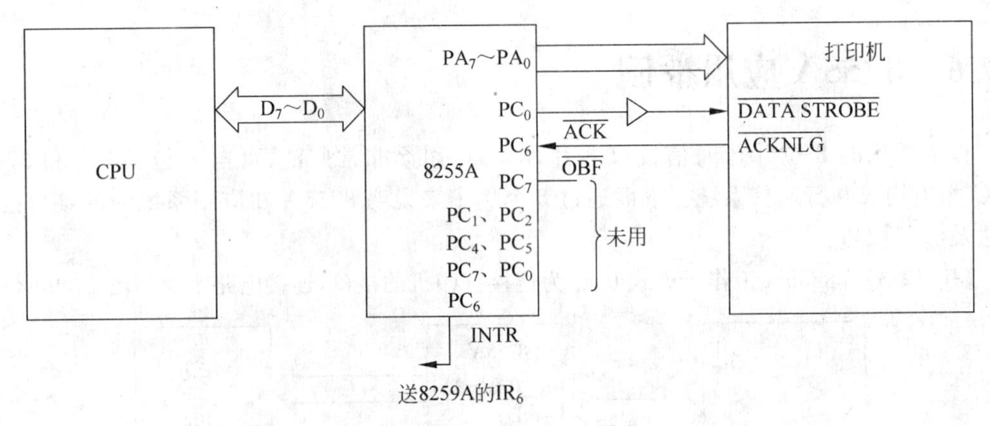

图 12.10　8255A 连接字符打印机示意

在图 12.10 中,将 8255A 的 A 口作为数据通道,工作方式 1,输出,此时,PC_7 自动作为 $\overline{OBF}$信号输出端,PC_6 自动作为$\overline{ACK}$信号输入端,而 PC_3 自动作为 INTR 信号输出端。

该字符打印机需要一个数据选通信号,这里由 CPU 控制 PC_0 来产生选通脉冲,连接字符打印机的$\overline{DATASTROBE}$端;$\overline{ACK}$连接字符打印机的$\overline{ACKNLG}$端;$\overline{OBF}$在这里没有用,将它悬空;PC_3 连到 8259A 的中断请求信号输入端 IR_6,对应于中断类型号 0EH,此中断对应的中断向量放在 0 段的 38H,39H,3AH,3BH 四个存储单元中。8259A 在系统程序中已完成初始化。

设 8255A 的 A,B,C 口和控制口的地址分别为 00C0H,00C2H,00C4H 和 00C6H。写方式控制字时,D_3~D_1 位为任选,这里取为 0,其他各位的值使 A 组工作于方式 1,A 口为输出,PC_0 作为输出,故方式控制字为 A0H。

实际使用时,在这个系统中由中断处理子程序完成字符输出,而主程序仅对 8255A 设置方式控制字和开放中断。此后便可以执行其他操作。注意,这里的开放中断不仅是指用开中断指令 STI 使 CPU 的中断允许标志 IF 为 1,而且还要使 8255A 的 INTE 为 1,即让 8255A 也处于中断允许状态。

在中断处理子程序中,这里设字符已放在主机的字符输出缓冲区,往 A 口输出字符后,CPU 用 C 口置位/复位控制字使选通信号为 0,从而将数据送到打印机。当打印机接收并打印字符后,发出回答信号$\overline{ACK}$,由此清除了 8255A 的"缓冲器满"指示,并使 8255A 产生新的中断请求。如果中断是开放的,CPU 便响应中断,进入中断处理子程序。

具体程序段如下:

```
BEGI: MOV AL,0A0H                   ; 主程序段
      OUT  0C6H,AL                  ; 设置 8255A 的控制字
      MOV  AL,01H                   ; 设置 PC0 为 1,即让选通无效
      OUT  0C6H,AL
      XOR  AX,AX                    ; 设置中断向量 1000: 2000
      MOV  DS,AX                    ; 至 0038H～003BH 中
      MOV  AX,2000H
      MOV  WORD PTR [0038H],AX
      MOV  AX,1000H
      MOV  WORD PTR [003AH],AX
      MOV  AL,0DH                   ; 使 PC6 为 1,允许 8255A 中断
      OUT  0C6H,AL
      STI                           ; 开放中断
```

中断处理子程序必须装配在 1000：2000 处，如果装配在其他区域，则主程序的中断向量设置要做相应的变化。

中断处理子程序的主要程序段如下：

```
INSUB: MOV    AL,[DI]               ; DI 为打印字符缓冲区指针,字符送 A 口
       OUT    0C0H,AL
       MOV    AL,00
       OUT    0C6H,AL               ; 使 PC0 为 0,产生选通信号
       INC     AL
       OUT    0C6H,AL               ; 使 PC0 为 1,撤销选通信号
              ⋮                     ; 后续处理
       IRET                         ; 中断返回
```

【例 12-5】 8255A 工作于方式 1，作为并行打印机的接口。

将 8255A 的 A 口连接一个并行打印机，工作在方式 1，数据输出，采用查询方式将内存输出缓冲区 BUFFER 中的 100H 个字节数据送并行打印机输出，8255A 连接并行打印机的接口电路如图 12.11 所示。设 8255A 的端口地址为 FFE0H～FFE3H，要求编写打印驱动程序段。

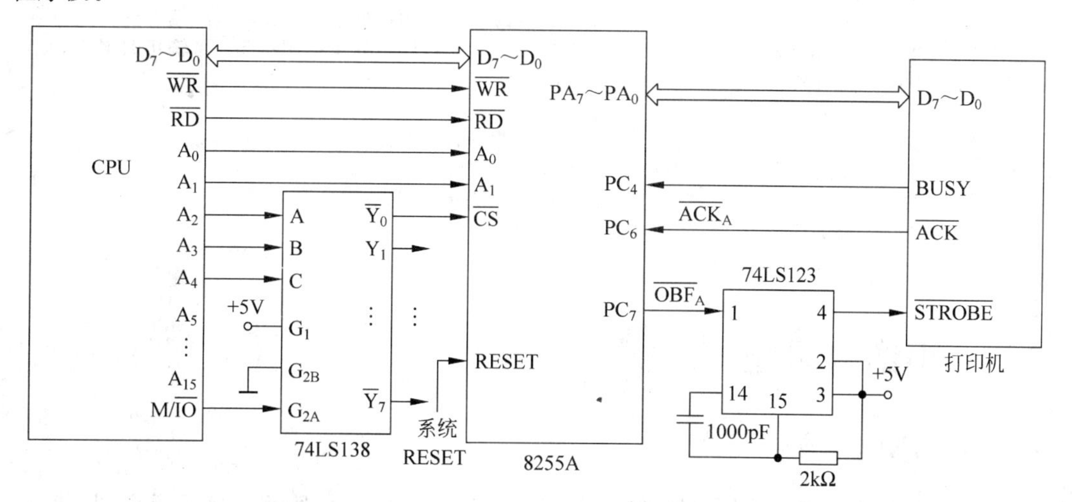

图 12.11　8255A 连接并行打印机的接口电路

由于以 8255A 的 A 口作为数据通道，工作在方式 1，因此将 8255A 的 $PA_7 \sim PA_0$ 与打印机的数据线 $D_7 \sim D_0$ 连接，PC_7 作为 $\overline{OBF}$ 输出信号与打印机的数据选通信号 $\overline{STROBE}$ 端相连，PC_6 作为 $\overline{ACK}$ 输入信号与打印机的应答信号 $\overline{ACK}$ 端相连，PC_4 用来查询打印机的忙信号 BUSY 端的状态。

当数据选通信号 $\overline{STROBE}$（负脉冲）有效时，数据线 $D_7 \sim D_0$ 上的数据被锁存到打印机内部的数据缓冲区中，同时将 BUSY 信号置 1，表示打印机正在处理输入的数据，等到输入的数据处理完毕，将 BUSY 清 0，同时送出应答信号 $\overline{ACK}$，表示一个字符已经输出完毕。

在这里要注意，一方面，当 CPU 输出数据时，8255A 产生一个低电平有效的 $\overline{OBF}$ 输出信号，当 8255A 接收到一个响应信号 $\overline{ACK}$ 时，$\overline{OBF}$ 才能恢复为高电平。另一方面，打印机需要一个数据选通信号 $\overline{STROBE}$ 才能接收数据，而 $\overline{STROBE}$ 是一个负脉冲信号。如果直接将 $\overline{OBF}$ 与 $\overline{STROBE}$ 相连，将会因为互相等待而产生“死锁”，而采用单稳态电路 74LS123 可以满足 8255A 和打印机双方的时序要求，因为单稳态电路只要输入一个下降沿信号就可以输出一个负脉冲信号。

打印驱动程序段如下：

```
DATA      SEGMENT
BUFFER    DB  100H DUP(?)
DATA      ENDS
CODE      SEGMENT
ASSUM    CS:CODE,DS:DATA
BEGIN:    MOV   AX,DATA
          MOV   DS,AX
          MOV   AL,0A8H               ; A 口工作在方式 1,输出,PC4 输入
          MOV   DX,0FFE3H             ; 控制口地址
          OUT   DX,AL                 ; 控制字写入控制口
          MOV   CX,100H               ; 传送字节数送到 CX 中
          MOV   SI,OFFSET BUFFER      ; 数据缓冲区首地址送到 SI 中
CHECK:    MOV   DX,0FFE2H             ; C 口地址
          IN     AL,DX                ; 读 C 口内容,查询 BUSY 信号
          AND   AL,10H                ; 保留 PC4 状态,判断 BUSY 端是否为 1
          JNZ   CHECK                 ; BUSY = 1,意味打印机处于忙状态,应继续查询
          MOV   AL,[SI]               ; BUSY = 0,意味打印机处于空闲状态,可输出数据
          MOV   DX,0FFE0H             ; A 口地址
          OUT   DX,AL                 ; 输出数据
          INC   SI                    ; 修改数据缓冲区地址
          LOOP   CHECK                ; 数据未传送完毕,继续传送
          INT   21H                   ; 数据传送完毕,返回 DOS
          CODE  ENDS
          ENDS  BEGIN
```

12.7 小结与习题

12.7.1 小结

本章首先对并行接口进行了概述，给出了典型的并行接口与外设连接的示意图，然后，以 8255A 为例介绍了可编程并行接口 8255A 的内部结构，8255A 的引脚功能，8255A 的工

作方式,及 8255A 的初始化编程,最后,给出了 3 个 8255A 的应用例子来说明 8255A 在应用系统中的接口设计方法及编程技巧。

12.7.2　习题

1. 在输入和输出过程中,并行接口分别怎样起作用?

2. 8255A 的 3 个数据端口在使用时有什么区别?

3. 当数据从 8255A 的 C 口读出时,8255A 的控制信号 $\overline{CS}$、A_1、A_0、$\overline{RD}$、$\overline{WR}$ 分别是什么?

4. 8255A 的方式控制字和 C 口置位/复位控制字都是写入控制端口,它们是怎么区分的?

5. 8255A 有哪几种工作方式? 对这些工作方式有什么规定?

6. 设 8255A 的控制端口地址为 00C6H,试对 8255A 设置工作方式。要求 A 口工作在方式 1,输入; B 口工作在方式 0,输出; C 口的高 4 位配合 A 口工作(其中 PC_6、PC_7 位随意),低 4 位为输入。

7. 设 8255A 的 4 个端口地址为 00C0H、00C2H、00C4H、00C6H。试对 PC_6 置 1,对 PC_4 置 0。

8. 8255A 工作在方式 0 时,如果进行读操作,CPU 和 8255A 分别要发什么信号? 对这些信号有什么要求?

9. 8255A 的方式 0 一般使用在什么场合? 工作在方式 0 时,如果使用应答信号进行联络,该怎么做?

10. 8255A 的方式 1 有什么特点? 设 8255A 的 4 个端口地址为: 00C0H、00C2H、00C4H、00C6H,试用控制字设定 8255A 的 A 口工作于方式 1,输入(PC_3、PC_4、PC_5 配合),B 口工作于方式 1,输出(PC_0、PC_1、PC_2 配合)。

11. 8255A 的方式 2 适用于什么场合?

参考文献

[1] 戴梅萼.微型计算机技术及应用.第4版.北京：清华大学出版社,2008

[2] 周佩玲,彭虎,傅忠谦.微机原理与接口技术(基于16位机).北京：电子工业出版社,2006

[3] 龚尚福.微型计算机汇编语言程序设计.西安：西安电子科技大学出版社,2003

[4] 李文兵.计算机组成原理.第二版.北京：清华大学出版社,2002

[5] 周明德.微计算机系统原理及应用.第4版.北京：清华大学工业出版社,2002

[6] 李大友.微型计算机原理.北京：清华大学出版社,1998

[7] 田辉,甘勇.微型计算机技术.北京：北京航空航天大学出版社,2001

[8] 马春燕,段承先,秦文萍.微机原理与接口技术.北京：电子工业出版社,2007

[9] 刘星.微机原理与接口技术.北京：电子工业出版社,2002

[10] Universal Serial Bus Specification Revision 2.0. http://www.usb.org

[11] 沈美明、温冬婵.IBM-PC汇编语言程序设计.北京：清华大学出版社,2001

[12] Universal Serial Bus—FAQs. http://www.usb.org

[13] 杨全胜,胡友彬等.现代微机原理与接口技术.第二版.北京：电子工业出版社,2007

[14] 虞益诚,吴建平.高速USB 2.0与闪存技术的探究.上海应用技术学院学报,2004,4(3)

[15] 雷印胜,秦然,孙同景等.微型计算机硬件、软件及接口技术——接口技术篇.北京：科学出版社,2008

[16] 刘永华,王成端.微机原理与接口技术.北京：清华大学出版社,2006

相关课程教材推荐

ISBN	书　名	定价(元)
9787302183013	IT 行业英语	32.00
9787302130161	大学计算机网络公共基础教程	27.50
9787302215837	计算机网络	29.00
9787302197157	网络工程实践指导教程	33.00
9787302174936	软件测试技术基础	19.80
9787302225836	软件测试方法和技术(第二版)	39.50
9787302225812	软件测试方法与技术实践指南 Java EE 版	30.00
9787302225942	软件测试方法与技术实践指南 ASP.NET 版	29.50
9787302158783	微机原理与接口技术	33.00
9787302174585	汇编语言程序设计	21.00
9787302200765	汇编语言程序设计实验指导及习题解答	17.00
9787302183310	数据库原理与应用习题·实验·实训	18.00
9787302196310	电子商务双语教程	36.00
9787302200390	信息素养教育	31.00
9787302200628	信息检索与分析利用(第 2 版)	23.00
9787302200772	汇编语言程序设计	35.00
9787302221487	软件工程初级教程	29.00
9787302167990	CAD 二次开发技术及其工程应用	31.00
9787302194064	ARM 嵌入式系统结构与编程	35.00
9787302202530	嵌入式系统程序设计	32.00
9787302206590	数据结构实用教程(C 语言版)	27.00
9787302213567	管理信息系统	36.00
9787302214083	.NET 框架程序设计	21.00
9787302218555	Linux 应用与开发典型实例精讲	35.00
9787302219668	路由交换技术	29.50

以上教材样书可以免费赠送给授课教师,如果需要,请发电子邮件与我们联系。

教学资源支持

敬爱的教师:

感谢您一直以来对清华版计算机教材的支持和爱护。为了配合本课程的教学需要,本教材配有配套的电子教案(素材),有需求的教师可以与我们联系,我们将向使用本教材进行教学的教师免费赠送电子教案(素材),希望有助于教学活动的开展。

相关信息请拨打电话 010-62776969 或发送电子邮件至 liangying@tup.tsinghua.edu.cn 咨询,也可以到清华大学出版社主页(http://www.tup.com.cn 或 http://www.tup.tsinghua.edu.cn)上查询和下载。

如果您在使用本教材的过程中遇到了什么问题,或者有相关教材出版计划,也请您发邮件或来信告诉我们,以便我们更好为您服务。

地址:北京市海淀区双清路学研大厦 A-708　　计算机与信息分社 梁颖　收
邮编:100084　　电子邮件:liangying@tup.tsinghua.edu.cn
电话:010-62770175-4505　　邮购电话:010-62786544